竹溪花浦曾同醉，酒味多于泪。

——苏轼《虞美人》

道情暗与物情化，世味争如酒味醇。

——王阳明《别希颜》

生活世界 與 哲学

酒的精神

贡华南◎著

生活·讀書·新知 三联书店

图书在版编目（CIP）数据

酒的精神/贡华南著. —北京：生活·读书·新知三联书店，2024. 1
（哲学与生活世界）
ISBN 978-7-108-07768-4

Ⅰ. ①酒… Ⅱ. ①贡… Ⅲ. ①酒—文化哲学—研究—中国 Ⅳ. ①TS971. 22②G02

中国国家版本馆 CIP 数据核字（2023）第 245728 号

责任编辑 杨柳青
封面设计 刘 俊
出版发行 生活·讀書·新知 三联书店
（北京市东城区美术馆东街 22 号）
邮　　编 100010
印　　刷 江苏苏中印刷有限公司
版　　次 2024 年 1 月第 1 版
2024 年 1 月第 1 次印刷
开　　本 635 毫米×965 毫米 1/16 印张 26
字　　数 337 千字
定　　价 98. 00 元

序

杨国荣

贡华南君好酒善饮，又对酒在人类生活中的多方面作用做了考察，撰《酒的精神》一书，可谓别开生面，其意义已不限于酒。我对酒既无研究，也不善饮，现应贡华南君之嘱，勉为其难，就酒的问题，略述数言。

一

酒是人的创造物，非自然天成：自然界不存在作为人类饮品的酒。只有当人走出自然，一部分群体已解决基本的果腹需求、不再为生存而奋斗和挣扎之时，酒才可能出现。在日出而作日入而息、人类的生活形态和劳动状况基本重合的时候，超越人的基本生存需求的酒类物品缺乏面世的前提。现在考古所发现的良渚文化，其中似乎也有酿酒的痕迹。根据有关方面的估计，良渚文化距今约有5 000 年左右的历史，这样，大概 5 000 年以前，人们才开始探索如何酿酒。从历史文献的记载来看，黄帝、尧舜与酒的关系很少被提及，禹之时则虽已有了关于酒的传说，但到商之后，酒才开始比较正式地进入王公贵族的视域，逐渐成为宫廷生活中的重要饮品。在商代末期，“酒池肉林”进一步成为殷纣生活穷奢极侈的写照，这种描述从一个层面表明，酒确实已经在人类生活中产生重要作用。

可以看到，作为对象（人的创造物），酒诞生于人类文化发展和经济进步的一定阶段；就人的活动来说，饮酒则是人类特有的存在形态和存在方式。儒家提出的“人禽之辨”和现在随着科技发展而来的“人机之辨”，都在追问“人是什么”、人的本质体现在何处。“人禽之辨”旨在区分人与动物，“人机之辨”侧重于解释人与机器之间的差异。人既不同于动物，也有别于机器，酒与人之间的关系也从一个侧面体现了这一点。动物是不会喝酒的，尽管动物园中有些猴子也可能饮酒，然而，它们并不懂得酒的真正的文化和社会意义。从现实形态看，动物不了解如何品酒：饮酒与喝一般饮料对动物而言并没有根本不同。机器与酒更是相互隔绝，作为无生命的对象，机器对酒基本上缺乏人所具有的感受。通过酒和人之间关系的具体分析，可以从一个侧面对人之为人的内在本质有更为具体的了解。

作为社会的产物，酒涉及经济与文化的多重规定。这里拟简要地从几个方面对酒与人类社会、人的存在之间的关系做若干考察。

首先，如前所述从经济的角度来说，前面提到，酒是人类经济社会发展到一定阶段之后才产生的，其出现与经济社会发展有着不可分离的关系。就现时代而言，酒同样构成了经济生活中一个重要的方面。任何著名的酒品牌之后都有一个著名的企业集团，这就表明了酒在经济生活中的重要性。从实际的贡献来说，制酒企业对社会的发展具有重要的推动作用，他们提供的税赋在国家财政收入中占了很大比重。事实上，经济发展需要以酒业的税赋作为财政收入的来源；从这一角度看，酿酒业对经济发展确实不可或缺。可以注意到，酒出现的前提是经济的发展，它的存在也与经济发展息息相关，这一事实从最一般的层面体现了酒与社会经济的关联。同时，现在很多重要的酿酒企业也是上市公司，其收入和社会影响与股票具有相关性，这也是现代经济生活中很重要的一方面。以茅台酒的股票价格而言，其起其落牵动着社会的经济神经，这也表明它与经济生活确实已经难以相分。

除了影响社会经济，酒与人的生命存在也密切相关。饮酒与人的健康状况、寿命长短之间的关系，呈现复杂、多样性。有的长寿者终身饮酒，甚至高龄之后仍饮酒不辍；另有一些长寿之人，则一生滴酒不沾，但也照样健康无疾。酒与人的身体显然有密切关系，但它对人的健康长寿究竟有什么作用，这还需要研究。这一问题实际上具有生物学层面的经验意义，与之相关，酒与人的生命存在的关系，也包含自然的、生物学的这一面，其机制的揭开离不开实证性的考察。以上现象也表明，酒和人之间的关系既有个性的差异，也有普遍联系。个性的差异表现在一些长寿者的生活与酒有密切关系，另一些长寿者则与酒基本上没有关联。普遍性的方面，则需要借助于生物学的实证科学研究，探索酒与作为生命存在的人所有的关联。我们有理由相信，假以时日，随着科学发展，这方面的问题也会逐渐明朗化。

二

前面的讨论侧重酒与经济和科学的关系，宽泛而言，酒对文化发展具有更为深沉的意义。首先，从文化的层面上说，酒涉及天和人、人和自然、人和神之间的互动。根据相关的文献记载，历史的较早时期，酒曾用于祭祀，祭祀对象既关乎神，包括某些被神化的超验之物，也涉及祖先。对神的祭祀具有宗教意味，表达了人对超越自身、不可控制的力量的一种敬畏之情和膜拜意向。酒同时也与先祖崇拜相关联，是缅怀先祖的一种形式。在后一意义上，酒又成为历史延续、前代后代相关联的纽带，正是通过以酒祭祀先祖，后代人与前代人之间形成了文化上的关联。中国人很注重历史观念，通过以酒进行的祭祀活动，世代的前后赓续也获得了确认，这同时也体现了酒的文化意义。

酒常常也被赋予各种形而上的意义。李白作为著名的酒仙，有关于酒的很多作品，《月下独酌》四首便比较集中地汇集了他对酒的文化意义的思考，其中包含不少至今仍值得沉思的形而上观念。按李白的看法，酒与人之上的天地相关联，这一天地不同于我们平时看到的自然之天和自然之地，而是被赋予了形而上的意义。《月下独酌》的第二首中这样写道："天若不爱酒，酒星不在天。地若不爱酒，地应无酒泉。天地既爱酒，爱酒不愧天。"这里，酒成为崇拜的对象。一方面，作为天地的饮品，酒也被视为天地的珍爱之物。在这一意义上，酒不再仅仅是一种简单的世俗性的存在，而是成为天地所认可的超自然对象。另一方面，天地又给予酒以形而上的意义，使之成为天地所关照的事物。"天地既爱酒"：此品只应天上有，酒也相应地成为具有形而上品格的存在。李白这首诗的具体意义当然还可以再研究，从以上的简要分析中可以注意到，形而上层面的天地（人之上的天地）与酒之间内含关联，这不同于对自然的赞美，而是对酒与存在对象之间关系的具有形而上意义的描述。

进一步看，酒又是沟通形而上与形而下以及天和人的一种重要的形态。在李白的《月下独酌》中，可以看到这样的诗句："贤圣既已饮，何必求神仙。"（其二）这里的贤圣是世俗的存在，而不是超验之神。既然贤圣已经在世俗（凡间）以饮酒为生活方式，我们何必还去追求超越的神仙？换言之，需要注重的是现实生活中世俗的圣贤，并由此使精神生活获得安宁，而无须追寻那些形而上的神仙。与之相关的是所谓"一樽齐死生，万事固难审"。这也是《月下独酌》中的诗句（其三）。其中表达的是对生死之间关系的看法："生"代表了现实存在，"死"则表征着生命的终结和彼岸世界。在生死之间，存在很多需要关注的对象，但李白却用"齐生死"的方式，来看待和沟通不同的存在境域。

唐代的苏晋是开元期间的一个进士，曾经做过吏部侍郎和户部侍郎。诗圣杜甫曾作《饮中八仙歌》，评价了八位善饮的人物，其中也谈到了苏晋。按杜甫的描述："苏晋长斋绣佛前，醉中往往爱逃禅。"苏晋很喜欢饮酒，同时又好佛，平时便常在佛像前顶礼膜拜，喝了酒以后，更是常隐入佛门，并与佛界合一。在此，酒也成为打通此岸和彼岸之间界限的中介，而形上与形下、此岸和彼岸之间，也不再彼此对峙或分离。从历史的角度来说，前面提到，人类刚刚开始走出自然的时候，已借助以酒祭祀的方式对自然、对超自然现象表示崇尚，此时，酒事实上已经成为神和人、此岸和彼岸、生和死之间沟通的形式。与之相关的是巫术，巫术在历史上的地位很重要，曾是天人之间联系的媒介。通过舞蹈以及用酒举行的其他仪式，"巫"也对天人做了沟通。君主常被称为大巫，在祭天祭祖的同时，他们也致力于建构天和人之间的关联。可以注意到，中国文化从早先开始就比较注重巫术，而巫术对天与人的沟通，则常常与酒相关。

从更广的视野来考察，沟通天人也是人类所追求的普遍目标。不管是中国文化还是西方文化，都比较注意此岸与彼岸之间的相互关联。相形之下，中国文化的特点在于宗教观念比较淡薄，虽然中国也有宗教意识和各种民间宗教，但在理解和处理天人关系时，中国文化始终以人自身的存在为中介。在宗教的视域之下，天人之间乃是通过神而相互沟通，上帝或超验的主宰被规定为决定天人之间关联的最高主宰。前面提到，在酒的文化中，作为世俗存在的酒也成为沟通凡圣的一种媒介，这是值得我们注意的。酒体现了中国文化的特点，也构成了此岸和彼岸以及神仙世界和超越世界与世俗人间关联的桥梁，这一点与儒学是中国文化的主流相关。从先秦开始，儒学就形成了敬鬼神而远之的理性传统，它乃是从理性原则出发，来理解和处理此岸和彼岸、此生和彼生之间的关系，由此也使超越之神难以成为天人关系的主导者。

如所周知，孔子和学生之间曾就生死等问题展开对话，孔子的学生季路问有关死的问题，孔子的回答是“未知生，焉知死?”又问如何事鬼神，孔子的回应依然是“未能事人，焉能事鬼?”（《论语·先进》）死意味着生命结束，鬼则是彼岸世界的对象；相对于此，“生”表征着现实存在，“人”则是现实存在的主体，对中国文化而言，关注之点应该指向这一现实的方面。理性精神在中国文化中源远流长，酒的文化在一定意义上也体现这一传统。

另外，禅宗是中国化的佛教，禅宗的重要观点在于即世间而出世间。佛教本来是印度来的，追求彼岸世界的涅槃之境，与之相关的是因果报应等观念，都以彼岸世界的存在为前提或以之为关切的对象。然而，在中国化的佛教禅宗那里，即世间而出世间则表现了不同的取向，其内在意义在于不离现实存在，便可以达到西方极乐世界。这也体现了打通此岸和彼岸之间的观念，它与儒学传统有相近之处。

进一步看，道家是中国本土的宗教，其特点在于关注此生此世，而不是追求人死后灵和肉之间的对峙，也不强调灵高于肉，可以说，以长生久视等观念追求现实生命存在，构成了道教的重要取向。在把现实生命放在更高位置上这一方面，道教和其他宗教不太一样：一般宗教都是把现实生命看作微不足道的，它们所追求的是灵魂的永生。尽管宗教本身一般不提倡饮酒，但道教对现实生活的关注与酒表现为现实的饮品，两者在侧重于现实性这一点上却有一致之处。事实上，道教在发展初期并不禁酒，许多道教中的仙真甚至以喝酒闻名。随着全真派的创立，饮酒才逐渐被禁止。在相当长的历史时期中，酒也成为道教沟通此岸与彼岸的重要形态，它从一个方面体现了中国传统文化的特点。

三

从文化意义上说，酒同时涉及人和人之间的交往。酒毕竟是人间饮品，它不能回避人与人之间的交往，包括个体和他人、个体和社会之间的关联。如所周知，在中国文化中，饮酒是促进人与人之间交往、增进友谊的一种重要的中介，“酒逢知己千杯少”，早已成为千古名言。酒后吐真言，在相互交流的时候，一杯酒下去，酒酣耳热，真话就滔滔不绝了。中国人在进餐时，常常无酒不欢，对好酒和善饮者来说，如果饭桌上没有酒的话，就会觉得不快乐，因为缺少了饭局参与者喜欢的那种饮品。在人与人的交往中，酒的意义之一在于烘托气氛，大家热热闹闹、高高兴兴，这同时也是中国人生活中一个重要的侧面。

前面提及，李白是酒仙，也擅长用诗的形式表达酒在生活中的意义。在《月下独酌》中，我们耳熟能详的诗句之一是“花间一壶酒，独酌无相亲。举杯邀明月，对影成三人。月既不解饮，影徒随我身。暂伴月将影，行乐须及春。我歌月徘徊，我舞影零乱。醒时同交欢，醉后各分散。永结无情游，相期邈云汉”（其一）。形式上，这里讲的是月与人之间的关系，实际上是以月喻人，他特别提到“醒时同交欢，醉后各分散”，实际上是隐喻人在饮酒时相谈甚欢，酒后则各奔前程，这也是对酒涉及人与人之间交往的描述。李白是好酒之人，他对这一点体会是很深入的。

个体存在于世，不是孤立存在的，也非鲁宾孙式的人物，而总是与人共在。这一点即使是存在主义者海德格尔也一再强调，当然，海德格尔对共在往往持一种否定态度，以为这导致个体成为常人，从而失去本真之性。比较而言，中国人对人与人的共在一直予以正面的关注，而在这一过程中，酒则扮演了重要的角色。在合乎礼的文化中，乡饮酒很早就构成了交往的重要的方式。这里的“乡”既指动词（相向），也具有名词的含义，表示邻里、乡间。在传统社会中，邻里、乡间与朋友一起，构成了所谓“公共空间”的重要形式，乡饮酒之礼可以视为后来三老五更礼的延伸，属于民间展开的敬老尊贤的活动，其中基本的行为规范是长幼有序，而饮酒过程便体现了这一原则。在此，乡间的饮酒成为社会成员之间情感沟通、和谐交往的重要形式，它展现了酒在公共空间中的作用。

当然，中国人也注意到人与人之间的共在或共同生活，并不意味着个体各自的内心世界完全可以湮灭，这一传统观念不同于哈贝马斯的主体间交往理论。哈贝马斯的交往理论要求人们完全敞开自己的内在世界，个体独特的心性意义似乎不复存在，这是有问题的。事实上个体不可能完全敞开，他总是包含着独特的个体性，人与人之间也总是有界限的。中国人比较早就注意到这一点，在共同生活中，人依然还会由于各种原因形成个体自身内在的心理世界，包括个体性的心理体验等等。这种体验的重要形态就是个人的孤独感：精神世界丰富的个体往往会感受到一种难以排遣的孤独感，这在传统的文学作品如诗歌中反复出现，“愁”便是个体内在心理世界中的孤独感的体现。虽然从现实生活来说，人与人总是共同生活在一起，但即使共同生活在一起的时候，依然还会深深体会到孤独感，个体的想法、独特的追求常常不能被理解，这是每一个人都很难避免的。这同时也体现了共在并不意味着个体性的消解。

个体独特的心理感受和生活世界中的共在之间并行不悖，构成了现实存在的基本格局：一方面，个体在生活中可以与他人共处并存；另一方面，个体依然有深深的孤独之感。如何来消除孤独之感？理性的方式或者其他的方式固然都可以运用，而酒在排遣孤独中则具有独特的作用。李白在《月下独酌》诗中曾提到“穷愁千万端，美酒三百杯”（其四），美酒下肚之后，愁苦便可一扫而光，完全被忘却了。借酒消愁、饮酒浇愁，这构成了酒和我们内在心理世界关系的重要方面。曹操的名句“何以解忧，唯有杜康”，也表达了这一方式：通过饮酒来消解个体的孤独感和内在的愁绪。同样，李白也提到“谁能春独愁，对此径须饮”（其三），春天的时候各种愁绪比较容易萌生，这时候更需要借酒来浇愁，这是李白作为一个好酒之人的体验。“愁多酒虽少，酒倾愁不来”（其四），按照李白的这一说法，酒虽不多，但饮酒之后愁苦之情便随之消解了，当然这也是其个人的经验之谈。以上侧重于自我和他人、自我和社会之间的关联，在这种互动中，依然还有个体独特的内在世界，包括忧愁等个体化的情绪，通过饮酒，可以不断被消解、限定，从而使人更能展现与人共在的乐观向上这一面。

除了借酒来消愁，饮酒还可以使人与天地为一、融入于自然，达到“忘我”之境。如所周知，冯友兰曾提出四境界之说，即自然境界、功利境界、道德境界、天地境界，其中，天地境界是最高境界，这也体现了中国文化的精神。事实上，从老庄开始就一再提到“忘我”之境，其特点在于人与自然合二为一，与天地合一。李白也从不同侧面肯定了这一境界：“醉后失天地，兀然就孤枕。不知有吾身，此乐最为甚。”（其三）酒后，天地都忘得干干净净，连自己似乎也不复存在，通过这种物我两忘，达到天地间最高境界：“三杯通大道，一斗合自然。”（其二）通过饮酒，人与自然合二为一，不再有小我、大我之分。酒虽然是人的创造物，而非自然天成，但是饮酒却可以是接近于自然的生活方式。这里，可以看到天和人之间独特的关系：“忘我”之境、与天地为一等等，都是一种合乎自然的生活，而这种方式又只有以酒为中介才能够达到。

从文化发展来说，酒的另一重功能是为人的创作活动提供内在动力。酒可以成为一种创造的符号，通常所说的微醺状态往往与创造之境相关：稍微喝了几杯酒以后，人的创作能力便容易被激活。在中国的艺术中，书法、绘画以及诗歌的创作状态每每与饮酒相联系。诗歌创作中的酒仙就不用说了，杜甫作《饮中八仙歌》，已对这一状态做了具体描述。从艺术创作的角度来说，张旭是唐代著名的草书书法家，以草书见长，他的草书和李白的诗歌以及裴旻的舞剑被称为唐代三绝。张旭作为一个书法家，也是好酒之人，饮酒之后便会引发种种创作的灵感，其外在形态表现为宽衣脱帽、奔走呼号、泼墨挥毫，由此形成有创意的艺术作品。有时，张旭甚至用头发蘸着墨汁来书写，龙飞凤舞，写出一手好字。这里的前提是基于醉酒状态而形成创造性的欲望和能力。酒同时也促进了诗歌的创作，李白作为诗仙，饮酒无数，作诗众多，后来杜甫在《饮中八仙歌》中说："李白一斗诗百篇，长安市上酒家眠。"对诗与酒如上关系的描述，表明李白的创作过程与酒息息相关。从理论层面说，书法、绘画以及诗歌都属于艺术和文学创作，艺术和文学创作需要想象、体验，这种想象和体验是逻辑思维无法取代的，而酒在触发人的想象力、增进人的体验能力方面，确有一种不可替代的作用。除了文学艺术之外，在实践的层面上，也可以看到酒的这种功能，大家都熟悉的醉拳便可以看作酒在实践这一层面上对人的创造作用的一种体现。醉拳的主体看上去醉醺醺，但一拳出去，却可以让对方无法招架，这也体现了酒的效用。酒在艺术创造和文学创作中的以上作用，是单纯的逻辑思维无法达到的。

四

进一步的考察表明，酒与文化之间的关系还涉及酒对人的情和意的影响。从现代心理学的角度来说，人除了理性的规定之外还有情感与意向，后者在人的存在中具有重要意义。酒与前面提到的理性思维之间的关系也许并不直接，但是对于情意这一方面，则存在比较深入的影响。人们经常提到酒神（所谓狄奥尼索斯）精神，也可以视为其表述。自从尼采写了古希腊悲剧的诞生之后，"酒神精神"的提法便越来越广为传播了。当然，对它的理解可以有不同，尼采的理解也只是其中之一。大致而言，酒神精神的基本含义，便是超越生命的无意义感，达到精神的亢奋并提升人的创造力量。

酒神精神所体现的创造力，有其具体内涵，对其中内含的积极建构力量，不能加以忽视。不过，在尼采所描述的形态中，酒神精神往往与非理性的狂热联系在一起，从精神层面来说，它常常缺乏一种稳定性。与之相对的日神精神，则注重理性秩序。在西方的悲剧中，酒神精神和日神精神是相互融合的，我们也可以从这一角度去理解两者的关联。比较而言，在中国文化中，很少有单一的酒神精神：中国人一直非常注重理性。当然，对个别人来说，或许也存在非理性的趋向，历史上，我们可以看到关于各种酒鬼、酒徒的描述，后者也体现了非理性的影响。但总体来说，在中国人的生活中，好酒和理性的追求并不排斥。

与以上事实相应，酒的爱好同时也受到理性的制约。从这方面看，单纯的酒神精神并不合乎中国文化的特点。历史上，人们津津乐道的竹林七贤，个个都好酒，但是这些人中的大部分都仍遵循儒家的规范。以阮籍而言，他是竹林七贤中的重要代表，一方面，阮籍沉溺于酒，整天喝得醉醺醺的；另一方面，他又有深深的孝的意识。母亲去世以后，尽管他依然饮酒不辍，但是其内在意识中仍有对母亲的深深怀念，这也体现了一种孝敬之意。可以看到，在中国文化中，儒家的理性规范和好酒并不相互排斥，酒和理性精神常常更多地展现为相互融合的一面。

尽管从总体上说，酒在中国文化中与理性的精神有着相关性，但是它对理性之外的情意依然还有一种激发作用，这一点我们不能忽视。从历史上的一些记载中，也不难看到这一点，如我们耳熟能详的武松打虎的故事。在上景阳冈之前，武松需要饮酒，通过饮酒，以意志的支配忘却山中独行的恐惧，同时激发出形体力量，挥拳将猛虎打死。如果没有酒的作用，在正常的理性情况下，他也许可以做到沉稳，但是要发挥这么巨大的力量，恐怕很困难。酒既使武松消除了恐惧，也给了他物理上的力量。酒还具有壮行的作用，在电影《红高粱》中，可以看到这样的歌词：“喝了咱的酒，一人敢走青刹口；喝了咱的酒，见了皇帝不磕头。”这是酒的力量，它可以壮胆，也可以壮行。在京剧《红灯记》中，李玉和在鸠山请他赴宴之前，曾唱道：“临行喝妈一碗酒，浑身是胆雄赳赳。”这里，酒同样表现了壮行作用。饮酒在魏晋时期也成为处事的方式。鲁迅先生有一篇题目很长的文章《魏晋风度及文章与药及酒之关系》，尽管主要谈魏晋时期的社会现象，但也说明酒对中国文化的影响确实根深蒂固。

酒对文化的影响还在于，通过意志控制情绪使人暂时远离纷争的现实，回归心灵的宁静状态。从消极方面来说，曹操所说的“对酒当歌，人生几何”，便表达了这一情感趋向。当然，这里也包含了某种无奈：尽管曹操是政治兴亡中的核心人物，但这一诗句却代表着士人对社会实际处境的悲观情绪。从更为现实的情况来说，人对存在状况的不满和无奈普遍存在于魏晋时期。个人对当时动乱的政治局面、宫廷之中的权力斗争，虽然感到不满，但又无能为力。魏晋时期，天下多故，鲁迅先生提及酒与药的关系，也涉及以上现象，说明酒在魏晋时期的士人中也确实扮演了很重要的角色。陶渊明是著名酒徒，但是他一直没有离开过政治舞台，他喝酒一方面是好酒，另一方面也是避祸，逃避政治压力。他对政治有兴趣，但是又装作没兴趣，这体现了当时士人的无奈感、无助感。我们一直在说，在中国文化中酒并没有与理性完全脱节，但人同时又有一种摆脱消极控制的意向。竹林七贤之一的嵇康，他饮酒不多，曾专门写了《家诫》，告诫他的儿子，其中包括喝酒少一点，因为喝酒误事，这表明嵇康头脑很清楚，一方面饮酒，一方面要解脱对酒的依赖感。

当然，在竹林七贤中，也有以饮酒自娱自乐的士人，如魏晋名士之一的刘伶，嗜酒如命，酒风豪迈，有醉侯醉仙之称，曾专门作了一首《酒德颂》，他和酒的关系与阮籍、陶渊明、嵇康有所不同。与阮籍、陶渊明、嵇康等以酒作为排遣忧愁的方式相异，在刘伶那里，酒成为自我满足的对象，饮酒本身成为目的。在一定历史时期以及同一历史时期不同个体中，酒和人之间的关系存在差异，饮酒与他们的生活状态、价值取向之间的关联也有不同的体现。

刘伶以酒自娱自乐的生存方式，在后来也得到某种延续，唐代时期，依然还可以看到这种遗风。杜甫写的《饮中八仙歌》中，曾对贺知章做了如下描述："知章骑马似乘船，眼花落井水底眠。"如所周知，贺知章是唐代著名诗人，他醉酒之后骑着马晃晃悠悠，骑马如乘船，一不小心酒眼昏花跌落到井中，却全然不顾，并干脆在井中睡起来，这已颇有点刘伶所体现的魏晋之风。它从一个方面构成了当时部分士人生活方式的写照，其特点在于逍遥而放达。不难注意到，前面提及的阮籍、嵇康、陶渊明代表的是一种存在方式；刘伶、贺知章们代表的又是另一种生存方式。

以上着重从正面描述历史上酒和文化之间的关联。从现代视域看，酒也有消极之维，现在常常提及的酒驾便是大家应避免的。此外，酒后误事、勿要贪杯，也是传统的格言之一，其中蕴含着酒对文化发展、人的生活的可能呈现的消极作用。这一点，实际上较早时代就已为思想家所注意，先秦时的《尸子》便提出"好酒忘身"①。这里涉及"酒"与"身"的关系，表明仅仅偏重于对酒的爱好，可能会影响身的健康，甚至危及人之身，"好酒忘身"言简意赅地把酒的消极作用点出来了。从中国历史上看，人们既正面歌颂酒在生活中的积极影响，也有呼唤对酒加以警惕这一面。

同时需要看到，酒与理性思维具有一定距离。酒有助于提升文学创作中的想象和体验，但是在理性思维中，似乎酒的作用并不十分明显，历史上很少有关于酒对于理性推论具有积极或者正面效能的看法。以康德和黑格尔而言，他们便并非在饮酒之后才创作《实践理性批判》《纯粹理性批判》《小逻辑》等理论著作，由此也可见酒与理性思维之间的距离。饮酒确实是人类生活中不可或缺的方式，但它首先与人的情、意、想象、体验等意识活动相关，不能说所有人的意识运行都依赖于酒。对酒的文化意义，需要多维度地加以理解。

---

①《北堂书钞》卷 21，参见《尸子》，上海：上海古籍出版社，2006 年，第 79 页。

以上所述，关乎对酒的宽泛看法，一些内容可能在贡华南君的书中已涉及，比较而言，该书的论述无疑更为系统。作为酒的文化精神的研究专著，书中的不少见解富有启示意义，我相信，对酒这一重要文化形态的考察，将深化和推进对相关问题的理解。

目 录

导论：饮酒是中国人过精神生活的重要方式

世人过精神生活的方式不一，饮酒是其中寻常而重要的一种。酒以甘辛的热力移易着饮者的身体与心灵，并进一步改变着自身所处的世界。这迎合了不甘平淡、不愿平庸的世人之内在需求。酒带人脱离沉重的身体与阡陌纵横的大地，向天空自由升腾，或久或暂漂浮在天际。这长短有殊的升腾体验，在岁月中沉潜，经过有意或无意的价值化，化为信念支撑并不断反哺平庸的日常生活。人们通过饮酒调节自己的身心状态，进行精神交流，满足人的各种精神需求，为生活提供价值目标与动力，由此生有可恋，活着有味。对于宗教意识淡薄的中国人来说，饮酒发挥着实现日用价值，进而完成超越凡尘之功能。由此可以理解，饮酒作为中国人过精神生活的基本方式何以不可替代。

一

“精神生活”大致可分两种：广义的精神生活是指精神生产、精神消费过程的展开，其实质是精神需要的满足，及相应价值的实现；狭义的精神生活则指终极关怀的产生与追求、终极价值的实现。人们过精神生活的方式也有多种，或者摒弃物质，在单纯的精神活动中展开，或者借助某种物质展开精神，或者在物质生活展开中过精神生活。狭义的精神生活多表现为摒弃物质而展开的精神生活，比如苦行、闭关冥想、朝圣、谈玄论道等。广义的精神生活则与物质生活交织在一起，比如儒家的家庭生活。不管是广义的精神生活，还是狭义的精神生活，都表现为精神价值的设定、追求与实现，并落实为享受（消费）精神产品，获取精神的满足，以激活、支撑、养育、延续精神。

酒由人酿，而有厚薄好恶之味。其味存于自身，其味之呈现却依赖着与人相遇，依赖着人去品尝。人借着酒味移易自身，生发出新的自我与新的世界。人的生命与生活会呈现出新的意味、情味，人不断涵养而成就各种品味。酒有性味，人有品味，源源不断生发出来的故事也就愈加有韵味。饮酒的人不断以自身品味混于酒的性味，酒也就越有味——不只是性味，还有各种品味。意味、情味、韵味、品味属于“人的精神”。有精神的饮者把自己的精神混于酒，酒也就有了精神。对于一个文化体来说，一位饮者混于酒而生成的酒的精神，往往也会在他人的饮事中被接受、被强化，被塑造成文化体的酒精神。饮酒不仅仅是一种物质活动，它还是人们过物质生活的重要方式；饮酒不仅仅是一种精神活动，也是人们过精神生活的基本方式。作为一种特殊的物质，酒同时兼具水火之性；作为一种物质生活，饮酒往往“惹是生非”，时善时恶，让人爱，让人恨；作为一种精神生活方式，饮酒既指向尘世之超越，又内在于日常生活。酒事大矣哉！

人类享受美酒几千年，也与酒对抗了几千年。人们对酒爱恨交加，从中国酒之名即可直观到此复杂的态度，如“欢伯”“狂水”“魔浆”“福水”“祸泉”等等。至于“养生主”“齐物论”“般若汤”等玄学化的雅号，则可透露出人们享受之升华与对抗之章法。世界各地物产各异，神奇的是，各地迥异的物产都能酿出口味相近的酒来。尽管这些酒的厚薄有别，但它们对人的意味又最终趋同。饮酒是场味觉游戏，刺激味觉，继而挑逗身体、灵魂。这游戏可以打发时间，可以给人以精神满足，可以不正经，有时甚至荒诞不经。饮酒，外人看到的是享乐或胡闹，真正的饮者却视之为严肃的精神活动。这不是看世界的视角问题，而是理解世界的观念错位。古人时常以酒解愁、解乏、解闷、解结，翻覆人情而完成精神转换，甚至精神解放。俗语“小酌怡情”亦道出此意。

在远古的商周时代，酒就被人们视作通神之物，所谓“以为酒食，以享以祀。……苾芬孝祀，神嗜饮食。……神具醉止”（《诗·小雅·楚茨》）。人们喜爱饮酒，不仅将珍贵的酒进献给神，还共情地想象出神亦特别喜欢酒，以及神饮酒而醉之态。神为酒的美味打动，享用人供奉的酒，也会回报进献者。宋人朱敦儒直接挑明，酒之所以能够打动神，就是因为它的“味”：“天上人间酒最尊，非甘非苦味通神。”① 如后文所示，“非甘非苦”的酒味其实就是“辛”味。“味通神”道出了酒能通神的原因在于其性味，具体说就是酒之“辛”发散、向上而契接神灵。由此通神之“辛”味，酒也就被当作天上人间最有神性之物。在古人观念中，“神”在“上”，令人飘飘升腾的酒便被当作通达、连接“神”的妙物（祭祀之物）。酒不是神，但酒可使人通神。酒可使人通神，可见酒有神奇妙用。酒有神奇妙用，酒遂被神化而有了神性。这个逻辑，在今人看来，疑窦重重。但回到饮酒活动，这一切又合情合理。饮酒，酒进入人的身体和灵魂，就开始移易人，它改变人的身体、意识（心）的状态，使人的身体、意识（心）麻醉，进入超意识状态。从生理学眼光看，麻醉意味着触觉、味觉、视觉、听觉失去正常官能，无法辨别周遭这这那那，无由得辨别无意识中诸种意象、意念之真真假假。在神圣仪式确定的基调下，周遭世界、诸种感觉被神圣观念重组。人飘然上升与神的降临，往往发生在同一过程。诚然，无酒则无神，以酒通神，神圣体验不假，酒有神奇妙用也不假。酒有神奇妙用，非“神”不足以解释。

饮酒移易人的身心，带来这个世界本不曾有的体验、意象、意味。比如，带给人短暂的高峰体验，如邵雍形容微醉后的感觉：“何异君臣初际会，又同天地乍细缊。”（《安乐窝中酒一樽》）② 饮酒赋予生活以希望，也让人尝尽失望之痛苦。酒让人爱，也让人恨。爱恨交加，不离不弃，增益着或减损着生命的意义，丰富着世人的精神生活。“对酒绝尘想”③ 则展示的是中国人在饮酒中所领悟的超越价值。在此意义上，圣徒之祈祷、哲人之沉思与绝尘之饮形式不同，

---

① 朱敦儒著，沙灵娜注：《樵歌注》，贵阳：贵州人民出版社，1985 年，第 225 页。

② 邵雍著，郭彧整理：《邵雍集》，北京：中华书局，2010 年，第 319 页。

③《陶渊明集》，北京：中华书局，1979 年，第 41 页。

其实质无异。作为世人过精神生活的基本方式的饮酒，其精神性如何生成；世殊时异，今日酒的精神何在，这些问题都有待哲学之澄明。

二

卑微的日常事件、反复重复的节律、平庸无奇的这这那那，夹杂单调、苦闷、孤独，这就是普通人天天在过的日常生活。“闷”是被压抑、被束缚而不得宣泄、远离自由的状态。如何解除卑微、反复、单调、平庸等带来的苦闷？简言之，**如何“解闷”**？这是卑微琐事，但于个人而言，千万年来又无时不成为问题。普通人的日常生活是寡淡的，酒却可让普通人的日常生活不寻常。30 年前的秋日午后，我乘坐火车在江南漫游。那是一列慢车，逢车必让。有一阵子，整个车厢只有我一个人。车在一个不知名的小站停靠后，上来一位新乘客。那人上车挑了个右手有阳光的座位，拿出酒菜，就开始吃喝。他喝得很慢，像在配合火车哐哧哐哧、哐啷哐啷的节奏。每喝一口，他就会闭上眼睛、张大嘴巴，做痛苦状。然后眼睛微开，收缩的面部放松下来，表情变得愉悦起来。痛苦-愉快的面部表情随着一口一口的酒进肚反复出场。有时，他也会含酒在口，对着太阳，长久地回味。一会儿，苍老的脸缓缓舒展，眼角渐渐眯成细缝，酒意弥漫。窗外稻子金黄，水牛不紧不慢地叼着几根秋草。远处的村夫抬头看了一眼火车，又低头沉没在灌木丛中。一口酒接一口酒，浑身浸在夕阳里，光似乎由他身上散发出来。我不知他在想什么，亦不知他在不在想，但我感受到了神圣。这神圣是我的幻觉，于他不过是纯粹的贪杯，还是他在岁月递嬗中自觉的修行，我没有兴趣追问。多年来，这个饮酒图景却在我心头时不时浮现。

直到后来开始思考酒哲学问题，我才意识到，他在过他的精神生活——饮酒就是他的精神生活。

酒富有生命，包括精神生命。视酒为一生命存在，这不是酒鬼之醉话。酝酿生命、守护生命，这是酿酒者的态度，也是酿酒者的哲学。诚然，美酒之成，需要特殊的原料、水土、气候、工艺，同时需要特定的贮存环境——不仅有温度、湿度条件，甚至还需要音乐来让美酒有节奏地动起来。酒能够与周遭环境相互吸取而成其独特性味，并以其性味召唤饮者，与饮者相互应和而被欣赏。饮酒是生命之间的对话、交流——酒给予我们者多矣，想象力、信念、勇气、希望、自由……这表明，酒都有个性。有的酒有劲，有的酒有灵性，有的酒有格调。约言之，凡酒皆有精神。酒遵循生化律，也遵循自由律。单以生化律看酒，小看了酒，也轻贱了饮酒者。

饮酒大都有除旧迎新的意味，其基调是欢庆和乐。酒之所以能如斯，乃在其自身独特之性味。陶弘景曰："其性热独冠群物。"① 朱肱云："酒味甘辛，大热。"② "热"无疑是"酒"最显著的性味，酒之"热"则基于其"甘辛"之味。西方人说酒"不仅给身体加热，而且温暖了灵魂"。他们对酒之热性的认识与中国人一致，不过却对酒之"甘辛"之味却很少提及，更不存在"味通神"之说。酒以"（甘辛）热"独冠群物，酒精神就是"热"的精神之具体表现。一杯酒温暖了身子，也会温暖灵魂。温暖→融化→升腾→突破（人、事、物的边界），这是"热"的逻辑，也是酒精神的逻辑。"热"的运行方向是向上，其作用则是使人、物凝固之态松动、膨胀，进而不断改变自身的边界。酒之性热，对于人的作用就是酒以其热移易人，包括身体与灵魂。当然，酒不仅给人以性味，更重要的是，它能够给人以丰富的意味。性味带起意味，意味助长性味，两者相互融合，性味与意味共显。让人向上不断地融化、升腾、突破，使人形神相亲，物我和乐，天人通达，**这是最令饮者着迷的自由律**。对

---

① 转引自窦苹：《酒谱》，北京：中华书局，2010 年，第 159 页。

② 朱肱：《酒经》，北京：中华书局，2011 年，第 6 页。

饮者而言，饮酒于他一如信徒进教堂祷告，悬置烦恼，舒展襟怀。喝完酒，如同从教堂祷告出来，神给予他力量，饱满充实。每一次饮酒都是一场精神盛宴，其身静穆，其神虔诚。与酒游，不慕远方，不羡他人，专注于斯，自在自足。与酒游，足以涤荡往昔之不快，反哺今日之精神，滋养来日之生活。

古人已经注意到，酒的性味吸引人，饮酒为人之所同好。如汉人“饮食男女，人之大欲存焉”的说法即包含着这个观念。既然饮酒是人的最基本的欲望之一，当然也就无法断绝。不过，在人类文明史中，由于食物短缺等原因，酒一再被人们从思想上、制度上进行控制。如西周周公作《酒诰》，力主严格控制饮酒。《秦律》禁用余粮酿酒，沽卖取利，等等。酒醉会激发狂性，在人群中制造混乱，给天下带来损失，等等。基于饮酒对现实的冲击，汉末诸侯如曹操、刘备、吕布都曾颁布禁酒令。不过，这些禁酒令皆坚持不久即失败。为什么禁酒都注定沦为权宜之计？几千年来，人们为什么会不顾禁令、世人的嘲讽前仆后继加入饮者队伍？饮酒并非功利所能计较，它具有诸多非功利的功能。世人物质生活需要调节、转换，其精神更需要不断破除疆界，自由翱翔。酒可以说是最低廉的生理与精神调节器。独酌解忧解闷，对饮畅神合欢，群饮则可以各自找到自己在世界中的位置，这正是精神生活展开的基本内涵。有精神者，此皆不可或缺，这是人性的内在要求。人需要不断突破陈陈相因、僵硬顽固的日常生活才能免于沉沦，这也是自由人格之前提。质言之，人性对酒有需求，故禁酒注定是临时的，偶一为之，即被冲决。

三

自家精神自主地展开，满足精神需求，为生命提供进一步展开的动力，这是“精神生活”的基本内涵。简单说，精神生活就是让心灵充满生机，让精神充满活力，让“心”活着，不断为自己提供活下去的养料：生存的信念、活下去的理由。人要活下去，特别是在困境中活下去，需要一套理由充当信念：生活值得过，生有可恋，等等。生活很残酷，煎熬考验着生存信念。“活不下去”意味着对“未来”的绝望；“活下去”则需要“未来”给予当下以希望。“未来”之所以能够给予人希望，是因为它基于“过去”与“当下”——“过去”之美好没有过去，而是赠送给了“未来”。饮者之饮酒当然是“自主的”。酒给人或甘甜或辛辣的刺激，给人刺激之后的加倍释放；给人晕眩，以及晕眩之后的无边界想象；给人自在，以及自在中无穷的希望。酒中有快乐，酒中有希望，偶一涉足，便会流连忘返。当然，**有的人自觉去过这种精神生活，有的人则是自发地过此精神生活**。

众所周知，中国传统精神生活的一个重要特征是日常生活本身价值自足，外在于此的精神并不必要。当人们接受“个体”观念，信奉“个人自由”，每个“个体”亦推脱不掉为自身提供价值源泉的责任与使命。对于在中国文化长河中衍生出的个体来说，并不需要他直面苍莽的宇宙。但如何能够做到一啄一饮皆风流，这亦非自然而然的事情。以个体价值自足为原点，由己而人，由人而物，由物而事，推情原意，此逻辑之延展即是“日用即道”之现代表述。从方法论角度看，个体价值之实现，不仅需要自身意向之投射、移情，同时也需要直面所投射之“他”。在我与他的交通中，相互吸取，相互成就。就饮酒而言，彼之性味（甘辛）投合我之情味，我之尝味同时实现了性味与情味。酒之性味中有“道”，人之情味中也有“道”。人自觉地**尝味、品味，“道”便由隐而显，由晦而明（“味-道”）**。“道”包含正确、正当、自足等价值内涵，“味-道”也是个体生命获取价值、实现价值的过程。若非逢场作戏，即使自饮、自酿苦酒，其本身已经价值自足，并且能够给予可预期的生命展开时段以充足的价值意义。一再的满足使孤寂卑微平庸的生活中价值不再缺失，由此摆脱生命中如影随形的无意义与虚无。

饮酒是使生活价值化的重要方式。不设定创世者，不设定这个世界之外存在主宰者，无浓厚的宗教情怀与信仰情结，这是中国传统思想的基本特点。日常的家庭生活平淡无奇，艰辛的天地间劳作也乏善可陈。至于行贾江湖、戍边天涯，随时要面对孤苦悲鸣、死生惊惧之境。中国人在家庭里、山水间、行旅中如何过精神生活？使生活价值化，使特定物价值化，即赋予某种生活方式、某些物以特定价值，这是儒家、道家常用的手段。在道家，以酒全身、全神、通物、通天，饮酒也是身心的修行。儒家将家庭生活价值化，其信奉者通过学习、实践而接受此信念，并且在生活中不断领悟、觉解其意义，由此使日常家庭生活充满价值意味。过家庭生活的人会觉得在与父母、妻子、兄弟交往中实现了价值，在行住坐卧中与周遭事事物物交接而实现了价值，甚至获得终极的价值满足，而无须走出家门。“宜言饮酒，与子偕老。”（《诗·郑风·女曰鸡鸣》）夫妇之间多有习惯、观念差异，对共同的事情、问题极易产生不同意见、分歧，此乃古往今来时时可见的现象。如何化解这一亘古难题？通过饮酒，调节夫妻之间的不协调而至于和谐，这无疑是一个现实性极强而又充满动感的爱情理想：由日常杂事所引发的分歧可以也应该通过饮酒来消除，以此加深郎情妾意。酒在日常的家庭生活中发挥着混合歧异而归于和乐的作用，饮酒本身也成为精神生活的具体形式。可以理解，尽管此诗出自惯于放纵的郑地，孔夫子还是毅然将之精心编织在《诗》中。饮酒不仅关乎小家夫妇谐和之道，家庭之外的邻里谐和也离不开酒。从秦汉至于晚清，乡饮酒礼在中国基层一直流行。由小家到大家，欢愉、谐和使邻里空间充满乡土人情味。在这里，逝者、来者从不缺席，生者、逝者都能找到自己的位置，他们也在酒的召唤下共同参与了日常生活世界的价值构造。

饮酒亦可实现对平庸的日常生活之超越。对于惯于执守日常生活世界的中国人来说，眼前呈现的只是有限的这这那那。道德文章虽然具备打开精神空间的能力，但对于更大多数的下层民众，柴米油盐、场圃桑麻或许就是他的全部世界。可以理解，醺、醉所打开的新的可能弥足珍贵，尽管如镜花水月般脆弱，但却能够持续赐予日常生活以新的希望。“对酒绝尘想”直接道出了饮酒这种精神生活的超越价值。普通饮者虽然没有能够说出此美妙的诗句，但却可于酒中不断体验到超越“尘想”之超越性。绝大多数的饮酒者并没有学习过有关酒的理论知识，也很少有人接受过饮酒礼仪训练，甚至还被灌输不少饮酒有害的教条。饮酒的妙处多是经过自身的实践获得。此种活动通常具有私人性，他人未必承认，甚至不会谅解，自己也未必意识到。酒以热力改变着饮者的意识，并进一步改变着自身所处的世界。饮者在升腾，万物也飘飘然脱离地球引力，跟随自己升腾。自己体验到瞬间或一时的美好，逐渐进入潜意识，经过有意或无意的价值化，化为信念。这些信念支撑并不断反哺处于平淡的日常生活中或某些艰难的情境中的人，使其觉得生活还过得去，还有一些希望值得去忍受当下。饮酒有价值，因此，饮酒便被不少人当作展开其精神的方式，或者说，被当作过精神生活的方式。

喝点酒，日复一日劳作而造成的身心僵固被松动、融化、突破，于是开始想这想那。原本被规训而堵塞的心思开了窍，世界的色调与人生的意味丰饶富足，这就是我们所说“想开了”。对于生活在下层的人来说，想开了就好，就有了更多的路与希望。想不开的人会寻短见。所谓“短见”，无非是只看到一时一事一条路，而想不到其他的可能与希望。酒会带我们打破一时一事，会让我们看到更多的路与希望，而不会把自己在一条道上限定死。在往日农村，妇女自杀比较常见，一个重要原因就是她们容易想不开，执着于鸡毛蒜皮的小事而以为路到了尽头，遇事闷在心里，不得解脱。常喝酒的人则不然，他们容易想开，不为诸事所闷，路多路宽，随时有出路，他们的生命因此具有强大的韧性与丰富的可能性。

和乐以人际的感通为前提与具体形式。人与人之间的感通有时可以通过眼神或简单的动作来完成，有时则需要借助语言文字。但在特定的时空情境下，借助酒感通会达到意想不到的效果。造成人际不通的原因有很多，比如陌生感、矜持、胆怯、懦弱、害羞等心理状态会使人与人之间不通。懦弱者自小、自贱，无关乎他人是谁，总是缺少自我挺立的勇气。遇事犹疑不决，还可能随时退缩。对他人的决定无条件接受，放弃思考与承担。酒不仅会给予懦弱者以力量，去突破自我所设之限，不再自小、自贱。在自我伸张之际，同时窥见他者强大、正确之虚幻。以此体验为基础，酒会打开懦弱者自我封闭之门。酒壮血气，以此实现懦弱者的自我救赎。对于胆怯、害羞者，酒同样能够消融自我心理自划的界限，从而实现我与人化而通，人与物化而通，人自身魂魄化而通。

如鲁迅小说《孔乙己》所描述，绍兴一带的普通人习惯站在柜台边喝一碗。自然，这些喝酒的基本是男人——普通家庭的一家之主。他们不是行尸走肉，不是只会干活的机器。他们是家庭的支柱，也是家庭价值的鼓手。他需要物质上养活一家人，兼带满足家庭成员的精神需要。活着不易，活下去要靠坚韧的生存信念，哪怕是“好死不如赖活着”等不甚正大的信念。一碗酒让他活活血，也让他精气神复活——还魂，喝酒是他保持精神生机与活力的方式：让他提神，让他恢复体力与心力，让他忘记千般不愉快，让他继续干下去，继续活下去。

绍兴人的精神生活是天下人千百年来精神生活的缩影，今日亦不例外。日出而作或朝九晚五，勤奋耕耘或闯荡职场，不管有无收获、回报几何，总是带着倦意而归。身体疲惫、心也劳累。几样小菜、一壶酒，为身心解乏、解闷、解锁，为卑微的生存鼓气加油。饮酒成了他（她）生活的一部分，更是他（她）精神生活重点之所在。医生一遍遍的告诫，多病身躯不时的提醒，亲密朋友善意的奉劝，都遏止不了饮酒的冲动。没有酒，面对苍莽天空与重浊大地，天更黑，风更凉，日子更卑微平庸，孤寂更难以忍受。浑浑噩噩的乡村生活大体如此。熙熙攘攘的城市生活也如此这般。忙碌时代无法摆脱的、高速运转的工作节奏，无刻不在的挤压、争斗，江湖风波带来的疲惫、烦恼，以及几许恼怒，都交给酒来处理。让酒为明天的生活提供动力、价值意义，以酒来反哺明天的生活。在此意义上，酒就是普通饮者的神。

四

酒移易思想者灵魂，也时常被中国思想者作为通达特定思想境界的思想方法。“对酒绝尘想”如此，“酒正使人人自远”（《世说新语·任诞》）亦是如此。清醒时，周遭的苦难让人难以企及宁静祥和的桃花源。酒醉才会暂时忘却、摆脱尘世喧嚣与纠缠。当然，在悠久的苦难史中，中国思想者总爱将饮酒当作解救当下苦厄的不二法门。大道本畅通，尘俗念想勾画分界让世界相互隔绝；人性本素朴自然，人为设置的规矩缚人手脚，引导人造作失真。“三杯通大道，一斗合自然”，唯有借助于酒，世界才能相互通达，人性才能回归本真自然。饮酒通道，也让人不断接近道。隋唐以来，饮者构建了自己的精神王国——醉乡。自此后，大批饮者自觉入醉乡，边饮边将自己的身家性命安顿在其中。对于这些居于醉乡的思想家来说，饮酒即是绵延不绝的形而上运动，饮酒就是穷理，就是尽性，就是精神的修行，就是精神的逍遥游。饮酒本身价值自足，也源源不断地为千秋万代的精神生活提供价值担保。

在绵延不绝的饮酒过程中，酒既被领会为近道之物，也被当作自家性命的一部分。“以酒为命”“混于酒而饮”等说法将人与酒深度交融在一起，饮酒遂被领悟为人之常情以及日用之需。酒中混有既往饮酒者的性情、趣味、境界，当下的饮者在酒中欣赏这些性情、趣味、境界，亦会以自己的性情、趣味、境界投入酒中，由此，酒中的性情、趣味、境界不断积淀。每一次饮酒都成了精神趣味的激荡、感应过程。“醉里乾坤大，壶中日月长”，以此说精神性的酒乡，可谓恰当。

精神生活并不专属于富有文化的阶层，也不专属于精神贵族。行尸走肉者寥寥，活着的人皆有其精神生活。平凡、卑贱、缺少文化教育的人同样有其精神生活，也同样需要过精神生活。世人都在过精神生活，不过，不同的人过精神生活的方式不同。有的人的精神生活直接向绝对者交心，希冀通过绝对者的恩赐获取生活的价值意义。有的人相信他人，赢得他人的目光生存就充实丰盈。有的人相信自己，看到自己所创造出来的成果就会获得精神的满足。有的人相信实物，手中随时抓住些什么，心理才会踏实。精神生活求的是价值之实现，最终指向的是心安。

酒移易人的本性，也移易着饮者的生活世界——通常被落实到以下层面，如酒能激发饮者的想象力，饮者被想象力带到远离现实的虚幻之处。实际上，虚幻处由突破精神开拓，它通过打破现实的界限而衔接起玄妙之境。现实有边界，不过，这个边界并非可视可触的金石界碑，而是心灵自身所构建的樊笼。不管是独酌，还是聚饮，酒都会将个人带向不在场的神、祖、天、人、事、物，告别孤独与卑微；带向过去、未来与远方，由物理世界带至精神世界，由梦至醒，为现实带来新的可能，甚至联结着生与死。憔悴，劳累，微不足道的收获，漫漫长夜般卑微、孤寂，无尽的委屈，凡此等等，几杯酒下肚，逐渐还魂，情绪被转换，瞬间有了神采与自信。离群独居，终老山林，心灵摇荡，身世飘零，浊酒一杯，生活又有了意义。不少饮者居酒乡而不欲回，其中有真意、真乐也。

酒以热力不断突破自我的界限，三两杯酒喝下，彼此身份、地位、阅历、观念等差异在饮酒过程中被快速弥合，而情感直接通达对方。原本陌生、拘谨、正襟危坐的人马上会称兄道弟，呼朋唤友。秩序被融化，差异被悬置，“和乐”成为基本色调。褪去伪饰，直露心腹：颠来倒去自白，不厌其烦申诉。同情、赞叹、欣赏，相见恨晚。一碗酒下肚，心中有了暖意，便抵得住呼啸北风、料峭春寒，也可涣然于凉薄事态，傲然于世间凄凉意。几碗酒下去，弱者奋，懦者勇，疑者断；被倾听，被尊重，被理解，被欣赏，感天动地。“朋友”由此确立，然后在分离后的寂天寞地中不断回忆、追溯，化作一丝温暖、一点光亮，慰藉着苍莽的游魂。

酒同规则、规范作对，人则在酒中实现了对规则、规范的超越。酒不断敉平差异，突破一切限定而登临无拘无束之境。醒而醉、醉而醒的轮回，便是一出拿得起、放得下的戏剧。在不断的往返张弛中绽放着生命的陆离光彩，演绎着生生死死峰回路转之丰富意趣。

人都要过精神生活，人们过精神生活的方式也有很多种。酒让人精神，让人想起了这这那那，让人过上充实的精神生活。饮酒之为精神生活的门槛不高。这是很多人可以也情愿在酒中了此一生的重要原因。酒不同于诗书，欣赏诗书需要漫长时段的涵养与修行。酒之动人，直接迅捷，立竿见影。它所打开的精神世界，缺乏正常的逻辑，时空会被逆转，秩序会被打乱。它会带着饮者一起升腾，在黑夜中最先看到生命的曙光。酒会让往昔今朝的百般滋味一起涌上心头，聚集着昔日的快乐，供当下者享受。落魄孤寂平庸的日常生活引发的对人生的怀疑、失望被酒痛快地压制，日复一日的生活似乎又值得过，值得留恋。当饮酒与解闷解忧之间的关联确立，稍不如意之人便会时时念想着酒。不管是游荡无依、浮游无据，还是寂灭丧魂、枯槁落魄，抑或熙熙碌碌、烦心劳神……酒流入身体，作用于意识，皆能倏尔移魂易魄。

五

饮酒既是人们展开物质生活的基本方式，也是过精神生活的基本方式。称心易足，对于注重实际、实用的中国人来说，这又构成优先选择饮酒作为过精神生活的基本方式之重要理由。摄影、电影、电视、QQ、微信等新的娱乐方式的出现与普及，部分取代了读书、吟咏、诗画等传统精神生活方式，人类的精神生活可自主选择的方式日益丰富，饮酒这种古老的精神生活方式似乎过时了。年轻人更愿意俯首玩弄手机、刷刷视频，更愿意相信远方的消息，更愿意把身家托付给远方，更愿意腾空奔向遥远的星球……他们却很少饮酒。以新的科技为根基的摄影、电影、电视、QQ、微信画面新奇，夺人眼球。它们在打发时间、满足好奇、将远方拉近等方面甚至优越于饮酒。不过，空间距离的拉近并不意味着距离的消弭。事实上，视觉性工具不断制造、保持、确定着周遭事物与人之间的空间距离，也时时提醒人们与物之间保持着心理距离——审美之“距离说”不无道理地点明了这一点。空间-心理距离把人与世界隔开，这样才能心安理得地享受。由无视眼前世界而与眼前世界拉开距离，逐渐陌生、深深隔绝，世界逐渐“形式化”“外在化”。换言之，摄影、电影、电视、QQ、微信使人步步逃离世界，源源不断地将世界图像化①。所以，它们拉近了远方事物与人的距离，却让远近一切事物都在图像中远离了人。对于血液中留存着民族记忆的国人来说，自觉抑制目-形，含摄耳-声而回归舌-味，这似乎成为他们思想与存在之宿命②。并不奇怪的是，在新的精神生活方式层出不穷之际，饮酒并没有被边缘化。相反，经受挑战后饮酒在人们的精神生活中不仅没有示弱，还大有增强之势。对远方的好奇短暂易逝，对摄影、电影、电视、QQ、微信之热情逐渐平息，饮酒这种切身的味觉性活动虽被

① 从西方文化史角度看，从几何到绘画，到电影、电视，作为把握世界的方式，它们具有一贯性。图像写实，它对世界形式的把握绝对不假，在欧洲文化中甚至被作为事物的本质。采用电子化、数字化形式的电影、电视更易于保存与传达，它们让事物对象化，也把事物与人永久地隔离。微信、QQ 是中国人的发明，它们与 facebook 一样是对电影、电视功能的继承与发展，当然也是对西方视觉文化的继承与发展。

② 从先秦至汉末，中国思想经历了自觉抑制目-形，含摄耳-声而回归舌-味之思想运动。从魏晋新形名家开始，至宋明儒，这个思想逻辑再次演绎。20 世纪中国思想之发展也不例外。关于此思想逻辑的具体论述，请参见贡华南：《从见、闻到味：中国思想史演变的感觉逻辑》，《四川大学学报》2018 年第 6 期。

不时打扰，却从没有被遗忘。所谓“满目山河空念远……不如怜取眼前人”（晏殊《浣溪沙》）。酒以其热力快速移易人的形神，这对于被现代快节奏生活打乱身心的人来说有着迫切的需求，对于遗忘自身的人重寻自我来说尤为必要。不断地突破、弥合不同节律之差异，调整着生命节律，方可真正与时偕行。以形神相亲为基础，现代社会的健全的精神生活才得以可能。

在“更高更快更强”这样普世精神主导下，酒的精神——不断突破、升腾的精神——应和着时代精神，不断勃发。对于当代快节奏忙碌的生活，既是物质生活又是精神生活的饮酒也没有缺席。快速地升腾，快速地展示自己的成就，向既往快速地道别，让未来快速地到来，酒再次充当着精神的引子——引导者。“力波啤酒，喜欢上海的理由。”这虽是广告词，但却无意中透露出酒与当代人的精神间隐秘的关联。特定的时代精神由特定的酒来彰显，这酒也就承载着特定的信念与希望。饮酒的根据就不单单在个人欲望、兴致，而是一种时代风尚与风貌。“一年一个样，三年大变样。”在酒的激荡中，“变样”的既是个人的情性，也包括身处其间的为我之物、为我之境。当然，“变样”不是随意的蔓延，它在突破增长中指向新方向的确立与新秩序的形成。作为时代精神的承载者，不同的酒导向不同的价值目标，“开启尊贵生活，中国魂”（汾酒广告词之一），“喝出健康，喝出美丽”（茅台酒广告词之一）。“尊贵生活”“健康”“美丽”，凡此等等，既是饮酒者情之所钟，也是造酒者的精神目标。酒所开启的这些观念之间的事实性关联在饮酒活动中被转换为价值观念间的关联。酒与时代精神不二，饮酒理所当然成为当代人过精神生活的基本方式。

或许还有新的精神生活方式不断涌现出来，比如层出不穷的电子游戏、花样百出的各种刺激花头等等，不过，除非造出足以改变中国人精神方向的新神，不然饮酒依然会是中国人过精神生活的优先选择。

第一章 饮酒：从神到人

文明初创时代的酒首先被献给神灵，被用来通神灵，也只有神灵可以醉。周公制礼作乐，将酒纳入礼制之中。但酒以突破界限为性，从神饮到人饮，从王公贵族宴饮到庶民日常招饮，酒也很快突破层层限制，占有寻常百姓家。酒之无往不胜源于酒自身甘辛之味，以及甘辛之味对人的吸引、移易。贤愚同好此味，只要不绝此人之所同好，酒便会继续无往不胜。在中国历史中，因天灾人祸、物质短缺而出现过短暂禁酒。更多时候，开放饮酒，并随时在思想层面安顿酒。从汉代“酒以成礼”说，到宋代“饮酒人之常情”，再到明代“酒为日用之需”，酒深度融入社会、人情、日用中，并在精神层面不断与人性交融，由此成为精神之物。

一 从神饮到民饮

从以抵抗酒的礼乐精神立国，到不断无礼饮酒而致使礼崩乐坏，周王朝的命运始终与酒捆绑在一起。从《颂》《雅》到《风》，《诗经》清晰反映了西周以来对酒态度的变化，周的精神随着饮酒精神的变化而呈现同步演变。周公制定《酒诰》，确立了周人饮酒的精神基调。从《周颂》《大雅》中祭祀饮酒、孝亲饮酒到《小雅》《风》中私人宴饮，从以礼饮酒到以酒解忧、以酒和乐，饮酒由公共事务逐渐变为个体行为，酒的功能也逐渐由口腹享受转变为调理身心。不断增长的、为悦友或解忧等的私人性饮酒、醉酒，既远离《酒诰》精神，也不断冲击着礼乐制度。特别是，随着宴饮频繁举行，人们对"醉"由规避到接受，甚至饮酒不醉被耻笑，对醉酒的态度完全被颠覆。酒逸出礼乐之外，标志着周的制度与精神的双重解体。如何安顿张扬欲望而充满反叛性的酒，成为春秋以降的时代课题。

周公制礼作乐，专门针对饮酒而制定《酒诰》，明确将酒作为"丧德""丧邦"的原因。"我民用大乱丧德，亦罔非酒惟行；越小大邦用丧，亦罔非酒惟辜。"（《酒诰》）酒的问题关系到德之得失与国之兴衰，成为国家大事，因此需要从国家层面确立对策。《酒诰》认为殷商之失天命是由于疯狂饮酒，周之得天命则是他们没有沉湎于酒。《诗·大雅·荡》借文王之口声讨纣王，其罪责亦定格在沉湎于酒。把丧德亡国的原因归咎于饮酒，这有别于《泰誓》《牧誓》。后者以武王之口指责纣王听从妇人之言而不用贤人，残暴百姓，而致灭亡。将国之得失归于饮酒，自然需要在精神层面慎重对待。

《酒诰》中既有对群臣沉湎于酒的禁戒，也反对自己饮酒取乐，而主张不要频繁饮酒。同时也规定了可以饮酒的三种情况：祭祀用酒、父母庆时用酒、养老用酒等。即使在可以饮酒的场合，也要自制：首先在精神态度上不要沉湎于酒；其次要求饮者以自己德性的力量控制酒，不至于醉。

《酒诰》奠定了周代处理酒的精神基调，《周礼》则是此精神的制度设置。比如，周代设置“酒正”一职，掌管酿酒相关政令，包括酒的分类、各类酒的酿造方法、饮酒方法、饮酒量的分配等等。控制酒的买卖、节制饮酒是周的基本政策。同时，又设置“萍氏”一职，负责管理饮酒。这样就将酒问题完全纳入制度层面，牢牢管控着人们的饮酒行为。

（一）饮惟祀

周民史诗《诗·大雅·生民》对于我们理解周代酒精神很重要。该诗记载周始祖后稷出生，屡弃不死，有稼穑禀赋，种植品种多、质量好，丰收，祭祀的人生历程。对于祭祀，《生民》描述得比较详细：“诞我祀如何？或舂或揄，或簸或蹂。释之叟叟，烝之浮浮。载谋载惟。取萧祭脂，取羝以軷，载燔载烈，以兴嗣岁。卬盛于豆，于豆于登。其香始升，上帝居歆。胡臭亶时。后稷肇祀。”后稷将收获的秬、秠、糜、芑等清理、淘洗干净，蒸熟后酿酒。然后，点燃牛油裹着的香蒿，烤熟宰杀好的公羊，以此献祭上帝。上帝在上界，人们就用具有向上升腾功能的气味（“其香始升”）进献。上帝为酒、肉、蒿的香打动，就会保佑来年丰收。后稷开创的农业种植被周族传颂、继承，其收获谷物后酿酒祭祀也一直被其后人模仿。为感念后稷恩德，后世将后稷奉为“神”——谷神、农神，亦有将其奉为“酒神”者[①]。

祭祀时进献给神灵的酒被赋予神性，人们饮用充满神性的酒首先被认为接受了神灵的佑护，这样充满神性的酒有益身心。祭祀时或祭祀后饮酒，敬神的酒被神性化。祭祀者接着神饮，向神灵要酒，以酒与神灵沟通。饮酒让人晕眩，让人情绪高亢，以至疯狂，这种神奇体验也让酒增添了神性成分。酒让人触及了神秘，这神秘的体验让人着迷，尤其是在对照周遭世界的不幸与苦难时，人们会痴迷地寻找那样能够立刻助人摆脱不幸与苦难的体验。

《周颂》大部分是西周初年周王朝的祭祀乐章，西周初年基本秉承《酒诰》精神，坚持祭祀之后宴饮。当然，酒首先用来进献给神灵或祖先。比如《诗·周颂·执竞》：“钟鼓喤喤，磬筦将将，降福穰穰。降福简简，威仪反反。既醉既饱，福禄来反。”朱熹认为这是合祭周武王、周成王、周康王的诗。武王等神灵醉饱之后，用福禄报答祭者。祭司（“尸”）需要饮酒，并且可以“醉”。祭司之醉是必要的，唯有“醉”，才能通达神灵。值得注意的是，祭祀饮酒总是与音乐交织在一起，所谓“钟鼓喤喤，磬筦将将”也。殷商有尚声又尚臭的传统，将美妙的音乐与美酒献给伟大的先祖，这是周对殷商尚声又尚臭传统的继承。

祭祀庄严肃穆，祭祀后饮酒往往也能谨守礼节，如“丝衣其紑，载弁俅俅。自堂徂基，自羊徂牛，鼐鼎及鼒，兕觥其觩。旨酒思柔。不吴不敖，胡考之休”（《诗·周颂·丝衣》）。周王祭神后宴饮宾客，宾客穿戴高贵华美。“吴”，喧哗；“敖”通“傲”，傲慢。“不吴不敖”指饮酒时彬彬有礼，饮酒有节。“兕”“觥”为酒器；“思柔”即“柔柔”，酒味柔和状。柔和的美酒对人具有强大的吸引力，以兕觥饮

① 比如，江苏省洋河镇酿酒者将后稷奉为“酒神”。

酒还能知酒味柔和，这说明所有的饮者都十分节制。《诗·小雅·桑扈》有类似描述："兕觥其觩，旨酒思柔。彼交匪敖，万福来求。"所有的饮者都能以自己的理智抑制贪酒的欲望，酒后还能和宴饮前一样，穿戴整齐，举止合宜，这表明，在周王贤明之治下，人们对礼制也充满敬意。

作为农业立国的大周，对与农业收成有重要关系的天地都怀有深深的敬意。相应地，祭祀田神便成为国之大事。《周颂·丰年》对此有反映："丰年多黍多稌，亦有高廪，万亿及秭。为酒为醴，烝畀祖妣。以洽百礼，降福孔皆。"周人认为，丰年来之不易，人的辛勤劳作、照料是必要条件，田神、祖先的保佑则是丰年的前提。祭祀田神、祖先是为了感恩他们降福，这也是来年收成的保证。酿酒主要是为了进献给田神及祖妣，而不是为了自己饮用。

春秋时期，尽管诗书礼乐精神式微，但是作为周公后嗣，鲁国一直能够秉承周公的《酒诰》精神。鲁侯战胜淮夷之后，在泮宫宴请宾客，饮酒庆祝。"思乐泮水，薄采其茆。鲁侯戾止，在泮饮酒。既饮旨酒，永锡难老。顺彼长道，屈此群丑。"（《诗·鲁颂·泮水》）郑笺："在泮饮酒者，征先生君子与之行饮酒之礼，而因以谋事也。已饮美酒，而长赐其难使老。难使老者，最寿考也。"① "戎"是国之大事，安定淮夷对鲁国的生存与发展都意义重大。兵胜之后，请宾客饮酒，为鲁国未来谋划，这是国之大事而非个人喜好。饮酒庆祝，理所当然。养老是饮酒的另一个目的，而不是为了欲望满足。

"祈年"是国家重要的祭祀活动，其间也可以饮酒。如《诗·鲁颂·有駜》载："有駜有駜，駜彼乘黄。夙夜在公，在公明明。振振鹭，鹭于下。鼓咽咽，醉言舞。于胥乐兮！有駜有駜，駜彼乘牡。夙夜在公，在公饮酒。振振鹭，鹭于飞。鼓咽咽，醉言归。"鲁僖公

①《毛诗正义》，北京：北京大学出版社，1999年，第1399页。

祈年之后与群臣宴饮欢乐，有酒有乐，兴致高涨时，君臣共舞。同样是祭祀后饮酒，祭祀者甚至可以一醉。“夙夜在公，在公饮酒”是描述鲁僖公勤于政事，在公事时燕享饮酒的场景。鲁僖公之饮具有公共性质，而不是私人性享乐。《鲁颂》赞美鲁僖公在公饮酒，饮酒本身属于乐事。对饮酒的这种赞美表明它并没有产生不良后果，由此推论，时人饮酒当在礼制之下进行，饮者也大都能节制。

《大雅》是在西周初年比较繁荣的时期王侯朝会宴飨时用的乐歌。内容有对祖先与神的颂扬，也有大量对贵族生活的描写。饮酒大多是在祭祀或祭祀之后。如《大雅·旱麓》：“瑟彼玉瓒，黄流在中。岂弟君子，福禄攸降。鸢飞戾天，鱼跃于渊。岂弟君子，遐不作人？清酒既载，骍牡既备。以享以祀，以介景福。”通常认为这是歌颂周文王祭祀祖先而得福的诗，同《周颂》内容接近（时间上迟于《周颂》）。“黄流”之“黄”是用黄金制成或镶金的酒勺；“流”是用黑黍和郁金草酿造配制的酒，用于祭祀，即秬鬯。秬鬯美酒珍贵稀少，往往作为珍贵之物赏赐给有功之臣。

周宣王中兴，内用贤臣辅政，外借诸侯之力征讨四方。其治国大体也都依礼制进行，包括践行。比如《诗·大雅·韩奕》：“韩侯出祖，出宿于屠。显父饯之，清酒百壶。”韩侯离京，出行祖祭是礼制；显父衔命出京，在郊外饯行，这也是礼制。祖祭后出行，祭礼用清酒，所以饯行也用“清酒百壶”，这仍是礼制。

天子田猎与祭祀一样隆重，依照礼制，收获猎物，田猎结束后也会饮酒。《诗·小雅·吉日》对此有描述：“既张我弓，既挟我矢。发彼小豝，殪此大兕。以御宾客，且以酌醴。”这首诗描述宣王田猎的准备，以及田猎过程、收获猎物后燕飨群臣、共同饮酒的盛况。酒能助兴，饮酒乃庆祝典礼中不可缺少的环节。

按照礼制，周天子把弓矢赏赐给有功之臣，也相应有燕飨饮酒。比如《诗·小雅·彤弓》：“彤弓弨兮，受言藏之。我有嘉宾，中心贶之。钟鼓既设，一朝飨之。……钟鼓既设，一朝右之。……钟鼓既设，一朝酬之。”郑笺：“大饮宾曰飨。”[①]“飨”即为宾客提供丰盛酒食。“右”通“侑”，意思是劝酒。“酬”是回敬酒。赏赐弓矢仪式中钟鼓齐奏，饮酒也井然有序。心中的喜乐与酒乐相互渲染，将赏赐弓矢活动推向高潮。

周王室族人宴饮时，往往老少齐聚，主献宾酢，比射饮酒。饮酒并不是宴饮唯一的目的，以酒和乐族人更重要。“戚戚兄弟，莫远具尔。或肆之筵，或授之几。肆筵设席，授几有缉御。或献或酢，洗爵奠斝。醓醢以荐，或燔或炙。嘉肴脾臄，或歌或咢。敦弓既坚，四鍭既均，舍矢既均，序宾以贤。敦弓既句，既挟四鍭。四鍭如树，序宾以不侮。曾孙维主，酒醴维醹，酌以大斗，以祈黄耇。”（《诗·大雅·行苇》）兄弟们共同参与饮酒仪式始终，在此过程中，平日里清晰的等级被和乐浑化。共同饮酒歌唱，以此增进兄弟情谊。比射过程热烈，敬贤而不慢不贤。族人和乐友爱，对长者更能尊之敬之。“老者不射，酌大斗饮之座中，乃不寂寞。”[②]“黄耇”指年高长寿者。宴饮中大斗敬老，也算符合《酒诰》饮酒规定。

天子祭祀神灵时，由卿代被祭的神灵而受祭，被称为“公尸”。祭祀时，“公尸”即神灵，“公尸”饮酒即神灵饮酒。“凫鹥在泾，公尸在燕来宁。尔酒既清，尔肴既馨。公尸燕饮，福禄来成。……公尸来止熏熏，旨酒欣欣，燔炙芬芬。公尸燕饮，无有后艰。”（《诗·大雅·凫鹥》）公尸来到宗庙接受宾尸之礼，人们答谢公尸，献给公尸清醇甘甜的酒与香酥鲜美的佳肴，希望公尸沟通献祭的人们与受祭的神灵，并祈求神灵赐福。公尸可以放开饮酒，醉醺醺是常态。类似的还有《诗·大雅·既醉》：“既醉以酒，既饱以德。君子万年，介尔景福。既醉以酒，尔肴既将。君子万年，介尔昭明。”学者认为，这是祭祀祖先时，工祝代表神尸对主祭者周王所致的祝词[③]。醉酒饱德

---

① 《毛诗正义》，第 626 页。
② 方玉润撰，李先耕点校：《诗经原始》，北京：中华书局，2006 年，第 510 页。
③ 程俊英、蒋见元：《诗经注析》，北京：中华书局，1991 年，第 812 页。

显示君子的殷殷厚意，工祝不醉反倒显示神尸不满，也难以赐君子洪福。

《小雅》中也有几篇描述王者大祭的诗，其饮酒亦能严格按照《酒诰》所规定。周王自认受天命即位，天也会保佑周王室，所谓“天保定尔，亦孔之固”（《诗·小雅·天保》）。新王祭祀祖先，感谢先王，期待先王继续保佑新王。“吉蠲为饎，是用孝享。禴祠烝尝，于公先王。”（《诗·小雅·天保》）“饎”，酒食。“禴祠烝尝”是四季祭祀名称。每个季节的祭祀都需要为先王献上酒食。祖先受祭降临，赐予福禄，国泰民安。

《诗·小雅·楚茨》是周王祭祀祖先的乐歌。在辛苦耕种、大获丰收后，周王用吃不完的粮食做成美酒佳肴，以此献祭列祖列宗。请他们前来享用祭品，赐予我们洪福。祭祀时态度恭敬，仪态端庄。洗净牛羊，宰割、烹煮、分盛、献上。司仪主持仪式，祖宗来享用，神灵来品尝。然后，主客敬酒酬答，举止合礼，言谈合仪。祖宗的神祇光临。司仪开始向大家致辞，上供美味芬芳的祭品。神灵又吃又饮，钟鼓之乐奏鸣。神灵喝得醉醺醺（“神具醉止”）。神尸起身离开那神位，把钟鼓敲起送走神尸。撤去肴馔祭品，在场的诸父兄弟一起来参加家族宴饮。酒菜味道好，神灵爱吃，他们能让祭祀者长寿不老（“神嗜饮食，使君寿考”）。乐队接着演奏，大伙尽享祭后的酒肴，最后大家都吃得酒足饭饱。参与祭祀的人都能“既醉既饱”，这表明对“醉”的警惕已经淡化，周公“德将无醉”的教诲也渐渐被忘却。

《楚茨》言“以往烝尝”，包含秋冬二祭。紧接其后的《小雅·信南山》则单言“是烝是享”，仅写岁末之冬祭，所谓“曾孙之穑，以为酒食。畀我尸宾，寿考万年”。其对“烝”祭过程的描述与《楚茨》差不多，即在先祖开拓的疆土上勤劳耕耘，大获丰收。以多余的谷物酿酒，献给逝去的祖先（祭祀中献给神尸与宾客）。具体说就是“祭以清酒，从以骍牡，享于祖考。执其鸾刀，以启其毛，取其血膋。是烝是享，苾苾芬芬。祀事孔明，先祖是皇。报以介福。万寿无疆”。祭祀时先以郁鬯灌地，求神于阴，然后迎牲。取其膋，以升臭。合之黍稷，实之于萧而燔之，以求神于阳①。清酒、膋肉、萧皆有芬芳气味，气味弥漫向四方，特别是向上运行。人们在祭祀中以清酒、膋肉、萧来取悦神灵，求取神与祖考保佑，这个观念与殷商的观念是一致的。

《小雅·湛露》则描述了依照礼制宴饮，醉而能够保持仪容的情形。“湛湛露斯，匪阳不晞。厌厌夜饮，不醉无归。湛湛露斯，在彼丰草。厌厌夜饮，在宗载考。湛湛露斯，在彼杞棘。显允君子，莫不令德。其桐其椅，其实离离。岂弟君子，莫不令仪。”“考”有解为宫庙落成典礼中的“考祭”。周王宴请诸侯，“厌厌夜饮，不醉无归”。醉后能保持“令德”“令仪”，说明礼制在某些人的心目中依然强大。但是，时常夜饮，每饮必醉。在此境况下，期待醉者能够一直遵循礼节，这恐怕勉为其难了。

（二）越礼而饮

随着生产的逐步恢复，西周的国力逐渐强大。粮食富足，酿酒的顾虑不复存在。人们饮酒频率增加，逐渐被酒味吸引。“酒，酉也。酿之米曲，酉泽久而味美也。”（刘熙：《释名》）酒味美，吸引人饮用，也让人饮后难忘，饮酒之风逐渐兴起。酒刺激人的欲望，也不断打开人的欲望；欲望也借助酒不断伸张。不再谨守“饮惟祀”等规定，脱离礼制饮酒，逐渐成为时代风潮。当然，新的时代风潮之形成离不开周王自上而下的引领。

幽王昏庸，不仅专宠褒姒，听妇人之言，而且沉溺于酒。《小雅·小宛》有清晰的描述：“人之齐圣，饮酒温克。彼昏不知，壹醉日富。各敬尔仪，天命不又。”作者借赞美饮酒节制的聪明人，指斥

---

① 参见《诗经原始》，第 435 页。

幽王每饮必醉，且不思悔改，日甚一日，以至整日昏昧。幽王如此沉湎于酒，完全忘记周公《酒诰》训导。作者忧心于此，担心天命由此旁落。故人心惶惶，惊恐万状。幽王湎于酒，与他亲近之人自然也能分一杯羹。《诗·小雅·正月》有："彼有旨酒，又有嘉肴。洽比其邻，昏姻孔云。念我独兮，忧心殷殷。"小人阿谀奉承讨好幽王，由此从幽王那里获取名利。他们也像幽王一样有美酒，有佳肴，生活奢靡。但是，正直而有才能之士却被排挤，远离酒肉充盈的奢靡生活。他们眼看着周王室堕落不止、日渐衰败，忧心如焚。

少数清醒之士的忧心并没有遏制住饮酒风潮。上湎于酒，下效仿之，饮酒之风遂盛行起来。

《诗·小雅·北山》中以士人之口抱怨大夫工作不均，其中有些大夫经常饮酒，所谓"或燕燕居息，或尽瘁事国；或息偃在床，或不已于行。或不知叫号，或惨惨劬劳；或栖迟偃仰，或王事鞅掌。或湛乐饮酒，或惨惨畏咎；或出入风议，或靡事不为"。部分大夫湛乐饮酒而不事劳作，不做公共事务。其饮酒当然与祭祀等公共事务无关，更有可能的是私人无故饮酒。他们能够明目张胆地饮酒，最大的可能是当时王室已经形成饮酒风气。王室自身无礼饮酒，上行下效，逐渐形成饮酒享乐之风。饮酒之风盛行，酒占有人，饮酒让人不断突破身心的界限，也不断突破礼制。我们看到，《小雅》中大部分贵族宴饮都摆脱了祭祀。不是为了鬼神、祖先而饮，也少有为孝养父母而饮，大多数宴饮是为了尊贤或和乐人群。

祭祀时饮酒是为神圣饮酒，然而当周王权威确立，人们也会为周王这个人世间的神圣饮酒。如《诗·小雅·鱼藻》："鱼在在藻，有颁其首。王在在镐，岂乐饮酒。鱼在在藻，有莘其尾。王在在镐，饮酒乐岂。鱼在在藻，依于其蒲。王在在镐，有那其居。"此诗描述人们庆祝周王建都镐京而饮酒作乐之事。他们发自内心爱戴周王，以饮酒表达激动、感恩。这种行为将酒带回人间，也释放了酒与快乐之间原本天然的关联，合乎人情却不合礼制。为了世间的人饮酒，饮酒的理由被无形间拓展了。

脱离礼制，今日为王饮酒，明日即可为贤明饮酒。世所传唱的《鹿鸣》一直被认为是周王宴请群臣宴会乐歌，后来成为贵族宴会的乐歌。随着王室日渐奢华，君王请群臣宴饮被视为自然而然的事情。“呦呦鹿鸣，食野之苹。我有嘉宾，鼓瑟吹笙。吹笙鼓簧，承筐是将。……我有旨酒，嘉宾式燕以敖。……我有旨酒，以燕乐嘉宾之心。”（《诗·小雅·鹿鸣》）君臣之间等级森严，听乐、饮酒都有助于化解由距离而产生的隔阂，从而达到沟通、团结的效果。不过，将原本进献给神灵或祖先的美妙的音乐与美酒直接献给嘉宾，而非祭祀、养老或父母庆饮酒，这是一个时代思想的重大变化。“燕乐嘉宾之心”，宾主共同饮酒、欣赏美乐，以音乐与美酒取悦嘉宾，让嘉宾感官满足，“人”成为中心。在以和乐为基本特征的乐与酒的潮水中，以“别异”为本质的“礼”受到冲击。《鹿鸣》中，礼还占据着主导地位，主宾都能循礼饮酒，有德而不恌。但随着群臣宴饮的兴起，礼与酒、乐之间的张力就此持续下去，后者始终威胁着礼的尊严。

长期饮酒的经验告诉人们，少饮可以养身——增强生命；滥饮败德——多饮则会减损生命。酒进入中国思想史乃基于道德与社会秩序，而不是审美或宗教。但是，随着饮酒禁令之松弛，酒与礼乐之乐、感官的愉悦，以及情感的和乐开始建立密切关联。酒在道德上遭遇的不快，则在与乐的结盟中获得了安慰与补偿。

《诗·小雅·鱼丽》是宾客赞美主人以酒食款待的诗。“鱼丽于罶，鲿鲨。君子有酒，旨且多。鱼丽于罶，鲂鳢。君子有酒，多且旨。鱼丽于罶，鰋鲤。君子有酒，旨且有。”主人准备的酒菜又多又美，显示出慷慨、好客之情。酒入口更入心，酒之美与多更增添主人精神光辉。这里提及的鱼是几种比较常见的鱼，而没有提及“乐”，或许给客人留下印象最为深刻的是“多”且“旨”的酒。反复且毫不顾忌地赞美酒（“君子有酒”），这与饮酒成风的时代完美契合。

《诗·小雅·南有嘉鱼》是燕飨通用之乐，同样有酒无乐。“南有嘉鱼，烝然罩罩。君子有酒，嘉宾式燕以乐。南有嘉鱼，烝然汕汕。君子有酒，嘉宾式燕以衎。南有樛木，甘瓠累之。君子有酒，嘉宾式燕绥之。翩翩者鵻，烝然来思。君子有酒，嘉宾式燕又思。”同样是吟诵宴饮的诗篇，《鱼丽》与《南有嘉鱼》都是反复提及酒食而不提“乐”。后代《乐经》失传，《乡饮酒礼》往往先歌《鹿鸣》，继而歌《鱼丽》与《南有嘉鱼》[1]。或许是后世宴饮频繁、简易，有酒即可进行；或许是乐之和乐功能被酒含摄，有酒无须乐了。

无须祭祀，直接宴饮宾客就可饮酒。同样，在宗族内部，无祭祀而单纯为了和乐兄弟妻子即可饮酒。如《小雅·常棣》：“傧尔笾豆，饮酒之饫。兄弟既具，和乐且孺。妻子好合，如鼓瑟琴。兄弟既翕，和乐且湛。宜尔室家，乐尔妻帑。是究是图，亶其然乎?”“饮酒之饫”之“饫”，《韩诗》作“醧”，是本字。《毛传》训为“私”，指家宴。私宴大抵是宗族间一种比较不拘礼节的宴饮。这样的宴饮与《酒诰》的饮酒的规定有悖，因此，将作者推定为周公，显然不妥[2]。兄弟亲于朋友，妻子也需要和乐，但是以此作为饮酒的理由却背离《酒诰》的精神主旨。

《诗·小雅·伐木》同样脱离了《酒诰》的规定，专门是为了增进友情而饮酒。《诗·小雅·伐木》认为，友情重要，于人于物皆然。鸟以其鸣得友，诗人求友主要借助宴饮。或许今人也会觉得酒肉朋友不可靠，但对于古朴的周人来说，拿出珍贵的酒肉招待朋友足以表达出内心的真诚。诗人意识到，对于无德之人来说，食物也会引起不满、怨恨（“民之失德，乾糇以愆”）。准备好酒肉，既为

① 《仪礼·乡饮酒礼》：“工歌《鹿鸣》《四牡》《皇皇者华》。卒歌，主人献工。……间歌《鱼丽》，笙《由庚》；歌《南有嘉鱼》，笙《崇丘》；歌《南山有台》，笙《由仪》。”

② 韦昭：“周公作《常棣》之篇，以闵管、蔡而亲兄弟。”方玉润从其说，认为该诗为周公作，穆共特重歌之尔。参见《诗经原始》，第332—333页。

招待老的朋友，也为款待新的朋友。拿出珍贵的酒肉大家一起享用，让宾客们放开顾忌，敞开心胸痛快饮酒（“有酒湑我，无酒酤我。……迨我暇矣，饮此湑矣”）。诗人相信，在享用美酒美食时大家的心会随着酒不断突破各自的界限而彼此交融在一起，就能够心心相连，成为相互了解、相互关心的朋友。只要大家能够成为朋友，世间就会和平。饮酒对于朋友间感情的培养不可或缺，但原本被视为无故饮酒的自暇饮酒却被理直气壮地提出来，不能不说是对周初饮酒精神的反叛。

当然，对朋友与兄弟两种不同的关系，《诗·小雅·常棣》更看重后者。兄弟血气相连、骨肉相亲。在彼此有难时，良朋帮不了什么忙（“每有良朋，烝也无戎”），总是兄弟靠得住（“凡今之人，莫如兄弟”）。兄弟在一起祭祀饮酒，也有助于团结和乐（“傧尔笾豆，饮酒之饫。兄弟既具，和乐且孺”）。兄弟和乐，妻子乃至全家才会安然相处。

无故饮酒泛滥，人们不再掩饰对酒的喜爱，甚至不掩饰嗜酒行径。如《诗·小雅·頍弁》：“有頍者弁，实维伊何？尔酒既旨，尔肴既嘉。岂伊异人？兄弟匪他。茑与女萝，施于松柏。未见君子，忧心奕奕；既见君子，庶几说怿。”《毛诗序》认为这首诗是“诸公刺幽王也”①，朱熹认为是“燕兄弟亲戚之诗”②。不管是诸臣求欢于幽王，还是诸侯宴饮兄弟亲戚，都表明西周末期饮酒已经突破周公所规定的祭祀饮酒范围。宾客们打扮得漂漂亮亮，目的是为了讨好、结交主人。讨好、结交主人，就可享受美酒佳肴。“尔酒既旨，尔肴既嘉。”在这里，人们不再掩饰对饮酒的嗜欲。为了能够饮酒，他们放下尊严，曲意奉承有酒者（“既见君子，庶几说怿”）。尽管他们很清楚宴饮生活不可长久，但他们仍无可救药地继续饮酒作乐。“死

① 《毛诗正义》，第867页。

② 朱熹：《诗集传》，北京：中华书局，2017年，第249页。

丧无日，无几相见。乐酒今夕，君子维宴。”处于衰世，他们随处可以感受到末日气息。既然来日无多，生活又没有透露出新的希望，他们能做的就是及时饮酒，享受眼前之乐。通过饮酒度完人生，酒成为人生最后的寄托，这无疑又赋予酒以特别的意味。

地位不高的人也会用酒来款待客人，**以酒待客成为上下通用的待客之道**。《诗·小雅·瓠叶》：“幡幡瓠叶，采之亨之。君子有酒，酌言尝之。有兔斯首，炮之燔之。君子有酒，酌言献之。有兔斯首，燔之炙之。君子有酒，酌言酢之。有兔斯首，燔之炮之。君子有酒，酌言酬之。”招待宾客唯有“兔”，这表明，主人并不太富有。但是，主人却反复表明自己有酒招待客人（“君子有酒”），似乎有酒就足以表达自己的盛情。将主食“兔”用各种方法烹煮，变换花样愉悦宾客，显示出主人好客且厨艺高超。不断地敬酒（“献”）、回敬（“酢”）、再敬酒（“酬”），显示出主人殷殷待客之情。当然，宴请宾客有酒无乐表明，礼乐之乐在宴饮中逐渐淡化。

（三）不醉反耻

让酒与人直接碰面，酒直接占有人，饮者自然会逸出礼制之外。酒以辛热之力让饮者突破身心的边界，可以轻松化解各种隔阂，达到和乐一体状态。但放任饮酒至于醉，心灵昏昧，行为随之错乱。原本对礼制的敬畏逐渐淡化、遗忘，被教化陶冶的言语漫无边际，原本被规训的身体被洪荒的身体本能支配。醉者远离礼制，也冲击着各种现实秩序。

西周末年，王室饮酒之风盛行，原本在周初被视为洪水猛兽的“醉”也逐渐被饮者接受。起初“醉酒”尚与“饱德”紧密连接，但很快“醉”解构“德”，而走向不德。其表现就是“醉”被颂扬，而“不醉”却被耻笑。对酒与醉的价值颠覆在《诗·小雅·宾之初筵》中得到完整呈现，宴饮的主角即周幽王。该诗生动刻画了主客由清醒到醉乱的过程。未饮时秩序井然，主人备好酒肴，钟鼓齐鸣，宴席开始，宾主以礼酬酢。继而行射礼，依照输赢饮酒。酒乐互相烘染，宾主情绪逐渐高涨起来。接着，诗人以白描手法形象地刻画了由未饮到初饮，由未醉到极醉的过程。“宾之初筵，温温其恭。其未醉止，威仪反反。曰既醉止，威仪幡幡。舍其坐迁，屡舞仙仙。其未醉止，威仪抑抑。曰既醉止，威仪怭怭。是曰既醉，不知其秩。宾既醉止，载号载呶。乱我笾豆，屡舞僛僛。是曰既醉，不知其邮。侧弁之俄，屡舞傞傞。”“温温其恭”，即柔和恭敬。未醉时举止谨慎庄重，仪态美丽缜密。喝起酒来，仪态逐渐变形。由初醉的“屡舞仙仙”，到甚醉的“屡舞僛僛”，再到极醉的“屡舞傞傞”，整个人完全变形。饮者既醉时坐立不安，酒精催动之下还会不断扭扭摆摆。酒醉后失去自我，轻薄无礼，忘记该干什么、不该干什么。醉后不能控制身体，歪歪倒倒，神圣的祭物被搅得乱七八糟，被酒控制的醉者以本能破坏既有的一切。醉者衣冠不整，随兴起舞，盘旋不停。醉酒之后，闹腾不休，该出不出，该入不入，败德毁仪。由醒到醉，有序到无序，由和乐到疯狂，宴饮的逻辑清晰地摆在世人面前。

人们深知醉酒会闹事，于是在宴饮时设立酒监与酒史。酒监的职责是依据礼制管控饮酒，保证宾主都能以礼饮酒，必要时还会责罚非礼、无礼者。酒史的任务是记载宴饮参与者的言行，特别是出格的言行，以便在其清醒时对照、反省。酒监、酒史的设置本为了将饮者控制在礼制之内，但现实的宴饮随着酒醉总是越出礼制。从《宾之初筵》看，醉酒后酒监管不住，酒史也无能为力。酒支配着人，言语行为俱乱，没醉的反被认为可耻（“不醉反耻”）。饮者四处冲撞，昏乱无序，在嬉闹之中越走越远。

酒监、酒史代表礼制[①]，笾豆代表神圣的祭祀。醉酒既越出礼

---

① 在《酒诰》中，周公设置了“宏父”一职来管理酒、饮酒事宜，并形成制度（“宏父定辟”），此即后来的“司空”“司寇”。又以礼刑为依据，主张“刚制于酒”，必要时可杀犯禁者。但随着宴饮频繁，特别是王室带头宴饮，“宏父”管不了频繁饮酒，只能退而求其次，设置酒监、酒史，以礼引导饮酒。

制，也无视，甚至反对、攻击神圣。尤其是当原本被严防死守、避之不及的“醉”被接受、视为理所当然，而“不醉”被耻笑，宴饮的价值观彻底颠覆了周公的训导，以及由他所奠基的价值观——欣赏、追求“无醉”。在新的价值观主导下，每一次欢宴都重复着对礼制与神圣的羞辱。饮酒乱德失仪，礼一次次被玩弄、羞辱，这必然降低礼的尊严。“礼崩”实由此肇始。

周平王在晋文侯、郑武公、卫武公、秦襄公等帮助下在洛邑建立东周。但其人却像其父幽王一样不堪大任。卫武公说他：“其在于今，兴迷乱于政。颠覆厥德，荒湛于酒。女虽湛乐从，弗念厥绍。罔敷求先王，克共明刑。”（《诗·大雅·抑》）“湛”通“酖”，意思是乐酒。周平王罪责有六，实际上却互为表里。“荒湛于酒”“虽湛乐从”是“颠覆厥德”的具体表现，也是“弗念厥绍”“罔敷求先王”的例证。不管是以酒取乐，还是饮酒忘忧，沉湎于酒，酒醉必然悖德乱礼。平王之政迷乱，实由乐酒而来。平王完全背离文武周公等先王确立的礼乐精神及其开创的基业，又回到周初所批判的“荒湛于酒”“虽湛乐从”的老路。周人指责商纣王沉湎于酒而失去天命，周平王沉湎于酒也同样走向王朝的没落。这也让人再次确认周初以来酒可亡国亡身论断之真理性。

（四）宜言饮酒，与子偕老

《国风》提及饮酒的诗篇不多，表明中下层民众饮酒并不普遍。但是，中下层饮酒也有新精神出现，那就是自暇自逸。

在古代中国，婚姻一直被理解为“合二姓之好”。夫妇有别（身体、心理等自然差别及角色认同等社会差别），夫妇构成的家庭内部充满差序。以“亲亲”为特征的家一直需要某种物质或精神来浑化差别，达到和乐一体。比如《诗·小雅·车舝》：“间关车之舝兮，思娈季女逝兮。匪饥匪渴，德音来括。虽无好友？式燕且喜。依彼平林，有集维鷮。辰彼硕女，令德来教。式燕且誉，好尔无射。虽无旨酒？式饮庶几。虽无嘉肴？式食庶几。虽无德与女？式歌且舞。”“誉”通“豫”，快乐。朱熹说：“此宴乐其新昏之诗。”[①] 新婚宴乐，饮酒欢庆，这是礼制。亲朋好友与新人一起饮酒，载歌载舞，酒与乐相互推动，完成人生盛典。酒与乐又是婚后家庭生活的基本方式，这在后世比较普遍。比如《诗·郑风·女曰鸡鸣》：“宜言饮酒，与子偕老。琴瑟在御，莫不静好。”饮酒与作乐就被理解为夫妇相处过程中浑化差别、调节冲突的基本方式。杯酒下肚，原本清明的头脑逐渐浑化，彼此的差异淡化。原本矜持的各种面具会被坦然褪下，日常交往中留下的误解会被直率地说出，各自在酒意中宽心宽怀，完成磨合，融为一体。后世，家庭生活成为自足的精神生活，饮酒也相应成为超越柴米油盐平淡日子的重要的精神生活方式。如果说“执子之手，与子偕老”（《诗·邶风·击鼓》）是静态的完美爱情画面，“宜言饮酒，与子偕老”则是动态的、富有生活气息的完美爱情画面。不过，夫妻间、家庭内饮酒不再谨守“父母庆”或“养老”的旧规，而往往是为了和乐。显然，如此饮酒已经逸出《酒诰》所规定的范围，具有私人性质。

在远离庙堂的村落，礼制远未普及或达到控制一切的强度。在收获之后农闲之时，酿酒、举酒庆贺丰收，年终时相互邀饮，普通又正常。《诗·豳风·七月》就描述了民间饮酒的原始风貌。“七月流火，九月授衣……十月获稻。为此春酒，以介眉寿。……九月肃霜，十月涤场。朋酒斯飨，曰杀羔羊，跻彼公堂。称彼兕觥：万寿无疆!”这首诗描述了一年四季的劳动生活，春耕、秋收、冬藏、采桑、染绩、缝衣、狩猎、建房、酿酒、劳役、宴飨等无所不包。《毛诗序》认为是“陈后稷先公风化之所由，致王业之艰难”[②]。但方玉润认为这不大可信：“《豳》仅《七月》一篇，所言皆农桑稼穑之事，

① 《诗集传》，第 250 页。
② 《毛诗正义》，第 489 页。

非躬亲陇亩久于其道者，不能言之亲切有味也如是。周公生长世胄，位居冢宰，岂暇为此？且公刘世远，亦难代言。此必古有其诗，自公始陈王前，俾知稼穑艰难并王业所自始，而后人遂以为公作也。"① 方氏所言合情合理，当从。如我们所知，周以农立国，一年四季的农事都是国之大事。尽管酿酒者与饮酒者可能错位（酿酒者不得饮），但是酿酒、饮酒对于周王室来说同样都是不可或缺的大事。时候一到，时机成熟，如期酿酒、饮酒。每年春去秋来，辛勤劳作而又收获之时，酿酒、饮酒乃自然而然必须完成的事情。丢失或错过这个环节，眉寿难得，友朋难飨，生命、生活之时节会错乱、残缺。无酒不能祭神，不能祭神则得不到神的佑护；没有神的佑护，春耕、秋收、酿酒等大事也无法照常进行。

人们伤心郁闷时也会想起酒。比如，在《诗・周南・卷耳》中，我与所怀之人分离，思念而不得见，遂伤心不已。"采采卷耳，不盈顷筐。嗟我怀人，置彼周行。陟彼崔嵬，我马虺隤。我姑酌彼金罍，维以不永怀。陟彼高冈，我马玄黄。我姑酌彼兕觥，维以不永伤。陟彼砠矣，我马瘏矣，我仆痡矣，云何吁矣。"饮酒的目的是"维以不永怀""维以不永伤"，即化解忧伤，解释郁结。所思在远方，久久不能释怀，这时就想起了酒。酒既能温暖身心，化解郁结，去除忧伤，也能冲决理智对现实的屈服，激发、释放人的想象力：消除时空距离，我走向远方，走近所思；远方之所思也能来到我面前，与我交会。尽管不能根除忧伤，但饮酒却能起到缓解伤痛的作用。

酒可缓解忧愁，但却不能从根源处解决那些深深的忧伤。《诗・邶风・柏舟》对此揭示甚明。"泛彼柏舟，亦泛其流。耿耿不寐，如有隐忧。微我无酒，以敖以游。"（《柏舟》）人类之忧有多种，或浓或淡，或深或浅。"隐忧"指深深的忧伤，这里主要指被小人长久压制、凌辱而形成的伤痛（"忧心悄悄，愠于群小。觏闵既多，受侮不

①《诗经原始》，第 303—304 页。

少”）。《毛传》训“隐”为“痛”[1]，“隐忧”指让人深深疼痛的忧伤。隐忧伤人深，饮酒或能让人暂时忘却一些轻微的伤痛。但那些深入到心灵深处的隐忧，随时会泛起，酒对之亦无能为力矣。饮酒却依然疼痛，这是人类最大的悲哀。这也说明，酒的解忧作用十分有限。

摆脱孤独，这是士人饮酒的重要动机。《诗·唐风·有杕之杜》道出了孤独者的心声：“有杕之杜，生于道左。彼君子兮，噬肯适我？中心好之，曷饮食之？有杕之杜，生于道周。彼君子兮，噬肯来游？中心好之，曷饮食之？”“杕”是树木孤生貌；“杜”果小而酸，不为人喜。它总是孤零零地立于道旁，无人过问。诗人以杕杜自拟，渴望被君子理解与关爱。“饮食”包括“饮”与“食”，就是喝酒、吃饭。在人际交往过程中，“饮食”总是以“饮酒”为主，“吃饭”为辅。“饮酒”不仅可以满足口腹之欲，带来味觉享受，同时也可以和乐精神。诗人深知，不管是独饮，还是群饮，饮酒总能充实内心，排除孤独感、寂寞感。对于心中念好的君子之可能的光临，诗人想到的就是唯有以美酒佳肴殷勤待之。对于孤独的诗人来说，“饮酒”不仅可以表达主人殷切的心意，还可以在对酌中沟通原本陌生而相隔的心灵，彼此相知相和。有了可以诉说的对象，才可以驱走孤独。

春秋时期，人们对生死的思考也助长着饮酒作乐之风，这在《诗·唐风·山有枢》中有生动的表现。“山有漆，隰有栗。子有酒食，何不日鼓瑟？且以喜乐，且以永日。宛其死矣，他人入室。”“死”是“生”的终结，随时从“死”的坐标衡量“生”，“生”便显示出幻灭的性质。既然死后会失去一切，及时行乐便成为“生”的唯一意义。朱熹认为：“盖言不可不及时为乐，然其忧愈深，而意愈

---

①《毛诗正义》，第114页。

餍矣。”[①] 生前拥有的一切死后都不再属于自己，思之令人忧伤。与其生前聚敛死后空，不如及时行乐。趁有生之年，喝酒吃肉，享受自己拥有的一切，遂被视为理所当然。饮酒只为喜乐，并无其他精神意义。

饮酒之风盛行，人们也开始欣赏、赞美能饮之人。比如《郑风・叔于田》中，能饮酒被当作美德受人尊敬，被人欣赏。“叔于狩，巷无饮酒。岂无饮酒？不如叔也。洵美且好。”这里以“巷无饮酒”来夸耀叔的勇武美好之德。就像叔骑马水平太高，相比之下，巷人虽会骑马但却被认为其骑马无意义。巷人皆不如叔善于饮酒，故其饮酒被当作“无饮酒”——饮酒量少而无意义。只有能饮、善饮的人之饮酒才有意义。以“美”“好”这样的语言夸赞善饮者，欣赏、赞美饮酒之意昭然。善饮者被尊敬，甚至被崇拜，这种社会风气显示出时人已经完全摆脱了周初对酒的敌意，以及对饮者的歧视。

不管是人际沟通的需要，还是为对抗孤独、疏解忧愁，抑或单纯为了喜乐，民间对酒的喜好显然已经摆脱了礼制的禁锢。经历数百年的抑制，原本重在沟通神人的酒回到人间，为人享用，酒的精神也在怡情、解忧中开始绽放。

从殷人尚酒到纣王湎于酒，周代商而断定纣王纵酒亡国。酒从带有神性之物转变为需要警惕的对象。周公制《酒诰》，从制度层面宰制饮酒活动，并制定了饮酒礼，饮酒从此被“礼”主导。从西周中后期开始，周人饮酒逐渐逸出礼制。由祭祀到个体的日常生活，由神饮到民饮，酒的神性淡化而精神性逐渐绽放。相应地，人们对“醉”的态度也发生颠覆性变化：从最初害怕醉、警惕醉，到祭祀时祭司醉酒被视为理所当然，再到宾主宴饮时不醉被耻笑，醉逐渐被接受。醉与礼制对立，醉被接受的过程也是礼制崩坏的过程。

---

① 《诗集传》，第 104 页。

酒逸出礼乐之外，标志着周的制度与精神双重解体。自暇自逸之饮酒失去规范，完全成为个人欲望之事，注定陷于狂野与混乱。如何对付、解决酒乱问题，如何安顿酒，也逐渐成为春秋以降的时代课题。

二 酒以成礼

春秋战国时期，新的形名事功思潮自上而下地笼罩，老的诗书礼乐思潮则以习俗等潜流形式在日常生活世界中断断续续流淌。形名事功思潮崇尚效率、功利，这与饮酒精神正悖反。其时，在制度层面，酒被牢牢压制，但是功利精神与欲望内在贯通，而饮酒又是个人欲望的主要对象。由此我们看到，制度层面上抑制甚至禁绝饮酒，但占有功利的特权阶层却可以放纵欲望、肆无忌惮地饮酒。饮酒欲望与形名事功之间相互纠缠、彼此对抗。饮酒名不正、言不顺，却又不能禁绝，自然成为时代迫切需要解决的难题。大秦建立，以刑法治国，非但没有解决问题，反而使矛盾激化。随着大汉政权的确立，这个难题也很快凸显出来。

刘邦近酒徒而远儒生，爱饮酒却不喜章法。英雄之饮中的酒天马行空、决断排难而无往不克。汉初饮酒无尊卑礼数，完全随顺己意，这威胁着新确立的政权及天下秩序。武帝依据《六经》展开“礼教”，将饮酒纳入烦冗的礼仪之中。以礼饮酒，不仅细致规定了酒、酒器的规模、位置、价值，对于饮酒者也进行角色化规范。饮酒被程式化，时间被拉长，节律被把控，酒对人的直接作用被弱化。通过对酒礼赋予道德化、宇宙论的诸种规定，饮酒礼逐渐深入人心而成为汉人的风尚。“礼”中之“酒”和乐、宁静、清明、节制、庄重。以礼饮酒虽然可以使人免除酒祸，但繁复的礼教一定程度又抑制了人的自然欲望。当权者自然欲望之伸张与权力之结合不断突破礼教的束缚，使礼教空洞化。礼与酒的长期对抗，以失败告终，酒精神再次得到伸张。礼对酒失去管制效力，以强制性为特征的“法”再次接管控制酒的重任。然而，人们对酒的欲望日益高涨，名法治酒亦难能持久。在冲决礼、法约束之后，尽管酒以狂野、任性、傲荡示人，但中国酒精神却渐近自觉。

周公制礼作乐，饮酒被纳入礼乐中而得以文明化。春秋以来，礼崩乐坏，饮酒渐失约束。诸子百家各以其道救世，对酒的看法也迥异。如孔子坚持恢复周礼，以礼饮酒。庄子反对以礼饮酒，认为饮酒一方面直接愉悦身心；另一方面，饮而醉可得“神全”，修道者正可由此入道。商鞅为贯彻“垦令”而以“法”强制抬高酒价，间接抑制官民饮酒。大秦一统列国，将酒事纳入《秦律》，如“百姓居田舍者毋敢酤酒，田啬夫、部佐谨禁御之，有不令者有罪”（《秦律·田律》）。饮酒等欢事受严令辖制，万民久苦而不堪。陈涉起事大泽，天下响应。楚汉灭秦，酒精神遂得以解放。

（一）英雄豪饮

在家天下的王朝中，开国之君的际遇往往会成为王朝的个性化标志。汉高祖刘邦带着一身酒气出场，预示着整个大汉王朝对酒的新态度。所谓：

好酒及色。常从王媪、武负贳酒，醉卧，武负、王媪见其上常有龙，怪之。高祖每酤留饮，酒雠数倍。及见怪，岁竟，此两家常折券弃责。……高祖被酒，夜径泽中，令一人行前。行前者还报曰：“前有大蛇当径，愿还。”高祖醉，曰：“壮士行，何畏！”乃前，拔剑击斩蛇。蛇遂分为两，径开。行数里，醉，因卧。[①]

本性爱酒、以酒结交豪杰、醉斩白蛇等等，构成了帝国原初的人格化形象与神圣记忆。继承此良好的饮酒基因，进行文化装饰并在理论上为饮酒辩护，这成了帝王后继者的历史责任。

酒性至热，饮酒会使人躁动不已，而不断突破理智、规矩等确定的边界。为维持既定秩序，先秦儒者采用两个办法对付酒："礼"与"德"。刘邦以马上得天下，开疆拓土、除旧迎新都需要以不断突破为其实质的酒精神。因此，他颇瞧不上以《诗》《书》为业、循规蹈矩的儒生。《史记·郦生陆贾列传》记载："初，沛公引兵过陈留，郦生踵军门上谒……使者出谢曰：'沛公敬谢先生，方以天下为事，未暇见儒人也。'郦生瞋目案剑叱使者曰：'走，复入言沛公，吾高阳酒徒也，非儒人也。'"刘邦不喜"儒生"，"酒徒"则被视为同类，郦食其深知刘邦所好。"酒徒非儒"，这个观念表明了酒与礼（德）之间的对立。刘邦去世之后，吕后、文景用"黄老"治世，热忱经营天下的儒生依然靠边站。

高祖好酒，跟随其举事的文臣武将大都爱饮。比如，樊哙钟酒奋其怒解厄鸿门宴；曹参为相时日夜欢饮，不逊武夫。曹参一遵萧何约束，他要做的就是日夜饮酒。普通人饮酒是为了快乐，或为个体的修行，曹参饮酒不是为自己，而是为了大汉的生存与发展。饮酒中的人凸显的不是贤能才智，不是个人荣耀，恰恰相反，才智、事功都会在通往醉的饮酒过程中消隐，甚至饮者的自我与声名都被浑化。在日复一日的饮酒中，治理者无己、无名、无功，对周遭的他人来说，则意味着自行其是。曹参不仅自己饮，他还带着从吏一起饮，后世称曹参之饮为"国饮"，岂虚言哉！"国饮"不仅使饮者得以全于酒，由于在上位者饮酒身退，也使那些不饮酒的民众得以

① 司马迁：《史记》，北京：中华书局，1982年，第343—347页。

保命、全身。当然，曹参之饮并无礼仪规矩，他们夜以继日，想醉就醉。饮酒而歌呼表明他们的饮酒无尊卑礼数，完全随顺己意。

据实而论，汉初国家财政虽不宽裕，但上层却不乏宴饮。不过，即便皇族内部饮酒，也无规章可循。常见的是，以酒场当战场。据《汉书》记载，刘邦之孙朱虚侯刘章任侠善饮酒。朱虚侯欲以军法行酒，对吕后来说，乃司空见惯的事情。没想到朱虚侯竟然借以军法行酒为理由，剑斩亡酒的吕后族人。此后诸吕皆忌惮朱虚侯，众大臣皆依朱虚侯。最终，在朱虚侯协助下，铲除了吕氏而使刘姓天下得以延续。“以军法行酒”可以看作“马上得天下”观念之延续。酒场即战场，一如高祖的英雄之饮，充满豪迈、舍我其谁的气概。酒所显示的是天马行空、决断排难而无往不克的英雄气。不过，宴饮时“以军法行酒”真正的原因是，当时知礼之儒者被边缘化，酒礼不得立。

尽管汉初“文景”坚持以休养生息方法恢复生产，但是当时普通农夫的生活仍然窘迫。酿酒需要耗费粮食，由于粮食供给紧张，汉代对三人以上群饮明令禁止，《汉律》规定：“三人以上无故群饮，罚金四两。”对于独酌、两人对饮不禁止。当然，这两种情况在当时并不普遍。按照学界通行看法，汉代人普遍过小家庭生活，夫妻子女的五口之家最为普遍①。偶尔会有司马相如、卓文君这样的夫妻型家庭。总体上看，汉代人的个性并未觉醒，个人沉浸在小家庭中。个体专属的独酌、对饮没有生发的土壤。

（二）礼以备酒祸

经过几十年休养生息，汉帝国逐渐富裕起来。粮食富足，酿酒也随之兴盛。汉武帝天汉三年，政府推行“酒榷”制度：政府严格限制民间私酿自卖酒类，由政府独专其利。思想文化层面，陆贾所

---

① 岳庆平：《汉代家庭与家族》，郑州：大象出版社，1997 年，第 3—11 页。

说的“而以逆取顺守之，文武并用，长久之术”得到理解与实施。汉武帝推行“罢黜百家，表章六经”（《汉书·武帝纪赞》），依据《六经》而展开“礼教”——以礼为教。对饮酒，也不再放纵，而是以“礼”严加约束。

酒味甘辛，饮之怡人。饮酒带来感官享乐，然其副作用亦明显：突破秩序、乱性纷争。圣王制礼作乐正基于此。“饮食男女，人之大欲存焉。死亡贫苦，人之大恶存焉。故欲恶者，心之大端也。人藏其心，不可测度也。美恶皆在其心，不见其色也。欲一以穷之，舍礼何以哉?”（《礼记·礼运》[①]）“饮”是饮酒，饮水——玄酒也属于饮酒；“食”是进食。“大欲”与“大恶”相对，指人所追求的基本价值，或者说，是人的基本需求。把饮酒与吃饭、男女性欲都当作人之“大欲”，这已经把饮酒当作人类最基本的活动，也认可了饮酒的基本价值。可见，汉人已经认识并承认饮酒是人的基本需要。但是，人之欲恶皆在心，心在内而不可测度。待欲、恶在现实中完全展示出来（“穷”），必将产生难以控制的后果。为防患于未然，圣王先行用“礼”来约束其“行”，以此匡正其心之“欲”。由此，饮酒遂被当作“礼”重点应付的对象。《乐记》对此有直白的表述：

> 先王之制礼乐也，非以极口腹耳目之欲也，将以教民平好恶而反人道之正也。……夫豢豕为酒，非以为祸也，而狱讼益繁，则酒之流生祸也。是故先王因为酒礼。壹献之礼，宾主百拜，终日饮酒而不得醉焉，此先王所以备酒祸也。故酒食者所以合欢也，乐者所以象德也，礼者所以缀淫也。（《礼记·乐记》）

---

① 《礼记》不少篇章创作于战国，但在汉武之后被自上而下地提倡、推行，汉人接受、认同，成为汉人思想观念重要组成部分。

礼乐之作是为了使民调适自己的欲、恶，而归于人道之正。在饮食男女之大欲中，酒一直是个突出的问题，《乐记》也直接把“酒祸”问题提了出来。民众饮酒总会出问题，因此需要专门的“酒礼”来解决酒祸问题。“酒礼”如何能让饮酒“不生祸”？首先，饮酒的目的被确定为“合欢”，即将人与人之间的融洽关系作为饮酒之旨趣。酒与人之间的关系，尤其是酒对人的作用——感官快乐被自觉掩盖。为此，酒礼在酒与饮酒者之间设置了繁文缛节——“百拜”。每一次依照礼饮酒，饮酒都被百拜之礼拆、拉长，饮酒时空被延搁，最大化降低了酒对人的作用。这样，饮酒以礼终而不得醉，口腹耳目之欲被抑制，由此得人道之正。“礼”对于个人来说，首先是节制欲望，即让感官心智既得到适当的满足，又不至于放纵出乱。对于人群来说，礼则能够“定亲疏，决嫌疑，别同异，明是非”（《礼记·曲礼上》）。诚敬态度，规整仪容，尊亲成德，维护并安定群体秩序，这也是酒礼的基本功能。

饮酒涉及所有的礼仪。具体说，一方面，酒参与诸礼的展开、完成，诸礼对饮酒皆有规定；另一方面，针对有故饮酒也有专门的饮酒礼，如对“乡饮酒”专门制定“乡饮酒礼”。

在汉代观念中，酒为天之美禄。天子日常享用这天之美禄是很正常的事情。“天子玉藻……五饮，上水、浆、酒、醴、酏。卒食，玄端而居。”（《礼记·玉藻》）“饮”是饮料。天子享用的五种饮料中，“水”是“玄酒”，“浆”是浓汤，“醴”“酏”都是甜酒。所以，“五饮”以酒为主。酒性味甘辛，至热，故可以养阳气。“凡饮，养阳气也；凡食，养阴气也。故春禘而秋尝，春飨孤子，秋食耆老，其义一也。而食尝无乐。饮，养阳气也，故有乐；食，养阴气也，故无声。凡声，阳也。”（《礼记·郊特牲》）酒无形，其辛热性味向上运行，故为“阳”，也能养人阳气；“食”结体有形，为“阴”，也能养人阴气。“禘”“尝”为帝王、诸侯参与的大祭。在“禘”“尝”之祭中，必有“饮”与“食”。“饮”“食”非唯满足口腹之欲，实则为人践行阴阳之义的具体方式。就此说，饮酒是人参与阴阳交感、大化流行的最直接、最感性的方式。饮酒养阳气，这与“乐”是一致的，由此可以理解，在与礼乐的冲突中，“酒”却可以与“乐”结盟而共同对抗礼。饮酒被赋予阴阳之义，这一方面为远古时代以酒敬神提供了理论的基础，也赋予了人类日常饮食行为以神圣义。

不过，对天子、国君而言，他们有更多饮酒的条件与机会。为了节制他们，礼特别规定了“君”与地位卑贱的“野人”饮用酒的差别。“凡尊必上玄酒，唯君面尊，唯飨野人皆酒。”（《礼记·玉藻》）隆重的礼仪都尚玄酒与酒，“玄酒”即“水”。按照《礼记》的说法，水为酒之本，为酒的古初之态，故尊于醴酒，所谓“醴酒之用，玄酒之尚”（《礼记·礼器》），“酒醴之美，玄酒明水之尚，贵五味之本也”（《礼记·郊特牲》）。天子、君饮酒时都要备玄酒，边饮甜酒边饮水，这样就可以防止过量饮酒。“野人”则只有酒而无“玄酒”。这样就可以从酒的种类差异标明饮酒者身份的差异。年终大祭则让下层民众放开喝，这可能就是蜡祭举国狂欢。但就在举国狂欢时，大夫与士饮酒也不能像下层民众一样随意。

更讲究的是，天子在不同时节所饮用的酒也有差异。比如《礼记·月令》载，孟夏之月“天子饮酎，用礼乐”。郑玄注：“酎之言醇也，谓重酿之酒也。春酒至此始成，与群臣以礼乐饮之于朝，正尊卑也。”“酎”是两次或多次重酿的醇酒。孟夏之月饮此酒，以正尊卑。当然，在祭宗庙之礼中，为了表示礼仪隆重，会把“酒”改成典雅的名字，如“酒曰清酌”（《礼记·曲礼下》）。在祭祀宗庙时称“酒”为“清酌”，纯粹为了表达敬意。

宗庙之祭，不仅“酒”有尊称，饮酒之器也有尊卑之分。酒器尊卑之区分依照的是“以小为贵”原则，如“宗庙之祭，贵者献以爵，贱者献以散，尊者举觯，卑者举角。五献之尊，门外缶，门内壶，君尊瓦甒。此以小为贵也”（《礼记·礼器》）。饮酒之器贵贱不等：爵最小最尊；散最大最贱；觯小于角，前者尊后者贱。盛酒之器也有小大贵贱：瓦甒最小最尊；壶大于瓦甒，不及瓦甒尊贵；缶最大最贱，被放在门外。

臣下陪国君饮酒，需要严格依据礼的规定进行。比如，对君赐之酒，臣下要先拜谢，再接受。然后先祭后饮。每饮一次，容色也随之变化：一爵庄重诚挚，二爵温和恭敬，三爵欢欣谦逊。臣下饮酒，量不过三爵。这些形式化规定虽然能够保证饮酒秩序，但已经远离了饮酒之初衷——快乐，也使饮者个人德性无法得到践行。

“礼”依时而迁，饮酒礼需要根据时节等条件变迁而调整。比如，环境或哀或乐，相应的礼节也要调整。“行吊之日不饮酒食肉焉。”（《礼记·檀弓下》）吊葬期间，以哀为主，饮酒属于乐，故不能饮酒。这些礼仪对各阶层的人来说都有责任维护，国君更应该严格遵从。“杜蒉扬觯”典故，说的就是这个道理。杜蒉身份是宰夫，地位卑贱。他能熟悉“子卯不乐”这个远古流传下来的禁忌，并不惜以下犯上，捍卫饮酒礼，这说明当时饮酒礼已经很普及，宰夫都能熟悉饮酒之禁忌。以饮酒劝谏，也说明杜蒉等下层民众已经信服，且普遍接受了饮酒礼。

（三）以礼饮酒

上层可以日常饮酒，下层饮酒皆需要有其“故”，比如婚、丧、祭祀等家庭重要事情发生时可以饮酒。在不同的场合下，饮酒礼的规定也有差异。

在汉人观念中，婚姻的目的在事宗庙、继后世。因此，婚姻涉及的不唯两人，而是两个家庭，甚至两个家族，所谓“合二姓之好”（《礼记·昏义》）是也。婚前男女不得见面，相互不知其名。在父母之命、媒妁之言主导下，经历纳采、问名、纳吉、纳征、请期等程序，方可举行婚礼。婚礼过程中，要祭天、告祖，以酒食招待亲朋好友。婚礼为大喜，宾客饮酒为祝贺，为合欢。

新婚夫妇在婚礼期间要共食合饮。新媳妇进门，与女婿“共牢而食，合卺而酳”（《礼记·昏义》），表达“合体同尊卑”之义。“合卺而酳”相当于我们今天所说的“交杯酒”。饮酒让原本不相识的男女迅速消除陌生感，而相互亲近，快速融为一体。第二天早晨，新媳妇要拜见公婆，公婆将醴酒赐给儿媳妇。儿媳妇要用醴酒祭饮食之神。第三天早晨，公婆先后献酒给儿媳妇，儿媳回敬公婆。这就完成了“成妇礼”。以后，媳妇侍奉公婆，每天要早起恭敬地进上美食与酒醴。可以发现，婚礼之后，喜庆在继续，亲人们也可持续饮酒。

饮酒合欢，丧礼以哀为主，故不得饮酒。在服丧期间，原则上不能饮酒。病人、七十岁以上的老人例外。如：

> 居丧之礼……有疾则饮酒食肉，疾止复初。……七十唯衰麻在身，饮酒食肉，处于内。（《礼记·曲礼上》）
>
> 酒者，所以养老也，所以养病也。（《礼记·射义》）

汉人认为，“酒，百药之长”（《汉书·食货志》）。酒为阳，饮酒可以养人阳气。因此，饮酒不仅可以治病，还是养身佳物。病人养病期间，饮酒治病、养身，这是允许的。但病愈之后就要停止饮酒，保持悲哀心境。七十岁以上的老人居家服丧期间，为保持健康以及对老人的尊重，也可以食肉饮酒。

死后一周年祭——练后，儿女们可以吃蔬菜水果。二周年祭——祥后，儿女们可以食肉喝酒。喝酒要先喝醴酒。停殡期满三月埋葬后，服齐衰的亲属可以食肉饮酒。即使可以食肉喝酒，也不能与他人一起同饮同乐，等等。丧礼中为什么要先饮“醴酒”？其原因是“醴酒”只要酿一晚就可成，此酒微有酒味而已。饮醴酒而不至于厚味，故丧礼后也是“始饮酒者，先饮醴酒”。

酒是好物，对逝去者同于生者，比如把酒作为随葬品。随葬的醴酒要用稻米酿的醴酒，盛在甒里，放在棺椁之间。近年来，考古挖掘了不少汉代墓葬，多有醴酒出土①。由此可见，礼对酒的规定不仅适用于生者，也同样考虑到了死者。

祭祀是汉人生活中极其重要的事情。祭祀之礼离不开酒，正所谓“无酒不成礼”。对于如何饮酒、饮何种酒在各种礼中都有详尽的规定。

为降上神、先祖，祭祀时总把人间最好的祭品献上，被认为是“天之美禄”的酒是各种祭祀必备之物。条件允许时，各种酒都要献上，所谓“玄酒在室，醴盏在户，粢醍在堂，澄酒在下。……以降上神与其先祖”（《礼记·礼运》）。酒有厚薄，酒味越薄，出现越古，放置的位置越尊贵。水没有酒味，但被认为是酒之本，其地位最尊贵，被放在最尊的室内，醴酒（仅有酒味的甜酒）其次，白色糟渣很多的酒再次，渣子少、酒色清的酒被放在最低贱的堂下。实际上，通过把最好的酒摆在最低贱的位置，也表明制礼者在潜意识中害怕酒、拒斥酒。祭祀献酒依照先尊后卑顺序进行，即先献上最尊贵的玄酒，再献上次一等的醴盏。

“酒”是“饮”之一种，在汉代文本中，有时会对两者做出区分。如祭祖时会献上“饮”与“酒”。“饮：重醴，稻醴清、糟，黍醴清、糟，粱醴清、糟。或以酏为醴。黍酏、浆、水、醷、滥。酒：清、白。”（《礼记·内则》）祭祖时进献的“饮品”与“酒”有区分，但“饮”中含醴酒，含“玄酒”。故广义的“饮”包含一切酒。祭祀中，每个人都有其位置，也都会依照相应的位置饮酒。比如，对象征神灵的人（“尸”）之饮酒有具体的规定。“尸人”之饮礼同于驾车的人。当其在车，则右手举爵，先滴酒祭车，然后干杯。未成年人则是坐着祭，站着喝酒。

还有一些对更具体场合饮酒的规定。比如，宴席中，酒浆要放

① 比如长沙马王堆汉墓、西安凤鸣原汉墓等都发现了酒。近来，南昌西汉海昏侯墓葬中出土了青铜蒸馏器、提梁卣、耳杯、陶酒瓮等大量与酒有关的文物。

在饮者右侧。更具体地说："客爵居左，其饮居右。介爵、酢爵、僎爵皆居右。"（《礼记·少仪》）在乡饮酒礼中，宾客的饮器要放在自己座席左侧，祭酒后一饮而尽。次宾、观礼的宾客酒具放在座席右边。观酒具位置可知饮者的身份。对于饮酒与吃菜的先后次序也有规定。礼仪中尊贵的菜——"折俎"上来时，喝酒的人不能坐，撤去后可坐。喝酒前，不能吃菜肴。陪长者饮酒，少者不得先饮。长者如何饮，少者相应随之动。长者没喝干，少者不敢喝。饮酒本质被规定为"行礼"，因此，"行礼者"不得因酒而改易。"不变貌"即保持其仪容之一惯性，其间弹性很大。对饮酒量不做具体的规定，其由饮酒者个人掌控，这可以看作对孔子"无量，不急乱"原则的继承。

以礼饮酒，饮酒被仪式化。饮酒只是完整礼仪的一个环节，尽管不可或缺，但是，饮酒的实质已经被转换成个人品行的具体表现方式，变成了公共场合之个人表演。饮酒者关注的是自身饮酒行为是否恰当，是否在成礼中完成了自己的职责。饮酒行为中酒与人的直接关系被阻隔，酒对人的意味被竭力淡化。

（四）乡饮酒礼

酒不仅参与百礼，而且助益百礼完成。汉人还有乡饮酒之俗，为此也专门制定了乡饮酒礼。孔颖达认为，乡饮酒包含"四事"："一则三年宾贤能，二则卿大夫饮国中贤者，三则州长习射饮酒也，四则党正蜡祭饮酒。"（孔颖达《礼记正义·乡饮酒义》）有"事"则有"故"，有"故"则可饮。汉代重视"贤能"，对待"贤能"如同对待老年人，以酒饮之。这一方面表明，汉代酒为"天之美禄"说已经被普遍接受；另一方面可以看出，事功的价值逐渐被官方接受，也像美德一样为世人敬仰。从乡饮酒的频率说，"乡则三年一饮，射则一年再饮，党则一年一饮也"。乡饮酒属于乡州党公共事务，隆重、具有象征意义，但饮酒的频率并不高。

乡饮酒礼目的是规范乡饮酒，以求“免酒祸”。为实现这个目标，就要消除争斗意识——“远于斗辨”，而消除斗辩意识的前提是培养尊让挈敬精神。酒礼开始，主人在庠门外迎宾，需要行“三揖”“三让”“盥洗扬觯”之礼。“三揖”“三让”“盥洗扬觯”的目的是表达、培养挈敬精神。“三揖”“三让”“盥洗扬觯”等礼节烦冗，时空跨度大。饮酒行为本身只具有象征意义，或者说，被礼仪淡化。

招待宾客，要准备两个酒樽。一樽是称为“玄酒”的水，它比酒更古老，更尊贵；另一樽是饮用的酒。两樽放在宾主之间，宾主共同享用。饮酒时有菜肴，也备有清洁用的洗具。为了能招待好客人，乡饮酒礼中除了主、宾之外，还会设置“介”（副宾）、“僎”（主陪）。汉人对此设置给出了相应的说法：“宾、主，象天地也。介、僎，象阴阳也。三宾，象三光也。让之三也，象月之三日而成魄也。四面之坐，象四时也。”（《礼记·乡饮酒义》）可以看出，乡饮酒礼中的人都有自己的“角色”。这些“角色”依照天地、阴阳、三光、四时观念设置。对于“角色”，其视听言动有详尽的规定，比如“三揖三让”。进入各自的“角色”，饮者一方面被提升至天地间崇高的位置；另一方面，真实具体的存在被虚化。对于宾主介僎所坐的位置，他们同样给予了道德-宇宙论的说明：

> 天地严凝之气始于西南而盛于西北，此天地之尊严气也，此天地之义气也。天地温厚之气始于东北而盛于东南，此天地之盛德气也，此天地之仁气也。主人者尊宾，故坐宾于西北，而坐介于西南以辅宾。宾者，接人以义者也，故坐于西北；主人者，接人以德厚者也，故坐于东南。而坐僎于东北，以辅主人也。仁义接，宾主有事，俎豆有数，曰圣；圣立而将之以敬，曰礼；礼以体长幼，曰德。德也者，得于身也。（《礼记·乡饮酒义》）

从道德化了的天人一体观念出发，汉人赋予方位以道德特性，以配不同角色的饮酒者。天地有严凝之气、温厚之气，前者即天地的尊严气、义气，后者为天地的盛德气、仁气。宾主的座位所在依照此精神安排，“仁义接”被规定为乡饮酒礼的精神原则，“敬”是主导饮酒的精神态度，饮酒只是践行“敬”“礼”的具体方式，也是培养美德的具体方式，其最终目标指向饮酒者之“成德”。

正宾首先要祭饮食神，再祭酒，以表达自己的敬意。祭酒后抿一口酒，成就献酒礼。之后，移到席末，以表明设席的目的不是为了饮食，而是为了行礼。正宾干杯时来到西阶饮尽杯中酒，这也有深意，即表明设席的目的不是为了饮食，而是先礼后财。这样做，可以引导人民敬让而不争。可以说，饮酒是行礼的具体方式，也是教化的手段。随着饮酒一步步象征化、观念化，酒对人的刺激作用逐步淡化。

在乡饮酒礼中，饮酒者不仅有宾主介僎之位置差异，齿序也构成了饮酒的重要原则。年龄不同，待遇有差异：依照礼节，五十岁的人要站着，随时听候差遣；六十岁的人才可以坐着喝。这样做是为了明尊长。按照汉人的逻辑，明尊长明养老，才能使民树立起孝悌之德。孝悌之德的培养不是通过说教，它就在乡饮酒礼中确立。换言之，乡饮酒礼承载着通往王道践行的重要使命。主人亲自迎接正宾、副宾，其余众宾自来。对待不同宾客礼数有别，以此显示各自身份贵贱。从门外入内，三揖三让，宾主拜答。酌酒献给正宾，正宾回敬主人。对副宾也有揖让、献酬，礼节有所减省。众宾坐祭立饮，礼节更减。以此显示礼节隆重到减省之义，消解了酒对人的直接作用，拒绝醉后失序，饮者身份上的不平等在酒席上得到贯彻与充分的反应。

在汉人观念中，饮酒养阳气，声音乐也属于阳。因此，饮酒时总会有乐。从功能看，饮酒与乐也都可以使人群和乐。乡饮酒时，乐工每次演奏完三个曲子，主人都要献酒给他们。全部演奏完毕，乐工退场。气氛被调动起来，为防饮酒兴奋失礼，席中会指定一人做司正。这样做是为了达到饮酒和乐而不流于放肆的效果。

正宾用酒酬谢主人，主人酬谢副宾，副宾酬谢众宾中最年长者。每个人都被酬谢到，包括酬谢为酒席洗杯的宾客。参礼的人每个人都能喝上酒，大家皆大欢喜。酬谢酒礼之后，宾主欢饮，没有量的限制。但是，时间需要把控，所谓“朝不废朝，莫不废夕”（《礼记·乡饮酒义》）也。宾客离开，主人拜送，乡饮酒礼就结束了。和乐而不乱，就算行礼成功。

以礼饮酒，其目标清晰，那就是培养秩序意识、和乐意识，以此为基础实现身正、家宁、国安。饮酒能够达到“贵贱明，隆杀辨，和乐而不流，弟长而无遗，安燕而不乱”（《礼记·乡饮酒义》）的现实效果。这表明，饮酒不仅能够“正身”，而且可以移风易俗，安定天下。乡饮酒礼模拟-象征着天人一体的完整世界。其中有天地，有日月，有三光，也有政教。依照天地、日月、三光秩序饮酒，政教有序，民德有成。依此秩序展开，饮酒不再是个体生命与酒的直接对垒，而是被牢牢地嵌入天地-政教编织成的纲常之中。

“乡饮酒”属于“有故群饮”。酒被纳入各种礼仪之中，被形式化、被规定、被纳入社会秩序，其冲动性、破坏性被抑制。饮酒被规定为外在尊卑秩序与内在德性的具体体现，成为它们的手段而不是目的。

在礼教中饮酒，个人在礼中被转换成具体的“角色”。依照被赋予的“角色”饮酒，个体的身体与精神不再按照自身与酒交接，饮者的身体与精神都不再重要。“宾”“主”“介”“僎”等“角色”被进一步纳入“天地”“日月”“三光”“四时”等宇宙秩序之中，饮酒成为人伦世界的宏大事件，更加远离了个性与真身。饮酒观念化、道德化，甚至形上化，其积极方面可以实现“远酒祸”的目标，其副作用是在酒与人之间设置了太多中介，而使饮酒形式化、教条化。

按照“礼”的规定，人们在节日祭祀及特殊事件如婚丧嫁娶等发生时方可饮酒。换言之，人们不能自主饮酒。酒归属于虚虚实实的神明、天地、家族、乡党等不饮者，饮酒的意义关联着不饮者，而真正饮酒的那个人是谁、酒味如何等问题并不重要。

（五）百司湎酒

在诸礼主导下，饮酒远离“酒祸”，酒的美好品性纷纷呈现出来。《汉书》对此有精炼的概括：“酒者天之美禄，帝王所以颐养天下，享祀祈福，扶衰养疾。百礼之会，非酒不行。”（《食货志》）“天之美禄”意思是上天馈赠的美好礼物，这无疑是对酒的无上赞美。不管在身体方面的颐养、扶衰养疾，还是在精神方面的享祀祈福、百礼之会上，酒都发挥着积极的作用。人们通常把饮酒带来的狂乱等过错归诸酒，在对酒普遍带有好感的风气下，对酒的评价也被颠覆。**“礼”中的“酒”随知礼、行礼者而呈现出和乐、宁静、清明、节制、庄重等美行，这个印象被确定下来后，酒事中的问题似乎都不再与酒相干**。人饮酒而发狂，原因不在酒而在人。

《西京杂记》载有西汉邹阳的《酒赋》，学界虽然认为不大可靠，但是，其中一些观念却与西汉礼教盛行后的观念相合，比如“清者为酒，浊者为醴；清者圣明，浊者顽骙。……庶民以为欢，君子以为礼”。这里所显示的对酒的认识以及君子、庶民等不同饮酒者对待酒的态度的差异，与《礼记》所记载的相当一致。目前可以确定将“酒”作为主题进行讴歌赞美的是扬雄。曹丕说扬雄曾撰有《酒赋》，可惜已经失传。我们能够看到的是他写的《酒箴》：

> 子犹瓶矣。观瓶之居，居井之眉。处高临深，动常近危。酒醪不入口，臧水满怀。不得左右，牵于纆徽。一旦叀碍，为甓所轠。身提黄泉，骨肉为泥。自用如此，不如鸱夷。鸱夷滑稽，腹如大壶。尽日盛酒，人复借酤。常为国器，托于属车。

出入两宫，经营公家。由是言之，酒何过乎？[1]

《汉书·扬雄传》载扬雄性嗜酒，家贫而酒不常得。一些人慕其学问，载酒肴从其学。出于对酒的偏爱，扬雄不仅为酒辩护（“酒何过”），而且对酒具（鸱夷）羡慕不已。在他看来，腹中尽日盛酒是鸱夷比之装水之瓶的最大功用，也是人最幸福的事情。不仅如此，因为能尽日盛酒，所以鸱夷常为国器，随时出入王侯之家，为国家做事。这岂不是儒士之梦寐以求的事情！

扬雄对“鸱夷”的赞美大抵是对礼教（包括礼器）的赞美。但是，在礼教烦冗形式的宰制下，人的自然机能也逐渐有不能承受之重。有人就因为礼教管制太严苛而抛开礼仪、以酒宣泄。比如，周泽掌管宗庙礼仪，职责所在，使他“一岁三百六十日，三百五十九日斋”（《后汉书·儒林传下·周泽》）。其生活完全“仪式化”，为调节重复而单调的生命节奏，他选择了“一日不斋醉如泥”（此句为《汉官仪》所补）。礼教对生命机能的压制使他不得不暂时撇开礼教而以酒宣泄。

礼教与自然欲望之间的平衡总是短暂的，以礼饮酒虽然可以使人免除酒祸，但繁复的礼教一定程度上又抑制了人的自然欲望。酒欲之伸张、反抗亦在情理之中。不过，当权者自然欲望之伸张却是危险的。自然欲望与权力结合往往会威胁，甚至突破礼教的束缚。这在哀帝、平帝以来的谶纬中有诸多反映。首先，他们把高祖的经历继续神化，如“高皇帝母曰刘媪，尝息大泽之陂，梦与神遇。是时雷电晦冥，蛟龙在上。及生而有美。性好用酒，尝从王媪、武负贳酒，饮醉止卧，媪、负见其身常有神怪。每留饮醉，酒售数倍。后行泽中，手斩大蛇，一妪当道而哭，云：‘赤帝子杀吾子。’”（王充《论衡·吉验篇》）王充虽“疾虚妄”，但对神化高祖的举动亦不

① 扬雄著，张震泽校注：《扬雄集校注》，上海：上海古籍出版社，1993年，第154页。

敢造次，将此视为“吉验”。《史记》中高祖“爱酒及色”，“色”渐为士人所禁忌，“爱酒”则为世人津津乐道。于是，到了王充这里，刘邦性好唯有“酒”了。醉后身有“神怪”是天命在身的标志，“醉斩白蛇”成为实现天命交接的伟大创举。这些都曲折反映了制造神话的时代人们对酒的普遍钟爱。不仅如此，儒家的圣贤也被刻画为酒场英雄，如“文王饮酒千钟，孔子百觚”（参见《论衡·语增篇》）。这种有悖常识的量的夸张透露的恰恰是大汉当权者对酒的无止境渴望。当虚妄被当真，基于日常生活的礼教自然被怠慢、被冷落。

当然，突破维护权力的礼教必然会反噬当权者自身。更为常见的是，当权者阳奉礼教，阴从私欲，沉湎于酒而使礼教空洞化。东汉后期，外戚与宦官的权力争斗皆指向欲望之放纵。据说，孟佗以中原难得的菖蒲酒一斛遗宦官张让，即拜凉州刺史[①]。“百司湎酒”意味着有权阶层的集体纵酒。其结果不仅是这里所说的酒价暴涨，酒成为硬通货，更加难堪的是自上而下地戏乐礼教。礼教尊严不再，逐渐有名无实，沦为虚设。

汉末诸雄董卓、吕布、袁绍、袁术、曹操、刘表、孙权等人大都嗜饮。曹操爱饮，且能酿酒，还曾向汉献帝进献过家乡的“九酝酒法”（曹操《上九酝酒法奏》）。刘表、袁绍一南一北，饮有奇法。据曹丕记载：“荆州牧刘表，跨有南土，子弟骄贵，并好酒，为三爵：大曰伯雅，次曰仲雅，小曰季雅。伯雅受七胜，仲雅受六胜，季雅受五胜。又设大针于杖端，客有醉酒寝地者。辄以劖刺之，验其醉醒。是酷于赵敬侯以筒酒灌人也。大驾都许，使光禄大夫刘松北镇袁绍军，与绍子弟日共宴饮，松尝以盛夏三伏之际昼夜酣饮极

① 赵岐《三辅决录》：“伯郎姓孟，名他……灵帝时，中常侍张让专朝政，让监奴典护家事。他仕不逐，乃尽以家财赂监奴……以蒲桃酒一斛遗让，即拜凉州刺史。”（引自《三国志·魏书·明帝纪》裴松之注引，其中“佗”作“他”。《三国志》，北京：中华书局，1982 年，第 92—93 页）

醉，至于无知。云以避一时之暑。二方化之，故南荆有三雅之爵，河朔有避暑之饮。”（曹丕《典论酒诲》[①]）“三雅”听起来儒雅，但自制酒器，却为狂欢。客醉酒，以劖刺之，凶残之性昭然。袁绍以避暑之名昼夜酣饮，自不以礼为然。孙权醉后使人以水洒群臣。（《三国志·吴书·张昭传》）欢宴之末，自起行酒，欲剑杀伏地装醉的大臣（虞翻）。（《三国志·吴书·虞翻传》）凡此等等都表明，汉末诸雄恣肆欢谑仅形似抗秦英雄。以残贼之性劫夺国柄，饮则时时辱人、杀人，酒尽显狂野、任性、傲荡、暴戾之气。酒经与礼的长期对抗而最终突围，不过，酒的形象却并不崇高。

（六）酒与名法之争

礼对酒失去管制效力，以强制性为特征的“法”再次接管控制酒的重任。汉末，年饥兵兴，操表制酒禁。酒禁虽出于粮食紧张，更深层的原因则涉及对酒的二重态度：一方面，人们对酒之妙用耳熟能详，对酒的欲望日益高涨，当权者亦不掩饰对酒的钟爱；另一方面，礼丧失约束酒的效力后，放任必然导向无序与堕落，需要寻求管控酒的新力量。曹氏集团的名士谋臣以文学的形式将此二重态度呈现出来，其中最典型的是王粲与曹植。两人都作有《酒赋》，**明确将“酒”主题化**。在两人看来，酒为人神共享，可以致子弟之存养，纠骨肉之睦亲，成朋友之欢好。简言之，酒对于护持人伦为必要之物，于个人则裨益于解忧、成仁。不过，过度饮酒又会贼功业，毁名行，败事取诬，遗耻罹事，被视为淫荒之源。基于前者，“对酒当歌……唯有杜康”（曹操《短歌行》）就是美谈。基于后者，不仅需要以礼制酒，强制性的刑法也成为必要。诚然，汉室倾颓，礼教

① 夏传才、唐绍忠校注：《曹丕集校注》，石家庄：河北教育出版社，2013 年，第 260—261 页。《艺文类聚》记述稍异：“光禄刘松北镇，而袁绍夜酣酒，以盛夏三伏之际，昼夜与松饮酒，至于无知，云以避一时之暑。”（欧阳询：《艺文类聚》，北京：中华书局，1965 年，第 86 页）

崩坏，单以“礼”的力量已经不足以安民济世。曹氏以强制性的“名法”治理酒事亦是正常的逻辑[①]。然而，舍礼取法，有违于酒性人情，为一时权宜之计尚可，于长治久安则行不通。对于曹氏酒禁，作为孔子后裔的孔融频书争之，其中多侮慢之辞。孔融难曰：

> 酒之为德久矣。古先哲王，类帝禋宗，和神定人，以济万国，非酒莫以也。故天垂酒星之耀，地列酒泉之郡，人著旨酒之德。尧不千钟，无以建太平。孔非百觚，无以堪上圣。樊哙解厄鸿门，非豕肩钟酒，无以奋其怒。赵之厮养，东迎其王，非引卮酒，无以激其气。高祖非醉斩白蛇，无以畅其灵。景帝非醉幸唐姬，无以开中兴。袁盎非醇醪之力，无以脱其命。定国非酣饮一斛，无以决其法。故郦生以高阳酒徒，著功于汉；屈原不餔糟歠醨，取困于楚。由是观之，酒何负于治者哉！[②]

“类帝禋宗”指祭祀天帝与四时、寒暑、日、月、星、水旱等与人类生活息息相关的神灵。“和神”指通过饮酒，以辛热之力使精神克服内敛、收摄性的郁结（如“孤独感”“忧愁”），实现精神的和谐。“定人”指通过和乐性或奖励性饮酒，凝聚人心，聚集、团结人群。“以”有根据之义。“非酒莫以”是说，祭帝禋宗、和神定人、济万国等家国天下的要事都靠酒来完成。于个人则可助成德、成功，于政有功而无过，古往今来大量事例都可证明饮酒之有用性。孔融举了大量例子表达酒对人的重要性，其中不乏夸张与荒谬，比如“天垂酒星之耀，地列酒泉之郡，人著旨酒之德”等无稽的比附，以及已被王充证明为虚妄的尧千钟、孔百觚等。曹操同样列举大量饮酒导致失身亡国的例子反驳。在再次上书曹操时，孔融改变了举例

---

① 禁酒在当时颇流行，吕布、刘备诸雄亦时而推行。不过，他们并不像曹操那样明确把“名法”作为治世之纲常，因此，遭遇的阻力也不大。

②《建安七子集》，北京：中华书局，2005 年，第 24 页。

证明的策略，将政之成败与酒本身的价值进行了分割：

> 昨承训答。陈二代之祸，及众人之败，以酒亡者，实如来诲。虽然，徐偃王行仁义而亡，今令不绝仁义；燕哙以让失社稷，今令不禁谦退；鲁因儒而损，今令不弃文学；夏、商亦以妇人失天下，今令不断婚姻。而将酒独急者，疑但惜谷耳，非以亡王为戒也。①

孔融承认有以酒亡国的例子，但酒的价值却不会因亡国而被移易。正如历史上曾出现过因践行普遍价值（如“仁”“让”“儒”等）而亡国或受损的特殊例子，但却不会因此否定普遍价值本身一样，以酒亡国，令也不当断饮酒。他论证的思路近似于魏侯，即通过人（“亡国”）与酒的自身价值相剥离来为酒辩护。按照这里的逻辑，**酒具有独立自足的价值**，即使政为之亡也不能丝毫减损其价值。在《礼运》“饮食男女，人之大欲存焉”的表述中，饮酒还仅仅被当作人的基本欲望。孔融在此将饮酒与仁义、谦让、文学、婚姻一道当作人生的基本价值，这可看作对《礼运》的发挥与推进。如果说“非酒莫以”所表述的还仅仅是饮酒的外在价值——有用性，那么，“令不当断饮酒”已经触及酒的内在价值——价值自足。从饮酒的有用性（外在价值）到酒价值的自足性（内在价值），通过与曹操的论争，孔融对酒的认识不断深化。对酒内在价值的自觉领会，标志着汉末对酒认识的新高度。

在当权者欲望与外在名法合力打击下，礼对酒的约束持续弱化。摆脱礼法之后，“礼”中之“酒”的和乐、宁静、清明、节制、庄重气不复存在，而随饮者狂野、任性、傲荡，充满暴戾之气。无故饮酒，尽情享受酒，想醉就醉，酒对个体身心之意味增强，等等，这

① 《建安七子集》，第25页。

些社会现象大量坦露于世，成为时代问题，也由此成为这个时代的思想问题。思想逻辑的进一步展开就是名教与自然的对立，名教威严扫地，“自然”被神圣化，人的欲望与酒都从名教的束缚下解放。不断增强的对酒的欲望与对酒内在价值的领会相结合，“酒”“醉”逐渐成为时代的主题，中国酒精神也逐步取得自觉形态。

三 饮酒人之常情

魏晋至于隋唐，士人掀起强大酒风，也建构起精神性的“酒国”或“醉乡”。但是，由于经济发展水平的制约，用于酿酒的谷物产量有限，加之社会分配之不均，除了全民性节日及家庭或个人特殊喜庆之日饮酒，普通民众饮酒的参与度并不高。“朱门酒肉臭，路有冻死骨”虽不是常态，但也道出了下层难得饮酒之社会状况。在此现实境域下，饮酒与人性的关联还只存在于理论上。唯有“天之美禄”下降到民间，酒与人的诸种精神关联才具有普遍性。在宋代，君臣带头饮酒，中国酒精神才获得了普遍性品格。

大宋开国近百年时间里，天下学校废顿，儒释道的创造力萎靡，饮酒担当起为众生提供生存理由与动力的重任。太祖开始，皇帝每日带头宴饮。国家为宴饮提供政策与资金支持，于是百官乐此不疲，士大夫积极参与，整个大宋掀起了狂热的饮酒之风。酒榷制度、引导饮酒消费的政令等措施推动了大宋的社会经济繁荣。长期宴饮也推进了对酒的理论思考，饮酒人之常情、人生不饮何为、酒味多于泪等深沉的哲思标志着大宋酒精神的深度，《酒经》等大量理论性著作的出现则表明对酒已经达到高度的理论自觉。百年浮华宴饮生活带来人欲的放纵与心灵的堕落等精神难题，这为理学的兴起提供了强大的刺激。

大宋建国之初，赵匡胤“杯酒释兵权”巩固了赵家天下。通过一场酒获取了意想不到的权力，这一象征性事件也向大宋臣民做出了重大允诺：权力不可觊觎，美酒可以共享。太祖以实际行动践行自己的诺言，每日与众臣共饮。据司马光记载，太祖曾曰：“朕每因宴会，乘欢至醉，经宿，未尝不自悔也。”[①]每日宴饮至醉，第二天就会后悔。这在常人很好理解，毕竟，醉态有损自己形象，醉语会暴露自己的隐私，也常常会得罪别人。但是，太祖身为万乘之主，他为何“自悔”？因为宴饮伤财、伤身，还是怕在人前暴露了自己，抑或后悔当初做出的允诺？后人难以得知，但饮酒已经成为大宋的要事，此却无疑。

建国之初，学校废顿，儒释道三教的创造力萎靡，人们的精神生活处于苍莽之中，贫瘠又浅陋。饮酒可以满足欲望、愉悦情志、和乐人群，与诗文乐舞天然结盟。因此，它具有强大的精神功能，被时人当作精神生活之依靠与最重要的展开方式。皇帝带头宴饮，百官乐此不疲，士大夫积极参与，政府刺激鼓励，自上而下地掀起了浓厚的饮酒之风。饮酒主导并支撑起世人的精神生活，这在中国历史上还是头一回。

从潜意识层面看，北方强邻在侧，从皇帝到士大夫都由强大对手之压迫而感受到了自身的有限性。外在紧张造就内在紧张，如何化解精神紧张一直是个问题。如何缓解、消除对手带来的压迫感以及有限身的沮丧与无奈，饮酒也是个很好的答案。从实际考虑，大量宴饮可以带动、促进社会的繁荣。凡此等等，都将饮酒推到了时代聚光灯下。

（一）饮酒人之常情

大宋建立，政府开始尝试统一管理酒、曲。宋太宗淳化五年，

① 司马光：《涑水记闻》，北京：中华书局，2017 年，第 7 页。

朝廷“诏征天下酒榷”。宋真宗景德四年，确立了“榷酤之法”，榷酤制度正式施行。

消费是经济运转的必要环节，也是促进经济、社会繁荣的保障。宋人深谙此道。为了刺激民众消费，政府煞费苦心，甚至使用最古老、最粗俗的方法——色诱。据载：“新法既行，悉归于公，上散青苗钱于设厅，而置酒肆于谯门，民持钱而出者，诱之使饮，十费其二三矣。又恐其不顾也，则命娼女坐肆作乐以蛊惑之。”[①] 中央政府出面引诱民众饮酒，这在历史上绝无仅有。鼓励民众饮酒，这首先表明大宋对酒的价值认同。

除了引诱民众饮酒，大宋政府更是皇帝以身作则，带头饮酒，自上而下地引导国民饮酒。首先，大宋在制度层面规定了国家的宴饮的仪式。比如：

> 宋制，尝以春秋之季仲及圣节、郊祀、籍田礼毕，巡幸还京，凡国有大庆皆大宴，遇大灾、大札则罢。天圣后，大宴率于集英殿，次宴紫宸殿，小宴垂拱殿，若特旨则不拘常制。凡大宴……宰相率百官入，宣徽、阁门通唱，致辞讫，宰相升殿进酒，各就坐，酒九行。每上举酒，群臣立侍，次宰相、次百官举酒；或传旨命釂，即搢笏起饮，再拜……或上寿朝会，止令满酌，不劝。中饮更衣，赐花有差。宴讫，蹈舞拜谢而退。[②]

“国有大庆皆大宴”，这保证了大宴的频率。国家层面的宴饮每年有春秋季仲、圣节、郊祀、籍田礼（祭祀农神）、饮福大宴等数个。宴有大小，分置于不同地点；有不同规模，或酒九行，或酒七行，或酒五行。大宴之时，按照等级从皇帝、宰相到百官分别举酒

① 王林：《燕翼诒谋录》，北京：中华书局，1981年，第23页。
② 脱脱等撰：《宋史》，北京：中华书局，1985年，第2683—2684页。

而饮。宴饮皆有歌舞配合，助酒兴，成礼仪。另外，皇帝幸苑囿、池御，观稼，畋猎，暮春后苑赏花，钓鱼，赏雪等，所至皆设宴，谓之曲宴。每次宴饮，都会极欢而罢。皇帝鼓励饮而醉，于是参饮者“莫不沾醉”。有时兴起，皇帝甚至会逼迫大臣狂饮，如酒量超绝群臣的宋真宗劝李宗谔酒[①]。寇准酒风霸道，来宾入其门，不醉不准回。其闭关强留客已经逸出好客范畴，堪与汉代陈遵“投辖”留客媲美。与寇准交游者，留下很多酒场趣闻。宋真宗拿李宗谔从门扉下窃出之事开玩笑，显然是把饮酒当作寻常事。又如宋徽宗灌蔡攸酒：“蔡攸尝赐饮禁中，徽宗频以巨觥宣劝之。攸恳辞不任杯杓，将至颠踣。上曰：‘就令灌死，亦不至失一司马光也。’”[②] 以权势迫使臣下狂饮，甚至不管大臣死活，酒场何啻如战场！饮酒本为和乐，无约束反坠入不祥，这在宋初司空见惯。不过，在此狂野饮酒风气下，众臣亦多见怪不怪。

除了朝廷宴饮，大宋还为官僚宴饮专门设置相关经费。官僚之间有公费公宴，如旬设[③]。其中包括公款接待上级巡视、同级公差、本地官员节日宴会、出差践行宴会、升迁贺喜宴会等等。官僚工作宴饮需要“公使钱”，范仲淹还特别为此上奏：“切以国家逐处置公使钱者，盖为士大夫出入，及使命往还，有行役之劳，故令郡国馈以酒食，或加宴劳，盖养贤之礼，不可废也。”[④] 有行役之劳者，国家理当以酒食犒劳。这是古礼，也是范仲淹特别力主恢复的古代传统。“富而好礼”，这是孔子以来士人的理想。其时，经济繁荣，文化疲敝，范仲淹以“礼”为念而不忧贫，实不足怪。

官僚办公时公费宴饮，其居家日常也频繁宴饮。有条件的在自家官邸宴饮，如名臣寇准特好在自家摆宴豪饮。“公尝知邓州而自少

① 李焘：《续资治通鉴长编》第六册·卷 76，北京：中华书局，2004 年，第 1738 页。
② 罗大经：《鹤林玉露》，北京：中华书局，1983 年，第 298 页。
③ “屯兵州军，官赐钱宴犒将校，谓之旬设。”（《宋史》，第 4841 页）
④ 李焘：《续资治通鉴长编》第十一册·卷 141，第 3385 页。

年富贵，不点油灯，尤好夜宴剧饮，虽寝室亦燃烛达旦。每罢官去，后人至官舍，见厕溷间烛泪在地，往往成堆。”① 国家重臣好夜宴剧饮，每每欢饮达旦，烛泪成堆。酒风之盛，可见一斑。当然，朝廷鼓励饮酒，夜宴聚饮乃响应国家号召的行为。这与饮者的道德水平无关，更被看作利国利民之事。无条件在家宴饮的官员也有办法，那就是在条件齐备的酒肆进行。此类史籍亦多有记述，如鲁宗道言：“饮酒人之常情……臣家贫，无器皿，酒肆百物具备，宾至如归。”② 鲁宗道所描述的百物备具、宾至如归的酒肆在当时汴京实属寻常。酒楼硬件齐备，布置奢华，通宵达旦服务齐全，在此接待宾客确是方便。

在酒肆招待宾客并不奇怪，让人诧异的是宋真宗对饮酒的态度。鲁宗道知真宗对饮酒的态度，也可以说尽人皆知真宗对酒的态度，那就是将饮酒视为“人之常情”。饮酒需备果蔬、乐妓，所以，宴饮消费巨大。从积极方面看，消费带动经济发展与社会繁荣。但大量宴饮的另一后果，就是攀比消费走向奢靡，人心浮夸而颓废。奢靡从高层到农夫走卒，可谓全民风尚。世间虚华多“为目”——做给他人看而不“为腹”——满足自己需要。“为目”自然走向攀比。高标准、高档次的追求结果是，奢靡日起，风俗颓弊。然而，饮酒被视为人之常情，不饮情何以堪？

（二）人生不饮何为

大量宴饮不仅促进了大宋酒业的繁荣，也同时推动着文化的复兴。在大宋文化复兴过程中，晏殊当居首功。《宋史》评价晏殊：“自五代以来，天下学校废，兴学自殊始。”③ 他不仅有“兴学之功”，

① 欧阳修等撰，韩谷等校点：《归田录（外五种）》，上海：上海古籍出版社，2012年，第15页。

② 《归田录》，第2页。

③ 《宋史》，第10196页。

而且自觉以宴饮推动词学勃兴。当然，他对饮酒意义的领悟也不同凡响。

晏殊身居高位，为当时词坛盟主，喜宴饮，开一代文采风流。他终生好学不倦，兴学而培养、举荐了大量人才。其为人“性刚简，奉养清俭”[①]。刚直节俭，但在崇尚宴饮的时代风尚熏染下，亦不厌宴饮。据沈括《梦溪笔谈》记载，当他的同事都去嬉游宴赏时，晏殊与他的弟弟却一直在读书。皇上觉得晏殊谨厚，就让他去东宫教太子读书。任命之后，皇上与他面谈，他回答说：“臣非不乐宴游，直以贫无可为。臣若有钱，亦须往，但无钱不能出也。”皇上觉得他很诚实，就更加喜欢他了。这段为人称道的典故道出了晏殊爱宴饮的本性。

在其获得高官厚禄之后，晏殊果然践行“若有钱，亦须往”之说，放开宴饮。叶梦得《避暑录话》卷上载：

> 晏元献虽早富贵，而奉养极约。惟喜宾客，未尝一日不燕饮，而盘馔皆不预办，客至，旋营之……每有嘉客必留，但人设一空案、一杯。既命酒，果实蔬茹渐至，亦必以歌乐相佐，谈笑杂出。数行之后，案上已灿然矣。稍阑，即罢遣歌乐，曰：“汝曹呈艺已遍，吾当呈艺。”乃具笔札，相与赋诗，率以为常。前辈风流，未之有比也。[②]

值得注意的是，晏殊一方面“奉养极约”，另一方面又“未尝一日不燕饮”。如果这是事实，只能说明北宋高官生活之奢靡。晏殊每天的宴饮，有宾客，有蔬果，有美酒，有歌乐，还有诗词创作。在一定意义上，晏殊的宴饮发挥着聚集人才、绍续华夏慧命的作用。

---

① 《宋史》，第10197页。

② 叶梦得撰，徐时仪整理：《避暑录话》，郑州：大象出版社，2019年，第49页。

“稍阑，即罢遣歌乐……乃具笔札，相与赋诗，率以为常。”饮而不淫，以此助诗兴，直接推动着宋词的繁荣，也间接主导着大宋的思想文化的勃兴。

晏殊的宴饮在其大量词作中有反映，最出名的是这阙《浣溪沙》：“一曲新词酒一杯，去年天气旧亭台，夕阳西下几时回。无可奈何花落去，似曾相识燕归来，小园香径独徘徊。”这是晏殊首次被贬谪后的作品。当时他由枢密副使（掌管军事的副丞相）谪降为宋州知州。原本一帆风顺的仕途，无端受挫。这让晏殊的感受力受到了极大的磨炼。宦海沉浮对官僚或许是常态，但对个人却意味深长。上升的欲望折回自身，光阴去似飞，燕子又归来，此身如落花，注定老去，思之唯有无可奈何。身与境中美好事物留不住，又如何慰藉这千古之无可奈何？“酒一杯”或许是以晏殊为代表的宋初人所能想到的最好解决办法。论家评价晏殊词时，总说其词反映的生活圈子十分狭窄，无非是怜花赏月、歌舞流连、时光飞逝、人生易老、聚散离合等主题。狭窄的生活圈子正是太平时期官宦的日常，而这日常总是围绕着饮酒展开。有格调者酒后会再来“一曲新词”，平庸之人则会歌乐不休。

酒改变不了去年-今年-明年的流逝，无法止住春花落去，也不能让欢会不散。但是饮酒却可以改易饮者的心境。首先，酒可解忧。所谓“一杯销尽两眉愁”（《浣溪沙》），以酒消愁，这是人类古老的办法。晏殊一生勤于政务，遇到的问题自然不少，一时之烦闷愁苦更是寻常。他也深谙饮酒消愁之理，频繁饮酒大都基于此。“一向年光有限身，等闲离别易销魂。酒筵歌席莫辞频。”（《浣溪沙》）频频饮酒，他也多能得酒之趣。比如，在酒中重温昔日欢好，也可以唤起人对眼前人和事物的珍爱。

身是有限身，“不死”（道教）与“再生”（佛教）为虚幻。让有限身充实丰盈最好的办法就是饮酒，所谓“暮去朝来即老，人生不饮何为”（《清平乐》）。“人生不饮何为”对常人来说是个问题，对晏殊则是答案，尽管包含着深深的无奈。把饮酒当作对抗时光流逝的唯一方法，不管是被倏忽的生命流逝所逼迫，还是出自对酒的真诚热爱，单单把“饮酒”与“人生”直接关联，已经让饮酒获得了深沉的生存论意义。人生中还有比饮酒更重要的事情吗？还有比饮酒更有意义的活法吗？这些问题一旦问出，酒对精神生活的意义就立马呈现出来。白居易通过世间不同生活方式的对比，得出“不如来饮酒”的答案。晏殊则通过饮酒来充实人生，自觉以饮酒来拓展有限人生的意义。由此不难理解，“酒筵歌席莫辞频”会成为他一贯的态度与主张。酒后寂寥愁苦，意兴阑珊，物事萧瑟，依旧有酒宴相招，这都不成其为问题。

人生的悖论很多，一方面人们会感慨时光易逝、人生短暂；另一方面，生虽有限，但日常生活之单调却让生乏味难耐。饮酒赋予了日复一日的单调生活以情趣，从而使平庸的日常增添了生命厚度。“雪藏梅，烟著柳。依约上春时候。初送雁，欲闻莺。绿池波浪生。探花开，留客醉。忆得去年情味。金盏酒，玉炉香。任他红日长。”（《更漏子》）花开时节，宾客共饮，推杯换盏，在花酒间消磨平庸时日，留得无穷情味。初春过后，夜短日长，花酒间的日常生活有了情味，也不用担心无聊白昼如何过的问题了。“任他红日长”道出的正是晏殊在获得意义的日常生活之后之欣慰与从容。漫漫长夜对于古往今来的愁人亦是个问题，与嘉宾共饮不失为解决问题的好办法。“座有嘉宾尊有桂。莫辞终夕醉。”（《谒金门》）与嘉宾同醉，共同沉浸在昏暗的黑夜。没有烦恼与恐惧，这份幸福只属于愿意终夕醉的人。

秋日肃杀，情意萧条，饮新熟之酒也可调适萧索心境。“菊花残，梨叶堕。可惜良辰虚过。新酒熟，绮筵开。不辞红玉杯。蜀弦高，羌管脆。慢飐舞娥香袂。君莫笑，醉乡人。熙熙长似春。”（《更漏子》）红玉杯对着蜀弦羌管与舞娥香袂，和乐似春归。以饮酒应对季节变换，这是远古的生活智慧，醉乡人可谓醉得有道。

以饮酒消遣情怀，晏殊的门生多有承继。其中，文采风流最近其师的是欧阳修。他的名言“人生何处似尊前”（《浣溪沙·堤上游人逐画船》），显然继承了“人生不饮何为”的信条。“尊”即“樽”，流连“尊前”在他乃人生最美之处，也是人生最好的选择。欧阳修以“醉翁”自号，似乎其一生值得标持的仅仅是醉酒。他常携客游，伎乐相伴，传花饮酒，戴月而归，饮酒被装点得如此高雅，足见其雅兴高致。

在其名作《醉翁亭记》中，欧阳修着力描述了宴饮之盛：

> 太守与客来饮于此，饮少辄醉，而年又最高，故自号曰醉翁也。醉翁之意不在酒，在乎山水之间也。山水之乐，得之心而寓之酒也。……临溪而渔，溪深而鱼肥。酿泉为酒，泉香而酒洌；山肴野蔌，杂然而前陈者，太守宴也。宴酣之乐，非丝非竹，射者中，弈者胜，觥筹交错，起坐而喧哗者，众宾欢也。苍颜白发，颓然乎其间者，太守醉也。（《醉翁亭记》）

熟悉的官宴——太守宴，热闹的觥觚交错，宴酣而乐，乐而醉。官员不仅不避讳宴酣，还极力美化，唯恐天下不知。这在中国历史上并不多见。当然，记忆的选择总是基于记痕的深度，由放松享乐的宴饮而获得的精神满足深刻难忘，在其人生中亦属难得，故有此记。

（三）酒味多于泪

晏殊仕途虽有波折，然一直位居高位，其饮以高朋满座之宴饮为主。相较而言，苏轼仕途坎坷，享受高朋满座宴饮的时光主要在度过黄州之劫后。如宋人记载：“元祐七年正月，东坡先生在汝阴，州堂前，梅花大开，月色鲜霁。先生王夫人曰：‘春月色胜如秋月色，秋月色令人凄惨，春月色令人和悦，何如召赵德麟辈来饮此花下？’先生大喜曰：‘吾不知子能诗耶！此真诗家语耳。’遂相召，与二欧饮。”[①] 见春月和悦、梅花大开而思饮，这是文雅之士的品习。王夫人深知东坡心意，故能主动为其招饮。其实，东坡年少时并不饮，入仕后，为宴饮风气所染才开始喝酒。东坡酒量不行，但爱饮，且爱与客同饮。此时东坡及其家人都已经习惯了充满诗意的宾客宴饮，好像其一直生在诗酒之中一般。

其实不然！东坡因反对王安石新法而离京，在杭州任通判，在密州任知州，后调任徐州知州、湖州知州，其间时有欢饮。如作于神宗熙宁九年的《水调歌头·明月几时有》所述：“丙辰中秋，欢饮达旦，大醉，作此篇，兼怀子由。”当时苏轼在密州做太守，中秋之夜一边赏月一边饮酒，直到天亮，甚是欢乐。在“乌台诗案”后，先坐牢百日，出狱后被贬为职位低微的黄州团练副使。其间，苏轼生活窘迫。但他很快适应了新环境，其中很重要的原因是学会了酿酒，能够时常饮酒——多为独饮。苏轼在《蜜酒歌并叙》中提及他跟随道士杨世昌学会了作蜜酒。其时，他虽然穷困，但自耕东坡，有余粮还能酿酒、饮酒，这给了东坡莫大的精神安慰。

精神安顿下来，苏轼恢复了往日的洒脱。频繁携友出游，当然每次总有美酒相随。他饮酒则醉，醉后便在天地间随处卧倒，如“顷在黄州，春夜行蕲水中，过酒家饮。酒醉，乘月至一溪桥上，解鞍，曲肱醉卧少休。及觉已晓，乱山攒拥，流水锵然，疑非尘世也”（苏轼《西江月·顷在黄州》）。醉而入醉乡，醒而则异于俗尘之世，醉醉醒醒的世界都让他痴迷。苏轼既醉于自然山水，更着迷于人文斑驳的古迹，比如赤壁。如作于宋神宗元丰五年的《念奴娇·赤壁怀古》“人生如梦，一尊还酹江月”，及“壬戌之秋，七月既望，苏子与客泛舟游于赤壁之下。清风徐来，水波不兴。举酒属客……饮酒乐甚，扣舷而歌之”（《前赤壁赋》），“‘有客无酒，有酒无肴，月

① 赵令畤：《侯鲭录》，北京：中华书局，2002 年，第 120 页。

白风清，如此良夜何！’客曰：‘今者薄暮，举网得鱼，巨口细鳞，状如松江之鲈。顾安所得酒乎？’归而谋诸妇。妇曰：‘我有斗酒，藏之久矣，以待子不时之需。’于是携酒与鱼，复游于赤壁之下”（《后赤壁赋》）。无酒不游，无酒不欢，酒成为游赏欢聚的必要条件。

频繁饮酒，也渐渐了知酒之真味。东坡对此颇为自豪：“竹溪花浦曾同醉，酒味多于泪。”（苏轼《虞美人》）饮中“真味”为何？东坡并未言明，可能是醉狂言醒可怕，也可能是与友同醉竹溪花浦。可以确定的是，**“酒味多于泪”**。“泪”的内涵本已丰富多样：为己，为亲，为友，为苍生，为不公，为不平，为苦难，为侥幸，为偶然，为命定……伤感、委屈、无奈。“泪”之“味”无穷尽，然“酒”之“味”更多，且随岁月之增益而更加浓厚。如我们所知，人带着精神饮酒，饮酒成为精神之饮。各种精神不断注入，酒也就有了万般精神意味。所以，酒虽有甘辛滋味，但其精神意味更丰富。**酒味实质上是千古饮者绵延积淀的精神意味**。东坡“酒味多于泪”之论，虽是立足自身的人生经验，但显然已经通达于千古饮者的精神血脉。正因为深知酒味，东坡才会无酒找酒，醒而复醉。说他贪杯并非无据，不过，他贪恋的其实是多于泪的酒味。

在宋代，贪恋酒味者大有人在。如我们所知，“味”虽为物自“有”，但却依人而“在”。贪恋酒“味”者，不断把酒“味”之“有”转变为真实的存在。在此意义上，饮酒就是人的存在方式，酒就是他的身家性命。

对于石延年来说，饮酒就是他的存在方式。他不断探究饮酒之法，翻新他的存在方式，如“囚饮”——露发跣足，着械而坐；“巢饮”——饮于木杪；“鳖饮”——以稿束之，引首出饮，复就束；“徒饮”——夜置酒空中；“鬼饮”——匿于四旁，一时人出饮，饮已复匿；等等[①]。这些饮法奇怪至极，不仅不合礼仪，甚至越出常情

① 彭乘：《续墨客挥犀》，北京：中华书局，2002年，第421—422页。

之外。

爱饮者多喜呼朋唤友，享受酒席间热闹气氛。石延年有酒即可，至于饮酒环境如何，他并不在意。据《宋史·石延年传》载：

> 延年喜剧饮，尝与刘潜造王氏酒楼对饮，终日不交一言。王氏怪其饮多，以为非常人，益奉美酒肴果，二人饮啖自若，至夕无酒色，相揖而去。明日，都下传王氏酒楼有二仙来饮，已乃知刘、石也。延年虽酣放，若不可撄以世务，然与人论天下事，是非无不当。①

对饮而不交一言，让酒直接作用于饮者，各自享受酒味，这在常人看来是怪异。石延年专注于酒本身，拒绝在酒与人之间夹杂多余者，包括语言、他人的目光。饮酒就是饮酒，而不是其他。饮酒本身价值自足，不能将饮酒附着其他目的。因此，石延年饮酒，不看对方衣冠，不行拱揖之礼，专注于饮酒，相交只为一饮，饮完翩然而逝，可也。

痴情于酒，酒与身同在，酒没则人亦不在矣。石延年之卒正因不饮："仁宗爱其才，尝对辅臣言欲其戒酒，延年闻之，因不饮，遂成疾而卒。"② 对常人而言，戒酒会使身体更健康。对真正的饮者，不饮则失去存在的理由，成疾而卒乃饮者必然的归宿。在大宋，皇帝之言为法令。皇帝欲其戒酒，实以外在之法禁饮者之身家性命。据说他曾以"月若无恨月长圆"对李贺千古名句"天若有情天亦老"。对石延年来说，"不饮酒"终成恨事。其实，对人类来说，"无恨"终究为镜花水月，遥不可及。

---

① 《宋史》，第13071页。

② 沈括：《梦溪笔谈》，北京：中华书局，2015年，第98页。

（四）酒经与酒论

随着饮酒之风兴起，酿酒技术不断提高，北宋也出现了大量关于酒的著作。对于酒的酿造过程，苏轼《东坡酒经》描述最为详细。好酒需要好的原料，比如用黏性较好的糯与粳，再夹杂卉药，制成良饼。良饼嗅之香，嚼之辣，是做酒的基础。再用面加上姜汁制成精曲，这是做酒曲的必备材料。更需要精细的手艺控制米量，之后或酿或投，调配好饼、曲，以及用水量，把握好时间火候，这样就可以酿出酒来了。当然，以性味正为指标的美酒更依赖制作者的味觉，所谓"以舌为权衡"[①] 是也。水质、冷暖、火候、水米的比例等多重不断随权衡而调整的因素决定了酒之性味，或微苦，或少劲，或和而猛，或醇而丰。东坡对酒艺的描述反映了宋代制酒技术之精良，当然也与东坡本人长期用心于酒有关。

就理论水平说，最高的当数窦苹的《酒谱》与朱肱的《北山酒经》。这些著作不仅总结了酒的制作工艺，还对酒的特性、酒对人的意义等主题做了深入的考察。这些著作的出现表明，宋人对酒精神已经达到高度的理论自觉。

窦苹《酒谱》对酒源、酒之功过、性味等问题做了细致的考察，具体说有以下四点：

1. 对酒源的考辨。

他驳斥了仪狄、神农、黄帝做酒等无稽之说，以及人类做酒与天有酒星相关等附会之说。窦苹认为，酒是"智者作之，天下后世循之"[②]（《酒谱·酒之源》）。但认为酒之作不晚于《夏书》《孟子》时代，这种谨慎的态度值得称道。

2. 对酒之功过的相对辩证的说明。

首先，酒对和乐人群、凝聚人心、激发斗志具有重要作用。如

① 《苏轼文集》，北京：中华书局，1986 年，第 1988 页。
② 《酒谱》，第 9 页。

勾践得酒而流之于江，与士同醉而使得他们致死力，最终击败吴国，一雪亡国之耻。秦穆公伐晋，准备犒劳大军，但其时只有一钟之醪。他听从谋士建议，投醪于河，三军共饮，士气大振而告捷。此外，《酒谱》还记载了饮酒任侠的故事：

> 王莽时，琅琊海曲有吕母者，子为小吏，犯微法，令枉杀之。母家素丰财，乃多酿酒，少年来沽，必倍售之。终岁，多不取其直。久之，家稍乏，诸少年议偿之，母泣曰："所以辱诸君者，以令不道，枉杀吾子，托君复仇耳。岂望报乎?"少年义之，相与聚诛令，后其众入赤眉。[①]

吕母深知酒性与人性，少年饮酒易激发起血气，故她多酿酒，倍与少年美酒。沽酒少年果然在酒的激发下义诛令。吕母复仇，酒之功莫大焉。以酒激发人的血气，但过量饮酒，同样易为酒所伤害。窦苹举了刘白堕的例子来说明：刘白堕所酿的春醪味美，饮之使人酒醉。强盗劫酒，未能抵抗住刘白堕美酒的诱惑，酒醉被擒。所以，酒能激发人性，也能泯灭智能。酒功酒过存于一体，唯有以德将酒，饮酒温克，才能远酒过而得酒功。

3. 对酒之性味的总结。

《酒谱》引用《本草》之说认为"酒味苦、甘辛，大热，有毒"[②]（《酒谱·性味》）。自先秦以来，对酒的性味的认识大都是"甘"，如《战国策·魏策二》："昔者，帝女令仪狄作酒而美，进之禹，禹饮而甘之。"[③] 联系酿酒流程，这比较好理解。酿酒过程中，谷物发酵所得的酒精含量低，味甘。欲得"辛"味，必须将这些酒多次发酵。到了宋代，酿酒技术已经高度发达。宋人已经掌握了先

---

① 《酒谱》，第 70 页。

② 《酒谱》，第 159 页。

③ 何建章：《战国策注释》，北京：中华书局，1990 年，第 882 页。

“甘”后“辛”的酿酒工艺，对酒的性味的认识也相应推进。对于酒“大热”之性，窦苹引用陶弘景的说法予以说明：“大寒凝海，惟酒不冰，明其性热独冠群物。”[①] 将液体性的酒视为热冠群物者，实将酒理解为水火一体的独特存在。因其热，故能消寒邪。酒胜寒邪要优于谷气。显然，这也是对汉代酒养人阳气说法的推进。不过，由于酒性大热，摄入人体太多也容易得病。比如，饮酒多，脾消化不了，就会发于四肢而生“热厥”，再饮则酒醉。酒醉则各种风邪易侵入，由此会生出多种疾病。由性味入手讨论酒对人的各种作用，这正是中国传统文化的独特智慧，窦苹的《酒谱》无疑值得重视。

4. 对宋代困于酒原因的揭示。

对个人来说，酒可疗疾，也可致疾。致疾的原因是酒性热，过量饮酒，热气破坏了身体平衡。人们过量饮酒的思想根源是放纵欲望，由此导致理智的紊乱，所谓“今之人以酒为浆，以妄为常，醉以入房”[②]（《酒谱·性味》）。“以酒为浆”是把酒当饮料解渴，“醉以入房”是说酒色同时不知节制。“以妄为常”则是说执迷于醉后幻相，理智迷失。这些都可以说是“酒气独胜”的表现。

朱肱的《酒经》对酒的性味、功过等方面的看法与《酒谱》一致，“酒味甘辛，大热，有毒。虽可忘忧，然能作疾。……酒所以醉人者，曲蘖气之故尔”[③]。对酒的性味的看法，朱肱没有像窦苹那样说明其出处，“甘辛，大热，有毒”或许是窦苹、朱肱那代人的通行看法。“曲蘖之气故”即“酒气独胜”，表述不同，实质为一。朱肱造《酒经》，其对酒的看法亦有独特之处。第一，他强调了酒对人类生活的必要性。人生在世，都需要感恩天地、祭祀鬼神、和乐乡里、招待宾客，而这些活动都离不开酒。“无一可以缺此”表明酒对各个阶层民众的生活都是必要的。基于此，他批评了佛教戒酒的观念，

---

① 《酒谱》，第 159 页。

② 《酒谱》，第 159 页。

③ 《酒经》，第 6 页。

而竭力为酒辩护。“惟胡人禅律，以此为戒，嗜者至于濡首败性，失理伤生，往往屏爵弃卮，焚罍折榼，终身不复知其味者，酒复何过耶?”① 过度饮酒，伤身乱性，但此非酒之过。将酒的价值与人的行为分割，这是对汉人（如孔融）逻辑的承袭。

第二，朱肱明确提出“酒之功力，其近于道”的观点，饮酒亦是精神的修炼。具体说，饮酒可以满足人安身立命的精神需要。对于普通人来说，日常生活（“平居”）是平庸的，饮酒能够为平庸的生活带来不平凡的惊奇。对于失意落拓之人，灰暗的心态需靠饮酒完成转换。死生、穷泰等人身际遇亦需要饮酒来调节。进言之，不管处境如何，饮酒都可以充当精神生活之依靠。在此意义上，朱肱将“酒”与“道”并提:“酒之功力，其近于道耶?”②“道”既是价值总体，也是价值之源。较之白居易《酒功赞》提出酒具有“变寒为暖”“转忧为乐”等具体功能，朱肱提出“近于道”之说，无疑看到了酒功的全面性与深刻性。

第三，酒近于道是因为酒可以“移人”。饮酒不仅可以作用于人的身体，而且能够变化人的气质情性。“善乎，酒之移人也。惨舒阴阳，平治险阻。刚愎者熏然而慈仁，懦弱者感慨而激烈。陵轹王公，给玩妻妾，滑稽不穷，斟酌自如，识量之高、风味之媺，足以还浇薄而发猥琐。”③ 酒以热力贯通血脉，使人胆气豪发，性情移易。人在酒的作用下“变形”，存在的多重可能性由此转化为现实。人们利用酒移人的特征，正可以变化气质、安顿心灵，在世间过精神生活。

大量宴饮，浮华腐化着人心，而人欲的放纵往往导致人性的堕落。宴饮等繁华的世俗生活带来诸多思想文化问题，也刺激、推动着理学的兴起。反对“苦教”的理学家对宴饮并不拒绝。比如周敦颐时常饮酒，也不拒绝“醉”:“一日复一日，一杯复一杯。青山无

---

①《酒经》，第 19 页。

②《酒经》，第 23 页。

③《酒经》，第 31 页。

限好，俗客不曾来。”[1] 他将饮酒视作远离、超越俗尘的生活方式，从而赋予饮酒以新的意义。邵雍则以微醺来通达造化之原，程颢时而会“莫辞盏酒十分醉”[2]。通过饮酒来肯定、重建世间的美好生活，这是理学家的一项使命。随着“苦”意淡化，升天入地的诗酒激情下落到世俗生活。世间的功业——名利——成为美好生活的核心内涵，这直接造就了人欲的放纵、心灵的堕落。饮酒是精神秩序的突破者，并不能充当精神秩序的构建者。理学家提出所以然、所当然、必然相统一的“天理”来收拾人欲的放纵与心灵的堕落，正是对大宋近百年浮华世俗生活所带来问题的回应。看起来，理学的兴起与北宋社会经济的繁荣同时出现，但显然两者并非前因与后果的关系。当然，规训饮酒乃“天理”说题中应有之义。不同于“礼”以规范人的外在行为为特征，“天理”首先直指人的内在精神，然后才表现于行动。“以理饮酒”让酒与心、性、情、身直接照面，把饮酒放在心性层面思考，这也推动着中国酒精神的自觉。

① 周敦颐：《周敦颐集》，北京：中华书局，2009 年，第 65 页。
② 程颢、程颐：《二程集》，北京：中华书局，2004 年，第 477 页。

四 酒为日用之需

大明既不榷缗亦少禁令，加之社会经济大发展，酒供应充足，酒遂进入寻常百姓家，成为百姓日用之物。普遍饮酒也使酒逐渐成为百姓日用之需。全民普遍饮酒使“醉”成为社会性问题，也使“醉与醒之辩”成为思想界重点关注的重要理论问题。尽管有尊醒抑醒的种种倾向，但是，王阳明以良知主宰酒，打破、超越醒与醉之纠结，对饮酒表现出较大的宽容。袁宏道等人着力构建觞政，以性情趣味才识等个体性要素提升饮酒的文化品位。这既体现出整顿饮酒秩序的用心，也可看作对酒精神的全新塑造。这两条路线一刚一柔，对于解决酒乱发挥了一定的作用。然而，道德性的良知与审美性的性情趣味等个体性、内在化尺度并不能始终保证自身的强度，面对混合着欲望、充满突破升腾之力的酒精神无力又无奈。不过，将原始苍莽的酒精神交给个体性的良知与性情趣味，这也赋予了酒精神以个性化的优雅品性。

先贤用形名、礼法、佛理、天理等外在规范来对付酒，明代人则以内在的良知、性情趣味来提升饮酒的品位，以此规范饮酒，重建饮酒秩序。内在的良知、性情趣味是礼法之后范导饮酒的新形态，这是明代饮酒出现的新动向。外在强制性规范对饮酒的压制逐渐被解封，酒被直接交与个人的良知、性情与趣味。在自由饮酒基础上，对饮酒的品位提升与品味规范或许是对付酒的不得已手段，也是中国思想所能拿出的对付酒的最后手段。对饮酒的品位提升与品味规范，具体表现为酒场成为戏台，努力使饮酒程式化、最大限度美学化，成为欣赏的对象。这样既尽可能避免饮酒生祸败德，也能发挥酒的积极效用。在此思想引导下，嗜酒者饮酒往而返——既喝酒，又能反观酒，对饮酒有了更高的自觉。

（一）酒为日用之需

明太祖出身于穷苦之家，对元朝重压感受深刻，故立国即立法薄取于民。明初，汉代以来实行的榷酤制度被废除，酒与其他物品被同等对待，即依据营销额度收取酒税。酒不再被特别针对，抑制酒生产的榷酤制度被废除，明代酒的生产获得解放，酒业蓬勃发展起来[①]。

太祖统治后期，为彰显天下太平，与民同乐，在南京修建了大量酒楼。南京作为开国之都，聚集朝廷达官显贵，拥有足够的财富与公共资源来满足权贵享乐之欲。由此，南京成为最大欢场。公侯王孙、乌衣子弟游玩欢宴，时常欢饮于酒楼。上行下效，饮酒之风很快吹遍全国。

对于饮酒带来的问题，比如失职、败德，以刑应对酒乱，历代都施行，大明也不例外。御史严皑、方鼎、何杰等，就因“沉湎酒色”被宣宗命令枷号示众（《明史》卷九十五《刑法三》）。总体上看，大明朝廷对饮酒格外开恩，乃至有些纵容。比如在不少官员因饮酒失职的情况下，宣宗作了《酒谕》，仍然强调酒不可废，只需要以德、礼管控即可。《酒谕》曰：“天生谷麦黍稷所以养人，人以曲糵投之为酒……夫非酒无以成礼，非酒无以合欢，惟谨圣人之戒而

① 其间因为灾荒，粮食收成不足，太祖也曾短暂地“禁民种糯”，但很快废除禁令。

礼之率焉，庶乎其可也。”[①] 不因饮酒误事生乱而禁酒，事实上，其中包含着对控制酒的巨大信心。酒为人所需，中央政府尽量满足百姓之所需，这很正常。但是，被寄予希望的德、礼往往靠不住，尤其是上层官僚普遍奢侈豪饮，导致全民狂饮，而德、礼对此发挥不了多少作用。据载，大明官僚们依据品级，其酒器普遍豪奢。只要经济状况允许，无官之家亦多用金玉之器。如越人扫墓：“后渐华靡，虽监门小户，男女必用两坐船，必巾，必鼓吹，必欢呼鬯饮。”[②] “必欢呼鬯饮”，日日如此，饮酒之普遍，可见一斑。明中叶嘉兴府桐乡县青镇“贫人负担之徒，妻多好饰，夜必饮酒，病则祷神，称贷而赛”[③]。贫穷人家也能“夜必饮酒”，虽有攀比习气的作用，但也足见当时酒风之盛。

合欢、解忧是饮酒的基本功能，但“夜必饮酒”所显示的却是无目的的闲饮。刨根究底的话，闲饮指向些许的感官刺激、愉悦，因此，称之为“嗜好”或许更好。以嗜好为基础展开于日常生活，饮酒也可以说是一种日常生活方式。诚然，酒之神性逐渐褪色，进入寻常百姓家，成为日用之物。

酒成为日用之需，平常而不平凡。如同“盐”，远古时代被视为神奇之物，夏商周时亦用来祭祀神灵。后世神奇不在，沦为日用之需。盐对生命、生活的重要性不减，对人的精神的重要性却逐渐衰减。酒对自然生命的重要性依旧，对人的精神的重要性虽有所减弱，但和乐人群、调和情绪的功能还在。

大明既不榷缗而亦少禁令，全民普遍饮酒，民间遂以酒为日用之需[④]。如我们所知，周公《酒诰》规定“饮惟祀”，汉代将酒作为

---

① 余继登：《典故纪闻》，北京：中华书局，1981 年，第 162 页。

② 张岱：《陶庵梦忆　西湖梦寻》，北京：中华书局，2007 年，第 18 页。

③ 李乐：《见闻杂记》，上海：上海古籍出版社，1986 年，第 1021 页。

④ 酒在民间成为日用之需，这个说法出自顾炎武《日知录・酒禁》，引自黄汝成：《日知录集释》，上海：上海古籍出版社，2006 年，第 1606 页。

圣人颐养天下之物，但汉代确立酒榷制度，酒价非下层民众所能承受得起。宋代经济繁荣，为增收酒榷，政府鼓励、诱惑人们饮酒。在观念上，宋人将饮酒视为“人之常情”，由此解放了酒。由宋代“人之常情”说到明清“日用之需”说，这是个重大变化。“人之常情”表达了：每个人都会想着饮酒，人对酒的欲望是正常的，也是正当的。但是，对酒的欲望能否满足，是不是每个人的欲望都能满足，这是个问题。“日用之需”与《礼运》“饮食男女，人之大欲存焉”意思接近，不仅肯定了对酒的欲望，而且肯定了饮酒的内在价值。用今日语言表达即是，饮酒是人的正常需要。对欲望，不必满足；对需要，必须也能够满足。因此，“日用之需”涉及“能不能”的问题。明代经济大发展，物质丰富起来，特别是玉米、红薯传入中国[①]。困扰国人的饥荒问题大大缓解，因缺粮而禁酒的概率降低，较多的粮食可以被用来酿酒。饮酒在明末成为日用之需表明，当时的社会已经允许且能够让大多数人日常喝上酒。饮者由神职人员到皇亲贵族，到“士”，最终到平民，饮酒平民化标志着酒进入了人类的生命之中，酒与人的相互占有在外延上达到最大化。

酒进入普通人的日常生活，饮酒成为普通人的日常生活方式。但酒的度数升高，种类随人的嗜好而不断增益，饮酒带来的问题——酒乱同样有增无减。“先王之于酒也，礼以先之，刑以后之。”（顾炎武《日知录·酒禁》）“礼”是柔性的规范，“刑”是刚性的处罚。一般的规范对酒作用不大，对酒乱更无可奈何。只有强制性的刑罚可以威慑之。从漫长的历史看，“礼”“刑”也未能完全制止酒乱。其后，精神性的“佛理”“天理”也对人们饮酒恐吓、范导，它们对酒乱也都发挥过约束作用。汉代推行的榷酤制度欲从酒的酿造开始管控，这对于抑制酒的疯狂也起到一定作用。但是，榷酤制度

① 玉米、甘薯都是16世纪时传入中国的。徐光启大力推广甘薯种植。徐光启《农政全书》记载：“甘薯所在，居人便足半年之粮，民间渐次广种。”（长沙：岳麓书社，2002年，第426页）

推行后以盈利为目的，酒禁的弛放又内蕴其中，顾炎武说："酒禁之弛实滥觞于此。"[①] 诚不虚也。后世有对酒用重典者，重典完全背离人欲人情，斩断酒的和乐、祭祀等功能，民间吉凶之礼不得行焉，因此，很快就被废除。

每日饮酒，不少人对酒产生了依赖，如松江名士何良俊每对酒辄曰：**"何可一日无此君**？……余每一日无酒，即觉皮中肉外焦渴烦闷。然日日酩酊，亦殊为瞶瞶。唯逐日饮少酒，过五日则一大醉，正得其中。"[②] 饮酒成为日用之需，饮酒问题也就成为个人问题。享受美酒是正当的，但"何可一日无此君"却显示出不少人已经对酒患有严重依赖。沉浸于酒，昏乱成为精神的常态，普遍的日常饮酒马上成为一个现实问题。它不仅影响现实的生产、生活秩序，也冲击着清醒的世界。

（二）醒醉之间

屈原曾哀鸣"众人皆醉我独醒"（《楚辞·渔父》），由此开启了持续千余年的"醒与醉之辩"。崇尚"醒"，贬抑"醉"，这是屈原及后世士人的基本价值趋向。但这并不是中国思想给出的唯一答案，欣赏"醉"、赞美"醉"、追求"醉"的不乏其人[③]。"醒"为什么值得追求？"醒"为什么那么难？天下人为什么会"醉"？为什么有些人痴迷于"醉"？"醉"有价值吗？价值何在？熟知思想史的人都明白，历史对这些问题都提供了多样的答案，其中也不乏高明之论。

"醉"首先指过量饮酒导致的身心麻痹状态，进而指身心麻痹之后记忆的丧失，判断、推演的混乱，以及想象成分的增多。大明普

---

① 《日知录集释》，第 1606 页。

② 何良俊：《四友斋丛说》，北京：中华书局，1959 年，第 302 页。

③ 魏晋时代乃"醉的自觉"时代，具体参见本书第一章之一。

遍频繁地饮酒，致使士人开始积极思考酒醉的本质。饮酒致人昏忘，有儒者以此将“心”与“酒”对立。徐阶说：“人未饮酒时，事事清楚；到醉后，事事昏忘；及酒醒后，照旧清楚。乃知昏忘是酒，清楚是心之本然。人苟不以利欲迷其本心，则于事断无昏忘之患。克己二字，此醒酒方也。”① 心体明觉，于事事物物清清楚楚，饮酒则渐失清楚，醉酒则不明不觉。由此看，酒是本心之敌。由酒使人昏忘，进而徐阶将“昏忘”与“酒”画等号，凡是“昏忘”都被看作酒的祸患。这样，“酒”的含义被泛化，而被置于本心之对立面。饮酒与人的欲望相关，欲使本心常明，则需要克制自己的欲望。因此，“克己”被视为“醒酒方”。

“醒”与理智的辨析、分寸的把握、思维秩序的维护相关，这构成了人们反对饮酒的基本理由。比如，“人不饮酒，便有数分地位。志虑不昏，一也；不废时失事，二也；不失言败度，三也。余尝见醇谨之士，酒后变为狂妄，勤渠力作，因醉失其职业者，众矣。况于丑态备极，为妻孥所姗笑，亲识所畏恶者哉？……盖生平悔吝有十分，不为酒困，自然减半也。吾见嗜酒者，晡而登席，夜则号呼，旦而病酒，其言动如常者，午、未二晷耳”②。酒后废时失事，失言败度，变得狂妄等等，此种种乃为酒困的具体表现。酒后意识的迷离使饮者心智、容貌、举止变形，言动失常，形象尽失，为人所不齿。

“酒”被泛化为昏乱，“醉”同样也被人们不断泛化。与“醉”相对的“醒”由此也有了更为丰富的含义。冯梦龙对“醉”与“醒”的说法颇有代表性。他说：“夫人居恒动作言语不甚相悬，一旦弄酒，则叫号踯躅，视堑如沟，度城如槛。何则？酒浊其神也。然而斟酌有时，虽毕吏部、刘太常未有时时如滥泥者。岂非醒者恒而醉

① 黄宗羲：《明儒学案》，北京：中华书局，1986 年，第 619 页。

② 谢肇淛：《五杂俎》，上海：上海书店出版社，2009 年，第 214 页。

者暂乎?”(冯梦龙《醒世恒言》叙)酒可乱人心神，但醉不是人的正常状态，而只是人类永恒之醒的暂时缺失。恒久的正常状态意味着人伦秩序与自然秩序，意味着合乎规范与适宜的尺度，冯梦龙将此统统归为“醒”。反之，人伦秩序与自然秩序之颠倒、不合规范、紊乱等皆归为“醉”。在此意义上，酒能醉人，声色货利皆可醉人。醉于何物不重要，重要的是醉是对秩序的远离。由此，冯梦龙将醒醉推广到饮酒之外的世态，并赋予两者以对立的价值特性。他说：“由此推之，惕孺为醒，下石为醉；却呼为醒，食嗟为醉；剖玉为醒，题石为醉。又推之，忠孝为醒，而悖逆为醉；节俭为醒，而淫荡为醉；耳和目章、口顺心贞为醒，而即聋从昧、与顽用嚚为醉。……自昔浊乱之世，谓之天醉。天不自醉人醉之，则天不自醒人醒之。以醒天之权与人，而以醒人之权与言。”(冯梦龙《醒世恒言》叙)发自本心的仁义之行为“醒”，比如见孺子将入于井必有怵惕恻隐之心，自觉拒绝嗟来之食，能忠能孝，能节俭，耳目聪明等等皆算是“醒”。本心迷乱、倒施逆行为“醉”，比如落井下石，食用嗟来之食，悖礼逆理，淫荡不节，耳不聪，目不明等都算“醉”。以仁义礼智作为“醒”的基本内涵，这显然是儒家的立场。冯梦龙把浊乱之世称为“天醉”，浊乱出于人，故“天醉”乃人醉而致。同样，世道由乱到治为“天醒”。“天醒”不是一个自然而然的过程，而需要由人醒之。人之醒醉关联着天地的秩序，天之醒醉由人而起，人有责任使人世由醉返醒，也有责任使天由醉返醒。

无酒可醉，有酒亦可醒。心学大家聂豹写道：“不作人间开眼醉，齁齁一枕是长醒。”[①] “开眼醉”指人不饮酒而处于清醒状态，但人心昏乱如醉酒。“齁齁一枕是长醒”指虽然卧寝而眠，但内心却一直清醒。醒与醉与酒无关，饮可醉，不饮亦会醉。陈继儒据此描述当时世况，整个社会虽不饮酒，但却无时无处不在“醉”中。他断

① 聂豹：《聂豹集》，南京：凤凰出版社，2007 年，第 508 页。

言："食中山之酒，一醉千日。今世之昏昏逐逐，无一日不醉，无一人不醉。趋名者醉于朝，趋利者醉于野，豪者醉于声色车马，而天下竟为昏迷不醒之天下矣。安得一服清凉散，人人解醒。"① "醉"是自我迷失并与对象保持同一，醉于朝是自我迷失于朝，醉于野是自我迷失于野，醉于声色车马是自我迷失于声色车马。一味迷失混乱，远离规范、秩序，这并不符合人性理想。

但是，"醒"虽必要，却亦非理想之境。在陈继儒看来，"醒"与"醉"一样只是一偏，而非中道。因为，"醉"对人意味着"昏"，"醒"则意味着"散"。他说："予不食酒，即饮未能胜一蕉叶，然颇谙酒中风味。大约太醉近昏，太醒近散，非醉非醒，如憨婴儿。胸中浩浩，如太空无纤云，万里无寸草，华胥无国，混沌无谱，梦觉半颠，不颠亦半，此真酒徒也。"② "昏"无以欣赏天地万物分殊之美，"散"则只见这这那那，而难以见贯通与大全。太醉而昏不值得追求，太醒而散同样非理想状态。真正的理想是非醒非醉之时，即"微醺""半酣"，不昏不散，有忘有未忘，此可得酒之味，也能造至美之境，所谓"何如但取半酣，与风月为侣"③。太清醒之人，风为风，月为月，我为我，各自散落于天地之间。半酣之际，酒弭平我与风月之界限，故风月可为侣。不难发现，陈继儒取非醒非醉乃基于审美需要。他曾言："酒能乱性，佛家戒之；酒能养气，仙家饮之。余于无酒时学佛，有酒时学仙。"④ 根据酒之有无来决定对酒的具体态度，陈继儒显然在追求酒对人的利益最大化。或学佛，或学仙，似乎酒对他的生命无足轻重。但是，他虽刻意隐身，而大名在外，一生从不缺酒，所以他能够时时与风月为侣，一生处于非醒非

① 陈继儒：《小窗幽记（外二种）》，上海：上海古籍出版社，2000年，第4页。

② 陈继儒：《酒颠小序》，引自刘心明主编《子海珍本编》，第一辑，第85册，南京：凤凰出版社，2014年，第217—218页。

③《小窗幽记》，第78页。

④《小窗幽记》，第152页。

醉之间。

（三）良知与饮酒

限制酒生产的制度被废除，被禁锢了千年的酒的生产获得了解放，对饮酒的控制成了抑制酒的最后防线。历史上，礼、刑、法、佛理、天理都曾努力控制饮酒，但是对于成为日用之需的酒，却需要新的管控方式与新的精神。礼法是外在的规范，对于日用之需所能提供的空间显得过于疏大。佛理禁酒与日用之需相悖；天理高高在上，难以及于个人之日常。将每个人交给自己管控，这是王阳明“良知”思想的基本精神。在理学式微情况下，“良知”理所当然成为大明对抗饮酒的新的思想方法。

王阳明将投情于诗酒者归之于“高抗通脱之士”，以区别于自己所推崇的“有道之士”[①]。两者皆能捐富贵，轻厉害，弃爵禄，决然长往而不顾。但是，前者奋发于意气，感激于愤悱，牵溺于嗜好，有待于物以相胜，一旦意倦情移，则难以坚持。“高抗通脱之士”在豪饮者那里比较常见，比如李白。后者良知昭明灵觉，真正能够坚定不移地捐富贵，轻厉害，弃爵禄，决然长往而不顾。对阳明来说，主宰确定，人事秩序也随之确定，有事无事皆得从容自在，可谓“闲”。“但得此身闲，尘寰亦蓬岛。”（《通天岩》）[②] 主宰缺失，意气用事，秩序无存，有事无事皆归于“忙”，所谓“天地气机，元无一息之停；然有个主宰，故不先不后，不急不缓，虽千变万化，而主宰常定：人得此而生。若主宰定时，与天运一般不息。虽酬酢万变，常是从容自在。……若无主宰，便只是这气奔放，如何不忙”[③]。“气奔放”即是意气用事，此为“高抗通脱之士”的基本风格。气之所至，先后急缓不定，忙乱无主。有了主宰，从容自在，轻重缓急皆

---

① 王阳明：《王文成公全书》，北京：中华书局，2015 年，第 255 页。

②《王文成公全书》，第 892 页。

③《王文成公全书》，第 38 页。

有秩序。闲心与白鸥为群，观花饮酒，醉与醒皆是自在。

王阳明并没有纠结于醒与醉之辩，他喝酒，多醉。但他从不怕酒，未曾戒过酒，更没想到禁酒。他有唐宋才子对花饮酒之风流，也和古圣前贤一样与门生畅怀酣饮。他既有对桃花独酌的雅兴，也会与朋友对饮共醉。他虽深知酒味，但并不会沉溺于酒，更能自觉在饮酒中保持良知之清明。当醒则醒，当醉则醉，在饮酒中历练良知，以良知主导酒，这是一条中庸却高明的饮酒之道。

阳明胸怀天下，而非拘泥于书斋之儒生。他时常在山溪间漫步，赏岩中花，对饮山翁。推杯换盏，时放浩歌。酒醉后直接卧于岩石之上，毫不客套，醒来道声别即归。有时醉而相忘，有时则醉而不还。身闲之时，山间明月白云相伴。在阳明，醉并不可怕，此乃物我人事融洽相契的自然表现。山间风月让其醉，阳明亦醉于西湖青林翠碧、藕花香风。在《西湖醉中漫书二首》中，他写道："……烂醉湖云宿湖寺，不知山月堕江城。掩映红妆莫谩猜，隔林知是藕花开。共君醉卧不须到，自有香风拂面来。"[①] 阳明不讳言烂醉，对醉卧湖边也不掩饰。他虽常醉卧，但有时醉后也会狂歌，有时醉后也会随风起舞。醉后东倒西歪，与山野鄙人无异。时而人扶竹，时而竹扶人。如此任性任心，颇见率真之意。

在谪居贵州期间，王阳明以其卓识与人格，很快在身边聚集了大批门生。他们时常在山林间讲学记问，在月榭云窗鸣琴披卷，兴之所至，少不了饮酒助兴，所谓"门生颇群集，樽斝亦时展"[②]。时展樽斝并非借酒浇愁，也不是贪图宴乐，更多是寻求精神的慰藉。朋友远道而来，为招待客人，买酒缺钱，阳明毫不犹豫地典当春裘。"旋管小酌典春裘，佳客真惭竟日留。"[③] 豪迈之气溢于言表。饮酒让阳明旷达了不少，虽失意又思亲，淡泊而旷达的师生问学也让王阳

① 《王文成公全书》，第 804 页。
② 《王文成公全书》，第 839 页。
③ 《王文成公全书》，第 856 页。

明颇有自得之慰。寂寞的山野谪居，因为从游者到来而热闹起来。门生们带来酒肉，觥筹交错，弹琴讲习，大有风沂气象。佳会难再遇，方聚复离别。离别之后弹琴饮酒，则会把自己带回西园溪月一起谈笑味道的时日。事实上，阳明与弟子聚会总是歌酒相伴。《王阳明年谱》记载："（嘉靖三年）八月，宴门人于天泉桥。中秋，月白如昼。先生命侍者设席于碧霞池上，门人在侍者百余人。酒半酣，歌声渐动。久之，或投壶聚算，或击鼓，或泛舟。"[①]"投壶"是战国时代流传下来的饮酒游戏，即把箭投入壶中，投进多者胜，少者罚酒。百余侍者趁着酒兴，做游戏、击鼓、泛舟，欢乐活泼，展示其良知学生动盎然之机。

饮酒送别是中国古代重要风俗，阳明自身辗转天南海北，迎来送往是常事，迎送也总是饮酒，如"幽寻意方结，奈此世累牵。凌晨驱马别，持杯且为传"[②]；"贵阳东望楚山平，无奈天涯又送行。杯酒豫期倾盖日，封书烦慰倚门情"[③]；"一别烟云岁月深，天涯相见二毛侵。孤帆江上亲朋意，樽酒灯前故国心"[④]。在交通落后的时代，别离后空间阻塞，信息难通，离人生死两隔，故离别往往愁容郁结。送别饮酒有朋友再次交欢之意，它更能融化界限，弭平时空间隔，让分离者不隔离。同时，饮酒对于解除对远方的未知恐惧、消解离愁、连接远近具有一定的作用。

长期饮酒，对于酒味，王阳明有自己的独特的领悟，如"诗从雪后吟偏好，**酒向山中味转佳**"[⑤]。"味"虽内蕴于物体，其实现却依存于人的品尝。酒味的实现同样与饮酒者的口味、心态相关联。饮酒者环境、心态的好转会让饮者觉得酒味变好，这是常识。阳明虽

① 《王文成公全书》，第 1470 页。
② 《王文成公全书》，第 843 页。
③ 《王文成公全书》，第 856 页。
④ 《王文成公全书》，第 883 页。
⑤ 《王文成公全书》，第 881 页。

以教化众生为任，相信人皆有良知，但是现实世风却不能尽如人意。相较而言，“山中”人际关系简单，风俗醇厚，确实可让人心情转佳。在此间饮酒，人自会觉得酒味更好。在“山中”而不能忘怀“山外”，这是儒者的基本情怀，阳明表现得更强烈。他写道：“中岁幽期亦几人？是谁长负故山春？道情暗与物情化，**世味争如酒味醇**。”① 世间百味并存，不如意之味多。酒味有甘有辛，远没有世味复杂。阳明深知酒味，亦希望能以道情化物情，能以良知移易风俗，使世味醇如酒味。但“世味酣人未解醒”②，沉醉于世味者往往难以醒来，此亦可叹息。

风雨之多寡、农家之吉凶、兵甲之威胁、旧土之怀思、庙堂之动静，这都让儒者挂牵，影响着阳明的心绪。饮酒消解纷扰，这是阳明遣怀的一个办法。王阳明在游玩之际，兴致来了就到处找寻酒家。孤寂时日，阳明先生也有对花独酌的雅兴。《岩下桃花盛开携酒独酌》一诗记载：“小小山园几树桃，安排春色候停桡。开樽旋扫花阴雪，展席平临松顶涛。”③ 山中桃花开得晚，虽只有为数不多的几树，但对雪盛开亦属难得。举杯对桃花，无俗人俗事滋扰，自是美事。人迹罕至，却不妨与花交语交心。阳明这一雅意至晚年也还保持着。如《再游浮峰次韵》曰：“廿载风尘始一回，登高心在力全衰。偶怀胜事乘春到，况有良朋自远来。……莫厌花前劝酒杯。”④ 有良朋远来，对饮花前，较之花前独酌，更增酒意。

古圣先贤，人俱往矣，然酒却可以让人穿越时空之隔阂，而心通神契。在《白鹿洞独对亭》一诗中，阳明写道：“五老隔青冥，寻常不易见。……彭蠡浮一觞，宾主聊酬劝。悠悠万古心，默契可无

① 《王文成公全书》，第 872 页。
② 《王文成公全书》，第 1231 页。
③ 《王文成公全书》，第 914 页。
④ 《王文成公全书》，第 933 页。

辩。”[①] 时空相隔，通常的方法实难克服。但杯酒却可以打破时空隔阂，实现万古交心，彼此默契。阳明有时也会将“良知”理论贯彻到酒桌上。他在酒场中愿意接受酒令约束，鄙夷酒局中装醉的人，认为他们没有“天知”（良知），欺人亦自欺，所谓“平生忠赤有天知，便欲欺人肯自欺？……谩对芳樽辞酩酊，机关识破已多时”[②]。每个人天生都有良知（“天知”），是为是，非为非。装醉骗得了别人，骗不了自己。欺人者实自欺，阳明对此十分有把握。

儒者以修齐治平为任，家国天下的治理亦需要位分。位分与富贵相关，但非后者所能涵盖。王阳明不辞位分，但对富贵特别是世俗富贵看得较轻。“莫向人间空白首，富贵何如一杯酒!”[③] 白首人间固不可取，但富贵亦不可看重。在他看来，富贵之人的良知往往为富贵所累，都像喝醉酒一样，不能依照良知做事。这样的人，为了醒酒还不得不再饮更多的酒，陷入此无穷尽的恶性循环，只能做个山灵溪风嫌弃的俗士。不过，阳明尽管有“适意山水间”的念头，也会“到处看山复寻寺”，但是终究不能抛开家庭。其实，不仅富贵中人如醉酒一般昏睡懵懂，天下人良知被蒙蔽时亦皆如醉酒人一样陷入睡梦不清醒。王阳明坦承：“四十余年睡梦中，而今醒眼始朦胧。”[④]良知为自己所蒙昧，倏忽沉睡四十年，良知明觉才得清醒。自己良知明觉，也有责任唤醒其他昏睡之人，这是圣人的内在使命。

王阳明以良知主导饮酒，醒醉皆自在。这种对酒的态度与方法为王门后学，乃至大明思想界对待酒奠定了基调。比如，王龙溪习惯以饮酒弭平、超越清浊荣辱：“亏成已付琴三弄，清浊同归酒一

① 《王文成公全书》，第 914 页。
② 《王文成公全书》，第 920 页。
③ 《王文成公全书》，第 911 页。
④ 《王文成公全书》，第 928 页。

樽”[①]；“人间荣辱无拘管，万顷风烟一酒杯”[②]。同样，他也会以芳樽对良辰美景，与故友畅怀共醉，以酒打通现在与过去，等等。在阳明另一高足聂豹那里，我们也能清晰地看到类似态度。“卧云便酩酊，洗耳听潺湲。”[③]“耕云钓月有余闲，醉后元城宜鼾睡。嗟哉主圣未可忘，酒醒鼓腹歌虞唐。”[④]“主圣”指作为一身之主的良知。“主圣不可忘”指良知惺惺，常为主宰。有良知做主，“酩酊”“醉”并不可怕，毋宁说，这是告别俗事、与云月相拥的必要手段。“除夕两年皆在狱，不妨对酒且高歌。”[⑤]身在牢狱，却能对酒高歌，非主宰常在不能如此。“春风长醉万花中，不是昏狂不是慵。却是先生闲笑弄，有时醒眼看顽童。”[⑥]按照阳明说法，“闲”是良知主宰常在的表现，“忙”是主宰迷失。“闲笑弄”是主宰常在，从容不迫与物交接。“长醉”在春风万花中，亦不失良知。“醉”故如此，酒不能困，当醒即可醒也。以六十八岁高龄入王门的董沄自己饮酒，也深知酒味。他曾以饮食比拟圣学，所谓“吁嗟此学太无端，竞作肥羊细酒看。只贵口中多咀嚼，更夸舌上有甜酸。……我道此中真味在，持来争奈赠人难”[⑦]。“肥羊”“细酒”之味，需要多咀嚼才能体会到其中甜酸。这些美味需要个人自己品尝，可以自己享用，而不能替代；可以体验，而不能向人传达。基于此，董沄对嗜酒如命的刘伶赞赏有加，他在《刘伶台》中说：“忍教行迹同屠酤，如此襟怀一酒人。”[⑧]刘伶如此襟怀与饮酒无法分开。对长醉的人如此，可见其对饮酒的宽容气度。

---

① 王畿：《王畿集》，南京：凤凰出版社，2007年，第534页。
②《王畿集》，第537页。
③《聂豹集》，第452页。
④《聂豹集》，第457页。
⑤《聂豹集》，第497页。
⑥《聂豹集》，第508页。
⑦《徐爱 钱德洪 董沄集》，南京：凤凰出版社，2007年，第257页。
⑧《徐爱 钱德洪 董沄集》，第311页。

（四）醉乡律令

酒以热力融化、弭平界限、突破规则为特征，饮酒之和乐正基于此。“和”是差异之融解，“乐”是心序之通合。大明思想界对于饮酒的思考除了阳明开创的心学之外，还有一群喜饮、乐饮并试图建构饮酒规则、秩序的思想家。他们与阳明一样，对人类的酒欲坦然接受，不同的是，他们主张以内外结合的律令——觞政律令直接规训饮酒。如袁宏道之《觞政》、田汝成（一说是其子田艺蘅）之《醉乡律令》。此外，陈继儒《小窗幽记》等皆推崇唐人皇甫松《醉乡日月》，也表现出欣赏并规范饮酒之倾向。不过，不同于以暴力为特征的刑罚禁令，这些文人设想的律令酒政皆以特定的性情、趣味为实质，原本以自由散漫为特征的饮酒逐渐被高雅的“品味”约束、提升。

大唐诗酒兴盛，饮酒并没有什么章法，人放纵酒，酒占有人，饮酒远离厚生正德。皇甫松有感于时，作了《醉乡日月》。此书有《饮论》《谋饮》《选徒》《使酒》诸章节，其中《饮论》影响最大。其曰：“凡醉有所宜。醉花宜昼，袭其光也；醉雪宜夜，乐其洁也；醉得意宜艳唱，宜其和也；醉将离宜鸣鼍（一作击钵），壮其神也；醉文人宜谨节奏、慎章程，畏其侮也；醉俊人宜益觥盂、加旗帜，助其烈也；醉竹宜暑，资其清也；醉水宜秋，泛其爽也。此皆以审其宜，收其景，以与忧战也。呜呼！反此道者，失饮之大也。”[①] 对“醉之所宜”的描述开创了饮酒情趣化、审美化的追求之路。不过，他将酒作为解忧、战忧的工具，无疑又窄化了情趣化、审美化之路的发扬光大。

在《饮论》中，皇甫松列举了“不欢之候”与“欢之征”。“合欢”“合乐”是饮酒特别是群饮的基本功能。皇甫松系统地整理了实

① 《古今说部丛书：第四集》，上海：上海文艺出版社，1991 年，第 1 页。

现“欢”的主客观条件，明代造酒之律令者大体也继承了下来。

对酒徒之遴选依照的是“醉之所宜”以及“欢”的实现条件，他说：“大凡寡于言而敏于令者，酒徒也；怯猛饮而惜终欢者，酒徒也；不动摇而貌愈毅者，酒徒也；闻其令而不重问者，酒徒也；不停觥而言不杂乱者，酒徒也；改令及时而不涉重者，酒徒也；持屈爵而不纷诉者，酒徒也；知内乐而恶外嚣者，酒徒也。”① 能饮酒还称不上酒徒。真正的酒徒要具备良好的酒品酒风，比如寡言敏令，不为酒所移易，饮酒而不扰人，等等。

皇甫松对饮酒律令的追求并没有得到同代人的激赏。《醉乡日月》的佚失表明，追求自由放纵的唐宋人的饮酒精神与此并不融洽，饮酒不需要如此规范。明代人饮酒不单为解忧，而是被当作日常生活方式，成为日用之需，才真正开始在醉中享受人与事事物物之间的冥契关系。他们从故纸堆里将《醉乡日月》刨出，当作宝物，不断地增补、吸收进自己的思想中。前有《说郛》（元末明初陶宗仪）整理佚失之本，后有《醉乡律令》（田汝成，或曰其子田艺蘅）补其未备，《觞政》（袁宏道）以此为基础增益并系统化，从而使这个有序的酒世界达到完善。

田汝成《醉乡律令》一篇，其引云：“取皇甫氏之意，而芟繁撮要，易其未然，而补其未备，著为《醉乡律令》一篇，庶使湎身濡首者，有所禁而不淫，齐圣温克者，有所循而益谨尔。嗟乎！选胜赏心，能无祟饮？千钟百榼，贵在德将。在昔贤豪，咸非懵者，酒中之趣，先得我心，予诚有味于酒乎！聊以韬精光浇磊落耳。”② 田汝成自述其作《醉乡律令》的目的是使沉湎于酒者有所收敛、节制，使追求饮酒之德者有所依循。更重要的是，能够指点饮者，得饮中趣、酒中味。饮酒之趣味指向审美化，因此，《醉乡律令》对“醉乡

① 《古今说部丛书：第四集》，第2—3页。

② 李诩：《戒庵老人漫笔》，北京：中华书局，1982年，第161页。

之宜”特别推崇：“醉花宜昼，醉雪宜夜，醉月宜楼，醉暑宜舟，醉山宜幽，醉水宜秋，醉佳人宜微酡，醉文士宜妙令酌无苛，醉豪客宜挥觥发浩歌，醉将离宜鸣鼍，醉知音宜乐侑语无它。”[①]“醉”是饮酒后自我契入对象、世界，彼此无分际界限。“醉花”“醉雪”“醉月”……是自我主动投入、契合到花、雪、月之中，是为“花”“雪”“月”而醉，是因“花”“雪”“月”而醉。“花”“雪”“月”……是自身之外的事事物物，为这些事事物物而醉，而不是为了自己的忧伤烦恼而醉，也不是为了美酒而醉。为了事事物物而醉，是为了在醉中与这些事事物物冥契。这是一个崭新的现象，它既不同于饮酒合道、通自然的形上追求，也不同于将饮酒作为助诗文之兴而将酒降低为手段。为“醉”设置条件，当然是醒者的心思。不过，其装饰醉、美化醉的意图一目了然。

对酒徒之选，《醉乡律令》列举了十有三条，多出《醉乡日用》五条：“款于辞而不佞者……”对“欢之候”，田汝成没有说；对“不欢之候”则列举了十四条：“主人吝一也……”《醉乡律令》集中论述“醉之所宜”“酒徒之选”“不欢之候”，表明饮酒情趣化、审美化乃明代饮者的核心关怀。

袁宏道的《觞政》，集《醉乡日月》《醉乡律令》之大全，制定了更为系统、更为完备的饮酒律令。《觞政》包含一之吏、二之徒、三之容、四之宜、五之遇、六之候、七之战、八之祭、九之典刑、十之掌故、十一之刑书、十二之品第、十三之杯杓、十四之饮储、十五之饮饰、十六之欢具等[②]。

对酒徒，袁宏道更侧重学养、气质、品德俱佳者，如“款于词而不佞者，柔于气而不靡者，无物为令而不涉重者，令行而四座踊跃飞动者，闻令即解不再问者，善雅谑者，持曲爵不分诉者，当杯

① 《戒庵老人漫笔》，第161—162页。

② 袁宏道、郎廷极编著：《觞政·胜饮编》，郑州：中州古籍出版社，2017年，第23—42页。

不议酒者，飞斝腾觚而仪不愆者，宁酣沉而不倾泼者，分题能赋者，不胜杯杓而长夜兴勃勃者”①。“款于词”“善雅谑”“分题能赋”都要求饮者有欣赏能力、创作能力与品鉴之趣味。对饮“容”的规定还要求饮者品行文雅：“饮喜宜节，饮劳宜静，饮倦宜诙，饮礼法宜潇洒，饮乱宜绳约，饮新知宜闲雅真率，饮杂揉客宜逡巡却退。”②“节”“静”“诙”“潇洒”“闲雅真率”皆是气质气度，此乃雅客之质。在酒之战中，袁宏道虽列举了几种战法，但显然他更欣赏“趣饮”与“才饮”，所谓“趣饮者角谭锋，才饮者角诗赋乐府”是也。尤其见其品味的是酒之祭。他将孔子认作酒圣，把阮籍、陶潜、王绩、邵雍列为“四配”，郑泉、徐邈、嵇康、刘伶、向秀、阮咸、谢鲲、孟嘉、周顗、阮修称为“十哲”，将山涛、胡毋辅之、毕卓、张翰、何充、李元忠、贺知章、李白祀两庑，等等。从而确立了酒世界的精神谱系。

袁宏道更将六经、《语》、《孟》奉为酒经；将《蒙庄》《离骚》《史》《汉》《南北史》《古今逸史》《世说》《颜氏家训》，陶靖节、李、杜、白香山、苏玉局、陆放翁诸集奉为外典；将柳舍人、辛稼轩等词，董解元、王实甫、马东篱、高则诚等乐府，《水浒传》《金瓶梅》等传奇视为逸典。饮徒要有丰富的学养，不仅要了解所饮为何物，更要自觉酒、饮酒在整个文化系统中的意义、作用，因此合格的酒徒要熟识四书五经及历史文章。这个标尺实质上已经将中国思想体系视为酒精神的骨干，对饮者的要求不可谓不高。在文化普及度有限的时代境域下，能达到此标准的鲜有其人，这对解决全民普遍饮酒问题可谓大打折扣。此外，袁宏道对酒品的追求（“凡酒以色清味洌为圣，色如金而醇苦为贤……”）、对杯杓之规定（“古玉及古窑器上，犀、玛瑙次……”），及对饮储的规定（“一清品，如

① 《觞政·胜饮编》，第 24 页。

② 《觞政·胜饮编》，第 26 页。

鲜蛤、糟蚶、酒蟹之类……”）也追求雅致，尽显奢华，这就把文雅的饮事限定在更为有限的富贵人中。

对于“醉之所宜”，袁宏道汲取前人论述，取境更广，所谓“醉花宜昼，袭其光也。醉雪宜夜，消其洁也。醉得意宜唱，导其和也。醉将离宜击钵，壮其神也。醉文人宜谨节奏章程，畏其侮也。醉俊人宜加觥盂旗帜，助其烈也。醉楼宜暑，资其清也。醉水宜秋，泛其爽也。一云：醉月宜楼，醉暑宜舟，醉山宜幽，醉佳人宜微酡，醉文人宜妙令无苛酌，醉豪客宜挥觥发浩歌，醉知音宜吴儿清喉檀板”①。“宜”表达的是饮酒随对象调适环境，达到情境协和，人酒相融相即。但细致的规定最终可能导向程式化。饮之遇所列举的“五合”、饮之候所推的欢之十三候皆有此类问题。不管是对醉之所“宜”的构思，还是对“合”“候”的拣择，都可以说是对饮酒境域的塑造。由此，饮酒超拔出饮者个人的嗜好、欲望，弥漫开来，将周遭事事物物卷入其中。饮酒的时空被放大拉长，饮者的注意力被分散、转移到酒之外能与饮者心境相互配合的诸物事之中，酒对人的作用被稀释。这间接起到延缓“醉”的效果——这原本是以礼饮酒才能达到的效果。

从《觞政》可以看出，袁宏道所塑造的饮酒不是为了满足口腹之欲，不是为了成礼（汉），不是为了超越尘俗（魏晋），不是为了回到天地氤氲时（邵雍等），不是为了通大道、合自然（修道者），而是为了兴趣品位。《殇政》构建了一个独特的、有序的酒世界。如我们所知，《酒德颂》《醉乡记》所构建的醉的世界皆无法规章程，无官吏，亦无圣贤，无经典，无政府。但《醉乡日月》改变了这个状况，醉乡与现实世界完全不是异构、对立的，醉乡是模拟现实世界构建出来的。这个世界有官吏，有乡民，有刑罚，有经典，有祭祀，有品第，有战斗，有冲突，有政治，它与现实世界最大的差异

① 《觞政·胜饮编》，第 26 页。

在于，这些要素都围绕着酒，被酒召唤、聚集。这个世界没有鬼神，却有圣贤；没有尊卑，却有雅俗。自主选择饮伴，标准是有酒德且有雅才高致者。从酒之品第、杯杓、饮储、饮饰来看，其饮奢华、雅致。从列举的饮之典刑看，袁宏道追求饮酒的风格、境界、内涵。从对饮者掌故的要求来看，一方面需要对所饮之酒有充分了解与自觉，包括酒为何物，酒对自己意味着什么，等等；另一方面，要求熟悉六经、《论语》、《孟子》及史籍、诗词，意味着能够在酒中通情、解情、抒情。

较之魏晋饮者习惯让生命与酒直接碰面，关注酒直接作用于人的感受与结果，大明饮者自觉拓展了饮酒之境，很少让酒与人直接碰面，而是主动让周遭事物加入到酒与人之间，饮酒于是从酒、人弥漫到更广大的世界。当然，他们会根据酒与人的具体境况对周遭事物有所选择，风花雪月等美艳要素是最受欢迎的“第三者”。“醉花”是文人最喜爱的饮酒方式：通过饮酒，主动放弃自我，投入到花中。具体到个人，有的人喜欢对着菊花饮，有的人喜欢对着莲花饮，在江南享有文名的唐寅则喜欢与桃花共醉。虽然唐寅对酒徒、酒具、下酒菜等并不讲究，但他将花与酒紧密配合在一起，花前、花下、花后作为饮酒之所，又将花酒与贫者生活、闲有机结合，而与富贵对立，可以说完全走向了个人性灵。醒醒醉醉在桃花间，酒醒酒醉与桃花共在，将生命托付给花酒，让花酒滋润生命、充实生命。桃花、酒与我共同构成了美轮美奂的饮酒世界。

陈继儒在《小窗幽记》中将皇甫松“饮之所宜”编入卷四“灵”，仅仅做了几处文字改动。“宜”指的是与不同饮法相配的最佳条件，或者说，根据不同饮法而配备适宜条件，以达到不同饮法的最佳效果。对“宜”的追求体现饮酒精细化、情趣化、审美化，这是其优点。饮酒的所对之象不同，会让饮者的心境产生不同的感受。依据所对之象而主动择取能够配合的条件，确实可以调动相应的感受，实现心、境、情、景谐和，取得所期待的饮酒效果。除了因袭皇甫松“醉之所宜”诸说，陈继儒本人新提出几种“饮之所宜”，如“法饮宜舒，放饮宜雅，病饮宜小（少），愁饮宜醉，春饮宜郊，秋饮宜舟，冬饮宜室，夜饮宜月”①。自身心境变化，四时推移，昼夜更替，饮法相应改变。原始苍莽的饮酒最大限度被装饰，由此不仅可以避免酒乱，还为日用间增添诸多美事。

不过，“宜”以饮者的心灵境界为前提，心与境、情与景相互召唤，酒之趣、饮之味由此涌现。离开饮者的心灵境界，以这些条件为客观的标准，饮之所宜无趣乏味矣。过度追求“宜”，必然导致饮酒形式化，按部就班依照这些条件饮酒，以自由突破为核心精神的饮酒往往走向程式化。原本简单的事情复杂化，饮酒不再是自由的抒发，而成了模仿、演戏。

面对酒成为日用之需、全民普遍饮酒这一新状况，大明思想界有两条应对路线：王阳明以个人化的良知主导酒，袁宏道等人努力以外在律令训诫饮酒，以实现有序有品味地饮酒。良知虽硬却属于个人内在道德化的精神力量；饮酒律令虽然标有外在的公共尺度，其实质则是柔性的审美品味。陈继儒等人则对饮酒心境、外在条件做了更详细的描绘，仍然在以风格、境界、内涵、品味为实质的精英化路线中打转。以此解决世人饮酒鲁莽问题，虽有一定作用，但仅仅限于有资产、有闲暇、有品味之人，这显然行之不远。不过，以道德化的精神力量，才饮、趣饮等审美化性情趣味要素提升饮酒的精神品质，使原始苍莽的饮酒具有了内在化的性灵趣味等优雅的品性，这也是明代酒精神的独特品质。饮酒道德化、审美化，更多的是为酒精神辩护，为酒精神的昌兴推波助澜。直到20世纪科学的传入，以可信的数据揭示酒之危害，才出现了遏制酒精神的强硬敌手。

---

①《小窗幽记》，第159页。

第二章　酒的精神化

酒是人类生活中常见的饮品，它无脑、无心，本无所谓“精神”。但是，酒的性味甘辛，饮之让人晕眩、陶醉——移易人的身体与灵魂，让人变形变样，因此为人所爱，也为人所恨。爱之者在酒中放松身心，解释郁结，转忧为乐。或者借酒突破界限，消弭差异，冲决束缚，对抗尘俗，进而升腾至形而上的自由之境。他们赞美酒，以酒为命，更自觉将自己的身家性命混于酒，包括将自己的精神融合于酒。酒被人化，被性情化，被精神化，也就有了性情，有了精神。酒的精神如同其性味一样，并不以现成的方式存在。它在饮酒过程中被实现、被唤醒，更依赖饮者的精神境界去感应与兴发。恨酒者害怕酒支配人，害怕人借酒打破现行秩序。他们害怕酒所产生的物质性势力，也会道听途说，猜测并无端斥责酒的精神。

酒与人混而为一，饮者精神变化，酒的精神亦随之变化。商周至汉，醉者狂野，向外攻击有形无形的世界秩序。“醉狂”成为主流的酒的精神。魏晋之后，醉者以静卧为其标志性在世姿态，向内展开精神探索代替向外攻击成为酒的精神的新样态，尽管醉卧者仍然无视、否定现行世界秩序。宋人推崇无目的“闲饮”，酒逐渐与中国人的性命交融，逐渐成为富有性情的精神之物。

一 无往不胜的酒

在中国，酒与酒的精神从没有在历史中消失过。只不过，对于不同时代的人来说，酒的性味、意味总处于不断变化之中。中国文化总是在关注着酒对人的“意味”，或者说，酒总是在与人的特定关联中到来。对“意味”的关注意味着中国文化中的酒从没离开过人，而文化中的人也从没离开过酒。酒与人的交融使我们无法离开人谈酒，也无法离开酒谈人。酒与人交融，不待“饮酒”，我们已经在精神血脉上与酒相亲，这是我们讨论酒问题的先天机缘。

（一）酒之味

每个文明都与带着特殊意味的酒有着或深或浅的缘分。古埃及有“在水里你看到的只是自己的脸，但在酒里你能看到内心的花园”之说。在他们的观念中，酒与人的内在精神有着微妙而直接的关联，醉酒被当作一项重要的娱乐。相应地，对酒的控制也成为一条基本的道德教条。古希腊“酒神”（狄奥尼索斯）为诸主神之一，同时为艺术之神，在古希腊人的精神生活中发挥着重要作用。在中国早期文明史中，禹拒旨酒，商纣王以酒亡国，成为后世修身、治国的重要资鉴。《酒诰》专门讨论饮酒的政治影响，以及如何以制度、德性控制酒的问题，为后世思考酒的精神意义奠定了基石。尽管我们不能遽然断定酒与文明之间具有内在的、直接的关联，但可以确定的是，酒在人类早期文明演进过程中发挥过重要的作用。

据说，酒神狄奥尼索斯曾漫游埃及、印度、希腊，教人们酿酒、饮酒。在酒神不曾光临的华夏，人们对酒的理解、酒对中华的意味因此也与酒神影响下的埃及、印度、希腊精神不同。在中国早期历史中，“酒”虽然没有像古希腊那样有人格形象，被奉为“酒神”，但在相当多的语境中，“酒”又像“酒神”一样出现在精神舞台上，发挥着重要的精神作用。酒参与了不同时期中国精神的塑造，甚至成为一个相对独立的精神力量，影响着中国精神发展的趋向。酒具有移易人的物质与精神的双重力量，饮酒则是自发或自觉地借助酒改变自身，实现人的价值、目的的活动。历史地看，对酒的领悟使饮酒逐渐成为中国人过其精神生活的一种重要方式，这具体展示了中国的精神道路——“日用即道”之丰富内涵。

在中国思想史中，酒是一个重要的思想对象、一个思想借此展开的概念。更重要的是，酒还被理解为一种特殊的精神。“酒近于道”“曲蘖有神”等说法都展示了这一点。今日，我们已经习惯用抽象概念思考问题。早期人类的思维不是用抽象的概念展开，而是通过具体的、重要的物展开。这样的物所表达的意思总是包含自身，又溢出自身，而指向更一般的观念。比如，孟子说“乐酒无厌谓之亡”（《孟子·梁惠王下》）。“酒”与“亡”之间的内在关联不仅适用于普通个人，也适用于天子、诸侯。民乐酒无厌会亡身，天子、诸侯乐酒无厌会亡国。酒的意义不限于酒自身，它是人欲望的对象，是一种享乐物。它既是具体物，也是象征物。酒中蕴含着特定的、与“亡”有着必然关联的特性，乐酒无厌必然走向“亡”。即是说，具体物都可能被当作概念，被当作充满精神性的势力，甚至被当作一类精神。亦物亦概念亦精神，“酒”尤其如此：他既是一种物、一种基本的生活物，也是一种动态的、移易人的精神力量与物质力量。

在当代视域中，酒首先被看作一种液态物——一种一直与人相关联的日用之物、对人有特定意味的物。酒由水、水果或五谷酿成，但酒不可还原为水[①]，不可还原为水果，不可还原为五谷，不可还原为任何基质。水、水果、五谷、酒对人各有其意味，各有其自身。物对人的意味不在人的静观中产生，而在人与物直接接触、作用时呈现。就酒来说，它的性味被行家里手表述为"甘辛，大热"（朱肱《酒经》）。热力上行，即可使人不断上升、不断融合、不断突破。按照阴阳属性分，甘、辛、热都为"阳"。更重要的是，酒还是一种"无形而有体者"，或者说，是一种无形式的"质料"。不过，这种质料不是惰性的静止之物，人遇它即动变不已。显而易见，它内蕴着使人动变不已的力量。酒不断上升又让人相信它的动力有其方向，或为达到某种特定目的。作为质料，且富有动能，内含目的，此乃《周易》"乾"卦的基本特质。由此看，酒与"乾"具有相近的品格：健进不已、生机无限。"乾"是"质"，"坤"是"形"（"文"）。回到尚"质"的殷商文化中，"质"就是"声"与"臭"，也包括"酒"。在此不难看到"乾"与"酒"的内在关联："质"（"乾"）是"酒"的抽象表达，"酒"是"质"（"乾"）的具体形态。回到"酒"，我们才能更好地理解"乾"。换言之，要理解中国酒精神，最好的办法是回到《周易》的"乾"卦。后世谈《易》与酒的关系，实本于此。

（二）酒与三代精神

禹奠定了夏文化的精神基石，其精神有多端，如"三过家门而不入"的舍家为天下精神、平治水土的贤能品格，对酒的断然拒绝无疑与这些精神品格一致。文明之初的圣贤没有后世沉重的观念包袱，他们对世界始终能保持着敏锐的感受力。对酒的原初体验必定

---

① 先秦人将"水"称为"玄酒"，认为"水"是"酒"之"本"。实际上，认为水是酒之本是就其构成言，两者实为二物。

是震撼的，酒的甘美令禹立即意识到它对人到底意味着什么：感官的愉悦必然会让人沉迷于其中，贪图享受必然会失去斗志。禹平水土，以贤能闻名，同时以贤能立身。贤能、为公与对酒的拒绝是相互贯通的①。孟子称“禹恶旨酒而好善言”（《孟子·离娄下》）。孟子对于禹的精神概括得很准，“旨酒”一方面属于享乐，另一方面耗费民财，于人于己皆不善。在物品稀缺的夏代，一己享受意味着万千人受难，故禹深恶旨酒。他没有将治水的“疏通”精神用于治酒，而是以“堵”“拒”待之。这可能与其历经千辛万苦治水，对之爱恨交加有关。

成汤以贤能仁爱立商，但随着对青铜器技术的掌握、生产水平的提高，物质产品越来越丰富，商人的价值观念也逐渐改变，特别是上层的意识形态在不断改变。“节俭”之德被“奢靡”取代，享受被视作理所当然，甚至被神话。比如，贪食的饕餮广泛见于商代青铜钟鼎彝器上（多刻其头部形状作为装饰）。饕餮所体现的享受精神在商文化的各方面都有反映，也构成了不同于夏的新的精神品格。宋代王质《诗总闻》：“前诗（《诗·商颂·那》）声也，所言皆音乐。此诗（《诗·商颂·烈祖》）臭也，所言皆饮食也。商尚声，亦尚臭，二诗当是各一节。《那》奏声之诗，此荐臭之诗也。”王质揭示商人“尚声，亦尚臭”的思想特质，应该说极具洞见。“声”对应“耳”，“臭”对应“口”，商代重“耳”又重“口”的思想特征应该与此密切相关。“声”与“臭”相较于“形”都属于“质”，“尚声”与“尚臭”都可归于“尚质”，所谓“殷尚质”也。以“质”为其精神对象，也就是通过“酒”“和羹”“臭”展开其精神生活。不妨说，饮酒与饮食、赏乐一样，乃商人“过精神生活”的方式。

酒与乐以和乐为主，商人以两者祭祀上帝、祖先，其中也包含

① 墨子从夏，尚贤，拒礼（兼爱、尚同），又拒乐（节用、非乐）。墨子将此精神概括为尚贤能、尊天事鬼、爱利万民等，可谓精辟。

以之通达上帝、祖先之意。酒与乐之所以能够通达上帝、祖先，是因为两者皆能不断向上运行，最终通达高高在上的超人类世界。汉代开始将两者归之于“阳”，正基于此。不过，酒与乐泛滥必然导致人与上帝边界的消弭，以及上帝崇高性、神圣性的消解。上帝本高高在上，充满威严，但在酒、乐中，一方面，人世间的秩序在酒乐之中同样被软化、不断被突破；另一方面，一切的界限[①]被酒与乐融合、融化，甚至被打破。上帝与人的距离被不断消除、被不断化解，故人（尤其是王）遂膨胀、狂妄而以上帝自居。无秩序而个人膨胀、狂妄，其结局就是帝国的威严系于一人。一人在“肉林”“酒池”中迷失，帝国便轰然倒塌。

代殷而起的大周以“礼乐”[②] 治理天下，“乐”与殷传统“尚声”相通。但在“礼乐”文化中“礼”占据主导地位，可以说，“礼”乃周文化损益殷文化而标识自身者。相较于“乐”，“礼”具有外在性、形式性等刚性规范特征。此刚性规范在一定意义上约束着乐，防范着乐的泛滥。为莽然冲撞的酒设置界限亦是其题中之意。“形式性”即所谓“文”也，“周尚文”即明此，孔子“郁郁乎文哉”也有鉴于此。“文”或“形式”与视觉对应，在此意义上，周文化开启了视觉性思想，尽管“乐”中还保留了“尚声”之听觉特质。东周“耳目，心之枢机也”（《国语·周语下》）应本于此。

---

① 殷商有刑，所谓“商有乱政而作汤刑”（《左传·昭公六年》）。但其时，酒被上层极少数当权者占有，饮酒并没有被当作“乱政”，故“汤刑”无所用。

② 礼乐文化中，礼为主，乐为辅。或者说，礼才是区别于殷商精神的周代精神的主导者。“礼”实质上是一种形式化精神。但在《易传》思想系统中，乾健坤顺，乾尊坤卑。作为形式化力量的坤并不是主导者，主导者是升腾不已的、作为纯粹的动能的乾。由此看，礼乐系统与《易传》系统并不合拍。两者之间内在的紧张究竟为何？另说，《归藏》以“坤”为首、为尊，此精神倒与礼乐系统以礼为尊精神一致。是否可以进一步推断：作为意识形态的隐晦概括，《归藏》欲解决殷商的问题，但未及解决而商亡。周革商命而取《归藏》为己用，由此制作礼乐。《易传》乃礼崩乐坏之际，重新制作出来的、不同于礼乐的新精神。《易传》较礼乐为晚出，精神实质亦与礼乐大异。

随时突破规则，是酒，还是喝酒的人，这并不重要。重要的是，文明的历史一再重复。按照《酒诰》的说法，桀纣沉湎于酒，以酒放任、宣泄欲望，任由欲望莽动、冲撞，最终以酒亡国，这是周人的共识。面对一个以酒乱德、以酒乱人伦的局面，周人要避免步商纣后尘，维持周的长存，必然要思考、化解酒带来的问题。他们将殷商灭亡归结为沉湎于酒，也将与“德”无关的“酒”视作腥臭之物。比如《酒诰》说：“弗惟德馨香祀，登闻于天，诞惟民怨。庶群自酒，腥闻在上。”祭祀时要献酒，更重要的是祭祀者要有美德。以美德为前提，祭祀，包括献酒，都是香的。祭祀之香会上升到天上，打动上帝、神灵。如果祭祀者没有德行，祭祀时还随便饮酒，即使献酒，也是腥臭的，上帝、神灵都会厌恶。酒因人有无德行而会呈现出截然相反的气味，似乎酒本身也有了价值意味。周文化对酒充满了警惕与戒备，故而以“礼”控制酒。在放纵与禁止之间寻求平衡，这需要深沉的智慧。即使如此，《酒诰》也保留了几个饮酒的缝隙。比如在祭祀时或敬养父母时可饮酒。为什么祭祀可以饮酒？因为祭祀要完成生者与死者之间、人与天之间的沟通与穿越，这恰恰是酒的基本功能。《诗·大雅·既醉》中提供了线索：“既醉以酒，既饱以德。君子万年，介尔景福。既醉以酒，尔肴既将。君子万年，介尔昭明。”（《诗·大雅·既醉》）按照通常的解释，“既醉以酒，既饱以德”的主语是“祝官”（代表神主），主祭者供奉上足够的酒让其“醉”。“醉以酒”的祝官通达醉酒，在迷狂状态中不再是自己，而成了神主的化身。否定自我，成为另一个，醉酒乃祝官由人而神的必要前提，也是主祭者显示其真诚的方式，以及据以确认神主的根据。在“醉以酒”之后，其许诺与祝福才庄严可信。

以礼乐治理天下，确定了周文化的内涵（关注点与实质是人情）与形式。酒、乐关乎人情，指向人情的满足、宣泄，礼的实质是对人情的规范而不是率尔否定、弃绝。这恰恰是对大禹治水“疏导”精神的继承与发扬光大。**酒由此被自上而下地释放出来**。以礼乐治世，高高在上的神明不再是人所关注的中心，人自身生命节律的安排、调适成为头等大事。《礼记》以孔子之口说道："一张一弛，文武之道也。"生命之一张一弛被视作正道，以一张一弛的态度对待生命，寻求两者之间的平衡，这无疑是礼乐文化的精髓。在人情的宣泄、放纵中，在一张一弛节律的运行中，酒随时在场。

（三）酒与形而上

酒与礼是一对天然的敌手，礼总是企图把酒纳入划定的规范之中。不仅斋戒时禁止饮酒，在正常的宴乐之时，饮酒也往往被礼仪主导与支配，所谓"饮酒孔嘉，维其令仪"（《诗·小雅·宾之初筵》）。"令仪"指合乎礼节的优雅仪容。将饮酒的价值规定在对礼仪的尊崇上，这当然是一个美好的愿望。《易》中有类似的表述："九五，需于酒食，贞吉。"（《易·需》）"酒食贞吉，以中正也。"（《易·需·象》）以九五之位，安待酒食，这被视为理所当然之事。"中正"即完全合乎"礼"。实际上，酒随时要冲击礼的尊严，打破礼的约束。这一点，庄子看得非常清楚："以礼饮酒者，始乎治，常卒乎乱。"（《庄子·人间世》）酒所具有的持续的功效就是突破规则，因此，始于礼之饮酒最初虽能守礼，但最终必以礼的失败收场。每一次欢宴都如此，礼一次次被玩弄、羞辱，这必然降低礼的尊严。

礼与酒的对立也助推着酒与乐的结盟。"夫乐者，乐也，人情之所不能免也。"（《礼记·乐记》）"礼乐"之"乐"以不同位分的人群之间的"欢乐"之"乐"为内涵与目的，酒同样以"合欢"为基本指向。在人类文明之初，在祭祀、庆典等诸多场合中，酒与乐一直紧密纠缠。继而在人们的日常生活世界中，奏乐、饮酒相互交融[①]，此乐

① "乡饮酒礼"为周代创设，并在秦汉后为士大夫遵行至清道光年间。"作乐"是"乡饮酒礼"的重要环节，它包括升歌、笙奏、间歇、合乐几个环节。由此可见"酒"与"乐"的融合程度。参见杨宽：《西周史》，上海：上海人民出版社，2003 年，第 742—743 页。

与彼乐互相渲染，互相推动，共同抒发着人之所不能免的人情。以酒合欢，展开乐，但饮酒一直试图突破礼乐，特别是酒与追求个人欢乐幻象的欲望合流，欲望漫无边际地飘散，饮酒变成了放纵。因此，酒与礼乐文化之乐又存在着明显差异。乐是人之所作，制作者在作乐时已经将原初的声、音纳入礼之中，其乐为和乐。以乐而"乐"远不如无限定裁节的酒所带来的"乐"奔放与热烈。

礼乐文化视觉与听觉并重，但两者之间的平衡只是理想。姜尚尚贤，片面发展了事功效率精神。周公以尊尊亲亲治鲁国，侧重发展"乐和"精神。周公与姜尚之间的对立表现为"礼"（后期主要是形名事功）与"乐"之间的对立。"礼乐"之间内在的精神张力预示着两者历史的命运：礼崩乐坏，而形名事功精神暂时胜出①。不过，礼崩乐坏并非全靠形名事功这个外力造就。礼乐之间对立，酒助力乐，这动摇了礼的统治地位。礼乐之间既配合又争斗，在争斗过程中，酒参与并与乐结盟（在商时就是盟友）。伴随乐的酒不断突破礼，最终影响甚至决定了礼乐文化的走向。礼崩是第一步，乐与酒联盟战胜了礼，同时也毁灭了乐。所以，乐坏是第二步。礼坏而乐亦崩坏，在礼、乐、酒三者冲突中，最终胜出的是酒。

礼崩乐坏，形名事功精神与酒同时胜出，两者也一起获得了解放。旧有的规则（礼）被突破，人性中理智与欲望得以施展。然而，事功效率与酒并未结盟。"形"以客观、外在、确定、区分为特征，"酒"则以冲动、突破、不确定为其秉性。两者之间的对立、冲突有其必然性。作为事功效率工具的形名法令等客观确定精神在春秋战国蔓延，特别是借助各个诸侯的权力自上而下推动，齐桓-管仲为代表的这个思潮逐渐占据着思想界的主导地位，成为新的世界秩序。酒是任何现有规则、秩序的忤逆者，形名法令则欲随时压制酒的随

① 对于春秋思想世界内在张力的具体考察，请参见贡华南：《春秋思想界的张力：论新思潮与老传统的关系境界》，《复旦大学学报》（社会科学版）2017 年第 5 期。

意、莽动，两者很快成为对手。所以，老的诗书礼乐传统、新的形名思潮、酒三者，在春秋时代已经构成精神界明争暗斗的三元。

孔子以“仁”充实“礼”，欲护持诗书礼乐传统，而批驳、超越形名法令。“仁”以人情为实质，这与酒有相通之处。我们看到，孔子不再单纯以“礼”这种外在的规范来约束酒，而是将个人酒量（承受酒的能力）与客观化尺度视作饮酒的根据，表现出对酒相当的宽容与尊重。“惟酒无量，不及乱。”（《论语·乡党》）“无量”指对饮酒不能给予外在量的限定，只能依据饮者自身酒量而定。就此说，孔子对酒与饮者都包含足够的尊重。相较而言，后世对饮者“量”的规定就显得气量不够，比如“君子之饮酒也，受一爵而色洒如也，二爵而言言斯，礼已三爵而油油，以退”（《礼记·玉藻》）。按照礼的规定，每位君子都饮三爵而退。每一爵饮都有对应的不同的容貌，此饮酒的实质在行礼——完全的形式化规定，而不在饮酒。“乱”是指个人的视听言动超过、打破正常状态及礼仪尺度。因此，“不及乱”既包含个人的自制工夫，也包含对客观化尺度（礼）的尊重。这与《酒诰》“德将无醉”的思想一致。《易》也有类似的表述：“有孚于饮酒，无咎。濡其首，有孚失是。”（《易·未济》）“有孚”指内在实有诸德，以德饮酒而能以德行主导酒。相反，当人沉湎于酒，酒主导人，也证明人无德。“饮酒濡首，亦不知节也。”（《易·未济·象》）节制（“节”）是个人的品德，每个人生命之“节”（节律、张弛之度）不同，根据每个人生命之“节”饮酒，此为“知节”。沉湎于酒，酒主导人，那是无“节”。

《老子》没直接说酒，但相关论述与酒有关联。比如第三章“不见可欲，使民心不乱”，第十二章“五味令人口爽”，反对感官享受自然也包括过度饮酒。对于尚贤崇智带来存在的分化（离），《老子》深度拒斥，这又包含着对酒的隐秘认同。《庄子》自觉超越形名，而走向“形而上”（即“形形者”或“使其形者”）。对于与形名作对的酒，庄子也表现出某种肯定。他意识到饮酒对人具有不同的作用。

首先，“饮酒以乐为主”（《庄子·渔父》），饮酒刺激感官，释放情志，故使人乐。其次，醉酒又是一种对生命分裂状态的克服。“夫醉者之坠车，虽疾不死。骨节与人同而犯害与人异，其神全也，乘亦不知也，坠亦不知也，死生惊惧不入乎其胸中，是故遻物而不慑。彼得全于酒而犹若是，而况得全于天乎？圣人藏于天，故莫之能伤也。”（《庄子·达生》）“醉”是酒对人的完全占有，表现为失去理智辨析能力与失去自我意识。没有自我意识，无从分别我与非我、彼与此，人也就不会为死生恐惧所伤。酒可使人“神全”，其原因在于死生惊惧等让人身心分离的要素被醉隔绝于外，不入于胸，从而身心混一，魂魄不离，此谓“全于酒”。在庄子看来，这种内外皆不知的状态恰恰是生命浑全的表现。

全于酒者乃理智被酒主导的结果，赞美酒的人也往往以此为根据，指出理智对人的有限性、不完整性。蒙蔽理智、使人摆脱理智的控制，这恰恰是走向完整生命的关键一步。不过，对于反对者来说，酒扰乱理智，就变成酒的罪状了，如“醉者越百步之沟，以为蹞步之浍也；俯而出城门，以为小之闺也：酒乱其神也”（《荀子·解蔽》）。醉者视觉模糊，基于醉眼的心智之所“以为”总与事实有出入。其典型表现就是颠倒视觉性的“大”“小”：或以“小”为“大”，或以“大”为“小”。故在现实世界里一直出错，无法建功。

老的诗书礼乐传统、新的形名思潮皆以形式性（礼、形名）为尊，尊“形”故无“形而上”之必要。消解以“形”为尊，寻求新的精神道路才会有“形而上”冲动。孔孟以“仁”为第一序精神，试图超越形名事功思潮而在仁的根基上重建礼乐；道家同时否定与超越新旧两大思想传统，都表现出“形而上”的强烈冲动。历史地看，随着“形”向“形而上”的推进，以及向“体”范式的转换①，

① 具体过程，请参见贡华南：《从无形、形名到形而上》（《学术月刊》2009 年第 6 期），以及贡氏：《从“形与体之辩”到“体与理之辩”——中国古典哲学思想范式之嬗变历程》（《中国社会科学》2017 年第 4 期）。

“酒”（对人）的新意义不断涌现。由“形”到“体”，由“形”与“形”之间的分割到“一体”，以融合、突破界限为基本功能的“酒”越发显得必要。酒以辛热之力融化坚固的自我，也同时融化身外各种封闭的“形”，从而使原本隔绝者贯通，最终成就物我“一体”、人我“一体”、天人“一体”。就此说，酒与“形而上”冲动天然合拍。

汉代不断开疆拓土，不断上升、突破已有界限而建立庞大帝国。同时，追求夫妇一体、家国一体、君臣一体。在思想领域，先用黄老，休养生息，物阜民丰。继而罢黜百家，独尊儒术，以儒家思想一统天下。社会安定，生产力恢复，物质产品丰富，酿酒技术普及①，酿酒规模不断扩大。政府放开对酒的管制②，酒铺增多，饮酒量激增。最重要的是汉代尊儒术，礼又被提倡、鼓励，以此治国、齐家、修身。但是，“乐”崩坏之后，江山社稷活动尚有乐舞，士人、平民的日常生活则无③。在一定意义上，酒进入寻常百姓家（有条件的士大夫偶可行“乡饮酒礼”而行乐），与礼配合，发挥着“乐”之和乐功能。

这从汉人对酒的认识中可以发现端倪。“酒者，天之美禄，帝王所以颐养天下，享祀祈福，扶衰养疾。百礼之会，非酒不行。……今绝天下之酒，则无以行礼相养；放而亡限，则费财伤民。”（《汉书·食货志下》）“天之美禄”指天所赐予的好福运、好享受。无酒不成礼。酒何以能够“颐养天下”？荀子已经谈到“礼者，养也”（《荀子·礼论》）。其养是指以礼义给欲望划分界限，以养身养情。

① 酿酒工艺简单，这有利于酒的普及。王充将此工艺简单概括为“蒸谷为饭，酿饭为酒。酒之成也，甘苦异味；饭之熟也，刚柔殊和”（《论衡·幸偶篇》）。当然，高品质的酒需要在“选谷”“选水”“蒸谷”“酿饭”等环节达到高水平。

② 汉武帝推行酒榷，实行酒类专卖，昭帝时废除。

③ “士无故不彻琴瑟。”（《礼记·曲礼下》）这乃是春秋战国的观念。司马相如贫而好酒，弹得一手好琴，大有古风。可以说，司马相如保留着先秦遗风，而不能作为汉人风尚之代表。

“以酒养天下”的观念包含着汉人对酒的新认识，比如他们已经认识到酒为“百药之长”[①]（《汉书·食货志下》），可疗治百疾（扶衰养疾[②]）。酒不能令人饱，对维持人的生存并非必要之物，或者说乃多余之物、生活之装饰。酒之颐养天下，一方面是以酒养身，即满足人的口腹之好以及疏通血脉等。更重要的是酒可以“养神”，所谓“享祀祈福”即此也。具体说，酒可合欢[③]，对于调整人的精神状态、丰富人的精神生活，都具有重要价值。不妨说，饮酒已经成为汉人精神生活的一部分，尽管还未必是其过日常精神生活的主要方式。当然，自孔、孟始，饮酒已被当作一种享受、一件乐事，如“有酒食，先生馔”（《论语·为政》），“曾子养曾皙，必有酒肉”（《孟子·离娄上》）。以酒养身，且可悦心，这是儒家对人为什么要饮酒的回答。汉人无疑继承了这个观念，以礼（或德）饮酒，以酒行礼。饮酒代替礼乐之“乐”，用以和乐人群，从而构造了一个和乐一体的酒乡。

基于对酒的认同，汉人对酒移易人的品格也有着新的评价。韩非子曾断言“常酒者，天子失天下，匹夫失其身”（《韩非子·说林上》）。似乎常饮酒百害无一利。许慎则为酒辩护：“酒，就也，所以就人性之善恶。”（《说文解字》）人性善，饮酒会就善而善；人性恶，饮酒会就恶而恶。酒本身无问题，饮酒也不成其为问题。对酒的这些认识无疑显示出汉人宽大的包容心胸与开放心态。

（四）对酒绝尘想

汉人以酒颐养天下的观念构造了“酒乡”（酒的世界），魏晋人

① 汉代有“药酒苦于口而利于病”（《盐铁论·国疾》）、“药酒，病之利也”（《盐铁论·能言》）之说，正基于酒为百药之长的观念，“药酒”即通常所谓的“良药”。

② 汉人对酒的“药”用价值认识深刻，比如《说文解字》“醫，治病工也。……得酒而使，从酉。王育说。一曰殹，病声。酒所以治病也。《周礼》有醫酒。古者巫彭初作醫”，将酒理解为“所以治病”者，医则为“得酒而使”者。酒之治疗作用无以复加矣。

③ 如焦延寿言：“酒为欢伯，除忧来乐。”（《焦氏易林·坎之兑》）

推进了一步，自觉构造了“醉乡”（醉的世界）。如同微醺与大醉的区别，酒乡与醉乡也有差别。酒乡是一个愿意共饮者以酒为媒而共同创造的和乐局面；醉乡则是由一个醉酒者开创，所有醉酒者自由出入的世界。两者有量的差异，也存在质的差异。酒乡的特征是和乐，醉乡的特征是混全一体①。

汉末，新形名家崛起，名法治世，功利、效率、确定、客观精神再次主宰思想界。于酒，曹操好饮，颇知之，但基于政治考量而发布禁酒令②。曹植承其父意而作《酒赋》。赋的最后曰：“于是矫俗先生闻之而叹曰：噫！夫言何容易，此乃淫荒之源，非作者之事。若耽于觞酌，流情纵逸，先王所禁，君子所斥。”曹植对酒的掌故、性味与性情有充分的了解，其对酒多有同情，甚至赞赏。但其才情被经世之虑（作者之事）压抑，而以“矫俗先生”自居，斥酒为“淫荒之源”，最终直白地将“酒”与“先王”“君子”对立，“酒赋”对酒的同情与对禁酒令之认同正是其内在精神冲突之表达。

儒家（以杜恕的《体论》为代表）、道家（以王弼的《老子注》《老子指略》为代表）以“体”批驳形名，在思想方式上抗拒之、超越之，而归于“一体”③。于酒，孔融依据儒家精神传统，作《难曹公表制酒禁书》，反对曹操禁酒：“酒之为德久矣。古先哲王，类帝禋宗，和神定人，以济万国，非酒莫以也。”酒一则可以用来祭祀神明祖宗，作为人与神明祖宗相互通达的必要媒介；二则可直接移易多愁多忧的世人精神，使之谐和安定。此两者乃平治天下的基本条

① 这里说的“酒乡”“醉乡”是就实质说，就概念说，晚唐人所说的“酒乡”实质是“醉乡”。

② “对酒当歌，人生几何？譬如朝露，去日苦多。慨当以慷，忧思难忘。何以解忧，唯有杜康。”（曹操《短歌行》）操深知酒之妙用。于此可见曹操思想、性情皆有内在紧张，乃至分裂。

③ 具体论述请参见贡华南：《从“形与体之辩”到“体与理之辩”——中国古典哲学思想范式之嬗变历程》（《中国社会科学》2017年第4期）。

件，舍弃之而以名法治世，则不济。“竹林七贤”[1] 在行动上**以特定的在世方式**——“饮酒”以形名家抗衡[2]，而自觉归于天地万物一体。竹林之饮，酒与七贤相互占有而不分彼此。如实地看，两者交融，酒获得了人格形态（如刘伶所称道的有酒德的“大人先生”），七贤之人格也以酒显。酒再一次以独立的精神形态出现在思想界。

刘伶的《酒德颂》在此视域下获得了清晰的思想史意义。对照着形名家的思想，《酒德颂》的旨趣可以更鲜明地呈现。

> 有大人先生，以天地为一朝，万期为须臾，日月为扃牖，八荒为庭衢。行无辙迹，居无室庐，幕天席地，纵意所如。止则操卮执觚，动则挈榼提壶，唯酒是务，焉知其余？有贵介公子，搢绅处士，闻吾风声，议其所以。乃奋袂攘襟，怒目切齿，陈说礼法，是非蜂起。先生于是方捧罂承槽，衔杯漱醪，奋髯箕踞，枕麴藉糟，无思无虑，其乐陶陶。兀然而醉，恍尔而醒。静听不闻雷霆之声，熟视不睹泰山之形，不觉寒暑之切肌，利欲之感情。俯观万物，扰扰焉若江海之载浮萍；二豪侍侧焉，如蜾蠃之与螟蛉。[3]

“大人先生”是酒的人格形态，或可说是人、酒无间者。在刘伶，醉不是逃避，而是自觉的精神追求，承载着价值理想。大人先生以酒破除了个人有限感官所及并自限的狭小时空，随酒升腾至天地、万期、日月、八荒构建的无边无际的洪荒之境。在天地、万期、日月、八荒构建的一体之境中，耳目所及之形声皆如纤尘。至于人为构建的礼法之拘、是非之限，大人先生亦能作如是观。其所以能

① 饮酒无功无利，还会减损功利，扰乱礼法。愿意同饮的人，不为功利而饮，甚至有损自己的功利，这个精神最值得赞美。愿意同醉的人，更是千金难得。

② 竹林七贤之中，嵇康善抚琴，亦是对抗形名最激烈者。

③ 房玄龄等撰：《晋书》，北京：中华书局，1974 年，第 1376 页。

如此，乃在于它能够去除一切思虑，感官不为外在事物、利欲所迁移，不为外在事物所移易。在刘伶的观念中，酒之功近于道。它移易人的身体与精神，最终把人领入至广至大之境。酒浑化一切外在的差别，也会让人抑制、泯化一切分别之知，让人自由展开自己的生命，自由拥抱（而非把握）这个世界。大人先生的世界人我和悦、物我相与、形神浑化、魂魄相守，此和乐境奠基于自觉的醉。换言之，无自觉的醉之支撑，只能偶窥醉乡之好，最终必迷而不复得其入路。

竹林之饮的大人先生们，远拒曹魏以来“新形名”之泛滥，近则以酒求乐（其乐陶陶）。陶渊明的《饮酒》诗在此时段思潮中也呈现出明晰的意趣。名为饮酒诗，但诗中多不见酒。实际上，是酒将陶渊明带到此诗境[①]。酒使人心远，心远而能无车马喧。酒的世界与世俗清醒的世界为完全不同的两个世界：“一士长独醉，一夫终年醒。醒醉还相笑，发言各不领。”[②] 醉者失去自我，也就失去自我所属的一切关联。这些关联属于过去，当然会随着过去被现在含摄而被无化。酒可合人群之欢，但醉境中随着醉者自主消弭彼此界限，醉者与未醉者分裂为两个世界。醒与醉拥有两种语言、两套逻辑，故彼此不通。世俗世界看似规矩井然，但“世俗久相欺”[③]。名利世界如梦幻，但他们仍然“有酒不肯饮，但顾世间名”[④]。陶渊明自陈：“忽与一觞酒，日夕欢相持。”[⑤] 坚决持酒而入酒的世界。酒的世界有佳菊，有荒草淹没的青松，有清风、幽兰，也有悲风中的敝庐、淹

① 陶渊明《饮酒二十首》序言曰：“余闲居寡欢，兼比夜已长，偶有名酒，无夕不饮。顾影独尽，忽焉复醉。既醉之后，辄题数句自娱；纸墨遂多，辞无诠次，聊命故人书之，以为欢笑尔。”（《陶渊明集》，第 86—87 页）诸诗皆为醉后所作。不言酒，实在酒中。陶渊明对于商周时期乐与酒的完美结合充满向往，但他不会弹琴，只能抚无弦琴。

②《陶渊明集》，第 95 页。

③《陶渊明集》，第 94 页。

④《陶渊明集》，第 88 页。

⑤《陶渊明集》，第 87 页。

没庭院的荒草。一言以蔽之，“酒中有深味”①。故他愿意“杜门不复出，终身与世辞”②。

醉的世界在陶渊明即是“桃花源”。秦以强力实现一统，以刑法维持其存在，结局是“乱”。“桃花源”与“秦时乱”相对，有秩序（屋舍俨然，阡陌交通）而无刑罚，有人情（黄发垂髫，并怡然自乐；以酒食待客）而无酷法，有生机（良田美池桑竹、鸡犬相闻）而无争斗。“桃花源”无疑是一个醉者构建的永久和乐之境。

为什么七贤、陶渊明自甘于“醉”，热烈地追求“醉”？醉首先触及的是我们身体的边际。“醉，卒也。各卒其度量，不至于乱也。”（《说文解字》）“卒”表征度量之限度。度量是身心的度量，一边是“乱”，另一边是身心所控制的“不乱”。《说文》立足于清醒世界秩序的维护，故深深警惕身体的度量。诚然，“醉”首先敞开的是人的有限性。目之所视、耳之所闻、口之所尝、体之所触、心之所思，皆有确定的边际。饮酒而不醉或以微醺为目标的人在此边界内生存，以各自的边界自制自限，甘心做一个有限的存在者。醉者则愿意越出自身的边界，漫游、领略边界之外的、自由平等的世界。

形名与事功相互贯通，两者在日常生活中的表现即尽力追求名声实利。当眼中只有名利而不及其余，可谓庸俗。酒一直与形名事功敌对，它同样蔑视庸俗。竹林七贤与陶渊明尽管思想旨趣有差异，但对待庸俗的态度则相当一致。庸俗乃耳聪目明者所关注的这这那那、形形色色等有限的实在。或者说，庸俗乃是向我们实在的耳目所呈现的微微末末。庸俗者看到这，而看不到这之前；听到那，而听不到那之外。究其根本，庸俗世界乃是一个分割、有限的世界。完整的世界被分割成碎片，人群被分割成彼此对立者，庸俗世界中的人自身也形神分裂。醉者将这这那那混而为一，将之前与之外融

---

①《陶渊明集》，第 95 页。

②《陶渊明集》，第 94 页。

为一体，耳目呈一而及于一切。每一次醉都会消解庸俗，因此注定不平庸。“三日不饮酒，觉形神不复相亲。”① 古代人以酒弥合内在精神的分裂，也以酒消弭形神之裂痕，比如以酒招魂②。现代人“以酒为浆”也是看到了酒的弥合功能。形神相亲的人同时也是与万物相亲的人，所谓“酒正自引人著胜地”③。“胜地”不是物我相胜的角斗场，乃远离争斗尘嚣之清净地。诚然，饮酒者并没有实实在在地移易此角斗场，实情是“酒正使人人自远”④。“自远”表达的是，酒移易着个人鄙俗的目光与眼前鄙俗的境况，而能够进入远离尘俗之境。

醉者的生命融在酒中，或者说，酒构成了醉者的生命。酒在醉者的身体中存在，在醉者的身体中不断流动，与血交融。血被酒簇拥，被酒带动而流遍每个脏腑关节。融化、突破每个脏腑关节，由内而外，浮于外的官窍被酒所化而一同消融进酒中。眼睛不再注目于形色，耳朵不再沉溺于声音，口舌不再留恋于滋味，它们都被酒聚集在一起，离开身体，不断升腾⑤。酒所充实的身体与酒一样充满力气与勇气，无身而不再有内外，人与物的界限由此虚化而隐没。在俗人眼中，与酒为一的人往往被目为“狂”。平庸者不理解迷狂的真实含义，只能简单地斥责与贬抑。确实，平庸者的迷茫对酒狂转瞬即逝，而酒狂对平庸的世界缺乏尊重。酒狂那坦荡的眼神虽不清澈，但能映照出比海市蜃楼更美的图景。描绘幻境的美妙语词游离

---

① 徐震堮：《世说新语校笺》，北京：中华书局，1984 年，第 410 页。

② “招魂”的实质是使离开身体的精神回归身体或其归宿。在《楚辞・招魂》中，“酒”是招魂物之一。后世则将酒视为招魂的最重要的物品，比如白居易云：“此时无一盏，何物可招魂。”（谢思炜：《白居易诗集校注》，北京：中华书局，2006 年，第 2147 页）李益言：“又闻招魂有美酒，为我浇酒祝东流。”（《从军夜次六胡北饮马磨剑石为祝殇辞》）宋人连文凤有诗：“古人如可作，买酒为招魂。”（《默默诗》）明确了酒的招魂功能。

③《世说新语校笺》，第 408 页。

④《世说新语校笺》，第 402 页。

⑤ 醉酒者的身体是“没有器官的身体”，参见德勒兹：《弗朗西斯・培根：感觉的逻辑》，桂林：广西师范大学出版社，2007 年，第 57 页。

在平庸世界之上，酒狂并非要使平庸者献丑，但平庸者却抓住所谓的“逻辑”不放，摆明了要与酒狂作对。

魏晋醉的自觉，也是情（欲）的自觉。醉自觉诀别严苛的形名及形名塑造的世界：在上理智称霸，在下自觉顺从，两者一体。形名造就的实质是世界的区分、割裂，彼此的疏离。醉的世界则是自觉以混全的酒打破区分、割裂，融化疏离而进入一体的世界。酒与理智对立，而与情欲勾连。在《酒德颂》《桃花源记》的世界中，不是没有秩序，它秩序井然，却带着浓浓的人情味。**醉乡是一个奠基于和乐精神之上的精神世界**。自觉且愿意醉的人不是由于精神空虚，而是因为醉乡的精神内涵太广大丰厚。

（五）酒与佛理

不过，醉的自觉、人情的自觉却一直将酒与形名世界对立，其流弊是情欲的泛滥、欲望压倒秩序，以及现实世界的幻灭。酒以“体”的精神与形名（包括平庸）对抗，以其最激烈的方式——醉超越了形名，最终走向了胜利：形名被彻底贬抑。但酒长于破坏而拙于建设。醉乡（桃花源）并不能满足人的欲望（人情），它也没有提供一个更好地与天地万物相处的办法。因此，酒的胜利不免惨烈：颠覆了形名，却流于现实之失序与精神之虚幻。

在新的形名思潮退潮之后，佛教开始替代之而担当起管制酒的时代重任。佛教以苦打动中国人，以寂灭作为解脱之道。断欲被理解为实现寂灭的基本方式，戒酒则是断欲之基本要求。不同于形名依靠外在的强制，戒酒等断欲之目被理解为一种内在的修行。彼时，兴盛的世俗酒风与佛教戒酒之间构成了鲜明的对立。唐人有诗勾画出这种对立画面：“千里莺啼绿映红，水村山郭酒旗风。南朝四百八十寺，多少楼台烟雨中。”（杜牧《江南春》）“酒旗风”与“寺庙”作为时代精神之二元，鲜明地对立。尽管这是唐人诗篇，但是“酒旗”遍插、寺院林立，这确是南北朝真实的时代精神。“烟雨中”喻示着二元精神对立之结果晦暗未明。不管怎么说，有了佛教精神之制衡，酒的泛滥被检局，相应的精神秩序得以整饬，这为走出混乱而达于有序奠定了基础。

佛教戒酒说基于饮酒造成的对人身心的诸多危害，比如“饮酒有六失：一者失财，二者生病，三者斗诤，四者恶名流布，五者恚怒暴生，六者智慧日损”（《长阿含经》之《善生经》第十二）。酒醉之害既表现在在世时的方方面面，在去世后的轮回中也会有报应。在世间，酒醉昏昧，乱君臣夫妇等人伦。醉后无礼言语得罪人，包括醉后无忌讳、吐真言。醉后不能正常行动，误事误身。醉酒伤身伤财，又生种种邪念，做出种种邪行。醉后价值颠倒，疯狂悖逆，不容世，亦不为世所容。醉酒之人死后入地狱，来世遭恶报，等等。佛经对醉酒的控诉非常详细，较之中国本有的恶酒观念，以地狱、来世等概念陈说醉酒之害最能见出其理论特色。当然，佛理的出发点是以“六道轮回”“缘起说”等理论解脱人生，安顿身心，以确立平和的人间秩序。但他们最终却是以种种理论拆散了人生，拆散了世界。把醉说得一无是处，这与魏晋名士们的认知完全不同。以此持戒酒说也与先秦以来儒家所持的“合欢”说迥异。因此，佛教戒酒观念的传入注定掀起论争风波。

大隋以武力实现统一，鼓励佛教。李唐崇尚文治武功，推行三教并行政策，其精神根底则一如大汉，以事功、享乐等世俗精神占据主导，三教皆为平衡此世俗精神而设，由此带动中国精神复原。戒酒与饮酒构成了大唐精神之二元，酒再次进入主流精神层面。

王绩嗜酒且能酿酒，撰有《酒经》《酒谱》（二书已佚），可知其深解酒性。其人善抚琴，慕阮籍、嵇康之高风，得陶渊明之旨趣。作《醉乡记》，自觉将“醉乡”描绘成一个道家式的理想之境（淳寂）。他以醉乡为理想，评判历代政治得失，刻画出黄帝以来的政治思想史演变历程。他认为，醉乡与“结绳之政”“礼繁乐杂”“丧乱”相悖，而与“舟车器械不用”“刑措不用”之政相接，随着酒仙精神而显。醉乡不在禁酒之“西天”，相反，不醉者不得入，恰恰是醉酒者可游于其中。这些表述可以看作对佛教禁酒断欲思想的回应①。王绩的诗作奠定了五言律诗的根基，其开创的诗与酒相结合的新境界奠定了大唐的精神基调。

醉者在迷狂中创造了伟大的作品，比如李白的诗、张旭的狂草等。李白是诗仙与酒仙合体，其本人对饮酒有完整的辩护，如他认为饮酒可以齐生死、远愁闷、忘吾身。简言之，酒通大道，饮酒之乐胜于神仙②。诗圣杜甫有吟酒诗三百多首，其人好酒，有条件即纵酒，即痛饮，所谓“得钱即相觅，沽酒不复疑。忘形到尔汝，痛饮真吾师”（《醉时歌》）。由此可见杜甫爱酒之深切。白居易好酒，且善酿酒，自号“醉吟先生”。他与友交往，必先饮酒。饮酒后作诗，并自觉以饮酒消解忧愁，化忙为闲。酒的基本特性是开放、升腾、突破，白居易又栖心释氏，则可以视作大唐诗酒开阔胸怀之具体表现。酒激发、调动了三大诗人之诗情，创造出千百首天才作品，最终三人也归于酒，与酒同在。李白“以饮酒过度，醉死于宣城”③。杜甫亦死于酒：“永泰二年，啖牛肉白酒，一夕而卒于耒阳，时年五十九。”④ 白居易尽管不是直接死于酒，但其疾应该与其嗜酒有关⑤。自然生命与精神生命都融于酒，酒旗风可说即是大唐风。

与佛教注重说理不同，诗以抒情为要，诗与酒的结合，情感狂潮一发不可收拾。**酒风吹到哪里，欲望即在哪里被唤起**。在大唐，

---

① 王绩对佛教并无针对性的说法，但其道家立场还是很清楚的。其兄王通立足于儒家立场，对佛教有说法：“西方之教也，中国则泥。”（《中说·周公》）这或许对理解王绩对佛教的态度有参考价值。

② 可参见《月下独酌》组诗。

③ 刘昫等：《旧唐书》，北京：中华书局，1975 年，第 5054 页。

④《旧唐书》，第 5055 页。

⑤ 据《对酒自勉》《自叹》《东院》《初病风》《枕上作》《足疾》等诗记载，白居易晚年患有眼疾、肺病、足疾、风痹等多种疾病。

欲望在哪里被唤起，梵呗即在哪里响起。佛家以“苦”为“教”，将人生之味“苦”视为第一谛，以“灭、道”为解脱之法。先秦儒家注重“忧患”，道家讲究“平淡”，并没有聚焦人生之“苦”。中国人虽长于味觉思想，对“咸”“乐”有深入发挥，但对“苦”之“味”却缺乏系统论述。因此，佛教为汉文化送来“苦”味，在汉末乱世，苦教很快打动、感染了中国人，为不少中国人接受、信服。按照传统说法，在味为“苦”，在“性”为“凉”。以“苦”立教正是以“凉”示人，以“凉”示物。佛家视“欲念”为“火”，所谓“欲火”是也（《楞严经》卷八：“是故十方一切如来，色目行淫，同名欲火。菩萨见欲，如避火坑。”）。以“清凉”降“欲火”，以止定人心、净化人心，人心即可得清凉。如《大方广佛华严经》言：“如是一切，普遍虚空，以为庄严。周遍十方一切世界诸佛道场，而为供养。普令众生皆生欢喜，除烦恼热，得清凉乐。如是示现，充满十方”；“悉能除灭一切热恼，令其身心普得清凉。菩萨摩诃萨菩提心香亦复如是，发一切智，普熏身心。能除一切虚妄、分别、贪嗔痴等诸惑热恼，令其具足智慧清凉”。“烦恼热”“热恼”“热毒”使世人深陷苦中，唯清凉佛法可使人清凉。佛法以“清凉”为特征，亦以清凉为直接效果，此正可对治酒带来的热毒、热恼。

僧人以茶来助修行[①]，并自觉贬抑酒，可以看作佛理与（诗）酒相争的一个方向。如皎然云：“越人遗我剡溪茗，采得金牙爨金鼎。素瓷雪色缥沫香，何似诸仙琼蕊浆。一饮涤昏寐，情来朗爽满天地。再饮清我神，忽如飞雨洒轻尘。三饮便得道，何须苦心破烦恼。此物清高世莫知，世人饮酒多自欺。愁看毕卓瓮间夜，笑向陶潜篱下时。崔侯啜之意不已，狂歌一曲惊人耳。孰知茶道全尔真，唯有丹

① 据载：“开元中，太山灵岩寺有降魔师，大兴禅教，学禅务于不寐，又不夕食，皆恃其饮茶。人自怀挟，到处煮饮。”（《封氏闻见记》卷六）茶的品格近禅，这是首要原因。禅需茶，倒在其次。

丘得如此。”（《饮茶歌诮崔石使君》）茶味苦，至寒[1]。苦、寒之用为收摄、清明界限、持守自身，此正可对治世人热烈的贪欲。茶不仅以“涤昏寐”“爽满天地”“清神”等对治生理之疾，还具有“破烦恼”“全尔真”等精神上的疗效。这与性味大热、助长烦恼的酒完全相反，后者以热力使人上升，以热量融化界限，由上升而成为突破的力量，由此助长人的欲望。从茶的立场看，毕卓醉瓮间徒为笑柄，陶潜篱下酒亦不值一哂。故皎然感慨“俗人多泛酒，谁解助茶香”（《九日与陆处士羽饮茶》）。茶性与佛理相通，以茶为友成为佛教自然的主张。皎然以茶自标清高，同时批评“世人饮酒多自欺”，由此揭开佛理与诗酒对立的新篇章。

总的来看，人情（诗与酒）与佛理（戒酒）之间的对立构成大唐精神的内在基本张力，两者近三百年的冲撞开拓着大唐的宏大精神疆域，也丰富、充实着大唐的精神境界。

（六）酒与天理

诗酒与佛理对立，随着大唐的瓦解，两者也迅速丧失尊严。北宋初年实行酒、酒曲专卖政策，酒的生产被政府严格控制。控制酒的生产之目的是增加酒税，酒税成为北宋政府的主要收入。为增加政府收入，总结与推进酿酒技术一直被重视。于是，酒业繁荣，酒肆林立。对酒的认识不断深入，窦苹的《酒谱》、朱肱的《酒经》等论酒专著纷纷涌现。人们对酒的需求也不断增长，人的情欲处于激荡之中。宋代没有向外开疆拓土的豪气，却不断向内——心性之域

---

① 对茶的性味，唐代人的认识与后世稍有差异。比如，陈藏器说茶的性味“苦寒”（转引自李时珍：《本草纲目》，第 1445 页）。陆羽言：“茶之为用，味至寒，为饮最宜精行俭德之人。”（陆羽《茶经》）宋代人说茶味：“香甘重滑，为味之全。”（赵佶：《大观茶论》，引自《茶录》，上海：上海书店出版社，2015 年，第 44 页）到了明代，李时珍则曰：“苦、甘、微寒。”（《本草纲目》，第 1445 页）其实，茶之叶本苦，初生嫩芽甘，所采饮时候差异，才有对其性味表述的差异。

开疆拓土，发展出心性之学，不妨说正是为了对治此时疫——与酒相互助燃之情欲的躁动。宋儒以此重建了儒学，并以儒学精神重建了东土（从周敦颐到张载）。相应地，宋儒自觉坚定地拒斥佛教，并以天理代替佛理，牢牢控制酒与人情。

周敦颐奠定了宋儒的精神基调，比如确立君子人格，将孔颜乐处作为精神目标，等等。邵雍既有唐人之洒脱，又能洗去唐人躁动不已之悲情，而契接周敦颐，以安乐为生命之基本情调。邵氏嗜酒，其饮酒不追求扫荡人伦、归于天地之大醉，而自觉坚持微醺，坚决将酒纳入理中，不放任其流入无序。他主张以酒超越世俗之分化与分裂，而归于天人、人我未分化之境。邵雍作了两首《喜饮吟》，道出了酒与天人未分之境之间的联系："尧夫喜饮酒，饮酒喜全真。不喜成酩酊，只喜成微醺。微醺景何似，襟怀如初春。初春景何似，天地才细缊。不知身是人，不知人是身。只知身与人，与天都未分。"[①]"平生喜饮酒，饮酒喜轻醇。不喜大段醉，只便微带醺。融怡如再少，和煦似初春。亦恐难名状，两仪仍未分。"[②] 作为儒者，邵雍并不相信"醉乡"完美之说。酩酊大醉，身心如泥，混而不知混，融而不觉融。只有饮酒至于微醺之时，才可达于"天地才细缊"之境。此时，两仪未分，身心未分，人我未分，天人未分，天人浑然一体。邵雍说"君子饮酒，其乐无穷"[③]，盖基于此一体之态，当然，饮者也能知觉此一体之态，才会有无穷之乐。

宋儒中，程颢曾监汝州酒税，负责酒的生产，对酒非常熟悉，这与程颢追求"孔颜之乐"与"仁者，浑然与物同体"[④]（《识仁篇》）不无关系。他不在意"醉"，也希望能摆脱官宦之羁绊。所谓

---

① 《邵雍集》，北京：中华书局，2010 年，第 492 页。
② 《邵雍集》，第 498 页。
③ 《邵雍集》，第 438 页。
④ 《二程集》，第 16 页。

“遴英同醉赏，谁复叹官羁”[①]（《中秋月》），正透露出得英杰而与之自由交游之意。程颢为人洒脱，兴致来了亦会到酒家喝几杯。“价增樵市炭，兴入酒家帘。”[②]（《春雪》）但其时，其他儒者对“乐”与“酒”的兴趣一般，程颢抱怨“旁人不识予心乐”[③]，“旁人”恐怕不仅指普通民众，还应包括当时的儒者。当然，程颢的志向不是做狂饮的“名士”或“诗家”，而是成就圣贤。“名士”或“诗家”乐于为酒所动，而升天入地。圣贤却能定心定性，不为酒动志，不为酒动心，简言之，不为酒动。可见，大程子已不复恋酒、嗜酒，坚持定心定性，将酒纳入天理心性之中。

朱熹曾作《醉下祝融峰》：“我来万里驾长风，绝壑层云许荡胸。浊酒三杯豪气发，朗吟飞下祝融峰。”“醉”与清明自守相对，“醉”而“飞下祝融峰”，疑为纵情山林之士。“驾长风”“许荡胸”，读此诗，酒壮豪情，颇有酒仙之态。但这并不是朱熹的常态，在其作后即自悔“荒于诗”（《东归乱稿序》）。这表明，朱熹与诗酒并不投缘。

酒与茶的对立在宋儒中得到一定程度的缓和，乃至和解。邵雍不唯喜饮酒，同时亦爱饮茶。“静坐多茶饮，闲行或道装。傍人休用笑，安乐是吾乡。”[④] 茶有俭德，以茶的精神饮酒，这正可平衡酒之狂放，而长居安乐。朱熹偶尔喝酒，豪气偶发，便深深自悔，最终深契于茶，皈依于天理。他还从吃茶中说出了一番道理。如：

> 天理、人欲，只要认得分明。便吃一盏茶时，亦要知其孰为天理，孰为人欲。[⑤]

---

① 《二程集》，第 478 页。

② 《二程集》，第 487 页。

③ 《二程集》，第 476 页。

④ 《邵雍集》，第 396 页。

⑤ 《朱子语类》，北京：中华书局，1994 年，第 963 页。

先生因吃茶罢，曰："物之甘者，吃过必酸；苦者吃过却甘。茶本苦物，吃过却甘。"问："此理如何?"曰："也是一个道理。如始于忧勤，终于逸乐，**理而后和**……"①

建茶如"中庸之为德"，江茶如伯夷叔齐。又曰："《南轩集》云，草茶如草泽高人，腊茶如台阁胜士。……"②

听朱熹评论，俨然一茶家，不难发现其精神深契于茶。在饮茶中辨认天理人欲，也彻底将饮茶行为精神化。茶味本"苦"，吃过却"甘"，也应和了宋儒以"乐"教化佛家"苦"教之精神旨趣。**各种茶皆如圣贤，都有美德**。较之"涤昏寐""爽满天地""清神""破烦恼""全尔真"等佛家功能性赞誉，以茶拟圣贤更坐实了茶德茶性。如我们所知，茶以清明为德，这对于涵养修德大有助益。宋儒以天理为标尺进行修行、变化气质，反对天理之外任何事物对人的改变。酒以移易人为特征，自然成为宋儒所要规避的对象。宋儒反对人为酒动，更反对人为酒困。茶如圣贤，饮茶有助修德成性，此性情正与宋儒的内在追求相契合。其后，茶饮的普及在一定程度上为酒觅到了敌手，茶与酒的对立成为其后中国人精神生活的日常。

警惕诗酒的程（颐）、朱虽也谈"乐"，但终不能将之贯彻于日常生活。所谓"理而后和"，便将"和乐"置于第二位。其首要在世态度是"敬"，所谓"涵养须用敬"是也。"乐"以差别之弥合为特征，表现为由内而外发越通畅的气象。"敬"则以差别之持守为特征，表现为实诚之尊重。宋儒谓"礼主于敬"，透露出敬的实质是对"别"的尊重。我们由此可以看出，较之饮酒者尧夫、明道对和乐一体的钟情，警惕酒的程朱渲染"天理"与"人欲"之别，严防人欲，试图将酒纳入天理控制之下。如此，也就控制了酒的融合、突破之

① 《朱子语类》，第 3294 页。

② 《朱子语类》，第 3294 页。

功能，从而阉割了酒之本性。

从邵雍到朱熹，对酒的热情逐渐减弱，以至于警惕、疏远酒。这与高扬茶德、以敬在世紧密配合。最终通过天理、人欲之判析，将酒牢牢置于天理控制之下。天理不同于“六道轮回”“缘起”等渺远佛理，它在人伦日常之中随时显现，并以“绝对的应该”（所当然）随时控制饮酒，试图牢牢遏制酒的本性。

元朝以弯弓铁骑横扫欧亚大陆，与此征服欲望应和不已的酒也尽显豪迈苍劲。帝国尚饮，酒风吹遍欧亚大陆。欲望向四方奔腾，帝国凝聚力不再，程朱理学遂入庙堂，担当起收拾人心之任①。

在中国精神演变历程中，人们对酒的热情高涨，各种酒被源源不断地创造出来。酒得以持存，得以在华夏文明长河里流淌不息。酒的度数越来越高②，对人的身心刺激越来越大，其所激发的人性力量（激昂、迷狂、升腾、突破）也愈发强烈，酒赐予人的创造力同时不断增进。酒不断融合、突破各种界限，不断为人类提供新的可能性与生机，将人带至新的生命境界。相应地，莽动不已的酒召唤对酒的限定、裁节、管束、调适，从礼到形名，到名法，到佛理与茶，到天理与茶，由外到内，由疏到密。酒常动，而礼、形名、名法、佛理、天理、茶常静。两造激荡、不谐、对抗。一部文明史就是一部或主动或被动、或自发或自觉裁节、平衡酒的升腾、突破、莽动之伟力的历史。由此，“文”愈繁愈明，中国人精神家园不断被建构。

---

① 元朝皇庆二年（1313）复科举，诏定以《四书集注》为标准取士。

② 高度白酒（烧酒）出现得较晚。关于中国烧酒的起始，有“东汉说”“唐代说”“宋代说”“元代说”诸种。目前，以“宋代说”较可信。参见李华瑞：《宋代酒的生产和征榷》，保定：河北大学出版社，2001 年，第 43—48 页。

二 从醉到闲饮

商周以来，饮酒被规训，酒被纳入思想文化系统而有了精神品性。魏晋士人热衷饮酒，以“醉”对抗名教，酒精神逐渐达到自觉形态。陶渊明将酒与素朴本性的敞露相关联，以酒安顿身心，发挥饮酒的超越尘俗精神。大唐李白以酒对抗世俗性的愁与宗教性的苦，彰显出饮酒的形而上价值。宋儒邵雍力主无目的的闲饮，以微醺通达造化功夫，确立了饮酒对精神生活的本源意义。从“醉”到“闲饮”观念的演进过程，也是摆脱名教、苦教的过程。从酒主导人到理主导酒，在闲饮中，天人之间、世间与出世间逐渐达到平衡。中国酒精神的演进过程也是中国精神寻求自我、重建自我的过程。

酒以至热之性温暖着人的身体，也会温暖、移易人的灵魂。酒本身无善无恶，所谓“酒，就也，所以就人性之善恶也”（《说文解字》），表达的就是酒随顺、成就（“就”）人的善恶的品性。饮酒可使拘谨者放开，使闲静者频动，使胆小者无所顾忌。饮酒也会使狂者更狂，狷者更狷。简言之，酒可使人性情移易，甚至可使人尽心尽性——助益、推动人的性情完全发挥出来。此即所谓“刚愎者熏然而慈仁，懦弱者感慨而激烈”[①]。人一直在被酒改变，一次饮酒对人的改变是暂时的，偶饮之人会回复到日常状态；频频饮酒则人的情性确定在被移易状态。对于人际，酒以至热之性不断融化边界，一方面快速破除人与人之间的陌生感、隔阂感，使人群走向和乐之境；另一方面，酒唤起个体狂傲之性，又往往使个体傲绝他人。普通人喝酒为了享乐，为了人情世故，为了交换利益，可谓世俗；高雅之士则饮酒遗世，走向超越之境。至热之性对有形无形的规则不断突破，有时又会使人固守酒的世界，流连不返。寂寞可独酌，相聚则对斟。醒醒醉醉，人们往往对之爱恨交加。

酒不是维持生存的必需品，但在中国文化中，它却被认为是人世间不可或缺之物。周公制礼作乐以来，社会的规范系统与主流思想文化相结合，一致训诫、范导饮酒。酒由此被动地进入思想文化领域，逐渐被赋予了思想性、文化性。而酒通过移易人的身体与精神反过来又不断打击、弱化规范系统，释放人性，给不同时代的思想文化带来崭新的活力。两种势力之间的盈虚消息，也构成了思想变迁、文化演进的重要动因。

就中国思想史说，在西周开始的与礼乐的对抗中，酒与乐结盟，展示着超越差异的和乐精神，推动着“礼崩”，也最终完成了“乐坏”。酒与形名法令的对抗彰显出打破规则训令，弥合身心分割、分裂的浑全精神（庄子）。酒在与名教的对抗中表现出打破束缚、回归自然的精神。酒在与新形名思潮对抗中破除了名法（尘网、樊笼）冰冷的宰制，表现的是超越尘俗的精神（绝尘精神）。酒在与佛理的对抗中反对前生后世轮回的说教，彰显的是对欲望、享乐等世俗生活的肯定。酒在与天理的对抗表现出个体的张扬精神。20世纪酒在与科学的对立中反对确定性、反对世界图像化，表现出复归具体存在的精神品性。和乐人群与崇尚个性、世俗享乐与超越尘俗、浑全

① 朱肱：《酒经》，第31页。

素朴与具体真实，多股迥异甚至对立的张力构成了中国酒精神的真身。基于酒的多重性品格，不同时代的人们才会对酒或禁或放，或戒或倡，或褒或贬。每个时代的人们都能在酒中找到自己之所需，故中国人对酒始终不离不弃。酒对人的多重性使中国酒精神绵延不绝，酒文化也不断丰富。

（一）醉的自觉

从中国思想史看，中国酒精神的发展有个从自发到自觉的过程。从上古商周时期起，人们逐渐通过酒对人的影响而认识到酒的精神品格。比如，酒使口腹愉悦，使心智快意，能消除人际等级、陌生感，能够和乐人群，等等。秦汉时期，人们领悟到，酒可养阳，可以行药势，可以颐养天下，等等。酒的功能被当作酒的精神品性。魏晋时期，酒参与着精神世界的建构，酒本身的价值被肯定，酒作为独立的精神势力被主题化，被自觉编织进中国精神的血脉中。

商周时期的祭祀之饮侧重人与神灵的交流，周秦时期的宾客宴饮注重人际沟通。汉律管制三人以上聚饮[①]，独酌逐渐盛行。独酌涉及的是个体形神之间以及人的魂魄之间的交流、沟通、平衡问题。魏晋个性觉醒，独酌的意义逐渐呈现出来。对饮酒的反思，或者说，酒精神由此逐渐取得自觉形态。酒作为一种独立的精神势力登上思想史舞台。

“竹林名士”对于酒既看重其对人的生理、心理的影响，更注重酒的精神力量与精神价值。基于此，他们积极利用这种精神力量来对抗名教等世俗势力。最典型的例子是阮籍以“醉”拒文帝求婚[②]。更有甚者，他们自觉利用“醉”实现精神的超越。刘伶的《酒德颂》最能体现此用心。醉是刘伶的日常状态，也是其精神寄放之域。《晋

① 《汉律》：“三人以上无故群饮，罚金四两。”

② 《晋书・阮籍传》载：“文帝初欲为武帝求婚于籍，籍醉六十日，不得言而止。”（《晋书》，第1360页）

书·刘伶传》："（伶）常乘鹿车，携一壶酒，使人荷锸而随之，谓曰：'死便埋我。'其遗形骸如此。"① 酒是其心安处，与酒同在便价值自足，生死自不足论。

自周公制《酒诰》始，饮酒即被规训。酒为人险，"醉"往往导致"乱"，更为世人警惕。"竹林名士"之酣饮本是基于"天下多故，名士少有全者"（《晋书·阮籍传》）② 之世态而采取的苟全之策。但是，由于竹林名士风流闻名于世，酣饮被模仿而逐渐成为时代风尚。时人王孝伯曾为"名士"确定了三个标准，即"常得无事""痛饮酒"与"熟读离骚"③，"痛饮酒"成了"名士"的必要条件。"名士"以自由超越为其基本精神。《离骚》的精神是升天入地、无往不前的自由超越精神。屈原乘坐玉虬——龙马自由飞翔，朝发苍梧，夕至县圃。饮马于咸池，总辔乎扶桑。一会天津，一会西极；一会不周山，一会西海；一会天上，一会儿旧乡。由人到天，诸神降临，到昆仑神山，再由天上到人间。一会"升降以上下"，一会"周流观乎上下"——这与酒不断突破、升腾的自由精神完全一致。

名士们群起赴"醉"，成为魏晋的一道奇观。如果说"竹林名士"之醉旨在对抗世俗性名教，其后继者追求的"醉"则被塑造成一种在世姿态。于是，"醉"被欣赏④、被反思，甚至被拔高到形而上高度。

随着对"醉"悟解的深入，饮酒也被提升至形而上高度，所谓"酒正使人人自远"⑤，"酒正自引人著胜地"⑥，"三日不饮酒，觉形

① 《晋书》，第 1376 页。

② 《晋书》，第 1360 页。

③ 《世说新语校笺》，第 410 页。

④ 如《世说新语·容止》把嵇康醉态描述得极美，所谓"其醉也，傀俄若玉山之将崩"（《世说新语校笺》，第 335 页）。

⑤ 《世说新语校笺》，第 402 页。

⑥ 《世说新语校笺》，第 408 页。

神不复相亲”[①]。“自远”“胜地”涉及的是酒所达及的超越境界，“形神相亲”则是克服形神疏离后的浑全状态，这些体验性悟解标志着中国人对酒精神的认识也达到形而上高度。

“竹林名士”以“醉”表达着对当权统治的不满与不合作态度。但是，阮籍、嵇康等人于名教依然不能忘怀。阮籍好酒，饮而醉于他是常态。但他往往饮而无言、醉而不语，于酒于人皆然。嵇康有《酒会诗七首》，不过，他意不在酒。在《家诫》中，嵇康还谆谆教诲家人：“见醉薰薰便止，慎不当至困醉不能自裁也。”[②] 自己醉而不让亲人醉，这意味着，醉不能也不应该成为值得追求的生存目标。进一步说，在阮籍、嵇康等名士观念中，饮酒不具有正价值，还无法提供精神生活的动力与根据，还不能满足他们的精神需求。或者说，饮酒只是权宜之计，只具有对抗威权的工具价值。

（二）酒中有深味

魏晋人“醉的自觉”标志着“酒”进入中国文化的核心层面。不同于“竹林七贤”以饮酒对抗“名教”，陶渊明的饮酒进一步指向对尘俗价值体系的超越。具体表现在陶渊明不仅在诗文中将“酒”主题化，而且将“嗜酒”认作自己的“本性”，将饮酒确立为精神生活的基本方式，以“酒”超越尘想，对抗“苦”之教（佛教）[③]，等等。

晋宋交替之际，曹操推行的“名法之治”依然为世所重。“名法之治”的核心思想是贤能、法术、功利，可以说是先秦形名新形态。

---

① 《世说新语校笺》，第 410 页。

② 戴明扬：《嵇康集校注》，北京：中华书局，2015 年，第 498 页。

③ 陶渊明与佛教之间，一方面，他结交不少佛教信仰者，与他们有过唱和；受佛教某些观念影响，如以“苦”描述世态等。另一方面，陶渊明对佛教保持着距离。据《莲社高贤传·不入社诸贤传》记载：远法师与诸贤结莲社，以书招渊明，渊明曰：“若许饮则往。”许之，遂造焉；忽攒眉而去。赴庐山之约，表达的是对慧远的尊敬；“攒眉而去”，表达的是自觉与之拉开距离。

尚贤使能，崇尚功利、法令导致争斗不止，也使人的道德感弱化。世道失序、人心沦丧则是形名治世的逻辑结果。“名法之治”使名教进一步分化（“法令滋彰”），也使自然（包括人与物）不断分化[①]。对个人则表现为形神分裂，魂魄不复相亲。陶渊明“闲静少言，不慕荣利”，与其世之价值观念扞格不入。他所构建的饮酒世界，正是对世界与自我分化的弥合，也是对真朴之性的层层敞露。

陶渊明对酒的思与想主要集中在《饮酒二十首》中。这组诗并非篇篇讨论酒，但是，如序所言，这些诗都是“既醉之后”（大多是独饮而醉）所写。因此，《饮酒二十首》都是“醉语”，是“醉眼”之所看，是“醉心”之所思。醒醉之间“发言各不领”，醉语与明智之言各自遵循自身的逻辑，彼此不相通达。这些醉语所构造的酒的世界也是一个完全不同于清醒理智所认识的世界。有些诗篇虽然没有明言饮酒，但却一直笼罩在“饮酒”主题之下，陶渊明的旨趣显然是以“饮酒”统摄整个人生宇宙问题。[②]

《饮酒二十首》作于晋宋山河改易之际。如何看待人间荣衰沧桑？诗人不能力挽狂澜，但无碍其深沉的感慨与忧伤。陶渊明没有像大多数的诗人那样就人道思考人道，而是回到了天道。他从寒暑之代谢来理解人事之衰荣，将后者视为一个人间自然而然的现象，所谓“寒暑有代谢，人道每如兹”。在《责子》中，陶渊明对“酒”与“天运”有类似表述：“天运苟如此，且进杯中物。”“天运”即“天命”，即天之所给予的、确定的现象、秩序。对于如此“天运”

---

① 郭象“名教即自然”之说虽然为人们认识名教提供了新的视角，但他对“服牛乘马”等人情的肯定，进一步肯定了牛马天性被破坏的状况（“穿牛鼻，络马首”）。可以说，在郭象思想中，名教是已经分化了的名教，自然则是分化了的自然。

② 昭明太子萧统认为，陶渊明的诗“其意不在酒，亦寄为迹焉”（《陶渊明集》，第9—10页），恐怕理解有误。萧统的观点在20世纪也有不少认同者，其中，陈寅恪的观点具有代表性，他说：“嗜酒非仅实录……乃远承阮、刘之遗风，实一种与当时政权不合作态度之表示。”（陈寅恪：《陶渊明之思想与清谈之关系》，燕京大学燕京哈佛学社刊印，1945年9月出版。引自《陶渊明研究资料汇编》，上册，北京：中华书局，1962年，第356页）

（“天命”），陶渊明的态度值得玩味：以“饮酒”来“接续天命”。“饮酒”是自我满足，对自我之外的“天运”（“天命”）则是自我调整、妥协，以适应、不再逾越“天运”（“天命”）。谓之“顺命”“顺化”“任真”亦可。但是，“饮酒”中还隐含着“又能如何……”“随它去吧……”等意味，也包含着以饮酒弥补“天运”（“天命”）缺憾的意味。精神在酒中找到了依靠，因此，在酒中，不慕外、不自馁，一切自足。进了“杯中物”，精神将不再失落。“忽与一觞酒，日夕欢相持”[①] 正基于此。

作为《饮酒》组诗开篇，“日夕欢相持”还有起兴的意味。陶渊明发现了足以安身立命的酒世界，也乐于长居其中。“一觞酒”是思想的引子，也是新世界的入口。它维持着酒世界的运转，也定下了酒世界的基调。

在酒世界中，善恶报应并不灵。陶渊明只承认人世间有两条路：有道与无道（“道丧”）。两者形成了鲜明对比：前者不吝其情，有酒即饮，不顾世间功名，不期长生。在如流电一般短暂易逝的有生之年，饮者快意释放自己的素朴[②]本性。后者“有酒不肯饮，但顾世间名”[③]。矫情从俗，有酒不饮，或为功名，或求长生，将自己素朴之性作为工具付于身外之物（作为成就某个目标的工具）。饮酒关涉到对现实生活中利益、理智、秩序、道义的态度。因此，饮酒与否内在关联着真与俗两条思想道路，甚至可以说，饮酒与否也能够成为两条道路之鲜明标识。

从现实情况看，同情饮酒者少，孤立、排斥、打击饮酒者众。愿意长处酒世界的饮者因此成了“失群鸟”“孤生松”。“失群鸟”日

---

① 《陶渊明集》，第 87 页。

② “真”“朴”“素”在道家语境中都是指未分化的天性。陶渊明大体也沿用道家说法，如“悠悠上古，厥初生民。傲然自足，抱朴含真”（《劝农》），“抱朴守静，君子之笃素”（《感士不遇赋并序》），以及“素心”“素抱”等。

③ 《陶渊明集》，第 88 页。

暮独飞，徘徊无依，孤独悲苦；“孤生松”亦孤独，自身在劲风下却能枝叶不衰。陶渊明自觉离开好功名、好利禄的人群，选择了孤独之道。“失群”是主动“失群”，“孤”“独”是自觉选择的“孤”“独”，任何外在力量都不会改变此身与此道，此品格正是老子所说的“独立而不改”，这恰恰是陶渊明一直欣赏与追求的品格。“托身已得所，千载不相违。”① 找到精神归宿，与之相守千载或许不可能，但能与之亲近，心已足矣。“提壶挂寒柯”② 更意味深长。“挂”，一作“抚”。二字皆妙：“挂”字侧重于表达陶渊明把“酒”与“松”放在并列的位置；“抚”字侧重于带着酒意怜爱青松。不管是“提壶挂寒柯”，还是“提壶抚寒柯”，陶渊明都着意把青松纳入酒道真意之中加以赞赏。

有了明确的道路与坚定的信念，陶渊明在“人境”之中即完成了对“人境”的超越。“结庐在人境，而无车马喧。问君何能尔？心远地自偏。采菊东篱下，悠然见南山；山气日夕佳，飞鸟相与还。此中有真意，欲辨已忘言。”③ “人境”指世间，而非人迹罕至的“江湖”。“车马”代表的是财富与名望，“车马喧”指繁华的世俗生活。选择在人间世生活，却能够避开世俗生活，即是说，在普通的世间生活却能够实现精神对世间生活的超越。陶渊明实现精神超越的方法就是做“心”的工夫——“心远”。“心远”即“使心远离车马”，心不再放在尘世的车马那里，不关心、不在乎车马生活及价值。如何能够做到心远？他在《连雨独饮》中给出了答案：“故老赠余酒，乃言饮得仙。试酌百情远，重觞忽忘天。”④ “百情”所发者为“心”，饮酒可以使自己远离世俗百情，即可以使心与世俗拉开距离（“远”）。在这里，饮酒成为陶渊明超越世俗的重要方法。事实上，

① 《陶渊明集》，第 88 页。

② 《陶渊明集》，第 91 页。

③ 《陶渊明集》，第 89 页。

④ 《陶渊明集》，第 55 页。

饮酒不仅仅被作为超越世俗的方法，其本身就具有超越价值，所谓“对酒绝尘想”（《归园田居》其二），“泛此忘忧物，远我遗世情”[①]，表达的都是这个意思。对陶渊明来说，酒本身就具有超越性意味，以至于酒的出现就自带超越性境域，使人出离世俗念想、远离庸俗的世间。

世俗要超越，超越到哪里呢？“采菊东篱下，悠然见南山；山气日夕佳，飞鸟相与还。”这是超越之所指向。超越之境中有“菊花”“东篱下”“南山”“日夕佳的山气”“相与还的飞鸟”等具象，它们共同构成了一个超脱的意境。这些具象对陶渊明而言不是可有可无的材料或工具，而是随时可与之相互应和、值得信赖的同侪。陶渊明说其中饱含“真意”。“真意”是什么？陈寅恪说是源自天师道的观念“与大自然为一体”[②]，袁行霈说“人生的真谛也在于‘还’，还到未经世俗污染的原本的我”[③]，等等。这些解说都非常精辟！实际上，“真意”中还有诸多“意味”有待呈现，比如，陶氏与这些具象同侪间相互应和而产生的诸如相惜、相互成就等意味。

“菊花”“东篱下”“南山”“日夕佳的山气”“相与还的飞鸟”等具象是我生之所依、思之所托，它们保持其生机与生态恰恰是我之所愿。正因为这些具象是可与之相互应和、值得信赖的同侪，所以，陶渊明虽然关注其中的“真意”，但并不像王弼那样喜欢“忘象”——“拆象”。他要忘的不是这些“具象”，而是“真意”的抽象形态——言。如我们所知，“言意之辩”是魏晋玄学的重要主题，与“名实之辩”关注视觉性概念（“名”）与外在客观对象（“实”）之间的关系不同，“言意之辩”更侧重于听觉性概念（“言”）与内在主观的意味（“意”）之间的关系。“名”“实”之间存在着“符

① 《陶渊明集》，第 90 页。

② 引自《陶渊明研究资料汇编》，上册，北京：中华书局，1962 年，第 358 页。

③ 《陶渊明的哲学思考》，《国学研究》第一卷，北京：北京大学出版社，1993 年，第 108 页。当然，这个原本的我与山气、飞鸟已经结为一体。

合”与否的问题，“言”与“意”之间主要是“融洽”与否的问题。与“但识琴中趣，何劳弦上声”（《晋书·隐逸传》）[①] 的旨趣一致，以“得趣”（这里指“真意”）为主旨的陶渊明果断拒绝了听觉性概念（“言”），而走向“忘言”[②]。

其以饮酒超越尘想，同样，在饮酒还真的基础上，陶渊明对“是非”标准之确定提出质疑。“行止千万端，谁知非与是。”[③] 首先，是非之确定都有个主体，可是谁有资格成为这个主体？按照道家的观念，每个人、物都有自己的素朴之性，素朴之性就是划分是非的标准。但是，世俗之人会按照世俗的价值观确定主体。世俗价值观是以贤能、功名等外在于素朴之性的要素为其标准。这就意味着，世俗之人以每个人放弃自己的判断为前提，或毁或誉，人云亦云，此谓“雷同”。“雷同”的结果是每个人都不在乎素朴之我，都竭力以他者代替、摆脱素朴之我，掩盖素朴之我。伴随着素朴之我的丧失，人在思想与行动中贯彻“雷同”，也就会在思想与行动上共同把人的意志、目的施加于天地万物，以获取、占有外物。让外物屈从于人的意志、目的，也就毁掉了天地万物素朴之性。饮酒还真者立足于物我同真共美之“真意”，非世俗之是，是世俗之非，颠覆着世俗的愚顽价值观。在价值颠覆的前提下，物我同真共美之“真意”才能显现出来，物我素朴之性才能持存。

与我同真共美之物不在遥远的西方，身边园田中触手可及。“秋菊有佳色，裛露掇其英。”[④] 菊有清傲之德，又有佳色可观，食之兼

① 《晋书》，第2463页。

② 阮籍、嵇康都长于音律，善于弹琴（五弦琴）。他们反对将声音与意义直接对应、关联（反对音乐之再现、写实功能），而主张以五弦表达内心意趣（主张音乐表达、抒发情志）。陶渊明则进一步消解了弦-声的功能，而直达自己的情趣。“但识琴中趣，何劳弦上声。”超越声音，回归趣味，这可以看作对魏晋拒绝听觉、归往味觉的一种响应。

③ 《陶渊明集》，第90页。

④ 《陶渊明集》，第90页。

能益寿延年。不过，菊入酒的效果更妙。于酒，陶渊明深解其趣，“酒云能消忧”[①]，“酒能祛百虑”[②]，“绿酒开芳颜”[③]，“斗酒散襟颜”[④]，“酒中适何多”[⑤]，等等皆明其精神调节、治疗之效。酒能解愁，故称之为“忘忧物”。以菊泛酒，饮之更增忘忧之效，也使我远俗之心更远（“远我遗世情”）。

酒醉的世界是一个独立自足的世界，饮者在酒的作用下形神相亲相守。形神相亲相守通常会有两个表现，其一是酒助神、形从世俗的规矩中解放出来，身体中原始的莽力被释放，不断冲撞身体所触及的人与物。世俗酒鬼往往如此。其二是酒助形神相拥，共同退回自身，而清静自处。陶渊明显然属于后者。自我不断内敛，不扰物而日自斜，动自息。此感彼应，归鸟鸣林，我啸东轩。万物自在，我亦自得，物我共同没入大化流行之中。

在陶渊明看来，寒暑之代谢、人事之荣衰，皆为“大化”流行之表现。这里所说的“梦幻”即是指此大化流行。所以，“幻”即是“真”，“真”即是“幻”。人所应当做的是随顺大化，生不吝情，而不留恋长生；死归山阿，而不畏惧死亡。形体终成尘土，声名也将泯灭，这也就是所谓“人生似幻化，终当归空无”[⑥]。“幻化”是变幻莫测之变化，而非本体论意义上的所化皆幻。“空无”是说人之形骸、名声会随着时间的推移而消逝，并非佛家所说的本体论意义上的虚妄、空无。为俗虑俗念所牵绊，追求长生、名利，有酒不肯饮，这是“泯顽不化”，也是“不真”。“不化”“不真”劳形烦神，但却为世俗留恋。

饮酒开显的淳真之境并非停留在自身神智之中，它在陶渊明的

① 《陶渊明集》，第 36 页。
② 《陶渊明集》，第 39 页。
③ 《陶渊明集》，第 49 页。
④ 《陶渊明集》，第 84 页。
⑤ 《陶渊明集》，第 108 页。
⑥ 《陶渊明集》，第 42 页。

日常生活中亦有体现。在尘俗眼中，求真之路是一条标新立异（与时乖）之路，也是向下的堕落之路；高栖之路是尚同雷同、汩泥扬波的仕途（“纡辔”）。虽在酒中，陶渊明依然坚定自己的立场。在他看来，“高栖”于自己不是“能不能”的问题，而是自己“愿不愿”的问题。“纡辔诚可学，违己讵非迷!”① 自己秉性与时代潮流——相异趣，返回名利之途有违自己本性，故不愿选择高栖之路。

“惟酒与长年”② 一度是陶渊明人生的两个目标。但是，生身之养包括养身与养心。两者不能兼得之时，养心——“称心”（不吝其情）则当优先。在陶渊明看来，饮酒是他最称心的事情，所谓“清琴横床，浊酒半壶”③，“或有数斗酒，闲饮自欢然”④。生命皆有大限，不论如何重视养生（以身为宝），死后身体皆会随大化而消散。生时能够闲饮几杯，称心快意，“长年”都是多余。

历史上归隐田园的人不少，但能够彻底隐而不出者却寥寥。有些人在隐与仕之间不停摇摆，游移难决。有些人以“隐”钓誉沽名，以退为进。陶渊明属于前者，他坚定地“杜门不复出，终身与世辞”⑤（《饮酒二十首》其十二）。在他看来，世俗的“悠悠之谈”欺世盗名，又似是而非，造成人与人之间尔虞我诈（“世俗久相欺”），其结果是个人淳真之性的丧失与时代恶俗的兴起。“世俗久相欺”是世俗之常态，陶渊明因此“厌闻世上语”⑥（《拟古九首》其七），而欲“摆落悠悠谈”。言语本为素朴之性的自然流露，但世人素朴之性已经沦丧，言语遂远离真诚，成为市侩逐利的工具，以此自欺与欺世。陶渊明痛恨世人素朴之性沦丧，也厌恶世人彼此相欺。连世人言语都觉得难以忍受，对世俗可谓失望至极。对世态失望构成其归

① 《陶渊明集》，第 92 页。
② 《陶渊明集》，第 135 页。
③ 《陶渊明集》，第 14 页。
④ 《陶渊明集》，第 52 页。
⑤ 《陶渊明集》，第 94 页。
⑥ 《陶渊明集》，第 112 页。

隐最强的理由、最好的借口。

在《饮酒二十首》其十三中，陶渊明在这里按照醒醉刻画了两类完全对立的人："有客常同止，取舍邈异境。一士长独醉，一夫终年醒。醒醉还相笑，发言各不领。规规一何愚，兀傲差若颖。寄言酣中客，日没烛当炳。"[①] 终年醒者按照世俗的规矩、套路思考、行事，生命被规矩、套路塑造、形构，也就被限制在规矩、套路之中。对陶渊明来说，这些规矩、套路是"尘网"，是"樊笼"，生存于其中的人的真性被羁绊、被移易。常独醉者傲然对待人世规矩，不在乎、不拘于、不自限于这些规矩。他能够按照自己的真意而不是俗念思考、行事，终得身心自在。"日没秉烛"即是无拘无束、自由自在生命之典型表现。醒（有酒不肯饮）者似智实愚，醉者似愚实颖。这是两种不同的人生信条与精神道路，也是两种不同的在世方式，故常常相互对立、猜疑（"相笑"）。

酒不断突破人与人之间的齿、爵等各种界限（《饮酒二十首》其十四："父老杂乱言，觞酌失行次。"[②]），也会打开各自封闭的心扉。各任其情，想说就开口，想喝就添酒（《饮酒二十首》其七："一觞虽独尽，杯尽壶自倾。"[③]）。每个饮者在酒中突破各种人为设置的规矩、套路，最终自我摆脱各种规定，成为无限定的混沌。无限定的混沌未分化，"我"之"有"即是"无有"。我为"无有"，更无"知觉"，故说"不觉知有我"。我无觉知，人我的边际不复在，物我界限也已消弭。贵贱无人觉知，也就不成其为问题。人、物都在大化之中潜运畅行，人心不喜亦不惧。大化停歇，天地万物有分有封有守，人世间也就有了规矩、贵贱、等差，只有那些为名利羁绊的悠悠之徒才会企盼这种图景。

在《五柳先生传》中，陶渊明自道"性嗜酒"。陶渊明以扬雄自

---

①《陶渊明集》，第 95 页。

②《陶渊明集》，第 95 页。

③《陶渊明集》，第 90 页。

拟，所谓“子云性嗜酒，家贫无由得”[①]。首先亦点明“性嗜酒”，“性”是本性，将饮酒理解与规定为自己的本性，这意味着，酒不是与人无关的外在之物，而是自己的本性之所在。因此，“性嗜酒”之说对酒的理解与人性的规定都具有划时代意义。“饮酒”是人的素朴状态，有酒则饮是顺化，是自然。有酒不饮则有违本性、不自然，会堕入世俗。

但饮者却不会为了得酒而丧失气节。陶渊明以扬雄为榜样，后者常以其才华吸引他人主动载酒而来。于酒如此，于他物亦然，所谓取之有道是也。即使酒醉之后，亦能固守穷节。何者当说，何者不当说，自有其道，不会因人因势移易，可谓醉言亦有道也。于扬雄，虽饮酒而不肯言伐国；于陶渊明，饮酒而能随时警惕并自觉远离世俗醒者之见。广而言之，饮者绝非颠倒黑白的糊涂虫，其出处语默自有恒常之心与一贯之道（《饮酒二十首》其十八：“仁者用其心，何尝失显默。”[②]）

在《饮酒》组诗最后，陶渊明咏史明志。世道交丧，不见救世者，汲汲求利之徒（“终日驰车走”[③]）却满街都是。六经被名利捆绑，不再能为人们的精神生活提供动力与终极的辩护。自己能做也必须做的是在田园生活中寻找新的价值系统与思想道路，为安身立命提供终极根据，为日常生活提供价值根基。“浊酒聊可恃”[④]，任情饮酒，赋予饮酒以新价值。这就是陶渊明所要确立的新的价值根据与思想道路。

陶渊明并不讳言自己求真之路上遇到的曲折。他曾为生活所迫而试图学仕，《饮酒》组诗第十首说“在昔曾远游，直至东海隅。道

① 《陶渊明集》，第 97 页。
② 《陶渊明集》，第 98 页。
③ 《陶渊明集》，第 99 页。
④ 《陶渊明集》，第 98 页。

路迥且长，风波阻中途”[①]，指的就是此事。不过，由于性情的缘故，学仕无法解决陶渊明的饥寒问题，反倒时时会激发起他的羞耻心（“志意多所耻”[②]）。放任性情，拂衣归田里，这是陶渊明自觉的选择。虽仍贫困交加，但不再羞耻于自己的所作所为，也是值得欣慰的事情。田园生活不再为俗事所困扰，但寂寥却并非人人都能承受。不过，对陶渊明来说，寂寞孤独不是问题。浊酒即可摆脱寂寞孤独，让自己过上自足的精神生活，也能够为精神提供终极的依托。“浊酒聊可恃”传神地表达出酒对陶渊明的丰富意味。“酒中有深味”[③]，“深味”不止滋味，还包括各种意味、情味，甚至道味。“味”能够满足人的需要，并且可以源源不断地吸引人来相就。酒中有深味，那么，只要有酒，陶渊明就不会为歧路而哀叹。无酒的日子则不能无愠色，所谓“倾壶绝余沥……窃有愠见言”[④]。这从反面说明酒对陶渊明的重要性。

不难发现，陶渊明所构建的酒的世界是一个立体的价值系统。在这个价值系统中，诸多要素彼此贯通，包括琴诗、任真、称心、园田、淳朴、闲[⑤]，标志性的要素则是饮酒。与这个价值系统对立的则是仕宦、功名、世俗、尚同、枯槁、相欺、奔忙、有酒不肯饮等要素，这些价值要素同样彼此贯通，相互支撑。是否愿意饮酒，成为两套价值系统的标志。

酒世界与无酒世界在思想世界中界限分明。不过，在陶渊明的生命历程中，“尘想”与“绝尘想”总是纠缠在一起。颜渊为仁，箪瓢屡空；荣子期求道，饥寒至老。“德福”不能兼得，得“德”而失

---

① 《陶渊明集》，第92—93页。

② 《陶渊明集》，第98页。

③ 《陶渊明集》，第95页。

④ 《陶渊明集》，第123页。

⑤ 后世“闲”与“忙”对立。在陶渊明时代，“闲”与琴诗、任真、称心、园田、快乐、淳朴的生活内在融贯，“忙”还没有成为时代的问题。

“福”为缺憾，得“福”而缺“德”为庸俗。对陶渊明来说，庸俗要超越，但缺憾也让人惶惑。虽然他坚定地“抱固穷节”，努力用超越精神化解自己的饥寒，但是对妻儿之饥寒又不能无动于衷。他自道“性刚才拙，与物多忤。自量为己，必贻俗患”[①]，“闲静少言，不慕荣利”[②] 等等，表达出自己性格、趣味与世俗格格不入的超绝特点。不过，他以“失群鸟”自拟，悲叹自怜（“夜夜声转悲”[③]），也透露出对世俗之“群”的期待。同时，他对身后名表现得时而淡泊、时而热烈[④]，也表现出陶渊明思想性格的复杂性。就饮酒而言，他既与世俗的“田父”“父老”同饮，也不拒附庸风雅的权贵（如王弘[⑤]），这表明，陶渊明在“和乐”与“超绝”之间亦有游移。陶潜“未能平其心”（韩愈），心未能“平”，饮未能“平”，酒意何可得而“平”！陶渊明自道“欣慨交心”[⑥]（《时运》序），“欣”近“平”，“慨”近“不平”。在此游移心境下，身或闲矣，心实不闲。“闲饮东窗”[⑦] 恐难实具。

在陶渊明的精神世界中，饮酒不仅具有生理价值（比如享乐[⑧]），

---

① 《陶渊明集》，第 187 页。

② 《陶渊明集》，第 175 页。

③ 《陶渊明集》，第 88 页。

④ 鲁迅对陶渊明性格的复杂性做过经典表述：“这‘猛志固常在’和‘悠然见南山’的是一个人，倘有取舍，即非全人……”（鲁迅：《鲁迅全集》，第六卷，北京：人民文学出版社，2005 年，第 436 页）关于陶渊明精神中“世俗”与“超俗”兼存的论述，请参见（日）岗村繁：《岗村繁全集》，第四卷，上海：上海古籍出版社，2009 年，第 35—52 页。

⑤ 《晋书·陶潜传》载：“刺史王弘以元熙中临州，甚钦迟之，后自造焉。潜称疾不见……弘每令人候之，密知当往庐山，乃遣其故人庞通之等赍酒，先于半道要之。潜既遇酒，便引酌野亭，欣然忘进。弘乃出与相见，遂欢宴穷日。……弘后欲见，辄于林泽间候之。至于酒米乏绝，亦时相赡。”（《晋书》，第 2462 页）

⑥ 《陶渊明集》，第 13 页。

⑦ 《陶渊明集》，第 11 页。

⑧ 王瑶说汉末至竹林七贤的饮酒“是为了增加生命的密度，是为了享乐”（《王瑶全集》，第一卷，河北教育出版社，2000 年，第 187 页）。此说正表明他们对饮酒生理价值的注重。陶渊明之后的范云有“对酒心自足”之说，可以看作对陶渊明所自觉发掘的饮酒精神价值的概括。

更重要的是，饮酒能够为孤寂的生活提供精神动力，或者说，饮酒本身具有独立的、自足的精神价值。饮酒可以为精神生活提供足够的价值支撑，可以为素朴的田园生活提供安身立命的价值根据。由此可以理解，陶渊明何以有酒就“造饮辄尽，期在必醉”[①]了。

（三）但得酒中趣，勿为醒者传

清凉佛法、以感受性为基本特性的“诗”[②]，以及至热的酒、苦寒的“茶”等四重意味共同参与了大唐精神的构建。“返身”“切身”是此四重意味的共同特征。相较于客观性为其基本特征的视觉思想，以及客观性不断向主观性趋近的听觉思想，以切身为依托的大唐精神因其远离客观性而充满隐秘特质。

佛教以“苦谛”打动中国知识人，称之为“苦教”亦不过也。佛教的传播，“缘起说”解构了生活世界——尘世，同时赋予生活世界——尘世负的价值。《阿弥陀经》云：“从是西方，过十万亿佛土，有世界名曰极乐。”“西方”为“极乐世界”，为“净土”。佛教传入中国后，“东土”与“西天”[①]形成对立，也使“东土”在价值上彻底沦丧。佛教义理以“苦谛”为先，同样是以“知味”——人生百味最终归于“苦”味——为首要任务[②]。

“苦谛”这个以感受性为基本特征的佛法刺激了人们首先去感受世界人生，而不是首先去描述或规范世界人生。当人们习惯去感受世界人生，情志被不断开启，诗的世界也就此打开。唐代三大诗人

① 《陶渊明集》，第 175 页。

② 虽说“言志”为诗之基本特征，但写诗成为大唐王朝的时代风尚，这不能不说是个奇迹。何种缘由开启了这个时代风尚？答案可能很多，在笔者看来，其中最重要的可能是佛教的刺激。具体说，是“苦谛”这个以感受性为基本特征的佛法刺激了人们首先去感受世界人生，而不是首先去描述或规范世界人生。当人们习惯去感受世界人生，情志被不断开启，诗的世界也就此打开。

① 标志性事件是公元 402 年，慧远及信众 123 人（包括僧侣及刘遗民、雷次宗、宗炳等高士）在庐山东林寺结白莲社，共期西方。

② 比如宗炳在《明佛论》中说：“苦由生来……故诸佛悟之以苦，导以无生。”

知世味，同样深知酒味。李白与酒生死为一：嗜酒、纵酒、醉酒，最终饮酒醉死。“少有逸才，志气宏放，飘然有超世之心”，乃至“谪仙人”亦与饮酒豁然贯通。

李白的豪饮与其宏大抱负与自负才情的性情有关。“怀经济之才，抗巢、由之节。文可以变风俗，学可以究天人”①，“起来为苍生”②，“以当世之务自负”③。他瞧不起一般的庸吏，看不上一般的规规矩矩，也不愿受《五经》束缚，写诗则不愿受声律约束。自信自负的个性表现为傲然打破成规，自由伸张。李白自陈“不屈己，不干人”④，“安能摧眉折腰事权贵，使我不得开心颜”⑤。对于人际交往无视礼法，只任性情。“我醉欲眠卿且去，明朝有意抱琴来。”⑥ 大唐的成规、庸俗格调束缚着李白，李白则以饮酒回应之。盛行于大唐、主张隐忍克制的佛理也毫不意外地成为饮酒的重量级敌手。

大唐盛世，时代苦难并不比春秋战国、魏晋南北朝深重。但是，受佛家“苦教”影响，大唐诗人多能体会“苦”意。诗仙李白为人豪迈潇洒，一生寻仙游山水，一心挣脱大地（“家”“日常生活世界”）的束缚。所以，他的诗中鲜有陶渊明那样对家边风景的赞美，更常见的是远游中随处发现的新奇。“新奇”总与“不安”结伴，陶渊明那里的“欣慨交心”被扩展为更刺激的“苦”与“乐”。这也导致他对“苦”有着深沉体会。在其千首诗（《李太白全集》收一千余首）中，百余处提及“苦”⑦。有戍边之苦，如“不见征戍儿，岂知关山苦”⑧，“戍客望边色，思归多苦颜”⑨。有离别之苦，如“天长路远魂飞苦，

---

① 李白：《李太白全集》，北京：中华书局，2015 年，第 1423 页。
②《李太白全集》，第 567 页。
③《李太白全集》，第 1712 页。
④《李太白全集》，第 1431 页。
⑤《李太白全集》，第 828 页。
⑥《李太白全集》，第 1250 页。
⑦ 杜甫 1 100 多首诗中，则有 1 300 余处言苦。
⑧《李太白全集》，第 128 页。
⑨《李太白全集》，第 263 页。

梦魂不到关山难"[1]，"叹此北上苦，停骖为之伤"[2]。有人生日常之苦，如"百年苦易满"[3]。在遭受无尽苦的人眼中，万物亦苦，如"白杨秋月苦，早落豫章山"[4]。人生百年，亦苦百年。对日月星河来说，百年只是瞬间的事情，但对于个人来说，百年之苦无疑太长。人生百年，诸"苦"并作，归根到底不过生老病死而已。人们对"苦"普遍有感受，或者已经被认定为生存无法避免的基本感受。因此产生了一个奇特的现象，即人们见面相互以"苦不苦"问候。"相逢问愁苦，泪尽日南珠。"[5]在繁忙的当代，人们见面以"忙不忙"相互问候；在食物短缺时代，人们以"吃了没有"相互问候。以"苦不苦"相互问候，这表明"苦"已经成为唐代的日常问题[6]。

人生之苦，官僚与下层民众皆不能免。"徒为风尘苦，一官已白发。"[7] 风尘之苦对尘世之人来说可能是无奈，但沉沦于此却不能终结苦厄。李白更没有自安于"苦"。如何解脱"苦"？尽管李白称赞地藏菩萨"赖假普慈力，能救无边苦"[8]，但通观其言行，李白并不取佛家解脱之道，而更愿意采用以酒灭苦的路数。相较于《古诗十九首》偶尔以酒解苦（五处提及"苦"，却只有两处提及"酒"），李白简直可说是十分依赖"酒"来解脱"苦"（《李太白全集》有二百六十余处"酒"字、五十余处"酌"字、八十余处"饮"字、三十余处"酣"字、三十余处"觞"字、三十余处"樽"字、四十余

① 《李太白全集》，第 232 页。
② 《李太白全集》，第 379 页。
③ 《李太白全集》，第 381 页。
④ 《李太白全集》，第 408 页。
⑤ 《李太白全集》，第 560 页。
⑥ 白居易有诗云："上言少愁苦，下道加餐饭。"（《寄元九》）"愁苦"与"餐饭"一样，乃生命构成要素。既然成为摆脱不了的日常，只能期盼能够少一些罢了。
⑦ 《李太白全集》，第 567 页。
⑧ 《李太白全集》，第 1563 页。

处“宴”字、一百六十余处提及“醉”[①]）。“苦”并非人的宿命，而是可以解决与改变的问题。“人闷还心闷，苦辛长苦辛。愁来饮酒二千石，寒灰重暖生阳春。”[②]由“寒”到“春”，由“灰”到“阳”，皆由“酒”来生发。在李白看来，酒的作用是“忘”。“乘兴踏月，西入酒家。不觉人物两忘，身在世外。……楼虚月白，秋宇物化。于斯凭阑，身势飞动。非把酒自忘，此兴何极？”[③]“忘”改变不了外在世界，但可以改变人对世界的感受。“苦”就在自我感受的改变中被改变[④]。人生与苦同在，这意味着人生而有缺憾，生而价值不足，因此需要外在注入价值以充盈人生。不管是“忘”，还是“和乐”，饮酒都可以实现人生价值的充盈与自足。所以，佛学与酒之间既有佛学压制酒的一面（如“五戒”“八戒”等），也有饮酒对治“苦教”之一面。两者之间一直在对立、争斗。不同的是，魏晋南北朝时期，佛教压制着饮酒；隋唐以来，两者攻守之势相易。饮酒渐渐占据优势，佛学受到冲击，被损耗而失去主导之势。

李白对酒趣的领悟直承陶渊明。在《月下独酌》中，他以丰富的想象力，对酒的妙用做了多层次的揭示，并且为饮酒做了形而上层面的辩护。

> （其一）花间一壶酒，独酌无相亲。举杯邀明月，对影成三人。月既不解饮，影徒随我身。暂伴月将影，行乐须及春。我歌月徘徊，我舞影零乱。醒时同交欢，醉后各分散。永结无情

---

① 杜甫诗文则有一百九十余处“酒”字、十余处“酌”字、五十余处“饮”字、二十余处“酣”字、十余处“觞”字、十余处“樽”字、五十余处“宴”字、八十余处“醉”字。

②《李太白全集》，第 687 页。

③《李太白全集》，第 1683 页。

④ 杜甫有“得醉即为家”的诗句（《陪王侍御宴通泉东山野亭》，引自仇兆鳌《杜诗详注》，北京：中华书局，2015 年，第 1165 页）。

> 游，相期邈云汉。[①]

对于人来说，孤独是众“苦”之一。以酒对抗孤独、对抗苦，乃李白最有心得之举。酒移易饮者的心意，很快生发出热闹的酒境。孤独一人、无亲无故并不落寞，酒随时招来“月”与“影”作为伴侣，行乐交欢。酒不仅给予人情感的慰藉，同时也给予饮者以全新的天地。“壶中别有日月天”[②]，“且对一壶酒，澹然万事闲”[③]，更直接点出酒对人的态度与周遭世界具有重大的移易作用。酒聚集着“月”与“影”，没醉时，三人在酒中乐和，同歌共舞；酒醉后，饮者卧游，月、影消散。临别之时，还不忘彼此邀约。游“邈云汉”之约明是对着“月”与“影”，实际上期待的是“酒”。“月”与“影”依赖“酒”的召唤，邀约者本人更依恋、依赖“酒”。

> （其二）天若不爱酒，酒星不在天。地若不爱酒，地应无酒泉。天地既爱酒，爱酒不愧天。已闻清比圣，复道浊如贤。贤圣既已饮，何必求神仙？三杯通大道，一斗合自然。但得酒中趣，勿为醒者传。[④]

这首可视为“云汉游”之观想。升天入地，从天地再反观酒。李白给出人爱酒的理由有二：顺承天地、师法圣贤。相应地，饮酒也非贪图口腹之欢的小事。“酒清为圣，酒浊为贤”之说出自徐邈。依其说，饮酒首先是直接与圣贤亲密交接，其行可谓高尚。更重要的是，饮酒还是精神修行者的思想方法与修行方式，通过酒可直通

① 《李太白全集》，第 1237 页。

② 《李太白全集》，第 1179 页。

③ 《李太白全集》，第 1246 页。以“酒”作为“闲”的开启者与守护者，这个思想上承陶渊明，下启邵康节，在中国酒精神史上具有重要意义。

④ 《李太白全集》，第 1238 页。

大道与自然——“三杯通大道，一斗合自然”是说饮酒能够“合于大道”“通达自然”。显然，在李白心目中，饮酒首先无关乎口腹之欲，它已经由口腹之欲升华到形而上之境了。在世间的日常饮食中完成精神的超越，这正是典型的味觉思想的特征。饮酒既有如此功效，神仙于饮者就成为多余的。“但得酒中趣，勿为醒者传”脱胎于陶渊明的诗句“但识琴中趣，何劳弦上声”。李白更直接地肯定了饮酒本身的形而上价值——酒中趣，并且点明了得酒中趣的方式——饮而醉。醒者不认同饮酒，也不会触及酒中趣。他属于另一个世界，观望并且带着对酒的疑虑与不信任。在李白看来，他们也错失了领会大道的正确方式。因此，李白才会“但愿长醉不愿醒”。

> （其三）三月咸阳城，千花昼如锦。谁能春独愁？对此径须饮。穷通与修短，造化夙所禀。一樽齐死生，万事固难审。醉后失天地，兀然就孤枕。不知有吾身，此乐最为甚。①

通大道、合自然者在人间注定孤独、愁苦。在孤独、愁苦之际，酒更显重要。世间万般差异，皆是造化生成，这些都是眼可见、耳可闻的基本事实。在佛教看来，执着于万般差异，则陷入“法执”，“我执”则是“法执”的前提与出发点。李白并没有采用佛教这些繁缛的说法，而是采用道家的方法，将“有身”视作愁苦的根源，将饮酒当作实现“无身”的唯一路径。“穷通”“修短”“死生”“天地”诸等惹人愁苦的差异只呈现于醒者心中。醉而无身，以醉眼看天地人生，则死生、天地及万事万物之差别将在醉中（“不知有吾身”）得到消解。如我们所知，饮酒首先是感官的享乐。不过，李白追求的醉后“无身”之“乐”已经不是单纯的感官享受之“乐”，更多的是超越性的精神之“乐”。以饮酒之“乐”对抗在世之“苦”，这是饮

---

①《李太白全集》，第1239页。

者深沉的在世智慧。禅宗淡化“苦”，宋儒以“乐”标志人生，在由“苦”转“乐”的思想史脉络中，李白等唐代饮者无疑居于中坚地位。

> （其四）穷愁千万端，美酒三百杯。愁多酒虽少，酒倾愁不来。所以知酒圣，酒酣心自开。辞粟饿伯夷，屡空饥颜回。当代不乐饮，虚名安用哉？蟹螯即金液，糟丘是蓬莱。且须饮美酒，乘月醉高台。①

对抗愁苦，这是李白眼中酒在精神上的最大作用。人世愁苦万种，愁长万古，但饮酒可使郁结的心意不断打开。“与尔同销万古愁”（《将进酒》）亦是此意。在常人心目中，“金液”“蓬莱”属于世外仙人、仙境。李白则认为，远离愁苦，随处是仙境。与陶渊明一样，李白也将“酒”与人生理想状态联系在一起。对于有限的生命来说，仙人、仙境属于非分之想，但生命之真却可以在酒中呈现，所谓“仙人殊恍惚，未若醉中真”。醉中何以能真？李白给出的说法与陶渊明所谓“有酒不肯饮，但顾世间名”相一致。世间俗人多注重自己在世间的“名声”，对于生命的真实感受并不在意。用名声遮掩真实的感受，也就遮蔽了生命之真②。把酒恣意欢谑，得无穷乐，尽人生欢，这首先是世俗的享乐。消万古愁，将酒筵歌席升华为人间仙境，这是对世俗的超越。以兼世俗与超越二重性的饮酒对治佛理，这可看作李白对时代精神思潮的回应。

酒以热力不断融化、突破界限，并助力各种欲望，为想象力煽风点火，使诗意不断穿透江河大地、庙堂山林、市井瓦肆，甚至断井颓垣。酒之所及，界限、秩序、规矩被弭平，这不仅稀释、淡化

---

①《李太白全集》，第 1239 页。

② 对于“名”，李白做了区分。他一方面要破除世间名，如“且乐生前一杯酒，何须身后千载名”（《行路难》其三）；另一方面，又追求“饮者之名”，如“惟有饮者留其名”（《将进酒》）。

了“苦”的感受，弱化了“苦谛”，也严重威胁、摧毁世间的秩序与安宁①。为对抗尘世欲望之火，清凉佛法又在尘世找到了“苦”的物质载体——茶。茶之为饮，其源久远。现存最早较可靠的茶学资料是西汉王褒的《僮约》：“舍中有客，提壶行酤，汲水作哺，涤杯整案……烹茶尽具……牵牛贩鹅，武阳买茶。”“提壶行酤”“烹茶尽具”“武阳买茶”表明，汉代茶饮已经比较流行。但将“茶”作为文化物，对其性味、价值进行详尽考察并抬高到文化基本物却是在唐代。

陆羽的《茶经》标志着“茶”进入中国文化的核心层。按照《茶经》的说法，茶性味至寒，其效收摄，饮之令人清明，正是修佛的好助手，比如唐代赵州从谂禅师所谓“吃茶去”的机锋语。茶性寒凉，最宜精行俭德之人。高僧大德自觉用清凉佛法配合寒凉的茶饮去治疗炽热的欲望，这无疑大大提高了茶在精神世界中的地位。饮茶，强调自己去品味、去感受“茶”（以及世间万物）对自己的作用、意味，这是一种身心的修行。

随着佛教中国化历程的展开，佛经苦心宣扬的“苦”被思想家们逐渐淡化，但苦味的茶饮却在日常生活中作为习俗沉淀下来。“苦”的功用是收摄。于性情而言，“苦”清明心智，而趋于条理、秩序。“有情且赋诗，事迹可两忘。”② 茶饮的流行，使性情清明，“情其性”（个体感性的“情”主导着普遍性的“性”）让位于“性其情”（“性”主导“情”），诗兴在清明的心智中随之相应弱化。作为主导的“言志”手段，诗在大唐由盛而衰，这与情性被自觉抑制、茶被自觉用以检制酒之热情脱不了干系。

---

① 李白诗曰：“兰陵美酒郁金香，玉碗盛来琥珀光。但使主人能醉客，不知何处是他乡。”（《李太白全集》，第1181页）酒醉中“他乡”与“故乡”不再有差异，类此，“主”与“客”、“彼”与“此”都被浑化。

②《杜诗详注》，第1351页。

（四）闲饮

宋代理学家以“乐”取代“苦”作为先行的人生态度，这也决定了他们对待诗酒的态度。随着“苦”意淡化，升天入地的诗酒激情下落到世俗生活。世间的功业——名利成为美好生活的核心内涵，这直接造就了在世的新形态——“忙（碌）”，以及新的在世者——“忙人”。唐人已经在说“忙人”，并对其有深刻的描述[①]，如“渐老渐谙闲气味，终身不拟做忙人”（白居易《闲意》），“忙人常扰扰，安得心和平”（韩偓《闲兴》）。忙忙碌碌，身心不宁，这是“忙人”的在世之态。到了宋儒这里，忙忙碌碌的在世之态则与“世间”“市井”联系在一起，成为价值批判的对象，也是随时需要超越的生存处境[②]。周敦颐对此有深刻的揭示，如“静思归旧隐，日出半山晴。醉榻云笼润，吟窗瀑泻清。闲方为达士，忙只是劳生。朝市谁头白，车轮未晓鸣”[③]。“朝市谁头白，车轮未晓鸣”不仅是与充满诗意的“醉榻云笼润，吟窗瀑泻清”不同的生活方式，更重要的是，这种生活方式乃“忙”的具体表现。周敦颐指出，“忙”超出“劳作”范畴，指向劳烦身心的谋利营生。所谓“红尘白日无闲人，况有鱼绯系此身”[④]，“爱利爱名心少闲”[⑤]，“虽然未是洞中境，且异人间名利心”[⑥]，皆将“名利”视为“忙”的核心关怀。此“名利系身”之态在“红尘白日”下已经成为世态之常。

超越名利、名利心，转向大化流行的天地间，心安、身安才可

---

① 随着两汉以来世族制度的瓦解，整个社会的人在理论上回到同一起点。隋唐“科举”制度使读书人忙起来。唐朝的租庸调制，“耕者有其田”，调动了农民的积极性，农民逐渐“忙起来”。

② 佛教中国化——淡化以后，人们不再执着于“不老”（学仙）与“再生”（学佛），而是热衷个人的现世幸福。现世最实在，现世的享乐最吸引人，人们对现世感官欲望的满足不再羞羞答答。正基于此，“理欲之辩”逐渐成为时代主题。

③《周敦颐集》，第 64 页。

④《周敦颐集》，第 69 页。

⑤《周敦颐集》，第 71 页。

⑥《周敦颐集》，第 68 页。

以做到“不忙”，“不忙”即“闲”。邵雍对此深有体会，他说：“水流任急境常静，花落虽频意自闲。不似世人忙里老，生平未始得开颜。”[①] 水流花落皆闲静，广而言之，天地万物自然闲静，唯有人会远离闲。邵雍没有直接说人何以会远离闲，但却点明世人因忙而老，其实就是由“忙”而远离“闲”。当然，“闲”首先具有世间的品格，“闲人”不是“不死”之“仙人”，亦非可“再生”之“佛”。“闲”对世人一直开放着，只要自觉去追求，远离“忙”而得“闲”就并非不可能。他说：“世上偷闲始得闲，我生长在不忙间”[②]；“安分身无辱，知几心自闲。虽居人世上，却是出人间”[③]。邵雍这里把“闲”说得很高，“安分”是指能够认识并安于自己在人群乃至天地间的位置，不妄作，不苟取。邵雍说的“几”是“天根理极微。今年初尽处，明日未来时”[④]，即天地万物将尽未尽、将来未来、将显未显的幽微模糊而又潜运默行之态势。能知将尽未尽、将来未来、将显未显的幽微态势，则可以时行时止，从容中道。安分难，知几亦难，居人间而出人间更难。“闲”对世人来说，颇不易得。故邵雍感慨：“百年未见一人闲。”[⑤]

“闲”虽难得，但“闲”对于人却具有强大的吸引力。邵雍写道：“闲中气味长，长处是仙乡。富有林泉乐，清无市井忙。烂游千圣奥，醉拥万花香。莫作伤心事，伤心易断肠。闲中气味真，真处是天民。富有林泉乐，清无市井尘。烂游千圣奥，醉拥万花春。莫作伤心事，伤心愁杀人。闲中气味全，全处是天仙。富有林泉乐，

① 《邵雍集》，第 235 页。

② 《邵雍集》，第 350 页。由此可以理解，宋儒总是以“闲人”自居，而以“忙人”骂禅客。“忙”与“闲”之辩成为宋儒辟佛老的重要依据。具体论述可参见贡华南：《汉语思想中的忙与闲》，第一章，北京：生活·读书·新知三联书店，2015 年。

③ 《邵雍集》，第 365 页。

④ 《邵雍集》，第 472 页。

⑤ 《邵雍集》，第 257 页。

清无市井喧。烂观千圣奥，醉拥万花妍。莫作伤心事，伤心事好旋。”[①] 在邵雍看来，“闲”中“气味长”“气味真”“气味全”。“长”是悠长，是无断绝、无止息之绵长。“真”是真性，即天地人物按照各自本性与节律自由展开。“全”是说，闲中各种气味都有，既有林泉、百花之香味，也有千圣之意味、情味。人“闲”，人之意味、情味才得以显现；同样，物“闲”，物之情——滋味才能显现出来。人“闲”，万物之“闲”才得以可能，物情——滋味才能够显现。邵雍说“无限物情闲处见”[②]，道的正是这个意思。“仙乡”“天民”“天仙”都是对着“市井”而言的，即超越了市井之“忙”、之“尘”、之“喧”的境界。“林泉乐”进一步将“闲”与“市井”对立，将“闲”定位于天地之间、万物之中，而非充满尘嚣的人群。这个与圣为伍、与花为伴的图景远离愁苦，富有清平之乐，算得上是邵雍构造的桃花源。较之陶渊明构造的富有温情与生活秩序的桃花源，邵雍所构想的“闲”更超脱、更飘逸。

或许是佛理的说教与茶饮的综合起了平衡作用，理学家们放弃了魏晋士人、大唐诗人对醉的痴迷，而采取了较为温和的方式对待酒。就邵雍来说，他不仅延续了陶渊明、李白对酒的依赖，而且推进了从形而上层面定位酒的思想传统。如我们所知，魏晋以来，对抗“愁”“苦”被当作酒的基本功能，或者说，酒的价值主要体现在解忧排苦。“和乐”“任真”——敞开人的素朴之性——都建立在愁苦被抑制的前提之上。陶渊明追求“闲饮”，但时代状况终使其“饮”落入消解愁苦的窠臼之中。邵雍一改此风尚，他没用过“闲饮”一词，却时时把“闲饮”的真意表露出来。“同斟只却因无事，独酌何尝为有愁。”[③] “深深酒不为愁倾。”[④] “太平自庆无他事，有酒

① 《邵雍集》，第 464 页。
② 《邵雍集》，第 517 页。
③ 《邵雍集》，第 327 页。
④ 《邵雍集》，第 507 页。

时时三五杯。”[①]“愁”“苦”不再是饮酒之因，饮酒本身具有独立的价值，“与愁对”反倒降低了酒的价值。广而言之，我们不必为……饮酒，“无事”而“饮”——闲饮乃见酒与饮酒之真味。邵雍每每对“花”饮，对“雪”饮，对着春水春风饮，对着秋月秋云饮，对着古圣饮，对着造化饮……无事对斟，无愁独酌，无拘无束，饮酒本身的意味不断呈现出来。

无事“闲饮”解放了酒，也使饮者在酒中不断摆脱外在的纠缠、束缚，而返回生命之真。“每斟醇酒发天真。”[②]美酒可以让天禀之“真”从世俗化中澄清、显露出来（“湛”即从浑浊到清澈的过程），可以使“天真”直接呈现（“发”），也可以滋养“天真”，使其按照各自真性正常生长、成就。“酒”让人回复、保存、呈现“天真”，饮酒被领悟为身心的修行——顿修而非渐修。基于此，酒也就打开了通达鬼神造化之门。

邵雍对酒的形而上领悟集中表现在两方面：一方面，他不断伸张酒对人的不可或缺性，甚至将饮酒视为人传达“造化功夫”的必要手段。“造化功夫”指天地细缊而创生万物的过程与结果，其特征是“和”[③]。“造化功夫”何以需要“用酒传”？在邵雍的观念中，天人相为表里。人通天，故由人可见天，所谓“以心代天意，口代天言，手代天功，身代天事”[④]。不过，由于人有情私，会隔断天人[⑤]。人需要修行工夫，才能消除情私，消除天人之隔。所谓“心静始能知白日，眼明方会看青天”[⑥]，说的就是人需要努力修行，达到“心静”“眼明”境界，才能“知白日”“看青天”。较之身心修行，

---

① 《邵雍集》，第 237 页。

② 《邵雍集》，第 320 页。

③ “和”即“和气”，如“太古者靡他，和气常细缊”（《邵雍集》，第 294 页）。

④ 《邵雍集》，第 7 页。

⑤ 隔断天人在人不在天，或者说，是人自蔽于天。邵雍说：“任我则情，情则蔽，蔽则昏矣。”（《邵雍集》，第 152 页）

⑥ 《邵雍集》，第 451 页。

饮酒在消除情私阻隔过程中效果更快更明显。在酒的作用下，人会快速突破阻隔，而与天贯通。“何以发天和，时饮酒一杯。”[①] 通过饮酒，人和通天和，人和也可以呈现、表现天和。“造化功夫用酒传”就是以饮酒呈现、表现天地细缊而创生万物的过程与结果。由此看，饮酒不仅具有超越价值，更可以使人直通形而上本体——造化本身。

另一方面，邵雍所推崇、践行的又不是陶渊明那样期在必醉，亦非李白那样无节制的豪饮——“会须一饮三百杯”，而是自觉有节制的饮酒。“进退樽罍宜有主”[②] 集中体现了对“酒”的态度。在邵雍，“主”是“性”，是“理”，而不是“情”。以“性”“理”主导饮酒，则不病不乱。“纵然时饮酒，未肯学刘伶。”[③] 刘伶自觉追寻“醉”，而邵雍则以“饮和”“微醺”为目标。诗人狂饮之多醉变成了小酌之微醺（“饮和”），比如“人不善饮酒，唯喜饮之多。人或善饮酒，唯喜饮之和。饮多成酩酊，酩酊身遂疴。饮和成醺酣，醺酣颜遂酡”[④]。“饮之和”的“和”属于人之“和”，它有和气义，也指量上不多不少，即“半醺”。人和通天和，即通太古、太初阴阳和谐之态。邵雍对此多有表述：“半醺时兴太初同”[⑤]，“太和汤酽半醺时”[⑥]。饮和则天人和合，人如初春，天地细缊。人和天和，于人在精神上有无穷情味，在身体上远离疾病。对于修道者而言，过量饮酒（“酩酊”）不仅对身体有害（“遂疴”），更使人远离创化之本源（“太和”）。这双重意义给予了欲望的节制以更深沉的形而上意义。

无目的的“闲饮”与“进退樽罍宜有主”两种饮酒方式在邵雍的思想与生命中达到完美的平衡。但是，其后的理学家们并没有放

---

①《邵雍集》，第 223 页。

②《邵雍集》，第 323 页。

③《邵雍集》，第 488 页。

④《邵雍集》，第 344 页。

⑤《邵雍集》，第 290 页。

⑥《邵雍集》，第 300 页。

任个体生命恣意感受，而是自觉以规范（“理”）压倒感受，或者说，对于饮酒等人伦日常更倾向于采取“规范化”的态度。程颢偶有“莫辞盏酒十分醉”[1]，朱熹年轻时亦有“浊酒三杯豪气发，朗吟飞下祝融峰”（《醉下祝融峰》）的豪气干云，颇有不羁之态。但是，当“天理”的尊严确立，理学家与酒渐行渐远。“天理”与“酒”的对立、争斗由此拉开大幕。

① 《二程集》，第477页。当然，程颢的志向不是做狂饮的“名士”或“诗家”，而是成就圣贤。可见，大程子已不复恋酒、嗜酒，而是坚持定心定性，将酒纳入天理心性之中。

三 从醉狂到醉卧

在悠久的饮酒历史中，随着饮酒本身被领会为具有内在价值的精神活动，其具体形态也逐渐精神化。醉的现象普遍存在于各种文明中，并为不同文明所理解、规定与塑造。在中国，悠久的文明史赋予了醉以多样的精神内涵。随着时代思潮不断演进，醉的观念在断续中隐然成形：商周至汉，醉狂是常态，酒醉从神圣性剥落为单纯的欲望嗜好；汉以后，醉卧成主流。随着味觉思想在中国思想中的确立，饮酒成为饮者的思想方法，“醉卧”成为酒民们自觉向内的精神探索活动，其神圣性得以一定程度复归。醉狂向外攻击，与世界对立；醉卧不干物，内外和顺。醉卧者拒绝在世俗社会中确立自身，向安静恬淡醉乡的自觉趋近显示其超越尘想追求。在这个过程中，身体被规训，软弱无力，以至于不再站立与施为；心无思虑，却陶然、秩然而不死寂。向醉卧的演进彰显出中国人内敛、内转的文化心理，抑制住酒的冲击力却也使醉者血性难在。

酒对人来说既是兴奋剂，也是安眠药。在特定文化中，酒的这两个面相很少被同时强调与凸显。常见的是，兴奋剂被利用、发挥到极致——醉而喧嚣、吵闹、狂乱、攻击。狂欢威胁秩序，包括内在的秩序——理性与外在的秩序——礼仪。以不断升腾、突破为特性的酒总爱四面出击，因此也处处树敌。古希腊酒神狄俄尼索斯[①]如此，中国礼乐文明中，醉也总是与喧嚣、吵闹、狂乱联系在一起。具体说，汉代之前的醉被视为礼法之敌，迷狂是其基本表现。陷入沉迷之中的自我疯狂膨胀，不断向外延展自我的边界而与他人对立。醉者攻击外物与外在秩序，它所追求的是自我的彻底释放与投射。醉狂导向“乱”，它表征着醉者与内外秩序的对立。汉代之后，醉卧成主流。醉酒时安静、内敛，并趋向与现实对立的醉乡。醉卧打碎限制生命的种种界限，实现天地万物一体。醉卧展示了天地人物平等的秩序，它彻底超越视觉，而归往味觉思想。后世能够包容醉者，以“路有醉人”来夸耀治功，显然与醉卧的精神特性有关。返回内心寻求齐物与逍遥，以此实现人与世界的终极和解，较之老庄，醉卧者对世界更悲观。醉卧者自我消磨，颓靡自晦，无干于物，而为世所容。在士人醉卧之风吹拂之下，民众之醉也逐渐被引领至于安静地寝卧。醉乡收敛了酒的锐气，助中国酒精神深深内敛。

（一）醉狂而迷

人类早期酿酒技术有限，所酿出的酒与自然界粮食水果自然发酵而获得的酒无异：自然发酵、糖化而得甘酒[②]。在香料有限的远古，甘酒难得，人们感觉也敏锐。甘酒给人留下的美好记忆刺激起

---

① 在古希腊，酒神狄俄尼索斯之迷狂让人打破伦理道德，打破家庭城邦，唤起人的本能、激情，进入攻击性的癫狂状态，以至于可以撕裂人，包括自己的亲人。比如，在《酒神的伴侣》中，受酒神蛊惑的阿高厄与狂女们一起撕裂儿子彭透斯，并在幻觉中把儿子的头想象成狮子头挂在酒神权杖上。参见欧里庇德斯著，罗念生译：《酒神的伴侣》，上海：上海人民出版社，2020 年。

② 后世往往以“甘”为酒之姓，实本古酒。如秦观《清和先生传》称酒“姓甘，名液，字子美”。孙作《甘澧传》也以酒姓“甘”，不过，“名”为“澧”，“字”为“公望”。事实上，随着酿造技术提高，酒味往往先“甘”后“辛”。随着烧酒技术出现，酒往往“辛”而不“甘”了。

人的欲望，饮者被牢牢抓住。摆脱甘酒迷人的力量，此非常人所能。传说大禹曾饮甘酒而发警世之言："昔者帝女（令）仪狄作酒而美，进之禹。禹饮而甘之，遂疏仪狄，绝旨酒，曰：'后世必有以酒亡其国者。'"[①] 禹贤能而拒斥享受，唯恐在美酒中失去自我。禹的预言表明他已经感受到甘酒的力量——占有且能改变人的身心。这个预言屡屡成真，而使这个预言第一次应验的是羲和。

在中国远古神话中，羲和最早的角色是"日母"。《山海经・大荒南经》载："东南海之外，甘水之间，有羲和之国。有女子名曰羲和，方日浴于甘渊。羲和者，帝俊之妻，生十日。"[②] 十日由羲和所生，羲和为"日母"，掌管日月运行、天时历数[③]。羲和以明了日月运行为本职，按理说，她应该具有强大的自制力，时刻保持清醒。但在与酒相遇后，其人被酒改变，也被酒控制——沉湎于酒，失德失职而不明天象。《书・胤征》对此有记载："羲和废厥职，酒荒于厥邑……羲和颠覆厥德，沈乱于酒……羲和尸厥官罔闻知，昏迷于天象，以干先王之诛。"日月运行乃人类作为之秩序指南，羲和之职责是严守晦明秩序。酒荒酒乱首先乱的是日月晦明秩序，同时也扰乱了人类自身的秩序。主管日月晦明之序的羲和本与酒乱对立，但其自身却被酒打败，也使人类正常作为的秩序被败坏。日母羲和——日神败于酒，失职而被征伐，大禹的预言成真。相应地，其地位发生巨大变化。这在战国时代的作品《离骚》中有反映："吾令羲和弭节兮，望崦嵫而勿迫。"王逸注："羲和，日御也。"许慎亦

① 何建章注释：《战国策注释》，北京：中华书局，1990 年，第 882 页。

② 吴任臣撰，栾保群点校：《山海经广注》，北京：中华书局，2020 年，第 471 页。

③ 郭璞在注此段时指出："羲和，盖天地始生，主日月者也。故《启筮》曰：'空桑之苍苍，八极之既张，乃有夫羲和，是主日月，职出入以为晦明。'又曰：'瞻彼上天，一明一晦，有夫羲和之子，出于阳谷。'故尧因此而立羲和之官，以主四时。其后世遂为此国，作日月之象而掌之，沐浴运转之于甘水中，以效其出入汤谷虞渊也，所谓世不失职耳。"（转引自《山海经广注》，第 471 页）这里，羲和为"出于阳谷"的太阳之母，也是主日月之官。不管是"日母"，还是"主日月之官"，羲和的职责都是明了日月运行。

曰：“日乘车，驾以六龙，羲和御之。”[1]“日御”即为太阳驾车者。从“日母”到“日御”，羲和地位的下降源于酒荒而迷失秩序。这表明在中国文化中，日神并非酒之敌手。

酒甘美，刺激欲望，让人享受。象征节制、秩序的远古日神难逃于酒，世间凡人更难摆脱甘酒的巨大吸引力。比如商纣王纵情于酒，朝纲紊乱，以致灭国。这在西周的各种文献中都有反映。文王、周公指控殷纣王的罪责之一就是沉湎于酒，没日没夜，嚎叫乱呼，荒于政事，天下遂乱。酒荒对于臣民来说也是个问题，一方面会沉迷致酒（酒精依赖）而荒疏正事；另一大问题就是“醉乱”。在酒的作用与控制下，心理、精神不再凝聚。身体挣脱精神的指引，整个人的言行则逸出秩序之外。

周公制礼作乐以整顿周初社会秩序，饮酒也被纳入礼乐制度之中。酒之甘美不当属于人，崇高的神才配得上享受。礼乐允许祭祀时代表神尸的工祝醉酒，这赋予醉酒以鲜明的神性。后来，周王宴请诸侯，也允许宾客醉酒[2]，醉酒的神圣性依稀显现。总体看，在祭祀祖先、周王宴饮等庄重场合，醉酒可控，大体不会出什么乱子。但是，千里之堤，溃于蚁穴。宽容醉酒风气一起，放纵早晚必至。至西周末年，幽王沉湎于酒宴，上行下效，时人热衷宴饮，多有失礼败德之行。宗子与族人饮酒，“醉”被理解为族人之间“亲近”的标志，所谓“不醉而出，是不亲也”[3]。早先天子于诸侯“不醉无归”之仪在春秋时期已经下落至族人间。失去庄严肃穆氛围的宴饮很快变成狂欢之所。醉后满场大嚎大叫，胡言乱语。个个衣衫不整，威严扫地。那些不醉之人随时被羞辱（“不醉反耻”）。颠倒秩序，亵

---

① 屈原著，金开诚、董洪利、高路明校注：《屈原集校注》，北京：中华书局，1996年，第87页。

② 比如“厌厌夜饮，不醉无归”（《诗·小雅·湛露》）。

③ 毛亨传，郑玄笺，陆德明音义，孔祥军点校：《毛诗传笺》，北京：中华书局，2018年，第231页。

渎神圣（“乱我笾豆”），狂欢而乱，成为酒醉的标志。

在礼乐制度下，以分判差异为本质的“礼”一直主导着以和解差异为主要功能的“乐”。对于酒，前者极力规训，后者频频示好。“酒”与“乐”因追求、表达快乐（“乐”）而结盟，共同对抗“礼”。“礼”被不断打击，礼乐制度自内裂开缝隙。在此境况下，“乐”不得苟免，“酒”则坐享其成①。

（二）醉乱而治

春秋时期，醉酒而乱已经成为一个社会问题。齐桓、管仲引领形名事功潮流，其个人嗜好、生活方式也成为诸侯竞相仿照的对象。齐桓公“好酒”，晋文公、楚庄王、吴王夫差、越王勾践等春秋霸主亦皆好酒。好酒推动了个人欲望的伸展，在五霸引领下，效率原则、功利原则与欲望原则相结合，形成了不同于礼乐的新的形名思潮，并在意识形态领域逐渐取代了礼乐。当人们接受新时代的形名思潮，酒醉促使礼乐崩坏，而“礼崩乐坏”反过来又助长了醉乱，“乱”也成为酒醉的鲜明特征。

在视觉-形名思潮中，醉酒的神圣性被消解，仅仅被当作人的欲望、嗜好。“欲”被满足则会向更多更远处再“望”，酒醉则一次又一次打破外在界限，两者内在合拍，使酒醉再次成为思想问题。老的礼乐思想退潮与新的形名思想上位，是诸子共同的思想境域。对于欲望原则的表现之醉酒，诸子也从自身思想出发多有回应。老子反对欲望原则（“见可欲”），他尽管没有将“醉酒”主题化，但“五味令人口爽”（《道德经》第十二章）明确表达出对醉酒的批判。孔子积极地在“仁”与“礼”统一的基础上试图解决醉乱问题。他提出“不为酒困”（《论语·子罕》）说，表达了对醉乱的深深警惕②。值得注意的

① 关于礼乐与酒的合纵连横，请参见本书第一章之一。

② 马融注曰：“困，乱也。”（《十三经注疏·论语注疏》，北京：北京大学出版社，1999 年，第 119 页）皇侃疏曰：“时多沈酗，故戒之也。”（皇侃撰，高尚（转下页）

是，孔子并没有因为酒乱而禁止饮酒，他一方面倡导饮酒要遵循饮酒“礼”；另一方面，他主张将酒控制在各自的酒量范围之内，此即他所谓“唯酒无量，不及乱”（《论语·乡党》）。“不乱”既包括“不乱志”，还包括“不乱血气”[①]，以及“语言错颠，容貌倾侧”[②]。以醉为节，以不乱为能，这就将饮酒交给了每个个体。依据各自理性（“知”）的力量就可以避免“醉乱”，这显示出孔子对人性的信赖。

普通人往往抵挡不住酒的诱惑，沉湎于酒，费时败事。庄子并不反对饮酒，但他注意到了“以礼饮酒”的后果。“以礼饮酒者，始乎治，常卒乎乱，大至则多奇乐。”（《庄子·人间世》）在他看来，饮酒是为了作乐。饮酒作乐以至于醉会使人迷失于自我与世界，会冲击、打乱“礼”所代表的秩序。因此，以“礼”约束饮酒并不可靠，其最终结果必然是“乱”。庄子不相信人皆有仁义之性，对于孔子所谓的人的自制力也不抱希望。失之东隅，收之桑榆，酒醉乱礼，却能让人“神全”（《庄子·达生》）。

不管是将酒乱作为一个需要解决的问题，还是一个值得期待的修行，“醉乱”无疑已经成为春秋战国思想家重视的问题。

高祖年轻时饮酒常醉、醉斩白龙的传说乃远古神圣性之时代回响，其底色则是狂放的革命精神。得天下后，他却患群臣醉酒而乱，不得不以礼乐节制之。史载：“汉五年，已并天下，诸侯共尊汉王为皇帝于定陶……群臣饮酒争功，醉或妄呼，拔剑击柱，高帝患之。”[③] 醉酒之后突破位分界限，乃至妄呼拔剑，这些狂乱之举合于不畏强暴，抗击暴秦精神，但对于意欲平定天下、重建秩序的汉王

（接上页）矩校点：《论语义疏》，北京：中华书局，2013年，第223页）两人都注意到了孔子所处的时代状况，而以醉乱诠释之，可谓精当。

①《二程集》，第27页。

②《二程集》，第430页。

③《史记》，第2722页。

朝则是个威胁。随后，高祖采纳叔孙通的建议，糅合秦仪与古礼，制作新的礼仪，并让群臣习礼，特别是饮酒礼。在皇权威逼下，群臣醉乱问题很快得到解决。史载："至礼毕，复置法酒。诸侍坐殿上皆伏抑首，以尊卑次起上寿。觞九行，谒者言'罢酒'。御史执法举不如仪者辄引去。竟朝置酒，无敢欢哗失礼者。"[①] 周初为解决醉乱而制作的礼乐虽充满了禁止性规定，但其实质却是柔性的。汉所制作的新礼仪以国家权力为支撑，其执行过程中设有硬性执法者，对饮酒的管控明显加强。新礼仪之制作与强力推行，把酒的精神牢牢控制，放纵了数百年的醉狂而乱问题自此被强力收治。

当然，汉初自上而下的礼仪制作与推广还只限于朝堂，朝堂之外，人们饮酒仍然狂放。比如，"文景之治"期间，奉行休养生息路线，曹参等人在自家后园饮酒，亦是热闹喧哗。其间，民间一直流行着饮酒狂欢风俗，比如蜡节狂欢。蜡是每年年末由国家发起的节日。其内容首先是祭祀农神（"先啬"与"司啬"）等八位神祇，然后祭祀"猫"（食田鼠）、"虎"（食田豕）等有益农耕的几种神灵。祭祀时，会咏唱祝词："土反其宅，水归其壑，昆虫毋作，草木归其泽。"（《礼记·郊特牲》）祭祀结束，不再征劳役，民众可以休息。饮酒狂欢开始。

蜡是古老的节日，蜡节饮酒狂欢也是古老的传统。《礼记·杂记下》载子贡观蜡，而对"一国之人皆若狂"的现象难以理解。孔子理解蜡节时举国皆若狂，在他看来，"若狂"只是非常态——弛的表现，此乃人性之不可免，所谓"一张一弛，文武之道也"。

"醉狂"无视甚至蔑视现存秩序，因此，周秦以来，人们反对"醉"、惧怕"醉"。这个观念影响深远，如"亮之治蜀，田畴辟，仓廪实，器械利，蓄积饶，朝会不华，路无醉人"[②]。诸葛亮熟知历史，

① 《史记》，第 2723 页。
② 《三国志》，第 935 页。

了解醉狂而乱对秩序安定意味着什么，故他将有无“醉人”视为社会治理成败的一个重要尺度。

汉武独尊儒术，开始自上而下地以礼仪约束、改造日常生活。以礼饮酒，狂欢节不再狂欢，饮酒逐渐走向沉默。比如，周泽“一日不斋醉如泥”，蔡邕则醉卧路上而被称为“醉龙”，等等。

（三）醉乡淳寂

有学者考证“醉如泥”曰：“南海有虫，无骨，名曰泥。在水则活，失水则醉，如一堆泥然。”① “泥”为无骨之虫，“醉如泥”意思是烂醉无骨，只能卧倒而不能站立。醉后躺卧，不再疯狂地威胁、攻击秩序，包括内在的秩序——理性与外在的秩序——伦常名教，这与礼教长期对身心的约束显然分不开。不断升腾的酒力从此由向外的扩张转向了内在精神世界的开拓。

如我们所知，直立行走让人变高，让处于面部顶端的眼睛能够看得更远，也让人区别于其他动物。人们在人群中生活，也需要在人群中自我确立。“立于礼”或“立于……”使人脱离自然界。正常的直立者、昂首者的眼睛在五官中居于最高处。但是，垂首者的眼睛被压低，耳高于眼，“听”优先于“看”。一饮而尽的饮者的口舌能够高于耳目，如此重复，酒局中的口舌最终会压倒耳目。醉则使五官回到地面，当然也使眼睛与大地混合。醉让人忘记使人能在人群中自我确立的“礼”，让人不再直立，而是让人卧倒，贴近大地。

汉魏时期，普遍推行名法之治。礼教轰然倒塌，“礼”不立，人们也不再追求“立于礼”。苦于强权而愤世嫉俗者更甚，结伴遨游酒国。或许是礼教长期约束改变了向外伸张的心理结构，这些成群结队醉酒者醉后不再妄呼拔剑，而是纷纷安静地卧倒、沉睡。在味觉

---

① 张邦基撰，孔凡礼点校：《墨庄漫录》，北京：中华书局，2002 年，第 185 页。

思想逐渐在中国思想中确立的境域下，原本在视觉-形名思潮中被当作欲望的口舌活动也逐渐成为饮者的思想方法[①]。饮酒而醉成为酒民们自觉向内的精神探索活动，新的精神家园——醉乡在逐渐生成。“醉如泥”“醉卧”不再是空洞的虚无，而是精神的自由翱翔与快乐释放，醉酒的神圣性在一定程度上得以复归。

古希腊有酒神，后世发扬之，而有酒神文化。中国被尊为“酒神”者，乃善酿酒者，其影响并不大。真正对中国人的精神具有重大影响的是“醉乡”。醉乡为中国独有的精神世界。“醉乡”概念虽由隋末唐初王绩提出，但王绩也坦承，阮籍、陶渊明都曾在醉乡游过。

事实上，竹林七贤的时期，不少名士本身有丰富的醉卧经验，比如阮籍常醉眠在邻家酒妇之侧，“阮公邻家妇，有美色，当垆酤酒。阮与王安丰常从妇饮酒，阮醉，便眠其妇侧。夫始殊疑之，伺察，终无他意”[②]。醉卧时不再有实际的肢体行动，也不再能够对周遭显示有倾向的态度与意见。因此，阮籍可以一醉六十日而拒文帝求婚。王忱连月不醒，使自己沉浸于内在的身心而对外无视也。

另一方面，他们也在积极摸索、构建理想的酒国。比如刘伶在《酒德颂》中以大人先生精神构建的新世界。酒国安静，与充满是非纷争的世俗正相对。对于这一点，魏晋人多有体贴之言，如“酒正使人人自远”[③]（王光禄），“酒正自引人著胜地”[④]（王右军）。“自远”是自己主动远离俗世，“胜地”乃超越喧嚣俗世的酒国。

陶渊明不仅饮则醉，且醉则卧眠[⑤]。陶渊明的“醉”是内敛的、

---

① 中国古典思想经历“耳目之辩”，耳胜出而听觉思想确立主导地位。继而在秦汉经历“耳舌之辩”，舌胜出而确立味觉思想主导地位。具体论述，可参见贡华南：《中国早期思想史中的感官与认知》，《中国社会科学》2016 年第 3 期。

②《世说新语校笺》，第 393 页。

③《世说新语校笺》，第 402 页。

④《世说新语校笺》，第 408 页。

⑤ 比如自言“放欢一遇，既醉还休”（《陶渊明集》，第 21 页）。

安静的，与人饮，自己先醉便直言“我醉欲眠，卿可去”①。没有狂躁的醉话，没有狂乱醉行，他乘醉而眠，安静如处子。陶渊明对醉具有高度精神自觉。他“对酒绝尘想”②，自觉将饮酒作为思想方法，将醉与醒对立，力斥醒而坚定地以酒走向醉的世界——酒、琴、诗、任真、称心、园田、淳朴、闲为其主题词③，“无车马喧”是其常态。醉的世界不再是刘伶所设想的、完全由主观态度（以……为……）构成的世界图景，它更贴近日常生活，更像自家田园。

魏晋南北朝饮者对酒乡胜地提出了多种多样的设想，在此基础上，王绩“醉乡”概念也自然涌出。

> 醉之乡，去中国不知其几千里也。其土旷然无涯，无丘陵阪险。其气和平一揆，无晦明寒暑。其俗大同，无邑居聚落。其人甚精，无爱憎喜怒，吸风饮露，不食五谷。其寝于于，其行徐徐，与鱼鳖鸟兽杂处，不知有舟车械器之用。昔者黄帝氏尝获游其都，归而杳然，丧其天下，以为结绳之政已薄矣。降及尧舜，作为千钟百壶之献，因姑射神人以假道。盖至其边鄙，终身太平。禹汤立法，礼繁乐杂，数十代与醉乡隔。其臣羲和，弃甲子而逃，冀臻其乡，失路而道夭，故天下遂不宁。至乎末孙，桀纣怒而升其糟丘，阶级千仞，南面向而望，卒不见醉乡。武王得志于世，乃命公旦，立酒人氏之职，典司五齐，拓土七千里，仅与醉乡达焉，故三十年刑措不用。下逮幽厉，迄乎秦汉，中国丧乱，遂与醉乡绝。而臣下之受道者，往往窃至焉。

---

① 沈约撰，中华书局编辑部点校：《宋书》，北京：中华书局，1974 年，第 2288 页。陶渊明在世时留下不少醉卧的传说，比如朱熹曾谈及：“庐山有渊明古迹处曰上京。渊明集作京师之‘京’。今土人以为荆楚之‘荆’。江中有一盘石，石上有痕云，渊明醉卧于其石上，名‘渊明醉石’。”（《朱子语类》，第 3284 页）

② 《陶渊明集》，第 41 页。

③ 对于陶渊明醉的世界的具体旨趣，请参见本书第一章之三。

> 阮嗣宗、陶渊明等十数人，并游于醉乡，没身不返。死葬其壤，中国以为酒仙云。嗟乎！醉乡氏之俗，岂古华胥氏之国乎，何其淳寂也如是？①

“醉乡”远离现实世界，既无礼乐仁义，也不用名法刑罚。它是一个平坦浩荡之地，气候也宜人。醉乡之人超越凡俗，其言行举止齐一，独来独往。每个人都生命饱满，精力旺盛，有以自守而不为内外所改。安闲自在，远人而与禽兽同处，故不用机械，不生机心，无嗜欲，亦不需五谷。如果说陶渊明的醉的世界还有人伦（比如“父子”“朋友”），那么，醉乡中的“人”已经挣脱人伦束缚，不再为君、为臣、为父、为子、为夫、为妻，也不再为君子、为小人、为豪杰、为英雄。他们完全隐没于天地之间、万物之中。醉乡齐整，位不得设，名不得起。醉乡富饶，却无货利。无货利，人无由争，故醉乡淳寂。不难看出，较之陶渊明所构建的有秩序、有人情、有人伦的“桃花源”，“醉乡”有人，但人情淡泊，更无人伦。“桃花源”中的人纯净、清醒，饮酒而不必醉，“醉乡”中则尽是醉者。

“醉乡”营造初成，便吸引无数士人造访、游居，如刘禹锡、权德舆、白居易、李贺等等。“醉乡”离俗世甚远，于醉士则近在咫尺。“醉”而陶陶然，昏昏默默则可入也。

醉乡不是基于私人经验而确立的一个私人世界。尽管每个人的醉各异，但可以肯定，你醉与我醉都一样，都会进入一个异于现实的、变形的世界。甚至可以说，你醉我醉共同构成了醉的世界。这个世界对所有人开放，在此意义上，醉是一个可经验的公共的世界。因为普遍，我们不能无视，更不能随意鄙夷或诅咒。不对称的态度

---

① 王绩著，夏连保校注：《王绩文集》，太原：三晋出版社，2016 年，第 221—224 页。

只能使我们离醉的世界更远。醉跨越了古今，古代人的醉只有用今人的醉来接近，今人的醉只能以我的醉来理解。在此意义上，醉是与古人沟通的最好方式。我的经验在此具有决定意义，不仅因为它可提供理解的支点，更因为它可以充实我们的观念，使之真实可信。理想本身包含着规范。饮酒而归往“醉乡”，醉者则会停止与现实计较，暗示、引导自己的身体屈从心之所往。“醉卧”“醉如泥”于是理所当然地成为文士们喜闻乐用的味觉词语。

（四）从醉乡到《醉乡日月》

醉乡最大的特征就是世间难得的和平安宁：内心宁和，彼此无争；神人冥契，人禽不相胜。王绩其人，以“无功”明世，慕“五柳先生”而自称“五斗先生”。他以酒德游于人间，“往必醉，醉则不择地斯寝矣，醒则复起饮也”[①]（《五斗先生传》）。醉可以全身，可以遂性，可以保真，为一价值自足的独立世界。醉之迷人处，在其保留了人性之素朴与世界之纯净。更重要的是，“醉乡”代替了天庭、西天，成为人们希望之所在与自觉归往之所。

在王绩的“醉乡”中，饮者独来独往，不生喜怒哀乐之情绪，无日月之晦明，故无惊诧怪异之纷乱。但是，让饮者舍弃世俗生活，甚至完全避开人世，断绝与人群之往来，这对绝大多数人并不现实。有些学者一心向往“醉乡”，却着眼天下饮事，自下而上规范饮酒，逐渐引导饮者归于醉乡。皇甫松的《醉乡日月》立意即在于此。

皇甫松《醉乡日月》三卷已经散佚，现在只留下《序》。就题目看，皇甫松是在筹划过醉乡的日子，这已经与王绩所设想无晦明寒暑的醉乡异趣了。其序曰：“夫以酒德自怡者，莫若负壶云岩，长歌林莽。希夷陶兀，混浊百年，斯上士之为醉也。其或友月朋风，吟烟笑露。资欢于杼轴之境，取胜于征引之场。追傲逸于古人，求舒

①《王绩文集》，第220页。

适于当代，斯中士之为醉也。其或节以丝簧，程以袂舞。焰红烛于春夕，飘翠袖于香筵。以律度为高谈，以风标为上德。含妍吐艳，拂雾萦烟，此下士之为醉也。然而九土英华，五陵豪杰，纵横攘臂，络绎服膺。竟蒙倏忽之心，争牵浑沌之窍。眠瓮者嗤为朴陋，搦管者目曰迂儒。于是以上士中人之风，拂尽于樽爵矣。既而六音靡靡，九酝泠泠。傲云山为外人，愿罍杓为剩物。含犀露玉之党，悬缨拖紫之群，联襟而媚新声，接舞而趋艳曲。虽有清真雅士，肮脏高人，亦舍方而就圆，盖彼众而我寡。呜呼！十二年之内，天下翕然同风。酒德之衰，有一于此。余坐当樽罍大会之日，丝簧竞溃之时。蓬在麻中，何暇偃蹇。顷居清洛，欢多徇人。岁月既滋，颇有瑕纇。嫉其为下士之醉，又不能绝利一源。上下相蒙，巧拙相混。昔窦常为酒律，与今饮酒不同。盖止迟筹，寻弃于世。余会昌五年春，尝因醉罢，戏纂当今饮酒者之格，寻而亡之。是冬闲暇，追以再就，名曰醉乡日月。勒成一家，施于好事，凡上中下三卷。”①

皇甫松将醉士分为三个层次：上士之醉、中士之醉与下士之醉。上士之醉接近王绩的醉乡理想，比如在山水间独饮，直抵混沌之境，以醉泯灭一生一世。中士之醉为创作锦绣文章获取灵感而在清风明月、烟霞云露间醉饮。其立意或高雅，但其醉或为雅趣，或为高名，已然自觉不自觉出离了王绩醉乡混沌之境。下士醉在人群中，饮酒与丝竹歌舞为伴，奢侈喧嚣，纯粹为感官享乐耳。他们自认为所谓的英华豪杰之饮，仗酒撒野，发狂闹事。更有甚者，他们虽在饮酒，心里却不认同醉。一方面，他们昭昭察察，心思精明，热衷世俗名利；另一方面，他们远离醉的精神，而嗤笑、抨击醉士。皇甫松恨酒德之衰，疾下士引导酒风，故作《醉乡日月》，以期折当世酒风返回醉乡混沌之境。

从陈尚君所辑散佚的《醉乡日月》来看，皇甫松重点放在将下

① 陈尚君辑校：《全唐文补编》，北京：中华书局，2005 年，第 923—924 页。

士之醉提升到中士之醉。他要做的就是制止酒席中“以言笑动众，暴慢无节，或叠叠起坐，或附耳嗫语”等杂乱而影响欢情的行为，以及“争强交恶，狂如祢子，夺若灌侠，惟口起羞，声闻于外”等沉酗纷喧的酗客狂徒。为此，筵席上需要选择所饮之酒、所对之徒，以及合适的下酒菜与酒器，明确宾主，设立明府、录事，制订并严格执行酒令，监督、纠察不法之徒，驱逐害群之马，等等。不难看出，皇甫松以酒律保证酒欢醉宜，其实质是消除醉乱，使无序归于有序。但是，即使规范饮酒过程能够成功，这能够保证饮者顺利进入“醉乡”吗？答案显然是否定的。

王绩构造的“醉乡”，其精神实质归于道家。如我们所知，除了《庄子》欣赏“醉者神全”（《庄子・达生》），《文子》对“醉”也极尽向往之意，比如“通于大和者，暗若醇醉而甘卧以游其中，若未始出其宗，是谓大通”（《文子・精诚》）。最高修行境界“大通”被形象地比拟于“醇醉”而“甘卧”，可见“醉”在文子心目中属于美好。后世思想近于道家者也多追求“醉”，比如傅奕“生平遇患，未尝请医服药，虽究阴阳数术之书，而并不之信。又尝醉卧，蹶然起曰：‘吾其死矣！’因自为墓志曰：‘傅奕，青山白云人也。因酒醉死，呜呼哀哉！’其纵达皆此类。注老子，并撰音义，又集魏、晋已来驳佛教者为高识传十卷，行于世”①。傅奕不相信医药，不相信阴阳数术，也不相信佛教理论。他喜好并精研老子，把身家托付于酒。唯有此精神关怀取向，才能真正通达“醉乡”。

“醉乡”是具有特定精神品质的精神殿堂，它不仅为醉者提供了安身立命之所，也丰富了醉者的精神生活。在醉泥中不仅富含生机，也充满了解脱之希望。对于普通人来说，醉酒亦有妙用：可以打发时间，也能够慰藉卑微的灵魂。简言之，醉的世界价值自足。韩偓的《醉著》形象地描画了醉的世界：“万里清江万里天，一村桑柘一

① 《旧唐书》，第 2717 页。

村烟。渔翁醉著无人唤，过午醒来雪满船。”[①]“醉著”点明其所刻画的世界是醉的世界。清江清澈，蓝天浩渺，上下晶莹剔透，举头可见“万里”，近观却依稀有人：村落桑柘围绕、炊烟袅袅。这表明，醉中亦有勃勃生机与生意。醉者避开了嘈杂的世人，午后，自然醒来，满船雪、满江雪、满天雪。在醉的世界里，原本参差不齐的江、天、人、物在雪中齐一，也在醉中齐一。这个由醉打开、由醉开显的时空可以说是韩偓构造的“醉乡”。如果说渔翁之醉还夹杂着韩偓的想象，那么，韩偓所描摹的道长醉酒则显示出他对醉的精神自觉。“齿如冰雪发如鬓，几百年来醉似泥。不共世人争得失，卧床前有上天梯。”[②] 道教有通过饮酒修炼的说法，他们饮酒有其自觉性。孙仁本道长长期醉酒，却能够保养青春之体。更难能的是，他通过醉酒遗世独立——不与世人相争，并且以醉保持着超越之境。醉有着通“天梯”之神效，这表明，道长对醉始终有精神自觉。

由于“醉乡”鲜明的精神格调，故在唐宋，不仅佛家对其采取排斥态度，儒家对其也殊无好感。比如韩愈在《送王秀才序》中坦言：“吾少时读醉乡记，私怪隐居者，无所累于世，而犹有是言，岂诚旨于味耶！……吾既悲醉乡之文辞……”[③] 韩愈本人饮酒，也常醉[④]。他对于“醉乡”虽不能接受，却也包含几分同情。宋代儒者辟佛老，直接将“醉乡”“佛国”并立，将两者视为仁义之敌，痛斥而贬抑之。比如范镇，他也饮酒，但很反感醉乡，而将其与佛教并提。他曾言：“曲蘖有毒，平地生出醉乡；土偶作祟，眼前妄见佛国。”[⑤] 范镇将“醉乡”与“佛国”作为两个并立的虚妄加以辟斥，

① 韩偓撰，吴在庆校注：《韩偓集系年校注》，北京：中华书局，2015 年，第 125 页。
②《韩偓集系年校注》，第 171 页。
③ 董诰等编：《全唐文》，北京：中华书局，1983 年，第 5619 页。
④ 韩愈有不少以“醉”为题的诗，如《醉赠张秘书》《醉后》《醉留东野》等，涉及“醉”的诗句更多。
⑤《避暑录话》，第 104 页。

这个态度在宋儒具有典型性。众所周知，理学家大都不敢醉，明代心学家陈白沙、王阳明虽敢“醉”，其“醉”指向万物一体而不是万物一齐。但他们同样不取“醉乡”，盖其深知“醉乡”与“大同”“小康”不两立也。

（五）醉不足虑

秦汉时期，祭祀八位农神的“蜡祭”与祭祀先祖的“腊祭”合二为一，放纵饮酒的习俗逐渐被规训。随着佛教传入，释迦牟尼腊月初八成道纪念日与腊祭合一，游行、醉酒狂乱被彻底清洗干净。“社日”是保留下来为数不多饮酒娱乐的日子。“社日”起源很早，一般在立春、立秋后第五个戊日。但周代、汉唐各代“社日”的具体日期各不相同。据说，社日祭祀用的酒可治疗耳聋，故大家都会争相饮，醉者相应也很多。唐代王驾的《社日》诗最有名：“鹅湖山下稻粱肥，豚栅鸡栖对掩扉。桑柘影斜春社散，家家扶得醉人归。”陆游与社日相关的诗更多，如“扶得吾翁烂醉归”[①]，“饮福父老醉，嵬峨相扶持”[②] 等。范成大也有类似诗句：“社下烧钱鼓似雷，日斜扶得醉翁回。”[③] 社日庆祝，会敲锣打鼓，相当热闹，在此氛围中饮酒容易醉。值得注意的是，社日普遍醉酒，却无闹事者。其原因在于，社日醉酒的大多是老年人。老年人气衰力微，狂气早已不在，醉倒往往需要家人搀扶回去。

醉卧将醉的问题留给了饮者自身，也将饮酒带来的社会问题最小化。基于此，人们对醉的态度也逐渐由拒斥而转为宽容。自太祖起，北宋皇帝总是鼓励或带领群臣饮酒[④]。在此风气下，饮酒被视作

① 陆游著，钱仲联、马亚中主编：《陆游全集校注》，第 9 册，杭州：浙江古籍出版社，2015 年，第 304 页。

②《陆游全集校注》，第 9 册，第 17 页。

③ 范成大著，辛更儒点校：《范成大集》，北京：中华书局，2020 年，第 487 页。

④ 关于北宋君臣饮酒盛况，可参见本书第一章之二。

人之常情。比如，（周起）“尝与寇准过同列曹玮家饮酒，既而客多引去者，独起与寇准尽醉，夜漏上乃归。明日入见，引咎伏谢。真宗笑曰：‘天下无事，大臣相与饮酒，何过之有？’”[①] 对于大臣来说，“醉”并非什么了不起的事情，只要不误事、不闹事，大醉亦无妨。基于此，宋孝宗一改秦汉将“路无醉人”视作政绩的思想传统，而径以“街上多有醉人”自夸。他说：“街上多有醉人。朕得百姓欢乐，虽自病亦不妨。”[②] 买酒需要经济支撑，常醉多醉表明民众能够买得起酒。街上多醉人表明百姓生活富裕，也一定程度上显示百姓的欢乐情态。在此意义上，“路有醉人”恰可视为“圣政”的一个表现。对于个别人的醉言醉语，宋孝宗也相当宽容。《宋史》记载：“（陈亮）日落魄醉酒，与邑之狂士饮，醉中戏为大言，言涉犯上。……事下大理，笞掠亮无完肤，诬服为不轨……帝曰：‘秀才醉后妄言，何罪之有！’画其牍于地，亮遂得免。”[③] 孝宗不以醉后狂言为事，颇明醉理。这也曲折反映出，世人醉后已经普遍安静，醉乱不再成为社会问题。

不同于长期受礼法规训、醉后习惯安静卧倒的汉人，女真人像周秦汉人一样醉后狂乱。[④] 但其快速汉化也快速解决了其醉乱问题。比如，金国开创者金世祖醉悔而不饮，这为金国统治者做了表率[⑤]。其间尽管有金熹宗因失嗣而酗酒妄杀，但金代皇帝总体上对酒非常节制。金世宗可以说具有代表性，他往往象征性地在节日饮酒，并且饮而不醉。可以说，“醉”在金国并没有成为什么问题。元代，汉人受歧视，汉文化也未能改变蒙古豪迈的饮酒方式。元上层尚酒，

---

① 《宋史》，第 9672 页。

② 佚名：《皇宋中兴两朝圣政辑校》，北京：中华书局，2019 年，第 1389 页。

③ 《宋史》，第 12940—12941 页。

④ “女真俗勇悍善射，能为鹿鸣，以呼群鹿而杀之。食生肉，饮糜酒，醉或杀人，不能辨其父母，众为缚之，俟醒而解。”（汪若海撰，李国强整理：《麟书》，郑州：大象出版社，2019 年，第 81 页）

⑤ 脱脱等撰，中华书局编辑部点校：《金史》，北京：中华书局，1975 年，第 10 页。

君臣时常共饮，较之大宋有过之而无不及。有些皇帝尚能节制，有些常常饮酒过度。醉狂成风，或醉殴父母，或醉杀妇翁，官员乘醉殴平民，蒙古人乘醉打死汉人，奴醉骂主，主醉杀奴，甚至臣醉嗔帝，比比皆是。元朝为解决由醉引起的犯罪问题，特别制订相关刑法，这在中国历史上尚属首次。

明代立国后，汉人醉卧精神随之回归。大明既无榷缗亦少禁酒令，酒成为百姓日用之需。全民普遍饮酒且多醉，于是，士人们在故纸堆里找出残存的《醉乡日月》，整理并发扬光大。袁宏道之《觞政》、田汝成（一说是其子田艺蘅）之《醉乡律令》、陈继儒之《小窗幽记》等追随皇甫松，规训并美化醉乡①。清帝王奉行汉化政策，士人亦沿袭明儒美化醉乡之举②，将醉审美化，醉而优雅、纤弱，醉者之血气被规训，甚至被消解。醉者自限于柔顺的醉乡而阻断现实的行动，其对现实秩序的危害得以最小化。醉者不立，血性也难在。

酒醉从神圣性的行为剥落为单纯的欲望嗜好，再到自觉的思想方法与精神境界，其神圣性得以一定程度回归。醉被漫长的中国思想史塑造成为具有鲜明品格的精神物。醉酒的表现则从血脉贲张向外释放、冲击秩序之醉狂，到心静如水往醉乡、无涉行动之醉卧。从欲望的张扬转成特定的思想方法，醉卧成为自觉的精神活动。与此相应，醉的内涵也由含混的无序、趋向虚无的莽动，转向平等有序、意味深长的精神家园。在这个过程中，醉者血气、胆气渐消，身体如泥，只剩下精神在静默中徜徉。醉者内敛，安眠而不兴奋，体段柔弱，虽可全身远害，但却失去了应有的血性。

---

① 具体可参见本书第一章之三。

② 比如郎廷极《胜饮篇》追求饮酒之“良时”“胜地”“韵事”“德量”等，较之《醉乡日月》“醉花”“醉秋”等描述更细致。

第三章　酒之是非

酒与人类相融越深，其中的是非也就越多。是非相对于规范而言，规范则涉及具体人群对人类生活与生命秩序的理解。酒以突破现存秩序为其重要品格，此为捍卫秩序者所不容，遂冠之以伤身、败德、悖理、乱性、愁本、苦本、罪因等恶名。好酒者歌颂酒之德与功，赞其能够让饮者变寒为暖、转忧为乐、销忙为闲，让人摆脱俗虑而打开生机，甚至把醉当作最好的生存方式与人生唯一的归宿。进而言之，生活秩序之调整、心灵境界之日新、人类社会之新陈代谢，又随时召唤着酒精神出场。或毁或誉，或恶如魔鬼，或善比贤圣，兼具水火之性的酒注定在不同时代的风波中沉浮、升降。在这个过程中，酒中的精神张力不断被拓展，酒的精神愈加浓厚。

一 酒有何过

西周以来，纣王醉酒失国被广为宣传，沉湎于酒而亡国、亡身的观念深入人心。魏晋饮酒之风盛，人们对饮酒的后果也有了新的认识：败德、伤身等等。佛教以苦谛说教，追求心之明觉以解脱苦。饮酒被认为使人昏昧、陷于苦海不能超拔，是愁本、苦本与罪因，不仅有现世恶报，更会在死后下地狱，有在轮回中堕入恶道等来世恶报。不同于以虚无缥缈的来世恶报恐吓人，现代科学以更加可信的理论证明与实验证实为依据，论证饮酒有害健康。尽管古今对饮酒后果的揭示让人胆战心惊，但饮酒至今仍在世俗流行。屡禁不止表明，作为人之所同好，饮酒在人的性命中有其根基。

各种思想在确立自身的同时，也不得不正视酒的破坏力问题。在中国思想史中，本土各家大体都能审其利害，斟酌用之。道家及其同情者主动追求醉，对酒充满了赞赏之意。儒家以中庸为德，虽反对酒乱、酒狂，但主张以德、以礼节制饮酒，对酒并不决绝。佛学认为酒使人昏昧，造就一切苦（酒是苦本），主张彻底禁绝酒，并以轮回说警戒世人。科学主义者以实验为根据，认为酒是健康的敌人，少喝少得病，多喝多得病，故应当戒酒。但酒至今久禁不绝不仅表明人性本身有缺陷，也表明人所生存的世间有问题。有限者不能无忧，不能无酒，这是有限者无法摆脱的宿命。

（一）亡国与亡身

殷人好酒，周推翻殷，将纣之失国归结为醉酒。于是，反对醉酒成为周初的政治任务。这在《诗·大雅》《书·酒诰》等西周早期文献中都有表述。“文王曰咨，咨女殷商。天不湎尔以酒，不义从式。既愆尔止，靡明靡晦。式号式呼，俾昼作夜。”（《诗·大雅·荡》）“我民用大乱丧德，亦罔非酒惟行；越小大邦用丧，亦罔非酒惟辜。”（《书·酒诰》）饮酒内丧德，外致乱，邦国的治理者应该以此为鉴。周公制定《酒诰》，其中既有对“庶群自酒”的禁戒，也反对“自暇自逸”，主张“无彝酒”“刚制于酒”。

崇拜周公的孔子继承了《酒诰》对酒的态度。孔子不绝人之所同好，不反对饮酒，但对醉乱仍保持着警惕。孟荀继承了孔子对酒的态度。“从兽无厌谓之荒，乐酒无厌谓之亡。”（《孟子·梁惠王下》）孟子以“乐酒无厌”来解释“亡”，暗示着过度饮酒与“亡”之间内在的关联，透露出对酒深深的敌意。荀子则指出，酒醉会影响人的正常判断。“醉者越百步之沟，以为蹞步之浍也；俯而出城门，以为小之闺也：酒乱其神也。”（《荀子·解蔽》）酒乱醉者之神。神乱眼光亦乱，外物因此变形。或以“小”为“大”，或以“大”为“小”；或以“长”为“短”，或以“短”为“长”。基于错误的判断，其行为也会随之错乱。儒家怕“醉”，正基于此。当然，对于祭祀、酬宾、养老扶衰、婚丧嫁娶、节日庆典等非日常饮酒，儒家并不反对。

人的酒量存在个体差异，但量皆有限，突破其量，不免一醉。醉者酒乱其神，在行为上表现为无法节制自身，并不断触犯外在规范、秩序。对现存规范与秩序之态度不同，人们对“醉”的态度也各异。欲破解现存规范与秩序者，不吝拥抱、赞美醉，如庄子。视现存规范与秩序为理所当然者，必然反对醉。反对醉的学者继承周公以来的说法，将“亡国”“亡身”视为“醉”的结果，比如韩非所言：

> 楚厉王有警，为鼓以与百姓为戍，饮酒醉，过而击之也，民大惊，使人止之。曰：“吾醉而与左右戏，过击之也。”民皆罢。居数月，有警，击鼓而民不赴，乃更令明号而民信之。（《韩非子·外储说左上》）
>
> 绍绩昧醉寐而亡其裘，宋君曰：“醉足以亡裘乎?”对曰：“桀以醉亡天下……常酒者，天子失天下，匹夫失其身。”（《韩非子·说林上》）

在这两个例子中，韩非子揭示了“醉”的几重罪状。首先，醉会导致意识混乱，而致使行为反常。“醉而戏”使原本庄严的权令闹剧化，失去效力而民不信从。其次，醉会使人失去意识，相应地，原本被意识自觉把握、占有者随着意识的失去而失去。小则亡失身外之财（如“裘”）、自身的信誉或身体，大则亡失号令天下的权力。物身、信誉、秩序、权力都会在醉中迷失，远离醉才能保障天下正常的秩序。

周秦学者揭露的酒对人身体、品德、形象的破坏还较为笼统，后世阅历既多，对酒于人危害的揭露也越来越细密。

值得注意的是医家对过度饮酒的批评。《黄帝内经》指出，酒是水谷之精、熟谷之液。其性大热，其气慓悍，酒入于胃中，则胃胀；气上逆，满于胸中，肝浮胆横。少饮，可助经脉运行。多饮，则损害身心。“以酒为浆，以妄为常，醉以入房，以欲竭其精，以耗散其真，不知持满，不时御神，务快其心，逆于生乐，起居无节，故半百而衰也。”（《黄帝内经·上古天真论》）在医家看来，个人与世界一体，具有生长发育的内在节奏。人能自觉跟随日月的节奏展开自己的生命，就可以使自身阴阳谐和，健康长寿。过度饮酒，醉以入房，其后果就是竭精耗神，不老而衰。孙思邈对饮酒伤身的描述更详细："久饮酒者，腐肠，烂胃，溃髓，蒸筋，伤神，损寿。"（孙思邈《千金方》）肠胃精髓神经等有形无形的官能皆因久饮酒而受损。事实上，研究酒的专家也坦然承认酒对身体的诸种危害："酒味甘辛，大热，有毒，虽可忘忧，然能作疾。所谓腐肠烂胃，溃髓蒸筋。"①（《北山酒经》）人要健康地生存，但是，生者不能无忧，酒在"忘忧"等精神活动中找到了继续存在的理由。

葛洪虽是道教学者，但他对酒的态度与《庄子》《文子》迥异，而更像个儒者。在《抱朴子·酒诫》中，他立足人情世故，非常全面地揭示饮酒对人的身体、精神、名声的伤害。"夫酒醴之近味，生病之毒物，无毫分之细益，有丘山之巨损，君子以之败德，小人以之速罪，耽之惑之，鲜不及祸。世之士人，亦知其然，既莫能绝，又不肯节，纵心口之近欲，轻召灾之根源，似热渴之恣冷，虽适己而身危也。小大乱丧，亦罔非酒。"在葛洪看来，酒是毒物，饮之让人生出各种病。对人有大害而无任何益处。不管何人，饮酒都会出问题。周公试图以德行控制饮酒（"德将无醉"），葛洪对此不以为然。在他眼中，士人君子的自制力都不行，见酒就把持不住，往往图一时口快而惹祸上身。只要饮酒，酒就会突破他们的理智，败坏他们的德性。接下来，必然是祸事及身。唯一的差异是祸之大小。至于小人，饮酒则会增加他们的罪责。如此彻底决绝地否定酒，这在古史中相当罕见。

葛洪对俗人醉态的描述非常细致："口涌鼻溢，濡首及乱。屡舞跹跹，舍其坐迁；载号载呶，如沸如羹。或争辞尚胜，或哑哑独笑，或无对而谈，或呕吐几筵，或值厥足良倡，或冠脱带解。贞良者流华督之顾眄，怯懦者效庆忌之蕃捷，迟重者蓬转而波扰，整肃者鹿踊而鱼跃。口讷于寒暑者，皆摇掌而谱声；谦卑而不竞者，悉裨瞻

① 《酒经》，第 6 页。

以高交。廉耻之仪毁，而荒错之疾发；阘茸之性露，而傲佷之态出。”醉者仪态混乱，行为出格，人完全被酒扭曲而变形。内在情性被移易，人性凶恶被源源不断地激发出来。乱态、乱行、乱德之生，根源在于酒破坏了人正常的理智。理智失序，则精浊神乱，臧否颠倒。精神错乱颠倒是非，所为必然是悖乱。至于损精耗神、自伤自虞，皆是饮酒的常见问题。

葛洪的著述在“竹林七贤”之后，他亲临一个时代的狂饮与放纵。不过，他对酒乱的全面描述并没有阻止世人对酒的热爱。在他去世两年后（公元 365 年）出生的陶渊明终生饮酒，并把“醉”视作理想的人生。人们记住了陶渊明对醉的赞美，却很少听从葛洪的建议。

大唐诗酒结盟，共同塑造盛世繁华。诗人多善饮，对酒的认识也深刻。比如韩愈云：“断送一生惟有酒，寻思百计不如闲。莫忧世事兼身事，须著人间比梦间。”① （韩愈《游城南十六首·遣兴》）“断送一生”指断送一生的人品、事业。饮酒使人破坏一生所遇的各种规矩、秩序，无法成事，也不能在人群中立足。不过，饮酒还有另一面相：乘着酒力克服困难、战胜艰险。韩愈对此亦有深刻体会：“杯行到君莫停手，破除万事无过酒。”②（《赠郑兵曹》）“破除万事”指借酒力不断突破各种阻碍、束缚，以除旧开新。由此看，酒对饮者具有成毁两重性。盛世顺境多显示其突破升腾之力，衰世逆境多见其颓废堕落之品。兼两端而立论，正显示大唐开放、包容的气象。

（二）酒是愁本、苦本与罪因

酒一直在挑战、冲击现存规范与秩序，这是世人反对饮酒、醉乱的基本理由。礼教将饮酒纳入其中，为此制订饮酒礼，规范饮酒

① 韩愈著，方世举编年笺注：《韩昌黎诗集编年笺注》，北京：中华书局，2012 年，第 484 页。

②《韩昌黎诗集编年笺注》，第 56 页。

行为，试图控制酒的精神。礼崩乐坏、礼教崩塌表明，礼对酒的规范与控制注定失败。佛教改变策略，不再包容饮酒，而是试图用更为决绝的佛理戒律对付酒，辅之以恐吓——断言饮酒在轮回中会产生更坏的结果。

佛教认为，人生在世，生老病死皆为苦。只有认识到人生空幻，并超拔现世苦身，实现心之明觉，才能解脱苦。饮酒使人快乐，却也能致人昏昧，而使人陷于苦海不能超拔。酒与佛理注定势不两立。如我们所知，酒性大热，饮酒使人头脑发热，不断突破理智与规矩的限制。没有内外约束，或内外约束变弱，人或者按照本能或习惯形成的自然反应行事，摆脱诸种面具，说真话，做真人；或者随着约束消失，被压抑的想法、念头登场，狂暴的野心、暴戾的气质肆行，悖礼悖法，乱德乱伦。

今朝有酒今朝醉，明日愁来明日愁。明朝忧愁挡不住当下的享乐，但是，如果当下饮酒既会有现世恶报，又会下地狱，有后世恶业之果，你还会饮酒吗？真正让中国人害怕的是佛教戒酒理论。他们不仅揭示饮酒的现世后果，也坚持认为，饮酒会让人在轮回中堕落。佛教就是用因果、轮回来恐吓世人的。对于佛教信徒来说，他们相信这些教义，也就自然会戒酒。至于那些不信教义的俗人，这些既不能证实也不能证伪的说法也或多或少让他们饮酒时有所顾忌。

佛教有“五戒”“八戒”等戒律。“五戒”出《增一阿含经》：“五、不饮酒戒，谓人若饮酒，则纵逸狂悖，昏乱愚痴，无有智慧。若不饮者，是名不饮酒戒。”[①] 戒酒的理由是饮酒会导致人心昏乱愚痴，使人放纵发狂，做出有悖事理的行为。饮酒既与内在智慧相悖，也与外在行为秩序对立，这为后世指控酒确立了思想方向。

众多佛经对饮酒醉乱的后果都有揭示。在诸种酒失中，饮酒对心灵的堕落影响最大，对身体的伤害倒在其次，如“复有众生，或

①《中华大藏经》第八四册，北京：中华书局，1997 年，第 743 页。

颠或狂，或痴或騃，不别好丑。何罪所致？佛言：以前世时，坐饮酒醉乱，犯三十六失，复得痴身，如似醉人，不识尊卑，不别好丑。故获斯罪”[①]。饮酒本身害处不大，但饮酒会催生诸多罪孽，充当诸恶之助力、助缘，故可说：“酒为毒气，主成诸恶。王道毁，仁泽灭。臣慢上，忠敬朽。父礼亡，母失慈。子凶悖，孝道败。夫失信，妇奢淫。九族诤，财产耗。亡国危身，无不由之。酒之乱道，三十有六。吾见是故，绝酒不饮，是吾五师。佛于是说偈言：醉者为不孝，怨祸从内生。迷惑清高士，乱德败淑贞。故吾不饮酒，慈心济群氓。净慧度八难，自致觉道圆。”[②]“五戒”中，“酒戒”最重。饮酒乱人伦，悖德行，会使饮者亡国危身，这还是立足于饮酒对世俗社会的危害。佛教厌弃世间，对于破坏世间秩序的饮酒并无同情同感。

事实上，饮酒与佛教价值观也是对立的。世间苦，饮酒表面使人快乐，但酒醉醒后财务虚竭、生病，饮时争斗、裸露、昏聩，酒后直言、坏事等等后果都会让人后悔。相应地，惭愧、忧愁、懊恼纷出，故酒被称为“愁之本”。这不仅不能解脱苦，还会加重人世之苦，远离善法、智慧，死后还会坠入恶道中受苦。《大智度论》特别把饮酒对佛法僧之威胁列举出来，这表明，佛理与饮酒水火不容。据此，饮酒也就被当作“苦”之“本”：“夫酒为放逸之门，大圣知其苦本。所以远酣肆，离酒缘，弃醉朋，近法友，出昏门，入醒境。”[③]“苦本”本来指贪欲，如“诸苦所因，贪欲为本”（《法华经·方便品》）。这里则具体指贪酒。南朝梁武帝《断酒肉文》：“出即饮酒，开众恶门；入即噉肉，集众苦本。”断苦本，才能消众毒，释众罪。

---

① 释道世著，周叔迦、苏晋仁校注：《法苑珠林校注》，北京：中华书局，2003 年，第 1999—2000 页。

②《法苑珠林校注》，第 2075—2076 页。

③《法苑珠林校注》，第 2679 页。

饮酒之为“苦本”，也就是众罪之“因”。有此“因”，必有相应之“果”。“问云：饮酒是实罪耶？答曰：非也。所以者何？饮酒不为恼众生故而是罪因。若人饮酒，则开不善门，以能障定及诸善法。如殖众果，必有墙障。故知酒过，如果无园。”① 饮酒是罪因，也就是造罪孽的前提。饮酒会引起、造成“不善”。较之行为上具体的“不善”，作为其因的饮酒更需要着力消解。

饮酒对自身的伤害也被称作“现世恶报”，如《优婆塞经》云：“若复有人乐饮酒者，是人现世喜失财物，身心多病，常乐斗争，恶名远闻，丧失智慧，心无惭愧，得恶色力，常为一切之所呵责，人不乐见，不能修善。是名饮酒现世恶报。舍此身已，处在地狱，受饥渴等无量苦恼。是名后世恶业之果。若得人身，心常狂乱，不能系念思惟善法。是一恶因缘力故，令一切外物资生，悉皆臭烂。”② 现世恶报对饮酒者的惩罚是可见的：失财、病痛、与人斗、失智、被人厌恶等等。除了现世恶报，饮酒还会造成“后世恶报”，也就是“后世恶业”，包括死后下地狱、在轮回中堕入恶道等等。现世恶报有限，后世恶报无穷。要避免现世恶报与后世恶报，人应该滴酒不沾。

饮酒会导致人心昏乱愚痴，甚而被理解为昏乱愚痴之根本。换言之，一切昏乱愚痴都可谓“毒酒”。“酒”于是逐渐成为“无明”的代名词。释典有“无明酒”的说法（“无明”即痴之异译），《景德传灯录》卷二九宝志和尚《十二时颂》言：“禅悦珍馐尚不餐，谁能更饮无明酒。”无明则人本心昏迷，故以酒喻之。酒为诱无明心之缘，佛教也有“三毒酒”的说法。“三毒”即贪、瞋、痴，为一切烦恼之根本。三毒令人昏愚失性，故喻之为酒，以酒亦能令人昏愚失性也。“常饮三毒酒，昏昏都不知。”③ 贪、瞋、痴虽表现不同，但乱

① 《法苑珠林校注》，第 2684 页。

② 《法苑珠林校注》，第 2684—2685 页。

③ 寒山著，项楚注：《寒山诗注》，中华书局，2000 年，第 887 页。

人心性、使人迷失自我则同。身染三毒，皆致昏昧，如同过量饮故，便致醉乱，佛教据此有“常醉”之说：“常醉，梵名 Sada^matta。住须弥山第三层之夜叉神。又作常醉神、常放逸天、恒醉天、恒憍天、喜乐天。此尊主伊舍那天本迷之德，本迷即醉于三毒无明之酒，为诸烦恼生死之根源，故称常醉。”（丁福保《佛学大辞典》）常醉者心性不明，遂生一切烦恼，为烦恼之总根源。神醉尚如此，凡人常醉，永坠烦恼之中而难以解脱。类似的还有“憍醉”：“云何为憍？于自盛事深生染着，醉傲为性。能障不憍，染依为业，谓憍醉者生长一切杂染法故。此亦贪、爱一分为体，离贪无别情相用故。”[1]“诸凡夫如醉，颠倒生恶觉，智者所不染，如是我识彼。”[2]“憍”是自高自扬自执，染“憍”成性则会迷失自我，而生出一切染法。“憍”与贪爱相通，“憍”则“醉”也。“醉”则智识迷失，反过来，智识迷失可称为“醉”。故《唯识述记》卷三十云：“醉者，昏迷异名也。”名虽异，其内涵却为一。

世俗以酒为好物，为方便说法，佛经有时也会将酒与智慧相连，称为“般若酒”“天酒”等。饮世俗之酒则醉，饮智慧之酒则可由醉而醒，所谓“般若酒泠泠，饮多人易醒”[3] 也。“般若酒”即对“般若”的比喻说法，言其清醇若酒，饮之则得般若智。佛经亦有“天酒”之说，如“（天上）无实曲米所造之酒，但有业化所作酒也。故正法念经云：‘彼夜摩天男共天女众入池游戏，同饮天酒，离于醉过，现乐功德。’”[4]“业化所作酒”即“般若酒”“天酒”，而非世间曲蘖、谷物所酿之酒。人饮此酒非唯不醉，更能使人觉醒。

佛家以后世恶报恐吓世人，也以后世福报允诺不饮酒者。人不饮酒，则心生大欢喜，可获见真谛，能“闭恶道”“远众罪”，寿可

① 玄奘译，韩廷杰校释：《成唯识论校释》，北京：中华书局，1998 年，第 427 页。
② 《法苑珠林校注》，第 999 页。
③ 《寒山诗注》，第 905 页。
④ 《法苑珠林校注》，第 2688—2689 页。

满百岁，可到“无死无生处”，等等[①]。佛教之酒说理论细密，说辞繁复，但其据以声讨饮酒的前生后世之说终归缥缈难信。

敦煌写本《茶酒论》可以看作佛家“饮酒有害”的普及宣传。《茶酒论》虚拟茶、酒对话，站在茶的立场指责酒，“茶”成为“佛理”的代言人[②]。茶对酒曰：“酒能破家散宅，广作邪淫。打却三盏以后，令人只是罪深。……阿你酒能昏乱，吃了多饶啾唧。街中罗织平人，脊上少须十七。……阿你不见道：男儿十四五，莫与酒家亲。君不见狌狌鸟，为酒丧其身。……阿阇世王为酒煞父害母，刘伶为酒一死三年。吃了张眉竖眼，怒斗宣拳。状上只言粗豪酒醉，不曾有茶醉相言。不免囚首杖子，本典索钱。大枷榼项，背上抛椽。便即烧香断酒，念佛求天，终生不吃，望免迍邅。”[③] 酒使人昏乱、远道，饮酒使人“破家”“丧身”“失财”“害人”“罪深”，因此人“莫与酒家亲”，要“终生不吃”，要“断酒”。这些说法并不新鲜，然而要人“念佛求天”，仍然显示出“酒”与“茶”、与“佛”对立的精神气质[④]。

（三）酒何以屡禁不止

既然饮酒百害而无一利，何以人类历史上屡次禁酒，然后很快解禁？何以在科学上证明饮酒有害，但人们仍然前赴后继、乐此不疲？是人的意志软弱？是人性的缺陷使然，抑或与酒共生是有限者的宿命？不管答案为何，显而易见的是，饮酒乃人之所同好，是人最基本的生存欲望之一，也可以说是人之性命的基本表现[⑤]。听信忠

① 《法苑珠林校注》，第 2689—2691 页。

② 茶性大寒，味苦，饮之清明自守与“苦谛”内在相合，故修佛者喜茶。

③ 项楚著：《敦煌变文选注》，北京：中华书局，2006 年，第 574—582 页。

④ 关于诗酒与佛茶的精神张力的具体描述，请参见本书第五章之一。

⑤ 世界绝大多数民族自文明之初就开始饮酒，都把酒当作天赐的美味。酒与自身的生活与生命紧密缠绕，相互交织，成为自身性命的有机部分。刘伶、苏轼“以酒为命”说对此已经有理论的自觉。参见本书第四章之二。

告，害怕戒条，或畏惧暴力惩罚而不饮酒，正基于人难以离开酒这一人性事实。同其他欲望泛滥而伤身伤神一样，饮酒有害健康不过是有限者在世间生活的正常代价。禁酒是对人的欲望的约束，也是对人的性命的约束。

利益是人类活动的驱动力量，卖酒获利一直推动着各国政府、商人推销酒[①]。当然，顾客之所以被打动而接受酒，也全非推销广告之功。更重要的是人自身之所是与所在、历史文化的传承（鬼神不在，天还在，祖先还在，酒随之在）、生活习惯的塑造、生存状况的逼压、人性的脆弱，这些因素皆参与、助力酒与人紧密关系的生成。人生在世，充满未知、怪异、不平与烦恼。对于宗教意识淡薄的中国人来说，破解世间未知、怪异、不平、烦恼等纠结，以及精神超越与升华往往就在日常生活中完成，饮酒乃完成这些精神需求最常见的方式。禁酒不会解决生活、生命中的问题，没有酒的生活、生命并不完美，甚至更糟。

酒如水，能载舟亦能覆舟。我们不会因为覆舟而弃水，不会因为美色曾让人亡国亡身而戒色。更重要的是，在现实世界中，酒是生命的调节器，是生活的调味品。对于中国人来说，饮酒是普通饮者过精神生活的重要方式，是思想者的思想方法。酒让人昏昧，却也可以消除持续清醒带来的与世界与他人的对立、分隔，以及由此而来的争斗。饮酒可以缓解生理的紧张，消解世间的差异、对立，让生民劳作不断，不断与天斗、与人斗。有限的身心无法承受生命如此之重。对修行者来说，酒参与并推动着修行者的思考与修行。饮酒关联着忘机、超越名利等超越活动，并让人突破血肉之心以及自我的边界，使人融入天地万物之中。孤独、寂寞的心灵需要过精神生活，饮酒移易人的身心，使身体由不平衡到平衡，也可使心灵

① 比如，宋代酒课占货币收入一直在25%以上。宋真宗天禧末酒课的比重达33.7%，到庆历中达到最高点38.9%，以后有所降低，但一直超过25%，参见李华瑞：《宋代酒的生产和征榷》，第370页。

由不安到安宁。酒之于世人，功莫大焉。

在20世纪后半叶的中国，建设新社会、发展生产力以改善民生成为时代主题。尤其是改革开放之后，“发展”被当作“硬道理”，消费则被当作生产的必要环节而得到鼓励。欲望被激发起来，欲望逻辑随之而起。不断增长的物质需要与被正常化的欲望混杂在一起，并裹挟着科学、资本，不断推动生产的发展，包括酒的生产。“科学”被“发展”谋划，主导着对酒生产的说明与规范。比如，从化学、生物学角度说明其原料（高粱、小麦、大麦、玉米等）、储存条件（避光、恒温等）等等，同时也有“过量饮酒，有害健康”等善意的提醒。为了促进经济发展，鼓励、引诱饮酒成为常态。在对美好生活的筹划中，饮酒成为人之常情与日用之需，并逐渐在精神生活展开中产生影响。在此形势下，人们不再着意酒的伦理定性，对酒的敌意也大大缓解。

二 酒与科学

20世纪以来，科学传入中国，成为人们理解酒、对付酒的新方法。饮酒伤生耗财，被视作进德之障碍，不饮酒之风遂起。在唯科学主义者眼中，饮酒使人昏乱，妨碍理智，影响卫生，理当被禁绝。尽管不少思想家自己饮酒，但却一直将饮酒与萎靡困顿、意志消沉、懦弱、麻木不仁、自轻自贱、自我陶醉等相关联，对酒充满敌意。科学在经验上可证实，在理论上可证明，一直被人们深信不疑。科学垄断了对酒的说明与解释，酒成为一种没有文化、没有精神的纯粹液体。不过，革命者自发利用饮酒来振发精神，寻求自由、突破、超越。在经济发展大潮中，人们对美好生活的向往逐渐压倒了科学对酒的贬抑，饮酒成为人之常情与日用之需，但对酒精神的反思一直阙如。

饮酒在明清时期成为日常之事，不管它出现在祭天祀祖、婚丧礼俗之中，还是沉入日常交往合欢之时，酒总是浸透在深厚的精神传统中，黏附着丰富的精神属性。进入20世纪，因被欧美打败，传统思想、传统生活被断定为落后、腐朽的，祭天祀祖、婚丧礼俗乃至相应的精神想象都被裹挟其中，一并被抛弃。从科学世界观出发，传统思想、生活方式、生存世界都被祛魅。反传统思潮也斩断了依附于传统思想与传统生活的酒的各种精神属性，酒遂成为一种没有文化、没有精神的液体。在科学理性审视下，酒往往以反面形象出现在思想史中，成为思想攻击与禁绝的对象。

（一）饮酒有悖进德

酿酒耗费粮食，饮酒让人麻醉、昏乱、消沉，酒桌上建立的人际关系脆弱腐化。简单说，饮酒既危害生命，也损耗财富，这对于20世纪初期的中国人来说是个大问题。对已经成为日常生活一部分的饮酒风俗，有识之士或主张革命，或主张改良。比如在1912年2月23日，蔡元培起草的《社会改良会宣言》所附的《社会改良会章程》第二十九条有“戒除伤生耗财之嗜好（如鸦片、吗啡及各种烟酒等）”①。酒被归于鸦片、吗啡、烟等有害之物，甚至被当作毒品禁戒，这比《酒诰》以来对酒危害性的揭示更进一层。

民国元年，蔡元培、吴稚辉、李石曾、汪精卫、张静江、张继等人在上海发起进德会。会员分三等：“持不赌、不嫖、不娶妾三戒者，为甲等会员；加以不作官吏、不吸烟、不饮酒三戒，为乙等会员；又加以不作议员、不食肉，为丙等会员。”②“饮酒”被视为恶习之一，“不饮酒”则是远离恶习、洁身自好之品行。进德会欲以此德行与旧式贪官污吏划清界限，让他们自惭形秽，以达到救治社会的目的。

在1912年5月编写的《中学修身教科书》中，蔡元培提到了饮酒的具体危害，那就是对修身之不利：“酒与烟，皆害多而利少。饮酒渐醉，则精神为之惑乱，而不能自节。能慎之于始而不饮，则无虑矣。”③ 酒醉，失去理性，精神昏乱，身亦不能修。要修身，“不饮”是前提。当然，蔡元培以“害多而利少”来定性酒，因此，他并没有像一众唯科学主义者那样完全弃绝酒。

① 蔡元培：《蔡元培全集》第二卷，北京：中华书局，1984年，第140页。

②《蔡元培全集》第三卷，第125页。

③《蔡元培全集》第二卷，第173页。

在任北京大学校长期间，蔡元培主张学术自由，但基于师法废顿，他对修身进德一直也没有偏废。他认为，人事当以道德为本，尤其在大学中，学者之德与才应当相配。蔡元培明确地指出：“大学为纯粹研究学问之机关，不可视为养成资格之所，亦不可视为贩卖知识之所。学者当有研究学问之兴趣，尤当养成学问家之人格。”[①] 大学研究“学问”乃第一要务，但“学问”的增进离不开“做学问的人”。“兴趣”“人格”可以推动学问的进展，可以视为研究学问的前提。因此，“兴趣”需要认真培养，“人格”需要不懈完善。“人格”涉及人的内在涵养，特别包括情感、意志的修为，也包含在社会中与人交接的自由、平等、友爱等素养。为了促进学者们人格德性之涵养，同年 6 月，蔡元培在北京大学又发起成立“进德会”。北大“进德会”章程与上海的进德会规定差不多：甲种会员不嫖、不赌、不纳妾；乙种会员在三戒之上另加不做官、不当议员二戒；丙种会员更在五戒之上加不饮酒、不食肉、不吸烟三戒。据载，当时入会的甲种会员有李大钊、陈独秀、许德珩、沈尹默、章士钊、马寅初、罗家伦、胡适、王宠惠、张国焘、辜鸿铭等；乙种会员有蔡元培、范文澜、傅斯年、钱玄同、周作人等；丙种会员则有梁漱溟、李石曾、张崧年（张申府）、傅汝霖等。一呼百应，这表明修身进德乃当时大多数学问家之共识。

蔡元培在《北京大学进德会旨趣书》[②] 中，陈述了“进德会”之旨趣。他首先区分了公德与私德，并指出在社会中，个人私德会影响全体。他举了仪狄进大禹旨酒的例子说：“昔仪狄作酒，禹饮而甘之，曰：‘后世必有以酒亡其国者。’遂疏仪狄而绝旨酒。司马迁曰：‘夏之亡也以妹喜，殷之亡也以妲己。’子反湎于酒，而楚军以败……私德不修，祸及社会，诸如此类，不可胜数。”[③]饮酒属于

---

① 《蔡元培全集》第三卷，第 191 页。
② 《蔡元培全集》第三卷，第 124—128 页。
③ 《蔡元培全集》第三卷，第 124—125 页。

私德，但其祸往往超出个人而及于社会。尤其是掌权者，其骄奢淫逸会导致祸变纷乘，浸至亡国。因此，需要防微杜渐，修德自救。同时，饮酒也会影响自身健康，会败坏口味，影响“味道之乐”。

对科学的信奉是20世纪国人的基本思想状况，蔡元培深知这一点。于是，他开始拿科学来为饮酒定性，同时主张以科学助力戒酒。他说：“不饮酒、不吸烟二项，亦非得科学之助力不易使人服行。盖烟酒之嗜好，本由人无正当之娱乐，不得已用之以为消遣之具，积久遂成痼疾。至今日科学发达，娱乐之具日多，自不事此无益之消遣。如科学之问题，往往使人兴味加增，故不感疲劳而烟酒自无用矣。”① 这种说法，非深醉于科学者不能言。科学不仅以可实证的实验揭示饮酒有害健康，还可以为人提供健康的、可以替代饮酒抽烟的娱乐。这在当时的中国并非既成的事实，而更像是对未来的展望。因此，他也不可能看到科学所结的诸多娱乐之果会像烟酒一样有害健康。

作为民国以来首屈一指的学界领袖，蔡元培对饮酒的态度很快在知识分子中形成一股不饮酒的风气。不过，吊诡的是，蔡元培本人始终嗜好饮酒。每餐都要饮他家乡的黄酒，而且他的酒量还不小。或许是酒量太大，或许是私德太好，蔡元培经常大量饮酒，但却从没有因饮酒误过事。其所说的饮酒“利少”，或许于他并不少。

（二）饮酒不科学

20世纪之初，以近代科学技术支撑的欧美工业化已经渐入佳境，中国民族工业蹒跚起步，而且其中的大部分仍以传统工艺为基础。在1915年巴拿马万国博览会上，中国组织参会的展品多以茶叶、丝绸等传统产品为主，其中也包括来自全国各地的酒类。陈琪《中国

①《蔡元培全集》第三卷，第292页。

参与巴拿马太平洋博览会纪实》[①] 记录了中国在博览会上的所有获奖明细，其中酒类获奖的有直隶省官厅的高粱酒、河南省官厅的高粱酒、山西省官厅的高粱汾酒、山东张裕酿酒公司的各种酒、山东兰陵公司之兰陵美酒等数省四十余单位的各种酒。依靠传统工艺酿造的酒代表着中国工艺发展水平，也表现出中国人对酒的热爱。与酒缠结在一起的生产方式与生活方式到底意味着什么？落后的社会状况与饮酒有何关联？日用而不知的民众对此惘然，但以苍生为念的知识分子则不能不思。

20 世纪初期的中国屡战屡败，民族心理阴郁，对自身的认知也多持否定。脱离黑暗，开启民智，以智修德，成为一代知识分子的共识。饮酒致人昏乱，于智于德有害无益，故时人常拒斥之。现代精神以科学为根底，以理论理性为手段，以效率为表现形式。饮酒会影响科学活动，会拖延、干扰理性，会降低效率。在此意义上，现代精神与酒似乎不能两立。由此可以理解，20 世纪上半叶的中国思想家们大都将酒视作敌手，态度最激烈的要数激进的科学主义者，如丁文江、陈独秀、吴稚晖、张申府等。

作为“科玄论战”之科学派主将，丁文江从不掩饰其对科学的热爱与信仰。“科学不但无所谓向外，而且是教育同修养最好的工具。因为天天求真理，时时想破除成见，不但使学科学的人有求真理的能力，而且有爱真理的诚心。无论遇见什么事，都能平心静气去分析研究，从复杂中求简单，从紊乱中求秩序；拿论理来训练他的意想，而意想力愈增；用经验来指示他的直觉，而直觉力愈活。了然于宇宙生物心理种种的关系，才能够真知道生活的乐趣。”[②] 丁文江坚信，将科学视为修养最好的工具，遇事皆能自觉以理性去分

---

① 陈琪：《中国参与巴拿马太平洋博览会纪实》，北京：筹备巴拿马赛会事务局编，1917 年，第 169—181 页。

② 张君劢、丁文江等：《科学与人生观》，济南：山东人民出版社，1997 年，第 53—54 页。

析、判断、决定，以科学指导生活，这样既能够培养爱真理的诚心，也能够通过了解宇宙万物而获得生活的乐趣。这就是“科玄论战”中科学派的信念。对于饮酒，他们贯彻科学的态度与方法，认定饮酒有百害而无一利。比如，酒对身体有害（有害健康），酒摧毁理智。简言之，饮酒不是科学的人生。丁文江留学海外，接受西方人的生活方式，讲究科学人生。据说，他工作再忙，每天都要保证八小时睡眠。他饮食起居讲究卫生，外出用餐，必用开水烫洗器皿。在酒席上他从不喝酒，但要用酒洗筷子。

丁文江自己不饮酒，他也一直劝常饮酒的挚友胡适不饮酒①。1930 年 11 月，丁文江就连续两次致信胡适，劝他不要拼命喝酒，认为“一个人的身体不值得为几口黄汤牺牲”②。他的第二封信则抄录一首戒酒诗：“‘少年好饮酒，饮酒人少过。今既齿发衰，好饮饮不多。每饮辄呕泄，安得六府和？朝醒头不举，屋室如盘涡。取乐反得病，卫生理则那！予欲以此止，但畏有讥诃。樊子亦能劝，苦口无所阿。乃知止为是，不止将何如？’劝你不要‘畏人讥诃’，毅然止酒。”③ 对朋友，丁文江是真诚的。自己认为饮酒有害健康，便也热忱劝诫朋友止饮，其对酒之敌意不可谓不深。

国民党元老中张静江、张继、吴稚晖、李石曾等人 1912 年便参加“进德会”，一直不饮酒。早期共产党人陈独秀、张申府等人也不饮酒。这些人一方面主张启蒙，反对醉生与梦死；另一方面又坚定地以理想改造现实社会，甚至要将旧社会连根拔起。因此，在对未来社会图景的设计中，他们力主摧毁众神，以可信的科学理性为根基建构新道德、新精神。酒让人昏乱，是理智的敌人，被人厌恶，被人嫌弃，自然应在新世界新精神中被剔除。保守主义者，如梁漱

① 胡适说丁文江：“他不喝酒，常用酒来洗筷子。”（胡适：《胡适文集》第 7 册，北京：北京大学出版社，2013 年，第 539 页）

② 丁文江：《丁文江文集》第七卷，长沙：湖南教育出版社，2008 年，第 268 页。

③《丁文江文集》第七卷，第 268—269 页。

溟、熊十力等人以建体立极为任。酒迷乱心神，同样被他们疏离。当然，梁、熊二人深研佛学，不饮酒也可能受佛学影响。

这些以救世救心为己任的思想者，提出或接受一种主义往往也都努力去践行，对自己的日常生活也都能自觉检讨。对饮酒的过激反应表明，他们已经触及酒的精神，尽管他们对酒还没有形成主题化思考。

（三）对酒的敌意

自由派思想家饮酒，代表人物是鲁迅、胡适、蔡元培、金岳霖等，但他们对酒并不友善。

1912年，鲁迅在北京的教育部任职。据他日记中记载，他时常“饮于广田居”，间或“颇醉”“甚醉”。这年8月饮酒十次，并且在8月17日于池田医院就诊，医生“戒勿饮酒”后，仍然“大饮”几次。9月又饮酒八次。常饮酒，偶尔过量而“醉”可能是因为年轻失去节制，也可能是不服酒，豪兴起而与酒斗败。对于志在四方的年轻人而言，更可能是在理想遭遇挫折之后之不满与发泄。这些缘由，官场中的鲁迅可能都遇到了。他自述：“他（范爱农）又告诉我现在爱喝酒，于是我们便喝酒。从此他每一进城，必定来访我，非常相熟了。我们醉后常谈些愚不可及的疯话。”① 范爱农是鲁迅的老朋友，在生活无着、前途无望中不停地喝酒，最后也因酒醉溺水身亡。“醉”是自我暂时之迷失，能够放心一起醉的朋友也是愿意彼此包容、相互交融的朋友。但是，一直醉则意味着一直放弃自我，可以说是“沉沦”了。鲁迅作《哭范爱农》曰：“把酒论天下，先生小酒人，大圜犹酩酊，微醉合沉沦。”② 他们在一起，即使小醉，说些疯话，亦能“把酒论天下”，酒意激发起豪情，关心天下兴亡而非沉沦

①《鲁迅全集》第二卷，第323页。

②《鲁迅全集》第七卷，第145页。

于酒。更多的天下人酩酊大醉却依然行尸走肉般活着，那才是真正的沉沦！范爱农生活无着落，偶尔小醉却身亡，岂不痛哉！

鲁迅曾因为常饮酒遭到攻击。1928 年 1 月 15 日，冯乃超在创造社刊物《文化批判》创刊号上，发表《艺术与社会生活》一文，把鲁迅比成“常从幽暗的酒家的楼头，醉眼陶然地眺望窗外的人生”的“老生”。叶灵凤 1928 年 5 月在《戈壁》第 1 卷第 2 期发表漫画，将鲁迅描绘成酒坛后很小的“阴阳脸老人”。为此，鲁迅写了《“醉眼”中的朦胧》反击。当然，按照鲁迅的逻辑，喝酒不喝酒由自己的意志决定，他人无权干涉。基于此，鲁迅一再为自己饮酒辩护：“酒精中毒是能有的，但我并不中毒。即使中毒，也是我自己的行为，与别人无干。且夫不佞年届半百，位居讲师，难道还会连喝酒多少的主见也没有，至于被小娃儿所激么？这是决不会的。第二，我并不受有何种‘戒条’，我的母亲也并不禁止我喝酒。我到现在为止，真的醉只有一回半，决不会如此平和。”① 将饮酒视为个人私事，视为可以自主决定、他人不得干涉的权利，这正是鲁迅一贯的自觉。

对于来自他人的批评，鲁迅会带着情绪反驳。但信奉科学的鲁迅自己对酒殊无好感。他说：“其实我并不很喝酒，饮酒之害，我是深知道的。现在也还是不喝的时候多，只要没有人劝喝。”② 饮酒有害健康，这是他亲身体会出来的道理。尽管别人批评他饮酒他会反感，但他还是对自己饮酒有足够的反省。他承认自己曾经喝酒属于“自暴自弃”，也深知自己饮酒多出于无奈。在世生存，身不由己，这颇类似魏晋人。事实上，正因为鲁迅有此无奈，他才会深刻地理解阮籍的无奈。鲁迅在《魏晋风度及文章与药及酒之关系》中分析了竹林名士饮酒的缘由，特别是阮籍：“既然一切都是虚无，所以他便沉湎于酒了。然而他还有一个原因，就是他的饮酒不独由于他的

① 《鲁迅全集》第十一卷，第 501—502 页。

② 《鲁迅全集》第十一卷，第 495 页。

思想，大半倒在环境。其时司马氏已想篡位，而阮籍的名声很大，所以他讲话就极难，只好多饮酒，少讲话，而且即使讲话讲错了，也可以借醉得到人的原谅。”① 没有说话的自由环境，不得不饮酒。现实残酷，无力改变，寄情于酒方可得些安慰。在此意义上，被迫饮酒悲壮而可叹。在黑暗中寻求光明的鲁迅本人同阮籍一样不得不醉。所谓“破帽遮颜过闹市，漏船载酒泛中流”②，“且持卮酒食河豚”③，“深宵沉醉起，无处觅菰蒲”④，道出的都是对世道的深深无奈。然而，不得不醉又非“装醉”。“装醉”是基于某些不良的动机而饮酒，比如赢取名士之名利。不得不醉更不是借酒发疯。对于借酒发疯，清醒的鲁迅一语道破：“且夫天下之人，其实真发酒疯者，有几何哉，十之九是装出来的。但使人敢于装，或者也是酒的力量罢。然而世人之装醉发疯，大半又由于依赖性，因为一切过失，可以归罪于醉，自己不负责任，所以虽醒而装起来。”⑤ 不得不醉为悲剧；“装醉”是不负责任的人的行径，则是闹剧。“装醉”而不承担发酒疯的后者，却推诿、归罪于“醉”，这对自己是不负责任，对“醉”亦不公平。批评“装醉”，为“醉”抱不平，这可以说是 20 世纪最清醒、最公正的“醉论”。

国贫民弱，思想家们竭力寻求贫弱的原因，与贫弱黏附一起的酒似乎逃脱不了干系。在他们眼中，酒总是和欲望、享受、昏乱、蒙昧联系在一起，饮酒是不务正业、游手好闲，是不思进取、贪图享受，是蒙昧堕落；不饮酒则表示理性、自制、清醒、振作。没有神圣，不用祭祀，酒也沦落凡俗。在追求光明的眼睛里，饮酒的生活愈发黑暗。鲁迅所哀其不幸、怒其不争的孔乙己、阿 Q 等人皆嗜

---

①《鲁迅全集》第三卷，第 533 页。
②《鲁迅全集》第七卷，第 151 页。
③《鲁迅全集》第七卷，第 462 页。
④《鲁迅全集》第七卷，第 470 页。
⑤《鲁迅全集》第十一卷，第 500 页。

酒。如我们所知，周公《酒诰》规定“饮惟祀”（包括祭祀时饮酒、孝养父母时饮酒、祭祀之后宴饮），汉代将酒作为圣人颐养天下之物，但汉代确立酒榷制度，酒价非下层民众所能承受得起。宋代经济繁荣，为增收酒榷，政府鼓励、诱惑饮酒。在观念上，宋人将饮酒视为“人之常情”，明清则有饮酒为“日用之需”说[①]。饮者由祭司（“尸”），到皇亲贵族，到“士”，最终到平民，所有阶层都与酒纠缠不清。不难理解，孔乙己、阿Q等社会最底层的人也都嗜酒。

鲁迅对咸亨酒店中人物的刻画非常简约深刻。他聚焦饮酒，由此显露众人的身份地位，也曲折地透露出饮酒对于江南民众的精神价值。“鲁镇的酒店的格局，是和别处不同的：都是当街一个曲尺形的大柜台，柜里面预备着热水，可以随时温酒。做工的人，傍午傍晚散了工，每每花四文铜钱，买一碗酒，——这是二十多年前的事，现在每碗要涨到十文，——靠柜外站着，热热的喝了休息；倘肯多花一文，便可以买一碟盐煮笋，或者茴香豆，做下酒物了，如果出到十几文，那就能买一样荤菜，但这些顾客，多是短衣帮，大抵没有这样阔绰。只有穿长衫的，才踱进店面隔壁的房子里，要酒要菜，慢慢地坐喝。”[②]酒店可以随时温酒，当然是因为人们随时对酒有需求。做工的人散工时间不是由自己决定的，而取决于雇主；悠闲的有钱人则随自己的意趣而来。阶层有差异，对酒的需求则是共同的。“短衣帮”是做工的穷人，散了工每每会花四文铜钱，买一碗酒。酒不仅可以解身体之乏，还能够暖和灵魂，为卑微的生活提供精神支撑。

对于主人公，鲁迅一句话就鲜明地展示出他的底细：“孔乙己是站着喝酒而穿长衫的唯一的人。”“站着喝酒”的通常都是“短衣帮”，而孔乙己偏偏“穿长衫”，生存处境与身份认同在打架。尽管

---

① 可参见本书第一章之二、三。

②《鲁迅全集》第一卷，第457页。

生存窘迫，但孔乙己还会“温两碗酒，要一碟茴香豆”。窘迫的处境需要酒来调理，尽管在酒店中总会随时增添烦恼。当别人说他又偷了人家的东西，他“便涨红了脸，额上的青筋条条绽出”。但当他喝过半碗酒，则“涨红的脸色渐渐复了原”。孔乙己被人打折了腿，他用手撑到咸亨酒店，还要“温一碗酒”，并很有尊严地说：“这一回是现钱，酒要好。”最后一碗酒同样在旁人的说笑声中喝掉，然后从众人的视域消失。那碗酒比旁人的说笑更重要，或许可以说，他的命随那碗酒而去。

阿 Q 属于鲁迅所说的“短衣帮”，无家无产，孑然一身。他的生活、他的精神同样离不开酒。鲁迅安排阿 Q 以喝酒方式出场：“那是赵太爷的儿子进了秀才的时候，锣声镗镗的报到村里来，阿 Q 正喝了两碗黄酒，便手舞足蹈的说……”[①] 饮酒起兴是人之常情，阿 Q 自然不例外。他的故事随酒展开，首先便是他“那里配姓赵”。在他被打败，通过精神胜利法心满意足之后，阿 Q“便愉快的跑到酒店里喝几碗酒”，一切都像未曾发生。酒麻醉阿 Q，使他遗忘，使他在重重挫折之后精神复原。在调戏吴妈而被赵大爷打骂，赔钱认罪之后，还剩下几文，他不赎毡帽，而“统统喝了酒”。在他从城里发财回来后，便“走进柜台，从腰间伸出手来，满把是银的和铜的，在柜上一扔说，‘现钱，打酒来！’”[②] 在不准革命之后，他感到无聊，欲报仇而不能，于是，“他游到夜间，赊了两碗酒，喝下肚去，渐渐的高兴起来了”[③]。酒对于阿 Q，可以忘掉委屈，恢复丢失的脸面，可以使被惊吓的精神还魂再生。约言之，酒是“精神胜利法”的载体与具体表现。魏晋以来，大多以酒解忧的人与阿 Q 并无本质的差异，无怪乎鲁迅会将“精神胜利法”上升到“国民性”的高度。

鲁迅笔下还有不少经典人物也以不同方式饮酒，比如《在酒楼

---

① 《鲁迅全集》第一卷，第 513 页。
② 《鲁迅全集》第一卷，第 533 页。
③ 《鲁迅全集》第一卷，第 546 页。

上》中苦闷无出路的知识分子（“我”与“吕纬甫”）借酒浇愁[1]。他们萎靡困顿、意志消沉。《孤独者》中魏连殳一意喝烧酒对抗孤独。孔乙己是懦弱、迂腐、麻木不仁的下层落魄知识分子。愚昧、自嘲、自解、自轻自贱、自我陶醉的最底层民众（阿Q）时不时饮酒以度日。饮者都是沉沦不醒者，基于此，不难理解饮酒的鲁迅何以对饮酒又不以为然。

（四）徘徊在饮与不饮之间

命运与酒相互纠缠的思想家不在少数。

明清以来，饮酒已经成为中国人的日常生活方式。蔡元培、章太炎、鲁迅、胡适都熟悉且适应这种生活方式。胡适一直在中西古今之间游移，对酒亦是如此。对酒的态度，胡适一生经历着变化，大体可分为三阶段。

胡适年轻时，在上海过了一段自感荒唐的日子。与朋友一起喝酒、赌博、看戏、逛青楼，不仅因喝酒喝醉打了警察被关进监狱，而且还有过喝酒喝得差点醉死的纪录。他自述：“我们打牌不赌钱，谁赢谁请吃雅叙园。我们这一班人都能喝酒，每人面前摆一大壶，自斟自饮。从打牌到喝酒，从喝酒到叫局，从叫局到吃花酒，不到两个月，我都学会了。幸而我们都没有钱，所以只能玩一点穷开心的玩意儿：赌博到吃馆子为止，逛窑子到吃‘镶边’的花酒或打一场合股份的牌为止。……我那几个月之中真是在昏天黑地里胡混。有时候，整夜的打牌；有时候，连日的大醉。”[2] 年少轻狂，饮酒作乐，醉而乱为，这形象与文质彬彬的胡适似乎有点距离。但这正是胡适的真实生命，经过酒洗礼的文质彬彬才真实。

---

① 比如，《在酒楼上》写道：“一斤绍酒。——菜？十个油豆腐，辣酱要多！”（《鲁迅全集》第二卷，第25页）

②《胡适文集》第1册，第87—88页。

1925年，胡适与太太江冬秀为了他与曹诚英的恋情关系而紧张。在这段时间里，胡适不仅独喝闷酒，而且还与江冬秀赌气互相牛饮，有时醉得一塌糊涂。陆小曼曾专门致信胡适，劝他不再喝酒。在胡适四十寿时，江冬秀送与丈夫“止酒”戒指。挚友丁文江则一再写信劝他戒酒，似乎胡适在酒中沉沦了。

待胡适自节自持，饮酒渐渐收敛，命运却又将他与酒捆绑在一起——因为白兰地救命而后半生一直随身携带酒壶。胡适心脏病首次发作是1938年12月4日，他应邀到纽约演讲《日本在中国之侵略战》后，在友人家里吃夜宵时，忽感胸口疼痛，冷汗直冒。情急之下，友人递了杯白兰地，他当场一饮而尽，疼痛随即稍微缓解，由友人陪同回到饭店休息。隔天他到医院检查，发现是心血管阻塞，马上住院接受治疗，连医师都说，或许是那杯白兰地救了他一命，自此，装着白兰地的酒壶再没离开身。或许白兰地对他的体质是有些帮助。但胡适随身携带白兰地酒壶，还是难抵心脏病突袭，在1962年2月24日，他在新科院士的欢迎酒会上，再度病发骤然辞世。酒救过胡适的命，但这次却没能继续神奇①。

因为饮酒而险些丧命的还有金岳霖。金岳霖对酒醉的体验丰富，他曾谈及：“解放前喝黄酒的机会多，醉也大都是黄酒的醉。黄酒的醉有恰到好处的程度，也有超过好处的程度。前者可能增加文学艺术的创作，超过程度就只有坏处。白酒的醉我就不敢恭维了。就醉说，最坏的醉是啤酒的醉，天旋地转，走不能，睡不是，吐也吐不了。”② 能明辨不同酒的醉，此非亲醉者所不能言。尽管金岳霖也承认醉酒有其益处，但他醉过一次后就不再大喝。后来，每天睡前喝一两。他对理性的作用有充分的认识：“一个醉鬼不知道酒精对他有

---

① 可参见余英时：《重寻胡适历程》，桂林：广西师范大学出版社，2004年，第161页。

② 金岳霖：《金岳霖全集》第四卷（下），北京：人民出版社，2013年，第921—922页。

害，当他死于酗酒时，他只是值得同情，而他本人不一定不幸福；但是，如果他知道酒精对他有害却依然贪杯，当他死于酒精中毒时，他就制造了一个悲剧。知识本身是否具有直接的影响，这是值得怀疑的。”① 强大的理性抑制了他对酒的欲望。但是，面对人情，金岳霖却不知道如何拒绝。他自述：“应酬场合上喝酒经常过多，解放后我曾多次承认过‘要是不解放，我可能早死了’。这说的主要是喝酒。”② 金岳霖具有强大的理性，然而，生活在人群中的个人往往难以按照自己理性所主导的方式生活。理性在人情面前退缩，酒便乘虚而入。庆幸的是，解放后，人情世故发生变化，金岳霖也很少饮酒了。

冯友兰先生强调理性反思，他对饮酒也这样。他曾以喝酒为例谈“中庸”问题：“对于有些人，喝酒是一个很强烈底要求。在普通底情形中，一个人喝酒，若至一种程度，以致其身体的健康，大受妨碍，则其喝酒即为太过。若其喝酒，有一定底限度，并不妨碍其身体的健康，而却因别种关系（例如美国政府行禁酒律之类），而不喝酒，则其喝酒的要求，即受到不必要底压抑。如此则其喝酒的要求的满足，即是不及。此所谓不必要，是对于此人的本身说；此所谓不及，亦是对于此人的本身说。喝酒的过或不及，本都是因人而异的。若一个人喝酒，只喝到恰好底程度，既不妨碍他的身体的健康，亦不使其喝酒的要求，受到不必要的压抑，则其满足即是得中，即是中节。”③ 冯友兰信奉孔子思想，他对饮酒的态度也大体接受孔子“无量，不及乱”之说。他不反对饮酒，甚至还能理解、同情饮者。在他看来，每个人的酒量有差异，健康状况有差异，只要能喝得恰到好处，就是中庸，否则便陷于过与不及之两端。

当然，个人的酒量、健康状况都需要每个人用理性去估量，饮

---

①《金岳霖全集》第六卷，第 398 页。

②《金岳霖全集》第四卷（下），第 904 页。

③ 冯友兰：《贞元六书》，上海：华东师范大学出版社，1996 年，第 474 页。

酒中庸只能在理性指导下实现。冯友兰一再强调说："一个人要喝酒，到哪里去喝酒，用什么方法去买酒，这都是要靠理性的指导。喝多少不至于妨害身体、妨害事业，这亦要靠理性的节制。如果一个人喝十杯酒，可以得到快乐，而不至于妨害身体，妨害事业，理性对于这种满足，只有赞助，决不禁止。所以孔夫子亦说：'惟酒无量，不及乱。'"[①] 冯友兰对酒的态度不像道德洁癖者、极端科学主义者那样避之唯恐不及，表现出对酒的极大宽容。同时，他也对自己的理性表现出强大的自信。尽管他本人不饮酒，但这种态度不仅难得，也更接地气。

（五）酒思的缺席

如我们所知，酒不仅能让人醉，让人沉沦，还能提神，让人振奋，走向反叛与升腾。革命者与酒精神一拍即合，酒便具有了革命精神。章太炎因《訄书》受迫害而避难日本，与孙中山相会定交于横滨中和堂。其时"奏军乐，延义从百余人会饮，酬酢极欢"（《章太炎先生自定年谱》）。据说，章太炎共饮七十余杯而不觉其醉[②]。兴中会革命者相聚，为打碎旧世界、建设新国家而会饮。当然，纵酒痛骂袁世凯更为人熟知[③]。饮酒既为激发革命之斗志，也为超越现实之理想。20世纪不少思想家也都注意到酒的这一面向。比如陈天华说："洋兵不来便罢，洋兵若来，奉劝各人把胆子放大，全不要怕他。读书的放了笔，耕田的放了犁耙，做生意的放了职事，做手艺的放了器具，齐把刀子磨快，子药上足，同饮一杯血酒，呼的呼，喊的喊，万众直前，杀那洋鬼子，杀投降那洋鬼子的二毛子。……醒来！醒来！快快醒来！快快醒来！不要睡的像死人一般。同胞！同胞！虽然我知道我所最亲最爱的同胞，不过从前深处黑暗，没有

① 《贞元六书》，第475页。

② 许寿裳：《章太炎传》，天津：百花文艺出版社，2009年，第29页。

③ 《章太炎传》，第50—51页。

闻过这等道理。一经闻过，这爱国的心，一定就要发达了，这救国的事，一定就要担任了。”（陈天华《警世钟》）黑暗日久，网罗积重，非大力不能冲决。激发深掩的人性，振奋人心，又需要借助酒之豪情。饮酒具有振奋精神、凝聚人心的作用。李大钊也注意到这一点：“脱绝浮世虚伪之机械生活，以特立独行之我，立于行健不息之大机轴，袒裼裸裎，去来无罣，全其优美高尚之天。……吾愿吾亲爱之青年，擎此夜光之杯，举人生之醍醐浆液，一饮而干也。人能如是，方为不役于物，物莫之伤。”[①] 饮酒而振奋，寻求自由、突破、超越，这与追求数学化、程式化、清晰化的科学精神不同，但无疑亦为时代所需。当然，通过饮酒而振发精神，这对于革命者来说更像是“起兴”，并且是自发地“起兴”。对于“酒”精神，他们既没有主题化的思考，也没有深入思考之时机。

通过以上考察，我们不难发现，20 世纪中国思想家拒斥饮酒多以理性、道德、文明、科学为据，有其高度的理论自觉性。而饮酒的思想家对其饮大多基于根深蒂固的习俗、生活习惯，对酒都缺乏反思，可谓饮而不知。随着酒不断深入民众生活，对此生活基本物的理论反思已经无法回避，也日渐迫切。饮酒何以在历史上屡禁而不止？酒对生命、生活何以必要？被科学祛魅的酒如何返魅？回答或肯定或否定，或深刻或浅薄，但是，“思的缺席”不是我们想要的答案。

（六）当代科学与酒

如我们所见，追求中道者，以酒中和生命；追求弃世者，连带弃绝酒。然而，科学并不弃世，却同样要求弃绝酒。

酒是苦本罪因，甚至给人端酒之人会 500 世无手[②]，等等说法让

---

① 李大钊：《青春》，载《新青年》第 2 卷第 1 号，1916 年 9 月 1 日。

②《梵网经》云：“若自身手过酒器与人饮酒者，五百世中无手，何况自饮。不得教一切人饮，及一切众生饮酒，况自饮酒。”（引自《法苑珠林校注》，第 2686 页）

人恐惧，但对现代人没有说服力。不过，对于现代科学的结论，人们往往会坐立不安。如我们所知，科学以理论证明与实验证实为基本特征，两者都给人以非信不可的威严。科学以知识形态垄断着对世界人生的解释权，对现代生活方式亦随时提供价值与观念的指引。对于饮酒，科学同样有一套解释系统。首先，酒是水和酒精的混合物。传统所谓“玉液”“欢伯”“魔水”“齐物论”“粮食精”“般若汤”“福水”“祸泉”等说法不过是人们的情绪表达。酒的化学成分是乙醇，其化学式为 C_2H_6O，结构式为 CH_3-CH_2-OH。无论度数高低、原料差异、时空变换，只要是酒，其本质都是乙醇。

在科学家眼中，饮酒对人的作用就是乙醇对身体器官、机能的作用。乙醇分子具有强大的渗透能力，它能穿过细菌表面的膜，打入细菌的内部，使构成细菌生命基础的蛋白质凝固，将细菌杀死。酒精进入人体后，乙醇在乙醇脱氢酶的作用下，转化为乙醛；乙醛在乙醛脱氢酶的作用下，转化为乙酸；最后分解成二氧化碳和水，排出体外。乙醛有毒，它的氧化过程直接伤害肝脏。同时，酒精也会伤害其他内脏、麻痹神经、摧毁理智等等。

百年来，科学观念深入人心。人们相信，甚至信仰科学，把科学当作真理本身。进而把科学当作人生的向导、行动的指南、说理的根据。不管是欧美的科学研究，还是国内学者在国际刊物发表的研究成果，都被国内第一时间介绍、宣传，并被当作指控酒罪恶的依据。无疑，这些研究都有实验支撑，也会提供大量的统计数据。

比如，2018 年 5 月 24 日，美国癌症研究所（AICR）和世界癌症研究基金会（WCRF）推出了第三版《饮食、营养、身体活动与癌症预防全球报告》。该报告基于数百项研究结果、5 100 万人的数据，其中包括 350 万癌症病例，对现有文献进行最全面的评估，并提出了十条癌症预防建议，这是迄今为止关于生活方式和癌症预防最全面和权威的报告。报告以强有力的证据表明，饮酒与六种癌症密切相关，包括口咽喉癌、食道癌、胃癌、肝癌、结直肠癌。即便少量饮酒或酒精饮料，也会增加患癌风险。

《柳叶刀》2018 年 8 月 25 日刊发文章 Risk Thresholds for Alcohol Consumption: Combined Analysis of Individual-participant Data for 599 912 Current Drinkers in 83 Prospective Studies①。该研究包含全球 195 个国家与地区、2 800 万人最大样本分析证实，"适量饮酒有益健康"根本不存在。他们指出：人口总体健康风险（全因死亡率）的发生随着饮酒量的增加而呈单调递增的趋势。全球范围内，每八个死亡的盛年（15—49 岁）男性中就有一个与饮酒相关。为了保障健康，就要滴酒不沾。他们最后的结论是"在目前的饮酒者中，全因死亡率的最低风险阈值约为每周 100 克。这适用于心肌梗死以外的心血管疾病亚型。饮酒量越低，疾病风险越低，最低的阈值是滴酒不沾"。（Among current drinkers, the threshold for lowest risk of all-cause mortality was about 100g per week. For cardiovascular disease subtypes other than myocardial infarction. There were no clear threshold below which lower alcohol consumption stopped being associated with a lower disease risk.）

不少中国科学家也做了类似的研究，在国际权威期刊发表后也被国人拿来作普及宣传的根据。比如，西湖大学杨剑团队 2021 年 1 月 13 日发表于《自然-通讯》的研究 Genome-wide Analyses of Behavioural Traits are Subject to Bias by Misreports and Longitudinal Changes②，表明饮酒对健康基本没有任何好处，疾病风险与饮酒量呈现单纯的线性关系：少喝少得病，多喝多得病。酒精肝、糖尿病、肾脏疾病、帕金森症、重度抑郁症、高血压等心血管疾病都与此有关。

依据这些科学家的研究结论，长期饮酒会破坏免疫系统、神经

① *The Lancet*, Volume 391, Issue 10129, 14 – 20 April 2018, Pages 1513 – 1523.
② 参见 https://doi.org/10.1038/s41467-020-20237-6.

系统、消化系统。具体说，长期饮酒对大脑细胞有一定的麻醉功效，会导致人体的反应缓慢，记忆力下降，会导致人体的脑血管出现膨胀的现象，严重时会导致脑出血，危及生命。长期饮酒会对大脑神经造成一定的损伤，会增加肝脏负担，影响肝功能，等等。约言之，饮酒有百害而无一利。人类应当彻底远离酒、禁止酒。

这些科学研究成果与传统医家所持的饮酒伤身观点相符合，更重要的是，这些结论有数据、实验支撑，让人难以辩驳。据此，饮酒有害身体之说似乎像 1+1=2 一样简单明白。

然而，科学实验将饮酒的精神维度剔除，将饮酒剥落为单纯的生理活动，其结论不能使人无疑。首先，生命体新陈代谢的同时也具有自我修复功能，轻微的损伤都可以自我修复，饮酒之伤也不例外。其次，科学实验把饮酒这一充满精神性的活动规定为单纯的生理事件，只考虑酒精对身体机能的作用，其结论未免狭隘。2016 年 12 月，英国牛津大学心理学家 Robin Dunbar 在题为 Functional Benefits of (Modest) Alcohol Consumption① 的论文中指出，酒精可以增加人脑内的内啡肽，这对于提高免疫力有好处。从这个意义上讲，“酒精也可能对人的健康产生间接的益处”。更重要的是，社交饮酒者拥有更多的朋友，他们可以依靠这些朋友获得情感和其他支持，并感到与当地社区的互动和信任度更高。Robin Dunbar 的研究表明，男性每周至少要和朋友聚会喝两次酒，才能保证身心健康。诚然，生命体也是精神体，愉悦的精神状态可以增强生命体的免疫力。饮酒尽管对人的生理有伤害，但在心理、精神层面却可以使人获得愉悦。人是生理、心理、精神的有机复合体：生理是自然生命的基础，也为健全的心理、精神提供保障；心理、精神依赖生理，也会重塑生理。饮酒并不仅仅是生理活动，也不仅仅是饮食活动。

① 该文发表在 *Adaptive Human Behavior and Physiology* (Open access)，2016 年 12 月 28 日。

酒与复调的生命相互纠缠，被当作精神之物，饮酒伴随着情感活动与精神交流，这不仅有助于激发起潜在的生理机能，也能够增强生理机能的代谢，让自然生命不断焕发生机。这表明，饮酒对人的影响并非单向的，而是充满各种丰富的可能。

三 不如来饮酒

中国思想中一方面对酒的斥责、指控不绝于耳，另一方面对酒的赞叹、讴歌也一浪高过一浪。魏晋高士嗜酒如命，留下的酒文并不多。唐人则往往一边饮酒，一边以诗文记述，留下了大量赞美、讴歌酒的文字，其中李白、杜甫、白居易尤甚。饮酒能够让饮者变寒为暖、转忧为乐，也能够斩断在世因缘（“万缘皆空”）与消除心中思虑（“百虑齐息”），实现身心和乐。酒醉思虑不生，知欲不行，无用于世，由此消忙为闲。酒醉而得闲，不为世累，身心自在。尽管吟诗谈禅、游山玩水都是其兴趣所在，但是，他认为酒有精神，同时不断把醉精神化，又将醉与自由相互勾连。因此，白居易总是始于饮酒，归于酩酊。在现实的抉择中，白居易拒绝高士归隐、农夫种田、商人行贾、军旅征战、炼铅烧汞、高官显爵、红尘争斗等“忙人”之“忙”，而主张归于“饮酒”之“闲”。他总是把饮酒、醉当作最好的生存方式与人生唯一的归宿，显示出独特价值取向与生存智慧。这为我们当代思考酒的精神提供了重要的思想资源。

唐代三大诗人都痴迷酒，他们在诗篇中，也都极力赞美酒的功用。不同于李白将饮酒作为通达大道的思想方法，亦不同于杜甫着力以酒抒发情志、排遣苦闷，白居易一直把饮酒放在生存层面做超越性思考，对酒的精神多有深刻领悟。在《与元九书》中，白居易说自己："志在兼济，行在独善。奉而始终之则为道，言而发明之则为诗。谓之讽谕诗，兼济之志也。谓之闲适诗，独善之义也。"[①] 达则兼济天下，穷则独善其身，这是多数传统士人的思想信条，白居易也一直信奉、秉持。白氏 44 岁时被贬为江州司马，自此兼济之志渐消，独善之意渐长，闲适成为其生命基调。白居易好酒，并将饮酒与琴诗释氏共同视为闲适生命不可或缺的部分。他在自传《醉吟先生传》中自陈："性嗜酒，耽琴，淫诗。凡酒徒、琴侣、诗客，多与之游。游之外，栖心释氏，通学小中大乘法。与嵩山僧如满为空门友，平泉客韦楚为山水友，彭城刘梦得为诗友，安定皇甫朗之为酒友。……好事者相过，必为之先拂酒罍，次开箧诗。酒既酣，乃自援琴，操宫声，弄《秋思》一遍。……放情自娱，酩酊而后已。……"[②] 从饮酒开始，酒酣而吟诗操琴，最后以酩酊大醉结束。始于酒而终于醉，这是白居易的常见活动模式。白氏虽然没有像李白、杜甫一样死于饮酒，但嗜酒也给他带来了眼疾、肺病、足疾、风痹等诸多疾病。可以说，他的自然生命与精神生命都融于酒，饮酒而醉是白居易生命中不断展开的轮回。

饮酒能使寒者暖，有助于在时令变迁中调节身心，转换节奏，也有助于在人事悲观时调节情绪。通过饮酒调节自己的使命节奏以应和天道，这是闲的内在理趣。饮酒令人乐、令人和、令人闲，白居易以饮酒解决生存困境，其中无疑包含着深沉的生存智慧。

（一）变寒为暖与转忧为乐

酒性味甘辛，大热，饮之可驱寒生温。白居易诗中常出现"暖寒酒"，正基于酒的甘辛性味，如"春雪朝倾暖寒酒"[③]，"今冬暖寒

① 《白居易文集校注》，北京：中华书局，2017 年，第 326—327 页。
② 《白居易文集校注》，第 1981—1982 页。
③ 《白居易诗集校注》，第 909 页。

酒，先拟共君尝”[①]。饮用暖寒酒来取暖，在寒冬或早春尤其必要。在著名的《问刘十九》一诗中，白居易以浓浓的诗意写道：“绿蚁新醅酒，红泥小火炉。晚来天欲雪，能饮一杯无?”[②] 天将飘雪，诗人既需要“红泥小火炉”来升温，也需要一杯“绿蚁新醅酒”来为脏腑取暖。对于白居易来说，秋冬早起，饮酒抗寒更是常事，比如“秋寒有酒无”[③]，“何必东风来，一杯春上面”[④]，“加之一杯酒，煦妪如阳春”[⑤]。饮酒暖身，效果与阳春三月东风拂面一致，有酒的日子甚至不需要东风来。在《酒功赞》中，白居易称使寒变暖为“孕和”：“麦曲之英，米泉之精。作合为酒，孕和产灵。孕和者何？浊醪一樽，霜天雪夜，变寒为温。……沃诸心胸之中，熙熙融融，膏泽和风。”[⑥] 春风春阳之温和最适合生命的生长，酒使身体由僵化到和暖，也会使心胸由僵固到和融，由此生命更加健全。

酒对身心的改变不仅体现在使其“和”，更体现在使其“乐”。白居易描述饮酒带给人的感官快乐：“纳诸喉舌之内，淳淳泄泄，醍醐沆瀣。”[⑦] “淳淳”，味道醇正；“泄泄”，舒坦快乐；“醍醐”，酒美；“沆瀣”，仙人所饮美酒。这些丰富的味觉语词与其说表达的是酒之美味，不如说表达的是白居易对酒高明的鉴赏水准。这些味觉快感并非私人性的，它们属于饮者的共同感觉。白居易爱饮酒，对酿酒技术也有研究。他自陈：“唯是改张官酒法，渐从浊水作醍醐。”[⑧] 改进官酒酿造技术，酿出美酒，让更多的人得到享受，这被白居易视为河南尹（洛阳）任上一大功绩。白居易享受饮酒之乐，

---

①《白居易诗集校注》，第 2524 页。
②《白居易诗集校注》，第 1358 页。
③《白居易诗集校注》，第 2575 页。
④《白居易诗集校注》，第 2266 页。
⑤《白居易诗集校注》，第 2266 页。
⑥《白居易文集校注》，第 1925 页。
⑦《白居易文集校注》，第 1925 页。
⑧《白居易诗集校注》，第 2237 页。

他也深知酒味。他说："甘露太甜非正味，醴泉虽洁不芳馨。杯中此物何人别，柔旨之中有典刑。"① "典刑"即典范、正法。不同于甘露"甘（甜）"而不"辛"，亦不同于醴泉洁净而缺乏甘辛之味，酒味甘辛，富有芳香之气，乃"正味"，可作味之典范。白居易拟酒为"柔旨"，视甘辛酒味为正味，足见其知酒、爱酒之深。白居易不仅知酒味甘辛为佳，同时也能够在实践上做出甘辛之酒。所谓"瓮揭闻时香酷烈，瓶封贮后味甘辛"②，即用瓮、瓶存储一段时间，酒由薄而厚，就可得甘辛之酒了。

酒味既能给予人味觉享受，也能融化人的心理郁结，由忧转乐。比如：

> 一酌发好容，再酌开愁眉。连延四五酌，酣畅入四肢。③
> 除醉无因破得愁。④
> 醒者多苦志，醉者多欢情。⑤

酒以热力活络血气，破除生理上的郁结，化解心理上的愁闷，使身心通畅。在白居易眼中，酒是生理、心理最好的通畅剂、解忧药。人生在世，心"醒"就会分判人我，就会与物对立，继而执着世相而与他人、万物相互纠缠，彼此刺激而忧虑源源不断产生，苦恼也就随之而来。醉消弭一切差异、对立，斩断世间各种瓜葛，也就不会为纷扰困惑。思虑自然消除，人也随之和乐。故他说："时到仇家非爱酒，醉时心胜醒时心"⑥；"面上今日老昨日，心中醉时胜醒

① 《白居易诗集校注》，第 2238 页。
② 《白居易诗集校注》，第 2087 页。
③ 《白居易诗集校注》，第 502 页。
④ 《白居易诗集校注》，第 1460 页。
⑤ 《白居易诗集校注》，第 513 页。
⑥ 《白居易诗集校注》，第 1179 页。

时”[①]。无酒难醉，因此，“非爱酒”只是虚语，其目的是为了强调“醉时”胜“醒时”，“醉心”胜“醒心”。醉心无忧，醉时和乐，无思无为，堪比神仙，所谓“俱因酒得仙”[②] 是也。“得仙”指快乐、自由的生存状态，而不是指具备长生不老、飞天遁地之超能力。汉代人称酒为“欢伯”，已经意识到酒可以使人“转忧为乐”。不过，汉末以来，生民罹难，去日苦多之感充斥上下。佛教传入“苦谛”而打动中国人，更让世人认同人生为苦、乐为虚幻之说。隋末唐初，王绩提出“醉乡”，虽其气和平，但其人却无爱憎喜怒。白居易系统重提酒“转忧为乐”的功能，而且颇为认同“醉乡”。但是，他既不赞同醉乡之人无“乐”的观念，也对佛教人生即苦、乐在西天而不在东土等观念不以为然。从白居易的字号中也可发现他对三教的态度：字乐天，号香山居士，又号醉吟先生。“居士”信佛，“醉吟”近于广义的道家，“乐天”则是儒家的基本信念。另一方面，他醉酒取乐，没有全从王绩“醉乡”义。同时，他断言醒者多苦，限定佛教“苦谛”在“醒”时，也与传统儒家害怕“醉”的立场有异。白居易坚持醉酒而乐的立场无疑具有独立的思想价值。

（二）能销忙事成闲事

尽管白居易闻酒味而喜，但他更看中酒的味外之味——功与德。他结合自己的饮酒体验，指出饮酒后“百虑齐息，时乃之德。万缘皆空，时乃之功”[③]。“百虑齐息”即消除心中思虑、计较；“万缘皆空”即斩断在世因缘，断绝烦恼。消除心中思虑可使人免除忧虑、断绝烦恼而得到快乐。但生于世间，操劳俗事，陷于人情世故之中却难以根本上消除思虑。唯有从俗事中解脱，从人情世故中超拔，

① 《白居易诗集校注》，第 1708 页。
② 《白居易诗集校注》，第 2244 页。
③ 《白居易文集校注》，第 1925 页。

才能保障思虑不生。白居易借用佛家的“缘”概念来表达人事纠葛，在他看来，斩断在世因缘可使人免除在世羁绊，消解各种恼人的牵连、牵挂，从而根本上实现身心自由。酒使人忘，饮酒即可息百虑、空万缘。因此，白居易愿意学刘伶长醉，安心以醉酒在世。在《咏家酝十韵》诗中，他深有体会道：“瓮揭闻时香酷烈，瓶封贮后味甘辛。捧疑明水从空化，饮似阳和满腹春。色洞玉壶无表里，光摇金盏有精神。能销忙事成闲事，转得忧人作乐人。应是世间贤圣物，与君还往拟终身。”[①] 酒味甘辛，其香酷烈，封存之后愈醇厚。酒看似水，饮之却能令人身心和畅，其原因就是酒中有“精神”。“精神”一词，先秦有之，指与形体相对的心神、意识。比如《吕氏春秋·尽数》云：“圣人察阴阳之宜，辨万物之利，以便生，故精神安乎形，而年寿得长焉。”对人来说，“精神”是使“形体”统一成为整体、使人具有生机与活力的心理状态或意识。就机能说，唯有人有“精神”。但就功能说，“精神”无形而有灵——生机与活力，“精神”又不限于人。比如司空图《二十四诗品》有“精神”一品：“欲返不尽，相期与来。明漪绝底，奇花初胎。青春鹦鹉，杨柳池台。碧山人来，清酒深杯。生气远出，不着死灰。妙造自然，伊谁与裁?”“精神”即远离死寂，有生气，有生机，有活力。白居易这里说酒有“精神”，主要是就酒的神奇功能说，即酒中有生机与活力。酒的精神的表现就是让人“转忧为乐”，更让人“销忙事成闲事”。酒之“转忧为乐”功能早被人认识，但其使“忙事”变为“闲事”，这却是人所未道。白居易这里对酒何以能够“销忙事成闲事”并无陈说，结合其他篇章，我们才能厘清其中脉络。

白居易对“忙”的表述虽不成系统，但洞见随处可见。他所说的“忙”“闲”主要指人的行为举止之动静、事务之有无，而较少心

---

① 《白居易诗集校注》，第 2087 页。

性论意味。“忙”涉及人事，而无关天道消息，如“权门市井忙”[①]，“公门终日忙”[②]，“城中白日忙”[③]，等等。白居易敏锐地观察到，有“权”之处——权门、公门——忙，有“利”之处——城中——忙，这在人类历史中具有普遍性。权门为权而忙，市井为利而忙，公门为公共事务忙，城市中忙各种事。忙忙碌碌者形形色色，但其“忙”则一，所谓“为忙终日同”[④]也。“忙”以效率、功利的追求为其精神实质。忙人以能力为前提，人老体衰，能力下降、衰退，想忙却难以忙起来，更不宜“忙”，所谓“老更不宜忙”[⑤]也。对于一个普通人来说，学会走路往往便开始忙碌，即使有空也闲不下来。人在与物打交道，或者役物，或者役于物，难以挣脱又难以割舍与物之纠缠。“多见忙时已衰病，少闻健日肯休闲。”[⑥]民众为衣食劳作还不能算“忙”，在劳作中迷失自我心性才是“忙”，比如试图彰显自我，将自我施加于外物，以便屈物就己，等等[⑦]。忙人忙起来才会感觉充实，忙起来才能实现世俗价值。忙碌伤身乃正常的事情，衰病之躯闲着都会觉得可惜。

所“忙”之事务需要相应的能力，无能者想“忙”却只能瞎忙，所谓“忙驱能者去，闲逐钝人来”[⑧]，“只缘无长物，始得作闲人”[⑨]，“君是才臣岂合闲”[⑩]。“能者”指具备相当知识与行动能力者，其“忙”既可展示其“能”，也能增益其“能”。“闲人”不为名利做事，

---

① 《白居易诗集校注》，第 2572 页。
② 《白居易诗集校注》，第 2537 页。
③ 《白居易诗集校注》，第 2011 页。
④ 《白居易诗集校注》，第 1949 页。
⑤ 《白居易诗集校注》，第 1927 页。
⑥ 《白居易诗集校注》，第 2602 页。
⑦ 对“忙”的实质的具体分析，请参见贡华南：《汉语思想中的忙与闲》第一章，北京：生活·读书·新知三联书店，2015 年。
⑧ 《白居易诗集校注》，第 2362 页。
⑨ 《白居易诗集校注》，第 2513 页。
⑩ 《白居易诗集校注》，第 2501 页。

其“能”得不到操练，更不能用于世，只会愈加迟钝，也因此会“无长物”。闲人钝，钝人闲，两者久之融而为一。只有身无一技之长的钝人才能得“闲”，有才干者必定会“忙起来”。这个逻辑不是对当时社会的客观摹写，而更像是懒人的一厢情愿。“懒与道相近，钝将闲自随。”[①] 白居易自豪地以“钝”“懒”自居，乃基于懒近于道的观念。严格说起来，“懒”与“有道”只是看起来相近，其精神根基完全不同。“懒”是应该做而不做，其懈怠中包含着对万物及道的不敬，“有道者”却能随时敬重天道。只有“闲”能够随天道行止，其止息处似懒，其精神处却健动不已。白居易据此说“闲与云相似”[②]，“云”动静由风而不由己，正像“闲”随道而不自专。“云”之所以能动静由风而不由己，是因为它“无心”，所谓“云自无心水自闲”[③] 是也。“闲人”之“闲”是有心为之：自觉随道而变换自身。有心而无心，才能在飘移中飘逸。有心而不用，亦可达到“无心”的效果，所谓“不用心来闹处闲”[④] 即指此。但是，有心人如何能不用心？

忙人一忙就闲不下来，但饮酒却会改变其惯性。忙人之饮，酒入身入心。身心为辛热之力穿透，各种现实边界被突破。但是，赖以忙事之理智却逐渐弱化，以至昏昧。意识逐渐模糊，手脚不听使唤，才能发挥不出来，只剩下不切实际的想象力在飞扬。饮酒至醉，人无力无能，想忙也忙不起来。“人道无才也是闲”[⑤]，“无才”即上文所说“无长物”。“无才”想忙也忙不起来，“忙事”不成，遂有“闲事”。“能销忙事成闲事，转得忧人作乐人”亦是互文，当“忙事”成“闲事”，“忙人”亦转为“闲人”。闲人远离贤能效用，对是

①《白居易诗集校注》，第 2272 页。
②《白居易诗集校注》，第 2313 页。
③《白居易诗集校注》，第 2907 页。
④《白居易诗集校注》，第 2603 页。
⑤《白居易诗集校注》，第 1647 页。

非也是漠然。白居易对此也有自觉，他说："随分自安心自断，是非何用问闲人。"[①]"随分自安"是随自己性分，安于自己性分，而无关乎他人。闲人存心于自身，对他来说，"是非"无关乎己，也可说是身外之物。白居易据此将酒赞为"世间贤圣物"，可谓精当。世间的问题并不需要世外神灵来解决，"世间贤圣物"就能解决世间的问题。世间的问题无非是如何生存的问题，而"忙"则是人生在世最大的问题，"忧"则是"忙"的衍生物。

白居易虽然与释氏亲近，但并未完全接受释氏的"四谛"说。"人间到老忙"[②]，这是他对人生、人世的总体性感受与认识。"忙"是人世呈现的现象，至于现象背后有无更深层的支配者，白居易并无兴趣探究。可以看出，这已经有别于佛教"苦集灭道"之说。在以下诗句中，我们可以更直观地看出这一点：

> 天时人事常多故，一岁春能几处游？不是尘埃便风雨，若非疾病即悲忧。贫穷心苦多无兴，富贵身忙不自由。唯有分司官恰好，闲游虽老未能休。[③]

单看前三联对天时人事多故的描述，隐隐中有生老病死皆苦的感觉。时光易逝、尘埃风雨、疾病悲忧、心苦无兴等等，到老忙的人生活极其艰辛。但是，白居易并没有像释家一样将这些"苦"作为人生的本质。"忙"不是"苦"，所谓"纵忙无苦事"[④]即点明了这一点。至于为什么"忙"而不"苦"，白居易从世人感受入手说明："世上贪忙不觉苦。"[⑤]人们只知道"忙"，忙到不觉得"忙"为

①《白居易诗集校注》，第 2176 页。
②《白居易诗集校注》，第 1536 页。
③《白居易诗集校注》，第 2155 页。
④《白居易诗集校注》，第 1510 页。
⑤《白居易诗集校注》，第 2519 页。

“苦”。至于白居易自己，他自认有乐无苦：“唯余耽酒狂歌客，只有乐时无苦时”[①]，“眼前有酒心无苦”[②]。“乐”由耽酒而得，有酒则心中无苦，欲乐就不能止酒。

白居易追求“乐”，也善于找“乐”。他写道：“食饱惭伯夷，酒足愧渊明。寿倍颜氏子，富倍黔娄生。有一即为乐，况吾四者并。”[③] 人之富足取决于富足感，后者既需要自己内心的认定（“知足常乐”），也需要外在的参照系来衬托。相较于人生的各种悲剧，哪怕是最普通的酒足饭饱，甚至平安地活着，皆是幸事。随时想着人类历史长河中不可胜数的不幸，心才能满足，乐才能常伴随。在此意义上，“乐”与否系于己心，而不是外在条件。“身闲自为贵，何必居荣秩？心足即非贫，岂唯金满堂？”[④] “心足即为富，身闲乃当贵。富贵在此中，何必居高位？”[⑤] 外在的荣华富贵可以给人舒适，但也会劳人心神，役人形骸，反使人不自由。心足身闲不仅“为贵”，而且“当贵”，这才能保障生命的自由与快乐。

白居易自觉以“闲游”作为解脱之道与归宿，显示出扎根世间的鲜明立场，同时也将“忙”的问题拔到“苦”之上。“富贵身忙不自由”直接点出“人间到老忙”的精神实质——不自由，与之对反的“闲游”之精神实质——自由也就自然烘托出来。“忙”与“闲”对立，忙人与闲境隔绝，所谓“始知天造空闲境，不为忙人富贵人”[⑥]。“忙人”与“富贵人”并列表明，“忙人”虽为富贵忙，但不必成富贵人。闲境与忙人对立，原因是忙人忙得停不下来，不会认同闲境，也无心思欣赏闲境。

“忙”虽较“闲”不自由，但也是人生的一部分。中国人喜欢将

① 《白居易诗集校注》，第 2242 页。
② 《白居易诗集校注》，第 1710 页。
③ 《白居易诗集校注》，第 2257 页。
④ 《白居易诗集校注》，第 2249 页。
⑤ 《白居易诗集校注》，第 527 页。
⑥ 《白居易诗集校注》，第 2593 页。

人生在世称为“过日子”，白居易则将“忙”与“闲”都称为“过日”，显示出对世间生活的敬重，如“奔走朝行内，栖迟林墅间。多因病后退，少及健时还。斑白霜侵鬓，苍黄日下山。闲忙俱过日，忙校不如闲”①。“奔走朝行内”为“忙”，“栖迟林墅间”为“闲”。人世间通常在身体健康时“忙”；身体撑不住时，生病而停下来为“闲”。“忙”而“闲”，“闲”而“忙”，人生就这样在“忙”与“闲”之间流动转换着，逐渐老去。而且从人情处说，没有经历过“忙”，也难以知“闲”的好处。白居易敏锐地指出这一点：“见苦方知乐，经忙始爱闲”②，“闻客病时惭体健，见人忙处觉身闲”③。感受到“闲”的前提恰恰是知“忙”，由此说，“忙”也是通达“闲”的必由之路。将“忙”与“闲”一道理解为生命生活的正常展开（“过日”），白居易甚至有点欣赏“忙”，所谓“闲忙各有趣”④ 也。白居易意识到了忙与闲的冲突，但一起欣赏两者表明他立足人生、欣赏人生的思想底色。

当然，如果在两者之间选择，白居易毫不犹豫地选择“闲”（“忙校不如闲”）。如果条件允许，他更会坚定远离“忙”，坚决不做“忙人”。对此，他多次表露：“忙人应未胜闲人”⑤，“忙应不及闲”⑥，“终身不拟忙”⑦，“拟作闲人过此生”⑧，“渐老渐谙闲气味，终身不拟作忙人”⑨。“应”是价值的判定。对“忙”“忙人”与“闲”“闲人”之间的价值判定，白居易鲜明地扬后者而抑前者。“终身不拟忙”“终身不拟作忙人”乃白居易毕生的理想。他终身不愿做忙

① 《白居易诗集校注》，第 2204 页。
② 《白居易诗集校注》，第 2486 页。
③ 《白居易诗集校注》，第 2557 页。
④ 《白居易诗集校注》，第 2295 页。
⑤ 《白居易诗集校注》，第 1971 页。
⑥ 《白居易诗集校注》，第 1610 页。
⑦ 《白居易诗集校注》，第 1433 页。
⑧ 《白居易诗集校注》，第 1992 页。
⑨ 《白居易诗集校注》，第 1370 页。

人，不是害怕繁忙之苦，而是担忧“忙”之不自由，以及对“闲气味”——闲的本质的由衷珍爱。他要做“闲人”，也不吝夸自己“最闲”。“洛下多闲客，其中我最闲。”[①] “洛客最闲唯有我。”[②] 当然，有一事还是值得他去忙的，那就是饮酒：“忙多对酒榼。”[③] 饮酒之“忙”不能算真正的“忙”，恰恰相反，饮酒正可使人远离不自由的“忙”，而入自由之境——闲。“身闲甚自由”[④]，饮酒使人闲，也是人获得自由的重要途径。

人皆有心，但如何用心则有差异。白居易追求“闲”，也力主让心闲下来。让心闲下来，不再计较算计、忙碌不止，这也就是他所追求的“心向闲时用”[⑤]。人闲不仅意味着人自身不被侵占，也意味着不用自身心智于万物。让万物从人的控制下解脱，完全按照它们自身的节奏、节拍生长发育，物性才能完整持存。白居易说“心闲岁月长”[⑥]，“闲物命长人短命”[⑦]，“闲多见物情”[⑧]，他一方面感慨人不得闲而本性被伤害——短命；另一方面，他无疑认为，人物能闲，才能长命。岁月长，物性才能完全展开，物情才能完全呈现。从物的视角看，闲让一物成为自在的自身。也可以说，闲构成了物成为自身的前提。“心乐身闲便是鱼”[⑨]，只有自身不为他者（主要是人）所裹挟，这样的鱼才不会“忙”。鱼自身闲着，不为他者所促逼，才会快乐，才会自由，也才能按照自身本性在天地间展开自身。对于人来说，闲也让自己从与万物的纠缠中解脱出来，回到自身，像鱼一样成为真正的自己。在白居易眼中，人、鱼本闲乐，人闲乐便会

---

①《白居易诗集校注》，第 2208 页。
②《白居易诗集校注》，第 2448 页。
③《白居易诗集校注》，第 1883 页。
④《白居易诗集校注》，第 2374 页。
⑤《白居易诗集校注》，第 1781 页。
⑥《白居易诗集校注》，第 2011 页。
⑦《白居易诗集校注》，第 1757 页。
⑧《白居易诗集校注》，第 2596 页。
⑨《白居易诗集校注》，第 2398 页。

像鱼一样自由自在。闲人与自在之物虽然不会相互纠缠，但可以在精神层面上相互拥有。因此，白居易断言："风景属闲人。"[①]"闲人"不会将自己陷入世俗名利之争中，他既会让自己闲——不用自己，也不用物，会让物闲着。以此"不用"态度看身边的万物，实质上是欣赏而不是占有，是放手后与之游戏玩耍，身边的万物由此成为"风景"。"风景属闲人"之"属"表明的是两者之间在精神上彼此的相通相融性。周遭环境变成"风景"，其内在的韵味便自然呈现。"林下幽闲气味深"[②]，"气味"既是林下风景自身呈现的韵味，也是闲人感应之而入闲人之怀的味。物味与人味在"闲"中便由"隐"而"显"，闲人与闲物一体无间、共同呈现。"闲"保障着物味的深沉呈现，也保障人能品味此幽深之味。

忙与闲都是人参赞天地日月的方式，差别在于忙将天地日月纳入人的活动中，甚至以人的知识、行动利用、改变天地日月之运行；闲不用天地日月，也就将后者还给自身。白居易不少表述涉及此义，比如"天供闲日月"[③]，"闲中日月长"[④]。日月本是自在运行，但进入人的观念后，为人所认识、利用，也就成为为人之物。在人的观念中，日月有了长短、疾缓，常随人的观念而变换形态。当人把日月还给日月，日月也就自在长久。

白居易所追求的"闲"主要指有空隙、不操劳、摆脱外在羁绊、自我安排之在世状态，即所谓"身闲无所为，心闲无所思"[⑤]。"无所为""无所思"即让身心不为他者侵占的状态。一旦身心被侵占，也就远离了"闲"。白居易说"心有千载忧，身无一日闲"[⑥]，明确将消除心被侵占的状态——千载忧视为"闲"呈现的前提。"闲"的状态

① 《白居易诗集校注》，第2509页。
② 《白居易诗集校注》，第2498页。
③ 《白居易诗集校注》，第2496页。
④ 《白居易诗集校注》，第2490页。
⑤ 《白居易诗集校注》，第1764页。
⑥ 《白居易诗集校注》，第490页。

并不难达到，但是，要保持这个状态却需要特定的精神准备：忘。白居易对此深有体会：

> 床前有新酒，独酌还独尝。……身闲心无事，白日为我长。我若未忘世，虽闲心亦忙。世若未忘我，虽退身难藏。我今异于是，身世交相忘。①

“忘”不仅指我忘世，还包含世忘我。我不忘世，为世事羁绊，虽有空隙，仍会操劳不已——忙。我忘世，才能保证心闲，心闲人才会真正闲下来。但是，我与世界一直纠缠在一起，枷锁不会因我忘而自动脱落。世忘我同样需要我改变自身：由有才变无才，由有用变无用，所谓“病木斧斤遗，冥鸿羁绊断”② 也。在白居易看来，做到如此改变也只能通过醉酒实现。以酒洗涤机心，荡尘垢肠，成为无才无用之人。“醉来忘渴复忘饥，冠带形骸杳若遗。”③ 我醉酒忘世，世人同样也忘我。“身世交相忘”，彼此的纠缠脱落，我即可享受春日芳气、秋日水光。“身世交相忘”即“醉入无何乡”，深深醉者即为“闲人”。白居易变“忙”为“闲”的方式仍然是饮酒：“归来诗酒是闲人。”④ 对于诗酒如何让一个人成为闲人，白居易亦有深刻的领悟：“空腹三杯卯后酒，曲肱一觉醉中眠。更无忙苦吟闲乐，恐是人间自在天。”⑤ “忙”才有“苦”，饮酒、醉酒而眠让人从“忙”中解脱出来，也就不会产生“苦”。醉眠再加上吟诗，那就称得上“闲乐”。“闲乐笑忙愁”⑥ 正道出白居易摆脱忙苦之后的轻松心态。

“闲”标志“自由”，饮酒而闲，饮酒乃实现自由的重要方式。

---

①《白居易诗集校注》，第 2250 页。
②《白居易诗集校注》，第 2290 页。
③《白居易诗集校注》，第 2237 页。
④《白居易诗集校注》，第 2010 页。
⑤《白居易诗集校注》，第 2704 页。
⑥《白居易诗集校注》，第 2623 页。

“油油春云心，一杯可致之。”[1] “春云心”即超越世俗、不为俗虑困扰的闲心。对于世人来说，杯酒就可以得闲心。当然，杯酒所得之闲只能算“偷闲”，若要彻底自由，则还要努力实现“长闲”。“长闲犹未得，逐日且偷闲。”[2] 长闲难得，逐日偷闲庶近之。

（三）处处去不得，却归酒中来

人类的生存方式有限，现实的每种生活方式都有其可人之处，也会有不同的苦辛。在特定历史阶段，职业分工固定化，人们的生活方式往往也随之被确定、被固定。世俗之人习惯在哪怨哪，处此而慕彼。白居易自觉以闲眼观世界，对于世间不同生活方式都有深刻的洞察。在他看来，现存的各种生活方式皆有问题。理想的生活方式有其内在精神尺度，其中最重要的是“闲”。“人生百年内，疾速如过隙。先务身安闲，次要心欢适。”[3] 白居易追求“闲”“欢”，立志做个“闲人”，而“闲”“闲人”在现有的生活方式中无处可觅。他深知得闲不易，而且现实的闲人也常在窘迫之中。比如：

> 高人乐丘园，中人慕官职。一事尚难成，两途安可得？遑遑干世者，多苦时命塞。亦有爱闲人，又为穷饿逼。[4]
>
> 贫穷汲汲求衣食，富贵营营役心力。人生不富即贫穷，光阴易过闲难得。我今幸在贫富间，虽出朝廷不入山。[5]

高人认同、向往山林，但却在山林中遭受穷饿。有些人身居官职、衣食无忧，但却在世间栖栖遑遑，劳心劳力，身心废顿。既想

① 《白居易诗集校注》，第 2311 页。
② 《白居易诗集校注》，第 2411 页。
③ 《白居易诗集校注》，第 683 页。
④ 《白居易诗集校注》，第 2293 页。
⑤ 《白居易诗集校注》，第 2318 页。

有为于世、衣食无忧，又能身心安宁，这在世间为两难。白居易自认为解决了此两难，即自身处在贫富之间，既免除了穷饥困惑，也能做个闲人，身心自在。当然，他之所以能闲下来，首先在于他富足的心灵境界。白居易不追求成贤成圣，他总以普通人自认。普通人生存于世间，知足则可得闲。白居易常将自己与人世大不幸的人相比，比如与黔娄比富，与颜回比寿，与伯夷比饱，与荣启期比乐，与卫叔宝比健康，其结论自然都是自己取胜。这看似精神胜利法的比较表现出白居易容易知足的秉性。他并无好利、好赌、好药等不良嗜好，而且能够随时有酒，故他总认为自己是个富翁。“送愁还闹处，移老入闲中。身更求何事，天将富此翁。此翁何处富，酒库不曾空。”[1]“富翁”并非指占有大量财富者，而是指拥有大量酒者。在白居易的思想中，“酒”与“闲”相通，有酒随时饮是富，也是闲。白居易不断以诗句强化“酒（醉）令人闲”的观念，比如“朝饮一杯酒，冥心合元化。兀然无所思，日高尚闲卧”[2]。“酒（醉）”与“闲”相互通达：两者都能够让向外有所指向的心返回自身，最终使自身冥合于大化之中。“日高闲卧”不是偷懒，而是在收摄心思于自身之后，不再以个人扰动大化流行。“酒（醉）”而“闲卧”，酒的精神价值也随之不断提升。

在白居易看来，人类的生活由思想指导，不同的思想也就对应不同的生活方式。他把饮酒而醉与儒家、道家（教）、释家（“禅”）并列，当作世人基本的生活方式。通过相互比较，他把“禅”与“醉”当作其中最高明的两种：“因君知非问，诠较天下事。第一莫若禅，第二无如醉。禅能泯人我，醉可忘荣悴。与君次第言，为我少留意。儒教重礼法，道家养神气。重礼足滋彰，养神多避忌。不如学禅定，中有甚深味。旷廓了如空，澄凝胜于睡。屏除默默念，

① 《白居易诗集校注》，第 2587 页。
② 《白居易诗集校注》，第 501 页。

销尽悠悠思。春无伤春心，秋无感秋泪。坐成真谛乐，如受空王赐。既得脱尘劳，兼应离惭愧。除禅其次醉，此说非无谓。一酌机即忘，三杯性咸遂。……劝君虽老大，逢酒莫回避。不然即学禅，两途同一致。"[①] 在白居易看来，儒家（教）以礼法规范生命，礼法不断滋生，烦琐礼节让生命不堪。道家（教）练气养神，多有禁忌而减损生命乐趣。醉与禅一样富有思想，相较而言，禅泯灭人我，醉遗忘荣辱，两者都让人能够息止念虑，摆脱尘劳羁绊，本性顺遂。白居易自称"佛容为弟子，天许作闲人"[②]，正基于醉令人闲的理念。

尽管白居易把禅放在第一位，但是，醉之斩断在世因缘与消除心中思虑的功能与禅泯灭人我的作用基本一致。加之，禅虚醉实，禅意境高深，醉操作简易，方便通达。所以，原本被他排在第二位的醉总是被优先提及，"逢酒莫回避，不然即学禅"。"学禅"乃醉酒不得而采取的修心方法，能醉自然不必学禅。白居易的很多诗篇将醉当作拯救世人的唯一希望，正基于此。"何以送吾老，何以安吾贫？岁计莫如谷，饱则不干人。日计莫如醉，醉则兼忘身。"[③] 人的自然生命持存不能长久离开五谷，但人亦可一两天只饮酒而不食五谷。在白居易看来，人不能一日不醉。醉既可安顿自然生命，也可以满足人的精神生命。对他来说，一日不"醉"的生命都是煎熬。

放弃以自我来安排自己的生活，跟随日月运行之道不断转换自己的生命节奏、生活节拍，随顺人事变迁而不断调整自己的情绪、情感，以使身心契入大化流行之中，这是中国古典"闲"的理想[④]。白居易知足保和，淡泊悠闲，吟诗弹琴、游山玩水、谈禅醉酒是其情之所钟[⑤]。正如他的交际从饮酒开始，酒酣而吟诗操琴，最后以酩

① 《白居易诗集校注》，第 1746 页。
② 《白居易诗集校注》，第 2434 页。
③ 《白居易诗集校注》，第 1783 页。
④ 关于"闲"的含义，请参见贡华南：《汉语思想中的忙与闲》第九章。
⑤ 白居易自己建的住所有水有竹，有堂有亭，有书有酒，有歌有弦，时饮时吟，妻孥熙熙，鸡犬闲闲。参见《池上篇》，《白居易文集校注》，第 1886—1888 页。

酊大醉结束，饮酒也是白居易自觉选择的生存方式与最后的归宿。饮酒可以在四时变迁中调节身心，转换节奏；也有助于在人事悲观时调节情绪，跟随天道节奏变换而不断调节自己的节奏，以应和之。正基于此，白居易反复申说“何处难忘酒”：

何处难忘酒，长安喜气新。初登高第后，乍作好官人。省壁明张榜，朝衣稳称身。此时无一盏，争奈帝城春？

何处难忘酒，天涯话旧情。青云俱不达，白发递相惊。二十年前别，三千里外行。此时无一盏，何以叙平生？

何处难忘酒，朱门羡少年。春分花发后，寒食月明前。小院回罗绮，深房理管弦。此时无一盏，争过艳阳天？

何处难忘酒，霜庭老病翁。暗声啼蟋蟀，干叶落梧桐。鬓为愁先白，颜因醉暂红。此时无一盏，何计奈秋风？

何处难忘酒，军功第一高。还乡随露布，半路授旌旄。玉柱剥葱手，金章烂椹袍。此时无一盏，何以骋雄豪？

何处难忘酒，青门送别多。敛襟收涕泪，簇马听笙歌。烟树灞陵岸，风尘长乐坡。此时无一盏，争奈去留何？

何处难忘酒，逐臣归故园。赦书逢驿骑，贺客出都门。半面瘴烟色，满衫乡泪痕。此时无一盏，何物可招魂？①

日常生活世界平淡无奇，但是，物我相感、人事变迁都会使平静的生活掀起波澜，人生百味随之而生。喜怒哀乐、悲欢离合乍现，酒也自然登场。对于初登高第、乍做好官之人，身份、职责的改变乃人生大事。加之长安春到，万象更新，以饮酒来调整自己的身体节奏与心理节拍乃人情中自然而然的事情。酒之必要，不言而喻。随着春分、寒食到来，春花渐繁，春月渐溶。阳光少年，罗绮加身，

① 《白居易诗集校注》，第2144—2147页。

管弦在手，同样需要饮酒以追随、应和大好春光，抒发、释放情志。春去秋来，万物收敛。蟋蟀啼暗，梧桐叶落。病翁逢霜，愁鬓先白。人亦需要以酒对抗秋风，温暖心灵。至于青春别离，相隔千里，白发聚首，相逢话旧，熟悉人又陌生，正需要一盏在手，招往事于前，诉平生悲欢。或驰骋沙场，出生入死，功高名世，衣锦还乡，亦需要高擎金樽，把酒欢庆。欢聚饮酒为庆祝，送别饮酒以饯行。酒融化心灵，身渐远，心不隔。游子用酒对抗孤独，也为其归乡、重新融入亲朋做了身心双重准备，以酒“招魂”正是此双重准备的具体表现。“何处难忘酒”潜台词是，不管人生何处，都需要酒来参与、完成人生之事。“此时无一盏”意味着人对新的生命场景的漠视；“此时有一盏”则意味着人自觉应和、参与到新的生命场景中去。有酒的人生充满生机与生意，无酒的人生则多枯寂与落寞。“人间若无酒，尽合鬓成丝。”[①] 酒为世人所需，无酒则只剩下无尽的忧伤了。

白居易反复七次以“此时无一盏”句表明，只要人们有跟随四季更替、人事离合而转换自身节奏之必要，饮酒就不可或缺。跟随四季更替、人事离合而转换自己身心节奏，则是生命、生活实现和谐的基本前提。以酒实现自己身心节奏的转换——变寒为暖、转忧为乐，这正是《酒功赞》所谓的“孕和产灵”。

考虑到“闲”——自由被白居易当作生命的首要的、终极的目标，能够“孕和产灵”的饮酒也就理所当然地被当作理想的生活方式。《不如来饮酒》组诗对此反复陈说。“不如来饮酒”虚拟“君”的七种不幸处境，“来饮酒”暗示白居易本人已经自觉选择且一直处于“饮酒而醉”的状态，同时他也在劝说、等待“君”魂之归来。在此意义上，《不如来饮酒》组诗实质上是以酒“招魂”。

莫隐深山去，君应到自嫌。齿伤朝水冷，貌苦夜霜严。渔

① 《白居易诗集校注》，第 2230 页。

去风生浦，樵归雪满岩。不如来饮酒，相对醉厌厌。

莫作农夫去，君应见自愁。迎春犁瘦地，趁晚喂羸牛。数被官加税，稀逢岁有秋。不如来饮酒，相伴醉悠悠。

莫作商人去，恓惶君未谙。雪霜行塞北，风水宿江南。藏镪百千万，沉舟十二三。不如来饮酒，仰面醉酣酣。

莫事长征去，辛勤难具论。何曾画麟阁，只是老辕门。虮虱衣中物，刀枪面上痕。不如来饮酒，合眼醉昏昏。

莫学长生去，仙方误杀君。那将薤上露，拟待鹤边云。矻矻皆烧药，累累尽作坟。不如来饮酒，闲坐醉醺醺。

莫上青云去，青云足爱憎。自贤夸智慧，相纠斗功能。鱼烂缘吞饵，蛾焦为扑灯。不如来饮酒，任性醉腾腾。

莫入红尘去，令人心力劳。相争两蜗角，所得一牛毛。且灭嗔中火，休磨笑里刀。不如来饮酒，稳卧醉陶陶。①

饮酒而醉与高士归隐、农夫种田、商人行贾、军旅征战、炼铅烧汞、高官显爵、红尘争斗一样被当作基本生存样态。显然，白居易不是将这些不同的生活方式等量齐观。后者刺激、艰辛、痛苦、危险，追求名利长生等虚无缥缈又微不足道的目标，让人陷溺其中，身心不得安宁而失去自我，而饮酒任性自在、轻松自由、和乐悠闲。按照他对“忙”与“闲”的区分，高士归隐、农夫种田、商人行贾、军旅征战、炼铅烧汞、高官显爵、红尘争斗都是“忙”，唯有饮酒才能称得上是“闲”。高士、农夫、商人、将士、炼丹人、高官、斗士都是“忙人”，唯有饮者是“闲人”。从批判的眼光看，白居易所言非常有道理。当人们处于特定的社会角色，往往在谋生的同时，也容易形成思维与行动的双层习惯。由此陷入其中而不得超脱，形成忙碌而难以停息之态，所谓“闲不下来”即指此态。尤其是当人们

---

①《白居易诗集校注》，第2147—2150页。

认定自己是“忙碌的命”，“闲”注定是奢望。不过，当“闲”的观念被教化、普及，它也将引领处于不同社会角色人们在各自的行业劳作中追求“闲”，实现“闲”。

白居易将“饮酒”与“闲”等同起来，并未意识到观念对行为的引领作用。所以，他在对高士归隐、农夫种田、商人行贾、军旅征战、炼铅烧汞、高官显爵、红尘争斗等生存方式表达失望的同时，完全否定基于这些生存方式的解脱。他要做的是彻底拒绝它们，而归于饮酒。在这组诗中，白居易极力赞美饮酒之美妙。其意图就是用此乌托邦来撩拨、引诱人们去饮酒，也可以说是通过饮酒来为世人招魂。不同于《楚辞·招魂》以故乡完整的衣食住行来吸引游魂，《不如来饮酒》单以“饮酒”“醉境”来招魂。在白居易笔下，“醉”无限美好，比如“厌厌”——极其满足状、“悠悠”——从容自然状、“酣酣”——十分畅快状、“昏昏”——混全不分别、“醺醺”——深醉不醒状、“腾腾”——飘飘然、“陶陶”——和乐状。醉中混全、悠闲，而远离贤能、效率、效用、上进、有为、功利等尘俗价值。贤能、效率、效用、上进、有为、功利让人苦忙，让人烦累，也让人不自由。

巧者劳，智者忧，只有不巧不智之醉，才能远离羁锁之累、朝市之喧。饮酒而醉成为白居易终极的生命抉择：“处处去不得，却归酒中来。”[①] 高士归隐、农夫种田、商人行贾、军旅征战、炼铅烧汞、高官显爵、尘俗争斗皆去不得，返归酒中是必然。存在方式的选择也是精神道路的自觉抉择，饮酒之外的生活不值得过。后世晏殊“人生不饮何为”之说辉映着白居易“不如来饮酒”的思想，都把饮酒当作自觉反思、抉择之后的理想生活方式。当然，“酒中”并非窄逼的斗室，也不是苍莽的荒原，它充实而富有，自由又悠闲。白居易高度认同王绩的“醉乡”观念，有时径以“醉乡”称呼“酒中”

① 《白居易诗集校注》，第 514 页。

洞天，所谓“事事无成身老也，醉乡不去欲何归”①。如我们所知，“醉乡”并非虚无之所，它乃无何有的精神田园，也是无所为、无所思、事事不成之人理想的归所。

可以看出，白居易接受佛家人生为苦之说，但对于如何解脱人生之苦，他并没有遵照其“集灭道”的理路，而是依循王绩等先辈开创的饮酒入醉乡的精神之路，以饮酒对抗人生必然面对的忙与苦。现实有多忙、多苦，醉乡就有多闲、多迷人。由此表明，“醉乡”乃独立于儒家“大同”与佛家“西天”的独立精神世界。不过，酒醉虽迷人，却内蕴着自我否定的逻辑：醉乡有人，天下无人。如此，田无人耕，工无人做，酒无人酿，醉亦不可得。醉乡无法普遍化，注定只能是个别闲人的精神避难所。

---

①《白居易诗集校注》，第 1389 页。

四　酒令人远

作为人造之物，酒不仅满足日用之需，合乎人之常情，同时也被不断性情化、精神化，被用于各种精神活动中。传统文人以“酒令人远”来概括酒的妙用，酒由此又一直被称道、被传颂。酒以辛热之力作用于人的身心，让人融化、突破身心之限，提高人的能力，开阔其心胸，远恐惧、烦闷、孤独，远离此时此地，由当下到远古，由眼前到天际，由有限到无限。酒也让人超越此在，消除隔阂，拉近甚至消解与他人、万物的距离，打开一个变形了的自由新世界。醉能醒不能，醉去乾坤亦小，但远人世的醉乡却不失其价值。

在中国传统味觉中心文化中，性味被理解与规定为事物的本质。具体到五味，辛甘发散为阳，酸苦涌泄为阴。阴阳交用，收发互济。至于酒，其味甘辛、大热，在五味中占据阳位。酒进入人体，让气血升腾，生理、心理向上、向外发散，可谓在人之“乾”。在味觉中心文化中，作为在人之乾的酒对人自身乃至人群的谐和不仅必需，而且必要：为人的行动提供动力与目的。事实上，酒在中国思想史中早已确立了自己相应的位置。饮酒于身体有发散之功，亦可拓展内在心境。饮酒至醉，把味觉无距离的追求荡开，悬置与人物的纠缠、裹挟而独游万物之表、尘世之表，实现精神的不断超越，此之谓“自远”。

（一）酒正使人自远

“酒令人远”之说出自明代陈继儒的《小窗幽记》[①]。此说承继东晋王蕴“酒正使人人自远”说[②]，而落实于人生“韵味”。这两种表述都注意到了以下现象：饮酒能让自我超越尘俗，让自我向上突破、飞腾，远离此时此地，由当下到远古，由眼前到天际，由有限到无限。对于意欲与当下拉开距离的文士来说，能令人自远的酒无疑最有神韵。

“远”是传统文人极尽赞赏的艺境与意境。皎然《诗式》对此有精辟的界定：“远，非谓渺渺望水，杳杳看山，乃谓意中之远。”[③]“远”不是指实存的异地、异世，另一个此地、此时，非谓视觉性的远——看得远或听觉性的远——听得远，而指意中之远、心之远。心意之远更像味觉性的远——另一种韵味。俗人饮酒，会到意中的远方一游。高士有远志、远量、远情、远鉴，饮酒而可至玄远、清远、高远、旷远、深远、遐远、广远、幽远。

饮酒动人情意，调动人的想象力，心意自远，饮者的时空由此改变。“浊酒一杯家万里”[④]（范仲淹），浊酒一杯，身在塞上，心却可到万里之外的家乡。心理距离被酒消弭，人与心意之所念相通而亲近。饮者从当下腾越而出，抵达耳目所不及处，就此而言，饮者远离现实的自我；就心意之所念与饮者相通而言，酒让饮者与物更近。令自己远，令物我近，此乃酒之玄妙所在。

“远”对人何以必要？初民时期，人饮酒多为乐己，醉酒多为与神相遇。诸神逝去，人们逐渐发现了酒的治疗功能，“酒为百药之

---

① 《小窗幽记》，第 101 页。

② 《世说新语校笺》，第 402 页。

③ 皎然：《诗式》，引自何文焕《历代诗话》，北京：中华书局，1981 年，第 36 页。

④ 范仲淹著，李勇先、王蓉贵校点：《范仲淹全集》，北京：中华书局，2020 年，第 648 页。

长”说反映的就是这种观念。酒不仅对身体具有治疗功能，对心理、精神同样具有治疗功能。企慕“远”正是这种功能的体现。“远”非时空间距之谓，而是指一切不可及、求不得、理应归往之所等超越性价值的实现与自身存在的自由绽放。

日常生活世界注重当下，依仗经验、现象，沉溺于便利，忙碌、焦虑、烦躁，彼此拖累、连累。这些“切身近况”束缚着人，也让人更加向往“远”。俗人向往“远方”，以便透口气，重新回归日常生活世界。超越者则希冀不断升腾之高远、绝俗之清远、遗忘经验与现象之玄远、混俗之深远、避世之幽远、开胸之阔远、张胆之雄远……远而离，或远而返，都可说是对当下切身近况的超越。

视觉思想中的超越表现为不断超越肉眼的看，以及肉眼的看之所对。比如追求以心眼看，包括用心眼看纯形式——理念（IDEA），用科学之眼看“事实”，用现象学之眼看作为本质的“现象”，等等。味觉思想之超越表现为即味但拒绝陷溺于味：在品尝五味活动中既超越五味，又由尝味超拔至体味、味道。就五味而言，亦可超越。比如，利用五味阴阳交用互济的原理，从“一味”超拔出来，实现五味调和；以“乐”超越“苦”（宋儒）；从“五味”之杂回归到本味之真，从厚味到平淡（之味）（道家）；从物的“（滋）味”超拔至于“道（味）”，从品尝物味到味道，等等。“酒令人远”可以说是味觉思想具体的超越路径。

通“远”之途不一：宗教超越日常，但止于神圣教条；艺术、哲学超越经验，但创作需要专业化训练。饮酒既不需要专业化训练，也不预设终极教条，即可致远：酒既会冲决一切束缚，也能建构自由之境（如“醉乡”）。因此，宗教情结淡泊的中国士人往往选择酒来致“远”。

就中国文化说，味觉思想使人近万物、近世界、近世俗，但太近物、近世界、近世俗也易陷溺其中。酒既可让饮者逃离当下的世界、世俗，也可让饮者远而不离世，即世俗而超越之。同时，饮酒把自我心意所属者带至近前，让心意所属之物到来。苏轼对饮酒后人与世界万物之间的远近关系有深刻洞见。他在《浊醪有妙理赋》中说："惟此君独游万物之表，盖天下不可一日而无。"[①] 人在与物交接过程中，或者凭借知识与实践役物，或者被欲望牵引而役于物，难以挣脱又难以割舍与物的纠缠。"独游万物之表"是说，酒让人从物我交合中暂时撤出，不再为物羁绊，而能够在物表自由伸展。"独游万物之表"为超拔物溺、远而不离物的自由之态。当然苏轼所说的"天下不可一日而无"只能是指中国思想中的"天下人"，事实上，古希腊神话中酒神狄俄尼索斯总是外在于人，对于其治外之民来说并非不可无。狄俄尼索斯承诺的是狂欢与新生，表现为攻击性的醉狂，但给予人的却是虚无。酒鬼单纯反抗当下世界，否定当下世界。中国传统饮者不必逃避当下的世界，却会在当下的人间世建构起新世界——醉乡。

道不远人，人自远道，其中主要原因是人陷溺于世俗利欲，形成故步自封的狭隘自我，从而使人隔绝于道。饮酒让人超越功名利欲，消解与道之间的人为隔阂，让人自觉体道、味道、通道、守道。由此可以说，"酒令人远"乃实现"道不远人"的重要契机。

（二）酒养远心

商周以来，饮酒一直被当作快乐之事，饮酒总与礼乐之乐相伴。西汉焦延寿《焦氏易林·坎之兑》："酒为欢伯，除忧来乐。"其中虽提及"除忧"，但重点仍在"欢""乐"。曹操"何以解忧？唯有杜康"[②] 才将酒的"解忧"功能凸显出来。魏晋人嗜酒，发掘出酒的更多精神功用，如避人、自晦、遗忘、超越等等。"自远"是酒的精神

---

① 苏轼著，孔凡礼点校：《苏轼文集》，北京：中华书局，1986 年，第 21 页。

②《曹操集》，北京：中华书局，2013 年，第 5 页。

功用之总概括。“远”是心远，是自觉的精神超越活动。“酒正使人人自远”自觉地将（饮）酒作为思想活动、思想方法，这标志着酒正式登上中国思想史舞台。陈继儒提出“酒令人远”之说，呼应魏晋以来的饮酒观念，自觉将饮酒归为思想之事。不过，陈继儒把酒与香、茶、琴、棋、剑、杖并列，显然没能准确确立酒的思想地位。比如他写道：“香令人幽，酒令人远，茶令人爽，琴令人寂，棋令人闲，剑令人侠，杖令人轻，麈令人雅……”[①] 其实，酒既可令人远，也可令人幽、寂、爽、闲、侠、雅；也就是说，“远”中已经包括了幽、寂、爽、闲、侠、雅等境界，比如“玉壶买春，赏雨茅屋”之“典雅”、“如渌满酒，花时返秋”之“含蓄”、“何如尊酒，日往烟萝。……倒酒既尽，杖藜行歌”之“旷达”等等。当然，“远”中不仅含有幽、寂、爽、闲、侠、雅等意境，还直达天、理、道等形而上境域。

人们也常说“酒令人近”。“远”是饮者自远，“近”是饮者与其他的人、物之亲近。人若不能自远，不能打破自我封限，与其他人、物有隔阂，也就不能与他们亲近。借助饮酒，人打破自我封限而致远，才能与其他的人、物相互通达，相互亲近。因此，“酒令人远”乃“酒令人近”的精神前提。

饮酒涵情性、养远心，显诸境则有形而下形而上的幽、寂、爽、闲、侠、雅、天、理、道等。“故老赠余酒，乃言饮得仙。试酌百情远，重觞忽忘天。”（陶渊明）“百情远”即“远百情”，“百情”指清醒在世与人交接时产生的诸般缠绕人心的情绪、情感、情态，比如烦闷、忧虑、操心等等。“远”即驱离，即“忘”。人生在世，为百情困扰，遂被束缚在尘世。酒涤荡心胸，消解百情，也就断绝了尘世之想。“酒能祛百虑。”（陶渊明）“对酒绝尘想”说的也是这个意思。晋人张载的《酃酒赋》对酒的精神功能有较为全面的揭示：“造

① 《小窗幽记》，第 101 页。

甘醴以怡神。虽贤愚而同好，似大化之齐均。物无往而不变，独居旧而弥新。经盛衰而无废，历百代而作珍。……信人神之所悦。……宣御神志，导气养形。遗忧消患，适性顺情。”[①] 酒为贤愚所同好，为人神所共悦，其原因就在于酒可“怡神”，可消除忧患，可适性顺情。

酒能改变自我内在心境，后世诸多饮者也都能领会到此妙用，比如“酒酣心自开”[②]，“宽心应是酒”[③]（杜甫），“松醪腊祭安神酒”（杜荀鹤），“破恨悬知酒有兵”[④]（苏轼），等等。“解忧”“宽心”“安神”“破恨”“浇闷”“心开”从不同方面揭示酒对内在情绪的改变作用。情绪一时的改变为性情气质的变化提供了先导条件，饮者注重通过饮酒陶冶情操正基于此。陈白沙说：“直以酒陶情。”[⑤] 饮酒化解忧愁烦恼，更能让人遗忘世情，超越世人难以摆脱的俗见。世俗之人在名利权位之中经营，饮者则能以饮酒超越俗虑。“且乐生前一杯酒，何须身后千载名”（李白），“一醉累月轻王侯”（李白）。在真正的饮者看来，酒使人超越声利，它所开启的是世俗之外、价值自足的生活方式。“醉乡著我扶溪老，白璧黄金惠不如”[⑥]，“酒杯中我自忘机”[⑦]。“机”是机巧，即处心积虑地谋划、安排。“忘机”即远离谋划、安排的自然生活。饮酒能忘机，超越名利羁绊，无处不自在，林莽亦为安乐窝。

傲视王侯、名利，遗忘机巧、俗虑，既能够调理身体机能，也可以谐和生理、精神，实现身心之“和”。白居易《酒功赞》对此有

---

① 严可均辑：《全晋文》，北京：商务印书馆，1999 年，第 903—904 页。

②《李太白全集》，第 1064 页。

③《杜诗详注》，第 973 页。

④ 苏轼著，李之亮笺注：《苏轼文集编年笺注》第十一册，成都：巴蜀书社，2011 年，第 146 页。

⑤ 陈献章：《陈献章集》，北京：中华书局，1987 年，第 696 页。

⑥《陈献章集》，第 413 页。

⑦《陈献章集》，第 411 页。

精彩体悟："麦曲之英，米泉之精。作合为酒，孕和产灵。孕和者何？浊醪一樽，霜天雪夜，变寒为温。产灵者何？清醑一酌，离人迁客，转忧为乐。纳诸喉舌之内，淳淳泄泄，醍醐沆瀣。沃诸心胸之中，熙熙融融，膏泽和风。"[①] 酒以其甘辛热力驱除寒邪而得温和，化忧愁为和乐，喉舌醇和，心胸融和。种放种秫自酿，自称"空山清寂，聊以养和"[②]。饮酒"养和"，心性情因酒而得其正，古人称酒之和者为"养生主"[③]，不无道理。

饮酒不仅使人远俗，而且能令人近道。李白"三杯通大道，一斗合自然"阐明了饮酒乃通达大道的思想方法之妙义。事实上，酒是一种超越性力量，其作用与道类似。苏轼对此有深深自觉，他写道："浑盎盎以无声，始从味入；杳冥冥其似道，径得天真。……常因既醉之适，方识此心之正。"[④] 酒无形无声，却能以其"味"而使人得天真；也能通过醉而识心之正。苏轼的说法让人想起庄子与王佛大，庄子强调饮酒而可得神全，王氏则以饮酒而保持形神相亲。"三日不饮酒，觉形神不复相亲。"换言之，"形神复相亲"需要借助于酒才能实现。

饮酒不仅通大道，酒本身即近于道；饮酒不仅合自然，人愈醉愈自然；饮酒不仅使形神相亲，醉本身就是生命的大和谐。依照"以酒为命"说，饮酒就是在增强自己的生命，包括增强自己的精神生命；依照"酒中有理"说，饮酒就是"穷理"，就是以理净身的功夫，身与理合而如理而在；依照"酒近于道"说，饮酒则可使身与道合，与道为一。不妨说，一场酒就是一场精神修行，就是一场形而上运动。

---

① 《白居易文集校注》，第 1925 页

② 郑恢：《事物异名分类词典》，哈尔滨：黑龙江人民出版社，2002 年，第 540 页。

③ 此语出自"酒性之和者，正可养生，故名酒之和者曰'养生主'"（罗大经：《鹤林玉露》，北京：中华书局，1983 年，第 298 页）。

④ 《苏轼文集》，第 21—22 页。

质言之，饮酒并非狭义的口腹活动，属于思想之事。饮酒关联着忘机、超越名利等超越活动，并让人突破血肉之心以及自我的边界。同时可以激起血脉，让人与周遭事物一同兴起，共同进入生机氤氲之境。酒醉则能够打开各种限制而呈现出无间的广大世界，使人融入天地万物之中，成就万化自然。可以说，酒一直参与并推动着饮者的思考与修行。

（三）醉能醒不能

酒令人远百情，使自己远离清醒的自己。在甘辛热力涌摇下，饮者不断突破各种身心量的规定。酒后便如换了个人，包括知解能力、动手能力、胆识等都会大大异于往常。朱肱在《酒经》中论述道："与酒游者，死生惊惧交于前而不知。其视穷泰违顺，特戏事尔。……善乎，酒之移人也。惨舒阴阳，平治险阻。刚愎者熏然而慈仁，懦弱者感慨而激烈。"[①] 很多事饮酒后能做，不饮则不能；很多事醉能醒不能。在艺术创作方面，酒醉的作用多为人所熟知。张旭醉书狂草，醒则写不出。"张旭三杯草圣传，脱帽露顶王公前，挥毫落纸如云烟。"[②] 醉而能诗、醉而能画的现象很多，比如"李白斗酒诗百篇，长安市上酒家眠。天子呼来不上船，自称臣是酒中仙"[③]，"（吴道子）好酒使气，每欲挥毫，必须酣饮"[④]。唐明皇曾让他画嘉陵三百里山水，吴道子酣饮后，一日而就。酒醒后，气血（包括胆气）平复，超能消失，"远行"显得不可思议，甚至会后怕。

按照中医说法，肝藏血，酒入肝，气血加速，人会兴奋。大碗的酒使血流加快、神经亢奋。所以，古代在上战场前，将士们都会大量饮酒。我们熟知的王翰《凉州词》无疑反映了千古不变的人性：

① 《酒经》，第 23—31 页。
② 《杜诗详注》，第 105 页。
③ 《杜诗详注》，第 104 页。
④ 俞剑华注释：《历代名画记》，南京：江苏美术出版社，2007 年，第 221 页。

“葡萄美酒夜光杯，欲饮琵琶马上催。醉卧沙场君莫笑，古来征战几人回。”[1] 喝酒时肝气旺盛，肝胆互为表里，因此刚喝完酒人胆气壮，英勇无畏。壮行酒（或出征酒）说白了就是壮胆酒。当饮酒壮胆成为周知的现象，无酒之饮也能发挥壮胆作用，比如：

> 勾践思雪会稽之耻，欲士之致死力，得酒而流之于江，与之同醉。[2]
>
> 秦穆公伐晋，及河，将劳师，而醪惟一钟。蹇叔劝之曰：“虽一米，可投之于河而酿也。”乃投之于河，三军皆醉。[3]

有限的酒不管多醇厚，倒入江河都将被冲淡至无味。但在心理暗示下，将士饮的是江河之水，却也能醉人。这里的“醉”显然是指内在情志的改变，表现在外就是群情激愤、斗志昂扬。这种“伪醉”现象之发生，必然基于将士们的醉酒经验。以或真或假的酒来调动将士们的情绪，克服对死的恐惧，提升战斗力，勾践、秦穆公等深谙人性酒性的统帅无疑深知这一点。

世人对“生”有多贪恋，对“死”就有多害怕。按照儒家的说法，怕是心中无主宰。饮酒后，酒主宰着人，人也就不再怕。黄宗羲说“慷慨赴死易，从容就义难”[4]，无疑大有道理！常人如此，历史中的英雄人物亦如此，酒后豪气干天，无畏无惧。比如，刘邦醉斩白蛇，醉而无畏（“何畏!”），自做主宰也。“（酒）爱移人性情，激发其胆气，解释其忧愤。”[5] 酒不仅会改变人的性情，也会改变人的知解能力、决断能力、行动能力。按照传统观念，人的决断直接

① 顾青编注：《唐诗三百首》，北京：中华书局，2009 年，第 314 页。
② 引自《酒谱》，第 67 页。
③ 引自《酒谱》，第 68 页。
④《黄宗羲全集》第十册，浙江古籍出版社，2005 年，第 288 页。
⑤ 转引自《北山酒经》，第 67 页。

与“胆”或“胆气”相关。“胆”或“胆气”既指人的脏腑之一种——作为血肉的胆，也指其功能——决断。《素问·灵兰秘典论》曰：“胆者，中正之官，决断出焉。”[①] 有胆量者勇于决断、行动，无胆量者犹疑不决。“胆”也有其“量”，胆量大者自己决断，自己做主；胆量小者决断力不够，有些事能做主，有些事则不能决断，不能做主。“酒酣胸胆尚开张。”[②]（苏轼）胸开胆张指心胸开阔，胆气开张。如我们所知，人之胆皆有其量。“张胆”即不断打破其量的限制。对于平常人来说，知性水平、自身能力决定了胆量的界限，甚至胆量之有无。饮酒时，酒的辛热之力不断突破胆之量。醉酒，人完全为酒占据，胆量的界限被彻底突破。

（四）醉乡之远

“心远地自偏”，随着心境改变的是看待外物方式的改变，后者直接促成外在世界的改变。与酒相融的人主宰这个由酒打开的新世界，后者尽管广大，却也大不过醉胆。韩偓“且将浊酒伴清吟，酒逸吟狂轻宇宙”[③]，陆游“醉胆天宇小”[④]，以不同方式表达出醉胆之大，以及醉胆映照下宇宙之“小”。这里的“小”不是指量之小——空间之小，它的意思与“轻宇宙”之“轻”一样，指醉胆超越现实的宇宙，比现实的“天宇”更大、更重要、更自由。

酒改变饮者的能力、胆量，直接体现在饮者观物之眼远离正常的眼睛。酒眼、醉眼观世界，世界因此而变形。

> 醉眼青天小。[⑤]

---

① 姚春鹏译注：《黄帝内经》，北京：中华书局，2010年，第86页。

② 苏轼著，刘石导读：《苏轼词集》，上海：上海古籍出版社，2009年，第41页。

③ 陈继龙：《韩偓诗注》，南京：学林出版社，2001年，第76页。

④《陆游全集校注》第5册，第285页。

⑤ 彭定求等编：《全唐诗》，北京：中华书局，1960年，第8271页。

醉眼无疆界。[①]

少年醉眼傲王侯。[②]

醉眼与正常的眼睛不同，醉眼之所见乃变形之物。正常人的眼睛视力有限，饮者之眼借酒不断突破界限，醉眼之能无限。醉眼之所见随着醉眼无疆界而广大无边。在此无限之眼中，青天变小，万事为空，世俗之名利被看轻。

醉意弥漫，眼前卑微的这这那那、形形色色被无视，饮者所处的物理空间被转换成新的世界。酒令人远怕、远忧愁、远烦闷、远孤独，酒让人能力提高、心胸开阔，让人远离现实的自我与世界。沉淀在心中的往事、沉积在历史长河中的万古乾坤都会在酒醉中呈现："往事空因半醉来"[③]，"万古乾坤半醉前"[④]。"千山"可在醉舟中瞬间度过，遥远的"江南"在醉中轻松来到，所谓"醉中不觉度千山，夜闻梅香失醉眠"[⑤]，"梦里似曾迁海外，醉中不觉到江南"[⑥]。酒改变着人，移易着世界，可谓神奇的变形剂。

万古乾坤随着酒意而到来，酒的世界无穷而广大。对于酒醉的世界，饮者们根据自己的体验描绘出来，其内涵不断被充实、被丰富。刘伶在《酒德颂》中描绘饮者的世界："日月为扃牖，八荒为庭衢。行无辙迹，居无室庐。幕天席地，纵意所如。"[⑦] 这个世界打破了人世间狭隘的分割、限制，每个人都能够从现实局促的束缚中解脱出来，直面日月天地。饮者自由往来，不相妨害。王羲之"酒

---

① 《陆游全集校注》，第 2 册，第 158 页。
② 《陆游全集校注》，第 5 册，第 181 页。
③ 《韩偓诗注》，第 200 页。
④ 《陈献章集》，第 480 页。
⑤ 《苏轼诗集》，北京：中华书局，1982 年，第 1828 页。
⑥ 《苏轼诗集》，第 2427 页。
⑦ 《晋书》，第 1376 页。

正引人著胜地"[①] 之说将新世界定性为"胜地"，其中充满向往之意。王绩《醉乡记》提出"醉乡"概念，为饮者确立了安身立命之所。

"醉乡"是一个远离现实的"远方"，为一价值独立的世界。它消解了"中国"土地之有涯、山林之险隘、四时之气之落差，以及人群之差等。醉乡之人远离功利、效率、欲望，保留了人性之素朴与世界之纯净。这个类似《庄子》"至德之世"的世界一经提出，便成为饮者趋之若鹜之地。醉民们也纷纷以自己的心得体会不断充实着醉乡的内涵："醉乡路稳不妨行"[②]，"醉乡广大人间小"[③]，"酒是短桡歌是桨。和情放，醉乡稳到无风浪"[④]，"醉乡深处，不知天地空阔"[⑤]。陆游"只合终身住醉乡"[⑥] 更是道出了古往今来多少饮者的心声。

较之现实人间，醉乡广大、空阔、无风险、充满自由，具有随时召唤人的魅力。"醉乡"与现实世界具有质的差异，"醉乡路与乾坤隔"[⑦]，"醉乡无迹似闲云"[⑧]，"华胥别是一天地，醉乡何曾有生死"[⑨]，等等说法表明，"醉乡"并非现成的、物质的世界，毋宁说，它是一个纯粹的精神世界。"醉乡"与现实世界具有质的差异，也因此彼此有隔。它并不是现实世界的自然延伸，更不像"天庭"在其"上"，也不像"地狱"在其"下"。"西天"在"西"，醉乡却无

---

① 《世说新语校笺》，第 408 页。

② 苏轼著，刘石导读：《苏轼词集》，上海：上海古籍出版社，2009 年，第 176 页。

③ 秦观著，徐培均注：《淮海居士长短句笺注》，上海：上海古籍出版社，2008 年，第 215 页。

④ 辛弃疾注，崔铭导读：《辛弃疾词集》，上海：上海古籍出版社，2011 年，第 330 页。

⑤ 《辛弃疾词集》，第 326 页。

⑥ 《陆游全集校注》，第 11 册，第 110 页。

⑦ 陈贻焮：《增订注释全唐诗》第四册，北京：文化艺术出版社，2001 年，第 1380 页。

⑧ 温庭筠著，刘学锴校注：《温庭筠全集校注》，北京：中华书局，2007 年，第 302 页。

⑨ 杨万里著，辛更儒笺校：《杨万里集笺校》，北京：中华书局，2007 年，第 1061 页。

“东”与“西”。但是，醉乡亦有乾坤，所谓“乾坤入醉乡”[①] 是也。而且，醉乡并不遥远，“醉乡虽咫尺”[②]，“一枝藜杖一壶酒，何处人间无醉乡”[③]，“独醒公子去沉湘，未识人间有醉乡”[④]，“不知今日是何时，醉乡城郭无关钥。世路风波太崄巇，且看相枕烂如泥”[⑤]。这都表明，醉乡并不封闭，它向每个人开放。在此意义上，醉乡依旧属于人间。更重要的是，自唐代始，“醉乡”代替了天庭、西天，成为饮者希望之所在与自觉归往之所。

醉乡向人开放，但世俗之人却多与醉乡“隔绝”。因为，醉乡不是空间地域，而是一种精神境界。因此，醉乡之呈现需要特殊的精神修养与精神境界，也需要特殊的精神准备与机缘。“惟有尊中酒，不与我心违。……羲皇迹已远，三酌呼可还。”（张耒《次韵渊明饮酒诗》）酒与心不违，酒后所生乃基于心之所有。心中有“羲皇”者，三酌“羲皇”可还；心中无“羲皇”者，不管怎样醉，“羲皇”都不会呈现。李煜云：“世事漫随流水，算来一梦浮生。醉乡路稳宜频到，此外不堪行。”[⑥] 后主为帝王时，虽饮酒，却贪恋人间春花秋月，而无须到醉乡。国亡人为囚徒，春花秋月逝去不返，回首浮生如梦，才与醉乡相遇相知。人生无路可逃，他才会留恋醉乡。

在现实中失意者众，醉乡因此从不会空。不过，这并不意味着，所有进入醉乡者都是失意人。事实上，随着醉乡观念深入人心，不少饮者为得酒中趣，亦以醉乡来涵养性情。如陈白沙云：“引满花下杯，延缘坐中客。醉下大袖歌，孰云此门窄？”[⑦] 醉、舞不仅表现出

---

① 杜牧著，吴在庆校注：《杜牧集系年校注》，北京：中华书局，2008 年，第 161 页。

② 白居易著，顾学颉校点：《白居易集》，北京：中华书局，1999 年，第 591 页。

③《陆游全集校注》，第 9 册，第 336 页。

④ 刘克庄著，辛更儒笺校：《刘克庄集笺校》第二册，北京：中华书局，2011 年，第 384 页。

⑤ 释德洪著，夏卫东点校：《石门文字禅》，杭州：浙江古籍出版社，2019 年，第 176 页。

⑥ 李煜著，王晓枫解评：《李煜集》，太原：三晋出版社，2008 年，第 52 页。

⑦《陈献章集》，第 519 页。

陈白沙知足知止的精神修养，同时也都在不断突破空间之封限——向内拓展自由天地。对于普通人来说，醒来则回归世俗生活，重新开始计算安排，也就再次远道矣。醒来后，自我回归，人、物、我界限重新显现，相互通达的广大世界重新被隔开，世界因此呈现出逼仄、狭隘，道也被遮蔽，陈白沙说“醉去乾坤小”[①]，可谓精彩绝伦！

（五）“远”与味觉思想

“酒令人远”的实质是饮酒、醉酒使人自身、世界改变，使人能够身入“醉乡”。“远”“醉乡”的实质是破除束缚，走向自由。杜甫“谁能更拘束，烂醉是生涯”[②]与张籍“酒边多见自由身”[③]从正反两方面道出了“酒令人远”的精神实质。

值得注意的是，中国酒文化致远的途径是“味”，如朱敦儒言“天上人间酒最尊，非甘非苦味通神”[④]。从商周时期开始，人们已经将“甘”作为酒的基本性味，作为饮者，朱敦儒不会不知。他这里以“非甘非苦”表述酒的性味，显然道出了宋代酒的殊胜之处。如我们所知，酿酒先得甘，酿得不好，还会苦。“苦”的原因是“曲”多“米”少，只要继续加米，就可以变“苦”为“甘”。“甘酒”本有些“辛”味，用“甘酒”反复“酘”，辛味会渐重。朱敦儒“非甘非苦”表明，宋代人已经掌握了制造辛而不甘的烧酒的技术。辛而不甘的酒热力更盛，其通神之性更明显：既通天地鬼神，也通人的精神。朱敦儒言酒为天上人间最尊之物，正基于此。

神妙的辛热之酒让饮者获得“远”——自由，这是味觉文化的深沉妙义。不同于视觉文化向外求远，追求时空之“远”——物理

① 《陈献章集》，第 382 页。

② 《杜诗详注》，第 136 页。

③ 《张籍集注》，合肥：黄山书社，1989 年，第 211 页。

④ 《樵歌注》，第 225 页。

与精神双重的开疆拓土，味觉文化向内求远，追求心意之远。酒令人远，其实是令自己远，而无涉他人。狄俄尼索斯精神鼓动人信仰，允诺人狂欢，同时也会号召信徒（酒神狂女）对异见者排斥、攻击，以扩大自己的物理空间。味觉文化中的醉者往往酒醉而卧，安静内敛，独自在醉乡徘徊。在此意义上，离开味觉思想，我们无法理解中国酒精神，更无法理解中国酒文化。

饮者为了“远”而需要酒，在得“远”之后，酒也并非多余。酒并不是人们达到目的的工具，它与人相即不离。醉翁之意不在酒，但亦不离酒。不在亦不离，酒与人浑化。广而言之，人类与酒之间亦如此，人活着不是为了饮酒，但人类却也一直没有离开过酒。

第四章　酒与性道

尽管一直受质疑，但随着与人交融日深，酒也被饮者深沉地领会。在这个过程中，醒醉的内涵不断被充盈。由恐惧“醉”到接受“醉”，再到以礼提防“醉”。如此反复，“醉”逐渐被接受、被欣赏、被颂扬。同时，由追求“醒”，到自觉远离“醒”，再到改造“醒”为修身方式，“醒”被不断精神化。与此相应，饮酒被领会为人之性命，酒也在发挥着类似道的功能：调节人的精神，满足人的各种精神需求，实现人的各种精神价值。当思想家主动放弃自我，自觉地投入、融入酒，按照酒的精神品格展开自身，酒与人也相互成就。凡此等等都表明，酒的精神化进程不断加速。酒这一日用之物不断走向精神化，催生并应和着“日用即道”的观念，由此提供了日常生活沉沦与超越的新范本。

一 深沉的醉

在中国古典思想中，醉的观念不断变化，对醉的态度也随之变化。殷人好酒，滥饮频醉。周公作《酒诰》，限制饮酒，畏惧、害怕、警惕醉。先秦诸子中，孔子沿袭周公对醉的态度，韩非渲染醉而亡身、亡国，皆对醉充满警惕。庄子宣扬醉者神全，乃周初思想之反动。汉武用儒术，以礼避酒乱，自觉远离醉。魏晋时期，名士以醉对抗名教，为醉赢得价值重估之机。陶渊明以醉勾画出与世俗功利智巧对立的新世界，醉成为中国人精神追求的新天地。大唐求醉者众，求醒者稀。他们以醉肯定、享受生命，也在醉中不断开辟新的精神境界。大宋君臣为寻乐而醉，舍弃了醉的外在性，将其领悟为人性之分内事。大明饮酒成为日用之需，醉成为日常之态。大儒们一反前辈惧怕醉的思想传统，尽力将醉纳入心学思想系统。文士们则在情境上下功夫，尽力装饰醉，追求醉之美。从畏惧醉、害怕醉、警惕醉，到欣赏醉、鼓励醉、放纵醉、美化醉，醉在中国思想中逐渐扎根，成为中国思想的内在品格。从内容到形式，醉的观念经过数千年建构，日渐丰盈，成为味道十足的精神场域，源源不断地为人们提供着梦想与希望。与醉的观念演变脉络相应，“醒”在中国思想中也逐渐主题化。由意识的清明状态到超越之境的修行功夫，“醒”的内涵不断被拓展，并与“醉”一起构成了可供世人选择的、超越的价值理想。

国人醉了几千年，也被醉困扰了几千年。从畏惧醉、害怕醉到鼓励醉、放纵醉，从“神具醉止”到“宾既醉止”，从“不醉反耻”到“终日饮酒而不得醉”，从“举世皆醉我独醒”到“但愿长醉不愿醒”“终日陶陶醉”……人们对醉或恨或爱，有时会在醉与醒之间纠结、游移，但醉却始终不曾断绝①。醉为何物？人们为何会畏惧醉，害怕醉？为何又一直愿意醉，乐于醉？醉对人何以必要？醉在人的精神生活中扮演何种角色？

我们通常称饮酒超过个人酒量限度而失去意识之常的状态为“醉”。醉表现为生理性的意识昏乱与迷失，以及昏乱迷失的意识支配言语、身体，致使言语夸张、行为颠倒。人们害怕醉，多以伤害生命、威胁秩序为由。但从人类文明史来看，醉在心理与精神层面并非一味破坏、一无是处，相反，醉对自我生命与世界多有积极的肯定与主张。醉者无视眼前的秩序与价值，却能够忘记忧愁、痛苦；醉者颠倒时空，却也能够拉近距离，亲近原本高高在上的神灵与现实中彼此有隔阂的生民。醉自发或自觉地伸张欲望、保全生命、寄托理想、充实价值、抚慰创伤、安顿心灵……只顾喝酒而什么都不想的人乃单纯的嗜酒者，其醉了无意义。在先民那里，此属无故饮酒，为礼所禁，为人所耻。有故饮酒而欲醉者会在醉之前熟思“为何而醉”“醉意味着什么”“醉归何处”等切身性问题。因此，陷入意识昏乱乃至无意识的醉却往往是有目的、有意图甚至有组织的行为。看起来，每个人的醉态都差不多，或东倒西歪、大声喧哗、颠三倒四，或沉睡如烂泥……但对“为何而醉”“醉意味着什么”“醉归何处”等不同问题的应答却彰显出不同的精神品格。这不仅使个

① 马克·福赛思断言古代中国饮酒的特征是“儒家礼仪下的饮而不醉”（马克·福赛思：《醉酒简史》，北京：中信出版集团，2019 年，第 70 页）。他的考察止于汉代，就此说有些道理。扩展到“古代中国”的话，其说就以偏概全了。

体的醉意义各异，也使得不同时代的醉呈现出不同的精神格调。

（一）从神醉到宾醉

殷人好酒[①]，周推翻殷，将纣之失国归结为醉酒。于是，反对醉酒成为周初的重要政治任务。周公制定《酒诰》，认为以享乐为目的的饮酒容易导致醉乱，“醉”是人们需要规避与远离的生命状态。周初，人们基本能够遵循《酒诰》的精神饮酒。祭祀时，通过醉酒从地上跃上神界，与神灵沟通，这是一条重要的连接人神的通道。醉后失去天地、失去思想、失去身躯，可以从地上跃入神灵世界，与逝去的祖先与神灵交流。公尸醉在这个世界，也可通达神的世界。其所饮之酒也被赋予了神性，饮用此沾染神性的酒是荣耀，祭祀后的饮酒则是对神醉的模仿。饮酒而晕眩、入神、疯狂……被视为逐渐接近神、与神相契合的过程。于是，向往与神契合的人开始理所当然地醉酒。一方面，宾主模仿神而醉，有其正当之处；另一方面，祭祀而醉又含着对祭祀本身的冲击，以及对礼的冲击。宾主虽然模仿神而醉，欲亲近神，但终究不是神。甘美之味、晕眩、入神、疯狂这些要素都在吸引着人。祭祀时家族内共同饮酒，共同聚集在神的旗帜下，共同享受甘美之味，晕眩、入神、疯狂之乐，以及神性与人性交融带来的高峰体验。

不过，酒支配着人，言语行为俱乱。醉者屡屡突破礼仪，饮酒最终都以悖礼收场。每一次欢宴大体都如此，饮酒乱德失仪，礼一次次被玩弄、羞辱，这必然降低礼的尊严，“礼崩”实由此肇始[②]。这表明，在礼与酒的较量中，酒并非一直处于守势。事实上，每一次宴饮中，酒都在鼓动饮者突破礼的约束。或者说，每一次宴饮中，酒都会不断对礼发起攻势。原本弱势的酒在长期攻势中也逐渐取得

---

① 据考古专家介绍，后世出土的殷商礼器中，大部分是酒器。在饮酒并无政治禁戒的环境下，这些酒器无疑是为人服务的，这从一个侧面说明殷人饮酒之盛。

② 请参见第一章第一节相关论述。

对礼的强势，这也是促成礼崩乐坏的重要助力。

春秋诸子对“醉”的态度有差异，比如孔子坚持“唯酒无量，不及乱”（《论语·乡党》）。他对酒的调子一如周公，不禁止饮酒，但反对“醉”而狂乱。孔子深谙人性张弛之道，对于偶尔的醉酒而狂也能理解：

> 子贡观于蜡。孔子曰：“赐也，乐乎?”对曰：“一国之人皆若狂。赐未知其乐也。”子曰：“百日之蜡，一日之泽，非尔所知也。张而不弛，文、武弗能也。弛而不张，文、武弗为也。一张一弛，文、武之道也。”①

这里说的“狂”指的是蜡祭时醉而狂②。孔子将狂乱理解为放松、释放、宣泄等人性展开的内在环节。较之为非作歹等更具破坏力的乱行，饮酒而狂无疑是可以接受的最好的舒缓常年劳苦的方式。以官方自上而下列定蜡祭（主祭稼穑之神）可以自由醉饱，正是根基于人性张弛之道。

诸子中亦有将“亡国”“亡身”视为“醉”之结果的，比如韩非。反对“醉”的理由是“醉”会导致人失“礼”或乱规矩（包括“法”），即违逆内外秩序。在此意义上，“醉”只具有负的价值。饮酒过量会醉乱，引申下去，一切有悖礼法秩序的心理状态都可以说是“醉”。即是说，无须饮酒也能“醉”，也会乱。由此可以理解，积极入世、奋发有为的屈原何以用“举世皆浊我独清，众人皆醉我

---

① 郑玄注，孔颖达疏：《礼记正义》，北京：北京大学出版社，1999 年，第 1222—1223 页。

② 如郑玄注：“蜡也者，索也，岁十二月，合聚万物而索飨之祭也。国索鬼神而祭祀，则《党正》以礼属民，而饮酒于序，以正齿位，于是时，民无不醉者如狂矣。”（《礼记正义》，第 1222 页）

独醒”[①] 来批评世俗之人了。在他的语境下，“醉”不限于饮酒而醉，还指沉迷于名利或个人安乐，逃避责任，不思不想之麻木、沉沦与随波逐流。相应地，“醒”不仅指意识明觉、清楚的辨析，同时意味着认清自己的使命与担当；意味着积极面对现实问题，并主动寻找解决问题的方法。不堪忍受现存秩序而决心整治、改变现状，远离“醉”而保持“醒”，这成为奋发有为者必然追求的目标。当然，更多的人无力改变现实，“醒”对他们而言，意味着对现存秩序的悲凉的容忍与无奈的接受。

但是，“有为”对人、对物意味着什么？清醒的理智总是与无尽的意欲纠缠在一起，两者结合指向效率、功利，最终又表现为对人的制度化设定与对物的牢牢控制。对物的控制则使人被物裹挟，共同丧失素朴之性。随着对“有为”的反思与警惕，远古以来醉通神的观念也偶尔被唤醒。庄子所谓醉者神全，此无疑是远古观念之遗响。“全于酒”易得而难守，虽非最理想的境界，但却能够守护心神，使其不受死生惊惧观念侵扰。“神全”是诸魂相亲相守之态。随着智识增进而日渐分化、分离的诸魂在醉中重新凝聚。诸魂相亲相守，进而魂魄不离，人得以全。可以看出，在警惕醉、反对醉的悠久思想潮流中，“醉”第一次被领悟为正的价值。庄子的这个观点与论证思路为后世正视醉提供了珍贵的思想原点。

（二）终日饮酒而不得醉

“醉”无视规则规范，包含着对秩序的挑战、反叛。这个精神在汉高祖刘邦身上得到集中的体现。在后世史家看来，刘邦得天下与其“醉”有着神秘的关联。史迁记刘邦：“好酒及色。常从王媪、武负贳酒，醉卧，武负、王媪见其上常有龙，怪之。……高祖被酒，

① 金开诚、董洪利、高路明校注：《屈原集校注》，北京：中华书局，1996 年，第 758 页。

夜行泽中，令一人行前。行前者还报曰：‘前有大蛇当径，愿还。’高祖醉，曰：‘壮士行，何畏！’乃前，拔剑击斩蛇。蛇遂分为两，径开。行数里，醉，因卧。”[①] 刘邦年轻时虽仅仅是一卑微的亭长，但其醉态却并不卑微。醉而见龙，不仅人怪之，自己也会通过众人的眼神自我膨胀、跃出众庶。其醉斩白蛇之勇气无疑源于此。“醉斩白蛇”的豪迈之举被后世神话为汉帝国的历史命运：在神秘的命运支配下，在“醉”这种人神合体状态下完成天命。在现实层面，以醉酒打破刑律支配的秩序，结交豪杰，建立千秋大业。

“醉”得天下之为天命，亦体现在以醉的精神治理天下，比如曹参为相时日夜欢饮，以醉做事。《史记》载：“日夜饮醇酒。卿大夫已下吏及宾客见参不事事，来者皆欲有言。至者，参辄饮以醇酒，间之，欲有所言，复饮之，醉而后去，终莫得开说，以为常。相舍后园近吏舍，吏舍日饮歌呼。从吏恶之，无如之何，乃请参游园中，闻吏醉歌呼，从吏幸相国召按之。乃反取酒张坐饮，亦歌呼与相应和。”[②] 贤能之士以有为为能事，君主也总是以可见的事功考核臣下。曹参幸运在君主知其能，也支持其无为而为、无事而事。他自己饮酒而醉，也让下吏饮酒而醉，从而真正做到无为而治。醉酒让治理者停留于自身，自己收手而不扰下民。无功无誉之于官僚并不是好消息，但任天地万物自然生长消息，任下民休养生息却事半功倍。

醉之为治使下民及物从严苛的刑律中重获生机，然于人群，相信自然均衡却往往导向社会无序。要确立、确保社会秩序，整顿醉酒势在必行。重拾“礼”，以礼约束饮酒，逐渐成为汉帝国的基本国策。《乐记》曰：“夫豢豕为酒，非以为祸也，而狱讼益繁，则酒之流生祸也。是故先生因为酒礼。壹献之礼，宾主百拜，终日饮酒而不得醉焉。”[③] 酒礼在酒与饮酒者之间设置了繁文缛节——“百拜”。

---

① 《史记》，第343—347页。

② 《史记》，第2029—2030页。

③ 《礼记正义》，第1102页。

每一次依照礼饮酒，饮酒都被百拜之礼拆开、拉长，饮酒之时空被延搁，最大化降低了酒对人的作用。这样，饮酒以礼终而不得醉，口腹耳目之欲被抑制，由此得人道之正①。“礼”与“醉”在精神上对立，饮而不醉是美德，饮而不醉者被一再颂扬。比如《世说新语·文学》刘孝标注引《郑玄别传》曰：“袁绍辟玄，及去，饯之城东。欲玄必醉。会者三百余人，皆离席奉觞，自旦及暮，度玄饮三百余杯，而温克之容，终日无怠。”② 这则故事意味深长。一方面，三百余人奉觞，以礼饮酒，宾主百拜而将时间拉长（自旦及莫），酒对人的作用降至最低；另一方面，饮酒三百余杯而能保持温克之容，“终日无怠”显示出郑玄超大的酒量与对酒强大的控制力。饮而不醉、温克之容、终日无怠是对以礼饮酒行为的赞美，更是对以礼饮酒者德性的褒扬。类似的还有邴原，其《别传》记载：“原旧能饮酒，自行之后，八九年间，酒不向口。单步负笈，苦身持力，至陈留则诗韩子助，颍川则宗陈仲弓，汝南则交范孟博，涿郡则亲卢子干。临别，师友以原不饮酒，会米肉送原。原曰：‘本能饮酒，但已荒思废业，故断之耳。今当远别，因见贶饯，可一饮宴。’于是共坐饮酒，终日不醉。”③ 能饮而不饮，显示出了不起的自制力。有海量却能数年不饮，其德近于神圣。在宴饮时，与师友交盏，又能够终日不醉，自然被标志为世之楷模。

不过，并非人人皆圣贤，礼制对人性的压抑却也吊诡地导向大醉。比如，周泽掌管宗庙礼仪，职责所在使他“一岁三百六十日，三百五十九日斋”④。其生活完全“仪式化”，为调节重复而单调的生命节奏，他选择了“一日不斋醉如泥”⑤。礼与欲的冲突在醉中得到

---

① 关于汉代礼对酒的宰制，请参见本书第一章之一。

②《世说新语校笺》，第 104 页。

③《三国志》，第 352 页。

④《后汉书》，北京：中华书局，1965 年，第 2579 页。

⑤ 章怀太子《后汉书注》引《汉官仪》语，见《后汉书》，第 2579 页。

暂时的缓解，而非永久的解决。当醉之个案不断累积，对不醉之价值判定也逐渐改变。“邕饮至一石，尝醉，在路上卧，人名曰醉龙。”① “醉龙”是对醉者的欣赏与赞美，当然也包含着对“醉”的肯定。尽管这只是审美意义上的肯定，但已经预示着人们对“醉”的态度已经发生变化。比如，在解释《酒诰》“越庶国，饮惟祀，德将无醉”时，《大传》曰：“故曰饮而醉者，宗室之意也；德将无醉，族人之志也。”② “饮酒而醉”被看作“宗室之意”。宗室是主人，让族人饮酒，表达主人热情、殷切的态度。客人不醉，定是主人招待不周。这时，“醉”明显被肯定。当然，这种肯定是有限的，醉了之后需要饮者以自己的德行自我克制。在解释《小雅·湛露》“厌厌夜饮，不醉无归”时，《毛传》也有类似的表达：“宗子将有事，则族人皆侍。不醉而出，是不亲也；醉而不出，是渫宗也。”③ 宗子宴饮族人，族人之“醉”表达族人对宗子之“亲”。当然，醉后要求饮者能够有序退出。有限地肯定“醉”，与此相应，作为其对立面的“礼”——醉的管控者，以及名教的价值与尊严必然被动摇与弱化。

（三）期在必醉

对“醉”态度的改变与乱世枭雄们频繁醉酒不无关系。曹操、孙权、刘备好饮、常醉。所以，尽管曹操、刘备都曾颁布过禁酒令，但很快就废除了。受此时代风气影响，曹植在《酒赋》中对“醉”的描述已经近乎褒扬：“饮者并醉，纵横喧哗。或扬袂屡舞，或扣剑清歌。或颦蹴辞觞，或奋爵横飞。或叹骊驹既驾，或称朝露未晞。于斯时也，质者或文，刚者或仁。卑者忘贱，窭者忘贫。”④ 醉酒者

① 蒋一葵著，吕景琳点校：《尧山堂外纪（外一种）》卷七，北京：中华书局，2019年，第141页。
② 转引自孙星衍：《尚书今古文注疏》，北京：中华书局，1986年，第376页。
③ 转引自《毛诗正义》，第622页。
④ 赵幼文：《曹植集校注》，北京：中华书局，2016年，第185页。

行为与气质都会发生巨大的改变，但此醉态明显不那么令人生厌，毋宁说，醉得有诗意。于醉者，或文或仁，忘贱忘贫，亦为美事。曹植本人，浸淫酒中，以醉误事误身，则为一悲剧。史载：

> 植任性而行，不自雕励，饮酒不节。文帝御之以术，矫情自饰，宫人左右，并为之说，故遂定为嗣。植尝乘车行驰道中，开司马门出。太祖大怒，公车令坐死。由是重诸侯科禁，而植宠日衰。太祖既虑终始之变，以杨修颇有才策，而又袁氏之甥也，于是以罪诛修。植益内不自安。二十四年，曹仁为关羽所围。太祖以植为南中郎将，行征虏将军，欲遣救仁，呼有所敕戒。植醉不能受命，于是悔而罢之。[①]

违禁（“开司马门出”），不能受命（领兵救曹仁），这是醉的基本表现。曹植身处王侯家，遵从并维护规定、命令是其分内之事。他却如寻常醉者一般无视规定、命令，褒扬且践行醉，此乃求仁得仁。为醉对抗规定、命令，曹植的悲剧也是其自身无法逃脱的宿命。

当醉一再被欣赏与赞美，很快成为时代风尚，醉者也就成了受人敬仰的明星。阮籍、嵇康、刘伶等人或为避祸，或为对抗名教……原因不一，但都以其“醉”而为世敬仰、效法。于是，醉逐渐成为一道奇特的风景。他们在醉中也逐渐找到了礼法名教之外新的意义场域，如“毕茂世云：‘一手持蟹螯，一手持酒杯，拍浮酒池中，便足了一生。’”[②] 饮酒能够带来身体愉悦，单独关注饮而醉的愉悦是对汉代以来以礼饮酒的冲击。然而对于个人来说，以礼行事具有公共价值，为感官享乐饮酒则是对自身的积极肯定，因而具有

① 《三国志》，第 557—558 页。

② 《世说新语校笺》，第 397 页。

独立的、不可抹杀的价值。感官快乐尽管在道德上并不完美，但被文人审美化处理后，也逐渐成为值得世人流连、留恋的新的意义场域。通过醉肯定生命、沉浸于酒者并非无功于世。后世评论说晋人醉得不真，远远没有触及醉之本质①。

醉是魏晋人心安处，醉便价值自足，生死自不足论。在《酒德颂》② 中，刘伶把醉者塑造成理想人物——大人先生。大人先生以酒事为大（“惟酒是务，焉知其余”），不贤亦无能，无德也无位。大人先生所居的是一个摆脱“礼法”及一切束缚的自由世界。醉的世界对外，屏除礼法利欲、雷霆泰山的干扰（“静听不闻雷霆之声，熟视不睹泰山之形，不觉寒暑之切肌、利欲之感情”）；对内，守护宁静快乐的心田（“无思无虑，其乐陶陶”）。醉的世界是一个独立于礼法的自由王国，因此，也是礼法代言人（“贵介公子，缙绅处士”）仇恨的对象。刘伶以醉避官、避世，正基于他对礼法的超越态度。

《酒德颂》开始颂扬醉对个体的美好意味，接续庄子对醉的认同而颠覆了西周以来对醉的惧怕与警惕。醉对个体的意味着重的是醉的主观性。陶渊明以“诗”的形式给予醉的主观性以更鲜明的价值形态。他按照醒醉区分两类价值，以及完全对立的两类人：“有客常同止，取舍邈异境。一士长独醉，一夫终年醒。醒醉还相笑，发言各不领。规规一何愚，兀傲差若颖。寄言酣中客，日没烛当炳。”③（《饮酒二十首》其十三）终年醒者按照世俗的礼法行事，生命被限

① 如“晋人多言饮酒有至于沈醉者，此未必意真在于酒。盖时方艰难，人各惧祸，惟托于醉，可以粗远世故。……饮者未必剧饮，醉者未必真醉也。后世不知此，凡溺于酒者，往往以嵇、阮为例，濡首腐胁，亦何恨于死邪”（逯铭昕：《石林诗话校注》，北京：人民文学出版社，2011 年，第 192—193 页）。“未必”是实情！对醉者“濡首腐胁”之批评，依然停留在醉者之外在表现方面。事实上，诸多醉者已经发现了醉的价值，醉的内在精神价值才是他们之所追寻。

②《酒德颂》原文引自《晋书》，第 1376 页。

③《陶渊明集》，第 95 页。

制在规矩、套路之中。对陶渊明来说，这些规矩、套路是“尘网”，是“樊笼”，生存于其中的人的真性情被羁绊、被移易。常独醉者傲然对待人世规矩，不在乎、不拘于、不自限于这些规矩。他能够按照自己的真意而不是俗念思考、行事，终得身心自在。“日没秉烛”即是无拘无束、自由自在生命之典型表现。“托身已得所，千载不相违。”[①]“醉”中得自在，得“醉”即得到托身之所，陶渊明誓言将千年坚守“醉”之理想。

醉者不吝其情，有酒即饮，不顾世间功名，不期长生，在如流星一般短暂易逝的有生之年，快意释放自己的素朴本性。陶渊明的“醉”是内敛的、安静的，“我醉欲眠，卿可去”[②]，没有狂躁的醉话，没有狂乱的醉行，他乘醉而眠，安静得像赤子婴儿。从“醉”出发，陶渊明开始自觉批评“醒”。他指出，醒者“有酒不肯饮，但顾世间名”[③]。矫情从俗，有酒不饮，或为功名，或求长生，将自己素朴之性作为工具付于身外之物。醒者似智实愚，醉者似愚实颖。这是两种对立的人生信条与精神道路，也是两种对立的在世方式。走向常醉、远离常醒是陶渊明的必然选择。陶渊明将“醉”确立为值得终身追求的正价值，并从醉出发来贬抑醒，这是醉的自觉，也是对屈原以来褒扬“醒”的价值反动。

从反对“醉”，推崇、鼓励醒，到追求“醉”、贬抑“醒”，中国人的醒醉观发生了颠倒。值得注意的是，醉在陶渊明这里成为高度精神化、高度超越化的活动与生命姿态。对于宗教意识淡薄的中国人来说，充满精神意味的醉也成为中国人归宿的一个重要选项。

（四）但愿长醉不愿醒

受刘伶、陶渊明醉的思想的启迪，王绩自觉把“醉乡”刻画成

---

① 《陶渊明集》，第 89 页。
② 《宋书》，第 2288 页。
③ 《陶渊明集》，第 88 页。

理想之境。与《酒德颂》着重酒醉的个体性意味不同，“醉乡”侧重的是醉所塑造、醉者皆可及的共同境域。

如我们所知，汉末以来的四百年中，时局动荡不宁，安宁和平成为时人最大的梦想。醉乡最大的特征就是世间难得的和平安宁：内心宁和，彼此无争；神人冥契，人禽不相胜。醉乡天地平整清和（“其土旷然无涯，无丘陵阪险；其气和平一揆，无晦明寒暑。”[①]），其人内心宁静（“无爱憎喜怒”），所取洁净（“吸风饮露，不食五谷”），动静自得（“其寝于于，其行徐徐”），不以人自居自限（“与鸟兽鱼鳖杂处”），不尚效率、功用（“不知有舟车械器之用”），平等、齐一而与礼乐、刑罚、暴政精神有隔，等等。简言之，醉乡保留了现实世界所缺的真善美等各种价值。王绩其人，以“无功”明世，慕“五柳先生”而自称“五斗先生”。他以酒德游于人间，自称邻里请酒，他则“往必醉，醉则不择地斯寝矣，醒则复起饮也”[②]（《五斗先生传》）。他不顾忌世俗的风言风语，也不在意自己的形象与尊严，像一个酒鬼一样每饮必醉，每醉必随地卧倒。他也不在意自己的身体，酒醒还会继续饮酒、继续醉。在他看来，醉可以全身、可以遂性、可以保真，为一价值自足的独立世界。醉之迷人处，在其保留了人性之素朴与世界之纯净。更重要的是，“醉乡”代替了天庭、西天，成为人们希望之所在与自觉归往之所。

王绩构建的醉乡成为大唐人的精神家园。高官布衣乃至狂僧野道对此一往情深，前仆后继。

在唐人心目中，醉乡无户税，无是非，无形迹，而有乾坤，有日月，有物外景致，有方外闲静。醉乡广大，无拥挤，也不须前后相争。因此，有的年纪轻轻就入醉乡，如“二十长游醉乡里”[③]；有

---

① 《醉乡记》原文俱引自《王绩文集》，第 221—223 页。

② 《王绩文集》，第 220 页。

③ 李贺著，吴企明笺注：《李长吉歌诗编年笺注》，北京：中华书局，2012 年，第 753 页。

的看尽兴亡之后自觉归往醉乡；有的乐在醉乡，不知往返，如“生为醉乡客，死作达士魂”[①]，“犹嫌小户长先醒，不得多时住醉乡”[②]，“一杯宜病士，四体委胡床。暂得遗形处，陶然在醉乡”[③]；有的呼朋唤友，齐往醉乡，如“君酒何时熟，相携入醉乡”[④]。醉乡近在咫尺，醉了即到，所谓“早晚相从归醉乡，醉乡去此无多地”[⑤]。对于深知诸苦的大唐人，醉乡是其逃避苦难的世外桃源，也是他们解脱之方便法门。

杜甫的《饮中八仙歌》形象地描画出醉乡之民的丰富仪态：

> 知章骑马似乘船，眼花落井水底眠。汝阳三斗始朝天，道逢麹车口流涎，恨不移封向酒泉。左相日兴费万钱，饮如长鲸吸百川，衔杯乐圣称世贤。宗之潇洒美少年，举觞白眼望青天，皎如玉树临风前。苏晋长斋绣佛前，醉中往往爱逃禅。李白斗酒诗百篇，长安市上酒家眠。天子呼来不上船，自称臣是酒中仙。张旭三杯草圣传，脱帽露顶王公前，挥毫落纸如云烟。焦遂五斗方卓然，高谈雄辩惊四筵。[⑥]

与嵇康、阮籍的醉不同，八仙饮而醉不是外在强力所迫，而更是发自内心喜欢饮酒。汝阳王李琎宠极一时，所谓“主恩视遇频……倍比骨肉亲”[⑦]。恃宠才敢饮酒三斗朝见天子，并且主动寻封于酒泉。左相李适之被罢相而欣然不已，并以为让贤就可以避免灾

---

① 《元稹集》，北京：中华书局，2010 年，第 98 页。

② 《白居易诗集校注》，第 1513 页。

③ 蒋寅笺，唐元校，张静注：《权德舆诗文集编年校注》，沈阳：辽海出版社，2013 年，第 524 页。

④ 陶敏、陶红雨校注：《刘禹锡全集编年校注》，北京：中华书局，2019 年，第 1114 页。

⑤ 《白居易诗集校注》，第 1717 页。

⑥ 《杜诗详注》，第 101—106 页。

⑦ 《杜诗详注》，第 1679 页。

祸、安心饮酒。如果说贺知章之醉显示的是豪放旷达，那么李琎、李适之可谓以醉自晦。崔宗之与李白乘舟自采石至金陵，着宫锦袍坐，一路痛饮，旁若无人。宗之师法阮籍风骨，以醉傲绝尘俗，守护本真之性。焦遂为平民，口吃。痛饮后，口若悬河，滔滔不绝，时人谓之“酒吃”。醉使焦遂战胜口疾，遗忘低贱身份，而堂堂自立。大唐自王侯百官至平民，都不乏嗜酒如命者，甚至佛教信众（如苏晋），亦常常破戒豪饮。醉激发起酒仙们的胆气，使他们能够傲视礼法、俗客。醉生人豪气，也能激发出魔幻般的创作力。醉催发着唐人的勃勃生机，助力并标志着大唐精神之生成。

李白豪饮，他的醉不像陶潜那般内敛、安静，而是张扬奔放：升天入地、蔑视权贵。他留下大量关于醉酒的诗篇，将醉酒领悟为合乎自然、进入大道的不二法门[①]。杜甫诗才与酒肠堪匹李白。他自称：“四十明朝过……烂醉是生涯。”[②] 虽说“烂醉是生涯”可能比较夸张，但其常饮频醉应该不假。对于拥有济世胸怀的杜甫来说，为什么如此频繁地醉？在其诗作中，杜甫给出了一些线索：“得醉即为家”[③]，“世路虽多梗，吾生亦有涯。此身醒复醉，乘兴即为家”[④]。对于中国士大夫来说，“家”是其生命的出发点与情感的归宿。得“醉”即为“家”，“醉”虽有碍认知，但却包含了他的情感与希望（“兴”）。一时醉可以让他颠沛流离的际遇获得暂时的喘息，生涯频繁的醉则可以让他保持长久的念想，甚至抵达永久的归宿。

白居易亦深于醉，其历仕皆以醉为号：为河南尹曰醉尹，谪江州司马曰醉司马，为太傅曰醉傅，总曰醉吟先生。他不饮则已，饮则酩酊，所谓“尽将沽酒饮，酩酊步行归。名姓日隐晦，形骸日变

① 李白不仅豪饮，其对酒的思考亦超绝，具体论述请参见本书第一章之二。
②《杜诗详注》，第 136 页。
③《杜诗详注》，第 1165 页。
④《杜诗详注》，第 1343 页。

衰。醉卧黄公肆，人知我是谁”[①]，“朝睡足始起，夜酌醉即休”[②]。作为思想者，白居易对醉有清晰的认知，其醉实高度的精神自觉。他模仿陶渊明诗体，写下醉酒组诗。在序言中，白居易自陈：

> 余退居渭上，杜门不出，时属多雨，无以自娱。会家酝新熟，雨中独饮，往往酣醉，终日不醒。懒放之心，弥觉自得，故得于此而有以忘于彼者。因咏陶渊明诗，适与意会，遂效其体，成十六篇。醉中狂言，醒辄自哂。然知我者，亦无隐焉。[③]

在白居易看来，人在天地之间，其寿不过百年。古圣前贤，去而不还。万物随化而迁，不如举杯歌樽前，得乐且心安。他回顾自己美好的饮酒体验：“一酌发好容，再酌开愁眉。连延四五酌，酣畅入四肢。忽然遗物我，谁复分是非？是时连夕雨，酩酊无所知。人心苦颠倒，反为忧者嗤。”[④] 人生短暂，苦比乐多。对抗苦需要醉，充实生命（发好容、开愁眉、酣畅四肢等）亦需要醉。佛家以“苦谛”立教，白居易以自己生命体验附和、实证其说。不过，关于如何解脱人生之苦，白居易并不认同佛家。醒之苦多，何必要醒？谁愿意醒？醉者多欢，那就在醉中解脱吧。

白居易 45 岁左右，肺有疾（白居易《闲居》：“肺病不饮酒。”[⑤]），饮酒有所节制，但酒兴仍在。他也读过佛经，对禅宗有所同情。与酒性味敌对的茶也喝得逐渐多了：“食罢一觉睡，起来两瓯茶”[⑥]；“清影不宜昏，聊将茶代酒”[⑦]；“泉憩茶数瓯，岚行酒一

---

①《白居易诗集校注》，第 532 页。

②《白居易诗集校注》，第 529 页。

③《白居易诗集校注》，第 498 页。

④《白居易诗集校注》，第 502 页。

⑤《白居易诗集校注》，第 643 页。

⑥《白居易诗集校注》，第 639 页。

⑦《白居易诗集校注》，第 660 页。

酌”[1]；“起尝一瓯茗，行读一卷书”[2]。茶性苦寒，宜于修德；煮茶风雅，亦为时尚。但是，茶也好，禅也罢，都无法取代酒，所谓“醉来堪赏醒堪愁”[3]。茶、禅导向“醒”，而清醒的世界总让人身心不宁。安顿身家性命的醉乡始终无可替代，白居易最终还是去而复归：

> 处处去不得，却归酒中来。[4]
>
> 凌烟阁上功无分，伏火炉中药未成。更拟共君何处去，且来同作醉先生。[5]

远离再生（逐禅僧、学楞伽、坐禅销妄想）与不死（随道士、炼丹砂），若不能建功立业，便当爱酒闲醉，消愁度生。醉对生命最有意义，或者说，醉最能赋予生命以意义。**无醉可待，生命便会堕入空幻**。

如果说刘伶、陶潜、王绩发现了酒世界——新的意义世界，那么，李白（三杯通大道，一斗合自然）、白居易等人则将之确立为入世（凌烟阁上功）与出世（伏火炉中药）之外的第三个意义世界。醉乡有道，合乎自然，是一个特别的意义世界。进入此意义世界一方面价值自足，不必外求；另一方面，在醉中，人们的精神也能得到护持与反哺，其生机与活力可以得到涵蕴。醉的世界与醒的世界不必对立，虽然这里具备醒的世界所稀缺的诸多胜景。

---

① 《白居易诗集校注》，第 673 页。
② 《白居易诗集校注》，第 688 页。
③ 《白居易诗集校注》，第 1222 页。
④ 《白居易诗集校注》，第 514 页。
⑤ 《白居易诗集校注》，第 2535 页。

（五）昏醉亿万，求醒者稀[①]

经过晋唐人纠偏，宋人对醉的态度发生重大转变。醉是去向此时此地之外的另时另处，自觉长醉不醒则是自觉归于生身之外的另时另处。这个不同于此时此地之外的另时另处关联着饮者对当下世界的态度：此时此地未必完美，醉意味着对此时此地的质疑，意味着对当下世界的不满、拒斥、抵抗。当个别人以醉示尊者，或许被当作不合作的异类。但是，当这个世界的至尊者引领众人齐赴醉域，醉者对当下世界的态度也就不足为奇了。

“杯酒释兵权”让大宋诸君对臣民饮酒格外开恩，对醉格外迷恋。北宋君臣爱醉，同时引诱民众买醉，此为千古之所未闻。他们以醉作乐，以此对抗苦教，以此过他们的精神生活[②]。在饮酒被理解为“人之常情”的风俗之中，宋代士人的“醉”不为抗暴，不为避世，不为超越。简言之，人们的醉并无外在目的，或许为一些个人的遭际感伤，但更多的人是因为喜欢饮酒而醉，正所谓“但问酒中适，岂计饮者传”（晁补之）也。

北宋皇帝大多爱酒[③]，酒量还都很可观。皇帝鼓励饮而醉，臣民一众参饮者动辄“莫不沾醉”，“尽醉”，“皆醉”[④]。上行下效，对醉之畏惧感一扫而尽。人们自由、平和地出入醉乡，尽情享受其间风光。在此狂野饮酒的风气下，君臣时常共醉。位居高位者，如寇准、晏殊、范仲淹等在其府邸时常招饮，频饮亦频醉。醉是享受，似乎

---

① “昏醉亿万，求醒者稀”（出自《扬州龙兴寺经律院和尚碑》，《全唐文》，第 3246 页）是唐人李华对唐代精神状况的判断，对于大宋，这个判断同样适用。

② 关于饮酒与北宋人的精神生活的具体论述，请参见本书第一章之二。

③ 太祖喜饮，带头饮酒，其爱酒基因甚为强大。宋人有载：“内中酒，盖用蒲中酒法也。太祖微时，喜饮之。即位后，令蒲中进其方，至今用而不改。”（朱弁：《曲洧旧闻》，北京：中华书局，2002 年，第 87 页）爱饮，距贪饮一步之遥，如宋仁宗“一夕饮酒温成阁中，极欢而酒告竭，夜漏向晨矣，求酒不已”（《曲洧旧闻》，第 94 页）。

④ 参见《宋史》，第 2693—2697 页。

只有醉才能证明人生有意义。醉而自得，醉而自傲，甚至唯恐天下不知其醉，此亦为历史上少有之奇观。宋人醉中虽有淡淡隐忧，但总体上洋溢着得醉之快乐。不过，醉中忘忧又忘身，忘忧之有身而忘身之无身，此醉中内蕴之两难又往往使醉的功能大打折扣。另一方面，忘忧之身虽然在实践层面克服了苦教，但忘身之无身又让苦教赢得了同情。这表明，以醉对抗苦教并不彻底。

南渡之后，宋朝廷上下并未因丧失半壁江山而改变对醉的痴迷。“山外青山楼外楼，西湖歌舞几时休。暖风熏得游人醉，直把杭州作汴州。”①（林升《题临安邸》）饮酒对于宋人已被当作人之常情，临安因此很快成为新欢场。汴州沦陷，它还留存在人们的记忆中。临安酒楼依照汴京样式修建，表明人们不曾忘却。但杭州的秀美山水，更引人入醉。更重要的是，宋人熟知，醉能忘物、忘身、忘天下，也能忘忧、忘恨。醉失天地人不见怪，同时也能忘记家仇国恨，可谓两得。最重要的是，在宋人心目中，“醉”摆脱外在的纠缠、束缚，而直接投合内在意趣，满足内在精神需求，用陆游的话说就是“适意”：

> 酒非攻愁具，本赖以适意。……庸子堕世纷，但欲蕲一醉。曲生绝俗人，笑汝非真契。②
>
> 世间岂无道师与禅老，不如闭门参曲生。……人生适意即为之，醉死愁生君自择。③

陆游接受唐人将醉乡视为“道”（“道师”）“佛”（“禅老”）之外独立精神家园的观念（“闭门参曲生”），并认为，他之所以选择

① 曾唯辑，张如元、吴佐仁校补：《东瓯诗存》卷四，上海：上海社会科学院出版社，2006年，第185页。

②《陆游全集校注》第11册，第390页。

③《陆游全集校注》第2册，第25页。

“醉”，是因为“醉”最“适意”。“适意”之“意”包括个人的感受、意趣、意味，以及人的心理结构。“适意”即契合人的意趣、意味与人的心理结构。饮酒适意表达的是酒与饮者在生理、心理、精神上相互契合的特征。对于宗教意识淡薄的中国人来说，在日常生活中展开精神生活，在日用常行间寻求价值的实现，这被视作理所当然。陆游饮酒适意之说无疑深刻揭示了中国人的心理趋向。在此，陆游顺带批评俗人将“醉”视作化解尘世纠纷工具的做法，而自认将醉饮理解为“适意”最能契合酒的精神，亦是超越精神之体现（“曲生绝俗人”）。正因为“醉”之超越性，陆游才会坚持“醉”而反对“醒”，所谓“但愿酒满家，日夜醉不醒。……造物欲以醒困之，此老醒狂君未知”[①]。在他看来，“醒”对人是限定、束缚，往往困人于一隅，比如醒而悲苦。因此，他须用“狂”来突围。但“狂”终究不如“醉”来得直接，终日醉不醒才是其心之所愿。于世人，他则充满“对酒不醉吁可哀”（《饮酒》）之哀叹[②]。

陆游对“醉”的态度在南宋文士中具有代表性。对于士人来说，以酒激发胆气、解释忧愤或能保持一时之斗志，所谓“醉里挑灯看剑”[③]（辛弃疾）也。但一时胆气终究敌不过自上而下的熏习。“沉醉不知归路”[④]（李清照）预言着一代士人的迷惘与困惑；“一饮动连宵，一醉长三日”[⑤]（辛弃疾），“安知醉与醒，谁似谁不似”[⑥]（杨万里），则是一代良知之悲凉自晦。

如我们所知，商周神灵之醉具有神圣性，陶渊明、李白、苏轼

---

① 《陆游全集校注》第7册，第200页。

② 《陆游全集校注》第5册，第263页。听起来，陆游在哀叹世俗之人不醉。其实，世俗人饮酒而醉更可怕。唐代僧人齐己有“茫茫俗骨醉更昏”（《祈真坛》）之叹，恰当地表达出“怒其不争”的意味。

③ 辛更儒笺注：《辛弃疾集编年笺注》，北京：中华书局，2015年，第823页。

④ 黄墨谷辑校：《重辑李清照集》，北京：中华书局，2009年，第10页。

⑤ 《辛弃疾集编年笺注》，第1370页。

⑥ 辛更儒笺校：《杨万里集笺校》，北京：中华书局，2007年，1255页。

等人为绝尘想、入大道、合自然而醉超凡脱俗，其醉富有精神内涵，简言之，醉得有精神。但是，醉风熏陶之下而醉者或为官场应酬，或为人情事故，或为感官享乐，其醉多缺乏精神内涵，或者说，醉得没精神。在此境况下，醉于人群，毁礼仪，启祸端，起争斗；于自身，徒伤身，乱性，神迷智惑。眼前一醉，是非忧乐两都忘，家不家，国不国。面对如此世态，充满忧患意识的宋儒重拾“醒”的精神，以对抗沉醉堕落的人心。比如，谢良佐特别将佛教“常惺惺”语与儒家“敬”的观念结合起来，所谓“敬是常惺惺法，心斋是事事放下，其理不同”[①]。“常惺惺”本是佛教说法，意思是一直保持灵明清醒。谢良佐将此作为心性修养的具体方法，以此区别于道家的“心斋”。朱熹则将“常惺惺”解释为“醒”或“唤醒”，用来指本心不昧的状态，并以“敬”“明德”来表达儒佛“醒”观念差异。

“唤醒”以“敬”这种伦理意识为根基，“主一”之“敬”也就是“唤醒”此心。所谓“存心”“收心”工夫实质都被理解为“唤醒”。“醒”则“觉”，“醒”则“明”，于此便可远离“醉”[②]。不同于屈原、贾谊将“醒”理解为明晰自觉的心理状态，朱熹明确赋予“醒”以深沉的工夫论内涵。他把“醒”作为学者修行工夫，并将之主题化，这无疑是对大宋沉醉于酒的深刻反省与自觉回应。以“敬”为根基的“醒”对治日渐流于浅薄的“醉”，虽然难以扭转“昏醉亿万”的状况，却也在逐渐改变“求醒者稀”的局面，在一定程度上抑制了“醉”的无限扩张。值得注意的是，在不同价值观下，醒醉的内涵也都得到不断修订。比如，以醒为尊时，热心名利被认定为

① 谢良佐、陈模、曾慥：《上蔡语录　东宫备览　高斋漫录　乐府雅词》，北京：商务印书馆，2019年，第21页。

② 朱熹曾以《大学》首章“明明德”为例说明由“醉”而“醒”的过程：“‘明明德’，是明此明德，只见一点明，便于此明去。正如人醉醒，初间少醒，至于大醒，亦只是一醒。”（《朱子语类》，第262页）

醉；以醉为尊时，热心名利则被当作醒。不难看出，在超越世俗名利、追求精神超越方面，两种相反的价值理想亦不乏相通之处。正由于其超越精神，也才使两种价值理想能够长期并行。不过，从此以后，选择醒还是醉，遂成为一个问题。

（六）醉难于醒

宋代好饮之风使醉浸入悠闲的生活。人们不再迫切求醉，也不再为外在目的而醉，由此开启了“闲醉”之风。明代人饮酒已经成为日用之需。日常生活弥漫着酒味，醉也逐渐浸入普通民众的生活世界。比如，明中叶嘉兴府桐乡县青镇“贫人负担之徒，妻多好饰，夜必饮酒”①。贫穷人家“夜必饮酒”，足见当时酒风之盛。普通人醉而无德，多有乱行。

其时，大儒亦爱饮，并且努力在精神层面安顿“醉”。陈献章与王阳明最有代表性。陈献章的自得之学虽以静坐为主要方法，但静坐是为了呈露心体。心体呈露，日用应酬随心所欲即是②。陈献章喜饮亦喜醉，他自谓“有酒终日醉，无官到处闲”③。他喜欢与朋友共饮共醉，一直期待能够与知己携手赴醉乡。醉后或作诗，或放歌，或卧林莽，或眠崖石，率性自然，洒然有得。醉让其心契天地万物，以实现与天地万物同体，可以说是其自得之学的内在一环。

王阳明爱饮，多醉，亦不怕醉。他会与门生畅怀酣饮，会与朋友对饮共醉。醒醉自如，在饮酒中历练良知，以良知主导酒，这是一条中庸却高明的饮酒之道。阳明不讳言醉，有时还会用饮而醉来说明亲身践履的道理。“夫言饮者不可以为醉，见食者不可以为饱。子求其醉饱，则盍饮食之?”④“言醉”“见食”并不能真的醉饱，追

① 《见闻杂记》，第 1021 页。

② 《陈献章集》，第 192 页。

③ 《陈献章集》，第 378 页。

④ 《王文成公全书》，第 319 页。

求醉需要亲自去喝才行，这无疑是阳明的经验之谈。阳明醉酒经验很丰富，他有时醉卧山岩，有时醉后狂歌。醉后随性，与山野鄙人无异。如此任性任心，颇见率真之意。

值得注意的是，陈献章、王阳明等大儒之醉往往表现为醉而眠、醉而狂，而不是大声喧哗、越礼为乱。其“狂”也不是蔑视礼法、绝圣弃智，而是为了践行天理、挺立自得之心体；其“眠”则是为了打破身心自我设限而更顺畅地契入天地万物。他们自觉追寻的醉有精神根基，也有确定而明确的精神方向与底蕴。在此意义上，醉眠与醉狂恰恰是常人所不及的“醒”。

陈献章、王阳明常醉且无惧醉的姿态与思想，和先秦以来的儒者大异旨趣，乃对于传统儒者形象与思想的突破。不过，将饮酒形而上化，世俗之人并不买账，文人雅士也敬而远之。俗人乐于享受酒对身体的刺激，更多文人乐于在醉中享受人与事事物物之间的美妙契应。基于此，他们纷纷整理、挖掘唐人皇甫松的《醉乡日月》，比如陈继儒之《小窗幽记》、曹臣之《舌华录》等十分欣赏其中的“醉之所宜”。田汝成（一说是其子田艺蘅）在《醉乡律令》中、袁宏道在《觞政》中，继承、发展了《醉乡日月》，并使之进一步完备化。

袁宏道汲取前人论述，进一步推进了“醉之所宜”的讨论。在他看来，醉的对象可分为物与人。“醉花”“醉雪”“醉楼”“醉水”“醉暑”“醉山”是为特定物而醉。“醉得意”“醉将离”是为特定事而醉。“醉文人”“醉俊人”“醉佳人”“醉豪客”“醉知音”是为特定人而醉。“宜”表达的是面对不同的人、事、物而醉时，要匹配相应的条件，以达到醉的最美化。“醉之所宜”表明，这些人、事、物值得重视，值得尊重，值得信赖，因此值得肯定，值得修饰。所以选择修饰这些人、事、物的场景等条件是为了更好地醉，也是为了饮者更美地投入其中。

为这些人、事、物而醉，而不是为了自己的忧伤烦恼而醉，也不是为了美酒而醉。他们为了特定人、事、物而醉，是为了在醉中与这些人、事、物交融、冥契。这是一个崭新的现象，它既不同于饮酒合道、通自然的形而上追求，也不同于将饮酒作为助诗文之兴而将酒降低为手段。为“醉”设置条件，当然是醒者的心思。不过，其装饰醉、美化醉的意图一目了然[①]。这也说明，较之于醒，理想的醉更不易得。

不问因何而醉，只求如何醉，追求醉得美，这是明代醉酒的风尚。为醉寻求雅致的情境，醉被审美化，不为神醉，不为人醉，为境而醉。其醉失去豪情，或许纤弱细碎。但是，无须求神敬祖，没有家仇国恨，没有离愁别绪，在日常生活中醉，只为醉得优雅漂亮，这无疑也是解决醉乱的一个选项。清代学宗汉宋，回到尊醒抑醉的传统。民众、士人之醉或粗俗，或浮华，“醉”之精与神遂遗失矣。

从中国思想史看，醉的观念在不断变化，对醉的态度也在不断变化。醉的主体由“神”而“人”，此为一大变化。庄子欣赏醉者神全，较之周初畏惧醉、害怕醉，此又是一大变化。汉初英雄之醉一任己意，其用“醉”治国可谓惊世骇俗。汉武用儒术，以礼避酒乱，自觉远离醉。饮酒为行礼耳，偶尔的醉是人性不堪重负之反动。魏晋时期，阮籍、嵇康等名士以醉对抗名教，不得已往醉中去。他们虽醉得悲壮，但其人未必真愿意醉。刘伶、陶渊明以醉勾画出与世俗功利智巧对立的新世界，醉成为中国人精神追求的新方向。大唐风流，醉得高调，醉乡成为士人精神归往之所。以醉肯定、享受生命，其醉中亦夹杂着丝丝悲壮意味。以酒充实生命，以醉开拓新世界，这也是对“人生空幻”世界观的回应。大宋君臣为寻乐而醉，舍弃了醉的外在性——不为什么而醉。醉只是自己喜欢，已然成为人性之分内事。大明饮酒成为日用之需，醉成为日常之态。明儒将

① 对于袁宏道《觞政》的详细解读，请参见本书第一章之三。

其领悟为韬光内映，将醉与醒同归于正，赋予了醉以深沉的心性论内涵。文士们在情境上下功夫，为风花雪月佳人而醉，尽力装饰醉，追求醉之美。从内容到形式，醉在中国思想史中被不断建构、经营、完善，成为独立自足且味道十足的精神场域，源源不断地为人们提供着梦想与希望。从害怕醉、警惕醉到欣赏醉、鼓励醉、放纵醉、美化醉，醉在中国思想中逐渐扎根，成为中国思想的内在品格。从与神明相亲，与家人、自我相亲，到与风花雪月相亲，醉使人亲近世界，不用拜神就可以拥有神性，不用弃世就能够实现自我升腾与充盈。淡薄的宗教意识、浓浓的世间情怀，显得醉格外珍贵。只要世间仍有愁、有恨、有不得、有不足，只要世间仍有无奈、有对立、有纷争，只要人还是有限身、孤零零，醉都会一直与人同在，直教生死相许。

二 醒基于醉

在汉语思想世界，醉被领会为醒的根基与前提。醉或表现为疯狂地升腾、突破，或表现为安静地沉入。醉而忘身，无知、无欲、无为、无我。醉而与人和乐，与物同体。醉时视而不见，物亦无形。醉是味觉对视觉的压倒，一场醉就是一场“形而上”运动。醒走出物我一体之境，重新与他人、世界并立或对立。醒而有身，有我、有知、有欲、有为。醒后低沉不乐，醒后远离众神。醒后与他人、世界拉开距离，睁眼看世界，观万物，醒是视觉对味觉的胜利。醉时无分判故无尤，醒后否定醉则多悔。醒易而醉难，不醉难能而醉正，不醒易穷而醒正。与追求醒相应，思想家们或将醒与人性勾连，或将醒作为思想方法，应用于精神修炼。醒的内涵不断被拓展，日渐丰富，在汉语思想中也逐渐主题化。由醒与醉对立，到醒奠基于醉，再到醒时是醉乡，醒与醉一起构成了可供世人选择的、超越的价值理想。

人们通常认为，由醉到醒的过程就是从糊涂到清楚、从错误到正确的过程。这个看法中包含对“醉”与“醒”的基本价值判断：醉是错误的，醒是正确的。这个判断十分鲜明地将“醉”与“醒”对立起来。不过，这并非实情。

醉的过程是酒不断融化、打破生命的种种形式、界限的过程。酒涌着心从有限的身体、特定的身份中跳出，不停地向上奔放，跳出大地，升腾至天空。首先融化、打破自我的界限，然后是对人我、物我、天人、神人等界限的突破。最终深深沉入无边界、无形式（来不及赋予其形式）之鸿蒙。就在这鸿蒙中，无限生机被深深地潜藏。醒是醉之中断，也是醉之延伸。醒首先表现为生命活力从潜藏处重新绽露、开放。有更强大、更饱满的生命力的支撑，生命再度呈现出具体形式。从形式到实质，整个生命焕然一新。因生命的饱满与走向醉过程中新奇丰富的经验，醒为还转的意识提供了崭新的材料。醒之后睁眼看世界，人与他人、万物、天空大地拉开距离，脱离一体，重新对立。所以，以醉进入万物一体之境者，总希望长醉而多不愿醒。醉酒之极则“亢龙有悔”：其中有沉浸入洪荒之后的恐惧，有生命力无处安顿的惶惑，也有被心目投射（审判）后的负罪感。显然，悔属于“醒”，是“醒”的表现形态。

（一）酒醉酒醒

汉字“醉”与“醒”都是“酉”字旁。“酉”原指酒器，后代指“酒”。《说文解字》曰：“醉，酒卒也。各卒其度量，不至于乱也。一曰酒溃也”；“醒，醉解也。从酉，星声”。“醉”指饮酒超过饮者限度（“卒其度量”）之状态；“醒”是酒醉之后，脱离酒的控制，意识不再升腾、突破，回归平静之态。两者都基于“酒”，而“醒”则直接根基于“醉”。醉不仅成就了醒，也为理解醒提供了思想前提。可以说，凡“醒”，皆醉过。无“醉”，无所谓“醒”或“不醒”。人生醒的次数不会多于醉的次数！

从醉到醒，常被当作人类认识的一种展开方式。不过，“醉”不是“无知”，恰恰是“知”的宝库。迷狂、深度契入世界，才能对世界有清新的经验。“醉”不是错误，“醒”也不等于正确。“醒”不仅包含着对对象的“了解”（可能涉及对错），还意味着对对象的“觉解”——事物对自己有何意味（无所谓对错）。

醉或表现为疯狂地躁动，或表现为安静地沉入。躁动与沉入是混同的，是无分别的，也是无秩序的。但是，从开始饮酒到醉，饮者之身心与酒之间持续碰撞。饮酒带给人的是身心的全方位的移易。酒性甘辛、大热，其运行方向是向上的。它进入人体，以热温暖着身躯，也融化心灵，带着身心一起向上——气血加速运行，头脑一热、一热、一热……自我升腾、再升腾……不断突破身心所及的种种既定界限，飘飘然进入新境域。各种形式的界限被破突，视觉渐渐模糊、变形，终至于失灵，视而不见。听觉像视觉一样，逐渐模糊，失去效用，最终听而不闻。触觉也因距离感的弱化、丧失，进退失据而无由得触，无由得觉。醉的过程正如《庄子·大宗师》所描述的那样——“堕肢体，黜聪明，离形去知，同于大通”。事物所有的分化特征被弭平，事物本身也被遗忘。可以说，一场醉就是一场“形而上”运动：视觉活动被抑制，相应地，由“形”走向“形而上”[①]。“形而上”之“上”既是方位意义之“上”，也是价值之“尊”。相应地，由醉之醒，则是一场“形而下”运动：“形”逐渐恢复，并成为主导者。醉后味觉当道，表现为无形有体的主角——酒直接占有人，醉者听不进他人言语，只管说个不停。酒占有人，酒味与人性交融，“意味”——对心理与精神的诸种作用——被源源不断地催生。

被酒温暖的身体与灵魂自由舒展，饮酒时和乐的气氛，将记忆的封条层层揭开，放出被岁月封存的经验点与各种片段，豪情与想象力将此贯穿起来，又一起进一步推动着自我的升腾与突破。心灵被拓展、被拔高，记忆被唤醒，曾经忘掉的诸多往事飘然而至。封闭的自我被融化、被突破，既定的人我关系、熟知的世界等都呈现出新的光彩。自我变形、时空变换，面目因酒而焕然一新的同饮者，以及人我和乐的新关系，构建着新世界。以升腾、变形的自我（飘飘然的自我）关照人、我、新世界，也会有新的认知与觉悟。持续

① 这里的“形而上”依照的是汉语“形而上”的本义——由“形”而超越“形”。

地饮酒而醉，醉者失去自我意识，失去正常的行动能力，失去对周遭世界的分辨，与世界融为一体：或深深地沉入世界，或保持无意识地莽动。由飘然的新自我到忘身、无我，最终无知、无欲、无为。

沉入周遭世界，或苍莽地冲击世界，这些经验也会留在身心记忆中。经历醉而醒并不是脱离醉，而是扎根于醉，包含着醉。醉所开拓的新体验、新感受支撑着醒，醒带着新知以及对已知的新觉而显现。深沉而隐秘的醉留存在意识中，醒不过是充满丰富经验的醉之残余。醒的深度、厚度取决于醉的深度、厚度。

醒之所记仅是醉所开拓境域的局部，更多的新光彩留存在朦胧的记忆带。比如，沉入世界或本能冲击世界的经验，大部分只是作为模糊的背景时隐时现。大多数新奇的体验与境域无法进入语言所能描述的显明之处，无法等价地转化为新知。显然，就认知来说，醉比醒显然更加深沉、隐秘、博大。醒是身体秩序的恢复，也是精神秩序的恢复。醉中意识飞速流转，不留痕迹，更无法在显明的秩序中现身。因此，植根于醉的醒绝不是向饮酒前意识的简单回复，它呈现的是对飘飘然的自我、人我关系、天人之际的崭新的认知与觉悟。

醉解之后的醒更加丰富、饱满，醉有多丰富，醒就有多丰富。人们常将睡与觉类比于醉与醒：睡是意识之暂停，觉是意识自然重启；觉是睡的转折，也是睡的延续。觉后，恢复记忆，同时也有遗忘。事实上，睡之觉较醉之醒单薄得多。就体验之飘忽而言，梦类似于醉，只不过，梦者活动停留在心脑，缺乏身体与新世界的交通。梦而觉类似于醒——通常称之为“梦醒”，不过，它同样没有醉醒之博大与深沉。常见的是，梦醒似有似无，不会有情绪波动——不会后悔。让人发生明显情绪反应的是美梦与噩梦。美梦醒来，人会留恋梦境；噩梦醒来，人会避之唯恐不及，会被惊动，但不会后悔。

醉醒之后会“悔”，可以反衬出醉酒中精神活动之丰富。后悔是因为醒与醉之间存在样态、价值观念的对立，更重要的原因是醉醒中所包含的对立意识[①]。醒虽基于醉，但是，走出醉，醒者往往就开始否定醉。醉是“我”醉，醒是“我”醒。“我”醉而忘“我”、无“我”；“我”醒则“我”起、“我”在。随着“我醒”，破碎的形式复原，身边的这这那那复位，遗忘的身份、周遭的秩序再现。触碰外物，或掐一下自己，确证自己还“在”。于是，逐渐退出味觉（往往伴随着味觉的不适），触觉、听觉、视觉醒来，再度活跃。醉解之后的心灵在认知经验上的丰富与饱满在清醒的道德自我面前却往往成为罪证。醉的身体机能多表现为亢奋，言语失度，举止失常，做清醒时不会做的事情，说平常不会说的话（通常是颠倒性的、惊世骇俗的狂语）。醉后的身体，随着热能散去，机能疲惫，自然垂落。亢奋过后，过度激昂的血压回落，与酒相斗的身体虚弱不堪。气血消退的心随之消沉[②]，那些随着气血奔腾而出的言行失去了强大气血的支撑，变得难以理解。醉时说的是真话、实话，真心的直露缺乏文饰，不分场合说出，显得尤为失当。情绪低落，伴着鲜明的醒思，悔意顿生。

饮酒以乐为主，醉酒之下，乐渐至于狂。醉者以乐与人感，与物通。一醉泯恩仇，相互敌对的人会通过同醉扭转对立与争斗，实现和解。醉中，有限者与神相遇，而沾染神性。深度的乐拓展着醉者的生命厚度，也更新着自己的新世界。在此境域下，醉之醒通常不会后悔，不会拒绝、扭转人与物的新关系，而是顺理成章地继承、深化醉所开创的人际与人物之间的新关系。醒是醉的自然延伸，但是，醉乐而醒不乐。世道多艰，人生苦难，“乐”对世人是稀罕之物[③]。饮而醉乃人们“取乐”的重要方式。不过，醒时各自的现实处

---

① 《庄子・大宗师》描述真人“过而弗悔”，将“过”理解为自然而然的事情，不会计较或顾虑得失，亦有见于“悔”的计较、对立意识。

② 晏几道“酒醒帘幕低垂”（《临江仙・梦后楼台高锁》）将酒醒心境意象化为低垂的帘幕，可谓高妙。

③ 儒家追求“悦”“乐”，目的是以自己的积极态度克服、改变人生苦难，并塑造有滋有味的人生与世界。

境恢复，包括现实的痛苦、忧愁、烦恼、责任、义务等又纷沓而来。醉时悬置了的欲望被激活，悬置了的有限的身体与既定的身份重新与外在的人、事、物对立，受挫、受伤而痛苦。当然，其他醒者之矜持、冷漠，将各自的自我禁锢于自身之中，也不断拒绝着彼此。所有这一切都让人乐不起来。

醉会因醉者个体的差异而呈现出丰富的多样性。比如，醉酒的动机不同，酒醉的层次也不同。俗骨或为名利醉，或为享乐醉；傲骨或为和乐（与人、物、神和）醉，或为超越精神（如超越当下世界）醉，或为过精神生活醉。为名利醉，醉为一实利；为享乐醉，醉为口腹之乐；为和乐醉，醉消弭对立，尽情释放，不再内敛；为超越当下世界醉，醉即超越；以醉过精神生活，醉为价值自足的精神世界。

醉尽管深沉、隐秘、博大，可以为现实世界增添新色彩，但是醉者想象力丰富、态度积极、逻辑跳跃，往往缺乏实施力。醉后的行动变形冲击、破坏着那些具有象征性的礼仪，被视为不正常。醉而不醒却意味着逃避现实、否定现实、背离现实。

当然，在不同文明、不同文化中，在同一文明、同一文化的不同发展阶段，人们看待醉与醒的眼光会有变化，关于醉与醒的观念也有差异。比如，古埃及把醉与神圣的沟通直接关联，醉是通往神圣的道路，醒是对神圣的告别①。这种观念下伴随醉与醒的情绪态度是轻松愉悦的。但在奉行以礼饮酒的西周与汉代，其醉后之醒则多伴随深深的自责。在一个崇尚视觉思想的文化或个体心灵中，以消弭距离为特征的醉会被尽力避免或抑制。而在崇尚味觉思想——以消弭距离性为特征——的文化或个体心灵中，对醉的同情或赞赏则更普遍。但是，醉后失去辨别力，醒来恢复分辨力，这是所有人的共同特征。

---

① 参见《醉酒简史》，第 40—54 页。

（二）如何能醒

尽管中国历史上时而会有禁酒现象发生，但这挡不住人们对酒的恋慕与渴望。长期酒醉酒醒的经验使得“醉”与“醒”的语义在历史中不断丰富起来。最初的醉指在酒作用下，人对世界失去辨别能力，无法分辨，物我一体。后来对特定对象沉入、沉迷，失去独立的自我及独立的判断、分辨，人与对象的距离被完全弭平，身心完全沉浸到对象中，停止、遗忘反思等等现象都被称为“醉”。相应地，最初的醒指身心摆脱酒的影响而恢复思考、行动能力。进而，摆脱对对象的依赖，自我独立，且能独立判断、分辨等状态都被称为“醒”。基于醉解之后的心灵在认知上的丰富与饱满，人们便以醉解之后的心灵状态——醒来描述认知的明觉、觉悟状态。在具体语境中，“醒”还有其特殊内涵，即对特定对象、特定主题、特定内容之明觉。泛化之后的“醒”有特定的内容，或者说，“醒”是对特定对象、特定内容的“醒”，即能够反思、了解特定对象对自己、对特定群体，乃至对人类的意义。

醒是从醉的内容或对象脱身，从而使人与对象拉开距离。醉包含着对对象的认同与沉迷；醒则表现为人与对象在认知上拉开距离，在情感上表现出对对象的疏离，比如对人生、对爱情、对治乱、对特定观念的醒与醉。醒摆脱了酒，也让人离开了物我一体的世界。酒醒，先是恢复分辨能力，继而逐渐恢复认知能力。当然，醒的最大特征是去除酒对认知的干扰与蒙蔽，使暂时遗忘的已有认知重现。醒的标志是能够分辨，醒者能够区分醒与醉、物与我、我与人，能够明了自己所居处的周遭世界。分辨往往会导向人与物的“分离”。“对……的醒”意味着不再被……迷惑、主导，不再无原则地认同，转而进行反思，自主地判断，甚至起而对立、对付。愿意醒的人大都能自我独立，且有信心应付甚至改造对象。醉酒时失去行动能力，无法有为；醒时恢复行动能力，不能无为。那些竭力长醒的人总是蠢蠢欲动；意欲唤醒他人的人，其目的多是鼓动他人对现状采取行动。当然，这些各自不同的事物与人在意识中的分离还可以通过特定的方法重新聚为一体，比如再醉、长醉。醒时走出物我一体，再次返回一体之态除了“长醉”，还有其他思想方法，比如通过味觉思想，在醒时自觉消除醒者的对立意识、物我之间的距离，以及现实世界的种种差异，确立起对人充满吸引力、人人愿意与之一体的有味世界——醉乡。在味觉思想中，醒可醉，醉亦醒。

醒的逻辑是现实世界的逻辑：正视现实世界的处境，解决现实世界的问题。在屈原那里，“醒”特别指向道德、政治理想之自觉，即明了道德、政治的理想尺度，且能够坚定不移地依照此理想尺度行动。“醉”则是不明道德、政治理想，或有理想却因为意志软弱而不能依照理想行动。基于对醒与醉的新规定，屈原认为，绝大多数人并不饮酒，好像是“醒着”，但实质上却是“醉着”。所以，他断言“举世皆浊我独清，众人皆醉我独醒”（《楚辞·渔父》）。“醉”包含饮酒而醉，以及沉迷于当下，拒绝反思现状，对现状不思不想。相应地，“醒”既指从酒醉之昏乱意识中走出，也指对当下清楚地了解与辨析，同时意味着积极的担当，意味着积极面对现实问题，改变现状。进而不再忍受现存秩序，与现状对立，并决意整治、改变现状，这是奋发有为者必然追求的目标。“醒”摆脱了酒醉，而不是与酒隔绝。从屈原的诗篇中我们看到，他并不反对饮酒，也不反对酒醉。相反，饮美酒乃现实世界吸引人的重要内容。在《招魂》中，屈原多次描写饮酒的欢乐美妙场面，比如“娭酒不废，沉日夜些”，“酎饮尽欢，乐先故些”，“美人既醉，朱颜酡些”。酒则有“瑶浆蜜勺，实羽觞些”，“华酌既陈，有琼浆些”，“吴醴白蘖，和楚沥只”（《大招》）。饮法则有“挫糟冻饮，酎清凉些”。尽管饮酒，但是屈原对“醒”的追求是明确的。能醉能醒，醉与醒之间可以自由转换，现实世界与想象的神灵世界之间也能够自由转换。可以饮酒，可以醉，但是，自觉摆脱酒醉而保持清醒更重要。

“醒”以醉为前提。没有经历过醉，也就谈不上醒。人醉之后，有先醒，有后醒，有不醒。不醒者中有不愿醒者，有不能醒者。或沉迷于强大的既定成见，自己对自己缺乏反思能力，意识不到自己的思想状况，而缺乏对现状的反思能力，此乃不能醒者；极少数具有反思能力却不愿反思，此乃是不愿醒者。对于自己没有醒的能力的人，则需要他人唤醒。当然，醒醉泛化为特定的心灵状态之后，醒醉的标准也就难以分辨了。儒家认定为“醉”者，道家可能认定为“醒”。佛家断定为“醉”，儒家可能会认为是“醒”。不过，依据儒佛的醒醉观念，世俗之人都会被当作“醉”。这表明，在超越世俗名利、追求精神超越方面，相反的醒醉观念亦不乏相通之处。

人们对醉与醒的理解与规定不同，同样表现在对醒的条件的设置。在屈原看来，饮酒之众人是醉人，不饮酒者也是醉人。汉人力主以“礼”饮酒，追求终日饮酒而不得醉，与惧怕、警惕、贬抑“醉”相应，“醒”被汉人推崇。不醉之醒意味着尊重秩序（“礼”），意味着行动的有序化。当然，他们讨论的“醒”并不限于醉酒之醒。比如，贾谊专门撰写《先醒》一文，将“不学道理，则嘿然惛于得失，不知治乱存亡之所由”比拟为“醉”。他将“先醒”定义为“知道者”，具体说就是知治乱安危之“所由”：“未治也知所以治，未乱也知所以乱，未安也知所以安，未危也知所以危。故昭然先寤乎所以存亡矣。”[①] “后醒”是“既亡矣，而乃寤所以存”，“不醒”则是“已亡矣，犹不悟所以亡”[②]。明察得失，崇贤尚能，退僻邪而进忠正，修身成德，此皆为“醒”的内涵。“醒”有先后，其效不同，不过得兴发之道，皆可成就功业。“不醒”者骄恣自伐，谄谀亲贵，诘逐忠谏，无节醉乱，自寻死路而已。不难看出，贾谊对“醒”的褒扬与屈原殊言同旨。能够醒的人，要能够胸怀天下，才高德富，唯

① 阎振益、钟夏校注：《新书校注》，北京：中华书局，2000 年，第 261 页。
②《新书校注》，第 262—263 页。

王侯将相可副其实。

程朱在一定程度上恢复了西周以来对“醉”的畏惧、害怕、警惕态度，也继承了汉儒对“醒”的追求：

> 未知道者如醉人：方其醉时，无所不至；及其醒也，莫不愧耻。①
>
> 学而未有所知者，譬犹人之方醉也，亦何所不至？及其既醒，必惕然而耻矣。醒而不以为耻，末如之何也。②

普通人醉后会后悔，“愧”“耻”与“悔”一致，是觉自己不及或远离理想状态而贬抑自己。在程颐看来，醉时任性使气，远离大道；醒来，回到正常状态，自己都会为远离大道而感到惭愧、羞耻。这表明，“醉”是众人远离大道的重要原因与基本表现。欲知“道”，则需远离“醉”，需要“醒”来。不过，“醒”者不必是王侯将相，寻常百姓修身进德亦可称之。有“耻”表明自己的道德感健全，如果醒后不“耻”、无“耻”，则表明此人已经丧失了道德感，不成其为人了。孟子“无羞恶之心，非人也”正是谓此。

元、明儒者对程朱多有呼应。元儒许衡说：“醉者不是本性，是乱性。”③ 古典时代一直将分辨能力视作人的本性，比如，孟子将“是非之心”作为人性之一端，宋儒强调“醒”于孟子学说亦有继承。醉使原本有序的心智昏乱，就此说，醉确实有迷乱本性的一面。明儒徐阶说得更具体：“人未饮酒时，事事清楚；到醉后，事事昏忘；及酒醒后，照旧清楚。乃知昏忘是酒，清楚是心之本然。人苟不以利欲迷其本心，则于事断无昏忘之患。克己二字，此醒酒方

① 《二程集》，第221页。
② 《二程集》，第1189页。
③ 许衡：《许衡集》，北京：中华书局，2019年，第94页。

也。”[①] 心体明觉，于事事物物清清楚楚，这是心学的基本信念。饮酒则渐失清楚，醉酒则不明不觉。由此看，酒是本心之敌，也是本性之敌。由酒使人昏忘，徐阶进而将“清楚”与“心”“本心”“心之本然”画等号，而将“昏忘”与“酒”画等号，凡是“昏忘”都被看作饮酒的结果。这样，“酒”的含义被泛化，而被置于本心之对立面。饮酒与人的欲望相关，欲使本心常明，则需要克制自己的欲望。因此，“克己”被视为“醒酒方”。

“酒”被泛化为昏乱，“醉”同样也被人们不断泛化。与“醉”相对的“醒”由此也有了更为丰富的含义。约言之，醒既具有深沉的伦理学内涵，也具有丰富的存在论内涵。依照这些条件看，真正醒的人难得一见。

（三）不醉长醒也是痴

儒家承认现实世界（包括人伦世界）之实存，并积极追求现实世界的完善化（“成己以成物”）。儒者带着善意改造天地万物，其中也包含着与本然世界对立之意。不难理解，大多数儒者主张以礼饮酒，害怕醉乱而崇尚觉醒。

不过，热切维护周礼的孔子对饮酒却充满了宽容，所谓“唯酒无量，不及乱”（《论语·乡党》）。孔子并不反对饮酒，甚至不禁止“醉”，而仅仅反对“醉乱”。在他与子贡谈及醉狂时，他把“醉狂”理解为自然生命必要的释放（“弛”），而“醒”往往对应的是对自然生命的约束与规范（“张”）。他之所以宽容“醉狂”，是基于他对人性的认识：人性自身有限度。紧张的劳作不能持久，圣贤都改变不了人性能力有限度这个事实。“醒”自身也属于生命之“张”：它自身含着对立、紧张，其中既包含与外在事物的对立、紧张，也包含人自身之内对自然生命的约束与规范，以及对自己心性的内在要

① 黄宗羲：《明儒学案》，北京：中华书局，1986 年，第 619 页。

求，等等。这样对立、紧张的状态把生命推向极度紧绷的状态，适当的释放十分必要。“醉狂”由此被理解为民众生命释放的最基本方式。作为有限者，与世界的对立、紧张有其限度。这表明，不醉长醒与人性鲜明对立。

道家欣赏“醉”，不提“醒”。当然，在道家观念中，“醉”之重要不在生命的释放，而在于它指向理想的生命状态——生命的浑化与整全。“夫醉者之坠车，虽疾不死。骨节与人同，而犯害与人异，其神全也，乘亦不知也，坠亦不知也，死生惊惧不入乎其胸中。”（《庄子·达生》）“醉”改变着身体，也改变着人的心理与精神，其表现就是什么都“不知”：胸中无任何思虑，包括害怕、贪恋等等。清醒中产生的种种差别意识，在醉中被弭平。浑全的身体被抛向地面，整个身体在承受撞击之力，这是其“不死”的机理。肯定“醉”并将“醉”视为“神全”的一种表现，由此醉也由祭祀时通神回到了饮者自身的精神。《文子》则曰：“通于大和者，暗若醇醉而甘卧以游其中，若未始出其宗，是谓大通。”（《文子·精诚》）“醉”可使分化的身心再次整全化（“神全”），也可使醉者游于大和（“未始出其宗”）。依此说法，人之醒意味着“神不全”——有知且死生惊惧入于胸，也意味着脱离“大和”“大通”。

生于乱世的魏晋人，生死由人掌控，他们心目中的“醉”与“醒”又被赋予殊异的内涵。醒眼所看，尽是悲凉与无奈，于是他们只愿长醉而不愿醒。不愿醒的人，能够意识到醒与醉的不同，自己有能力醒，只是由于无力改变现状而害怕醒。“醒”让自己与周遭世界之间的对立曝光，“醉”意味着遮蔽、避开与己对立的世界。阮籍曾醉六十日不醒；王忱则连月不醒；陶渊明有酒则饮，饮而必醉。醉让他们看到了与世界和解的希望。醒近于俗，必须以醉超越。在陶渊明思想引导之下，赞美醉、贬抑醒逐渐成为时代之声。

唐人欣赏陶渊明者甚多，他们欣赏醉、向往醉乡，认定醒者痛苦，醉者快乐。醒之苦多，何必要醒？谁愿意醒？醉者多欢，那就在醉中解脱吧。醉让人乐，醒让人愁，醉时明显胜于醒时，为什么还要醒着不醉呢?“不醉长醒也是痴”（韦庄《题酒家》）[1]，醒为痴，醒而醉才是真正值得追求的生存智慧。

正因为“醉”之超越性，宋人也多有坚持“醉”而反对“醒”者，所谓“但愿酒满家，日夜醉不醒。……造物欲以醒困之，此老醒狂君未知”[2]。传统儒家的观念通常认为，醉乱而困人。在陆游看来，“醒”才困人——对人是限定、束缚，往往困人于一隅。困于醉者可沉入醉中躲避，醉而无知，其苦有限；困于醒者对困有知而无力或不愿改变，苦之尤甚。这也是很多人不愿醒的原因——醒往往是“独醒”，醉多为“同醉”。愿意醉的人，是愿意与物同体、与现实和解的人。常人往往会“醉而狂”，长久被抑制的心智可在醉中缓解。醉是解决“醒困”的重要出路。愿意醒的人，或为贤君良相，或是德劭君子。他们以天下为念，背负苍生前行，极其力不已，而困剧不止。上天以“醒”困之也。

尽管晋唐人以醒为痴，但这阻挡不住儒者对“醒”的热烈追求。宋儒特别将“醒”与“敬”关联起来，这一方面将其内涵伦理化，另一方面将“醒”提升为普遍的思想方法。“醒”不仅是对自己所做之了解，也是对自己所做之觉悟。其所指既包含对礼仪之认知、认同，也包括对言行心性之价值评价。“醒”时为醉乱愧耻，亦表明其“知道”。

“敬”本是道德意识，宋儒解之为“唤醒”，这样就将仁（道德意识）智（理性）合而为一了。融入仁智大大深化了“敬”的内涵，不过，当此用于实际问题，诸多问题也会随之产生。随时醒着，也就意味着让自己一直处于对立、紧张的状态中。朱熹批评世人学禅客忙得不敢睡[3]，事实上，人需要唤醒本身就表明人之有限。不少儒者为了让自己常醒着，不敢睡，更不敢醉（醉意味着失去明觉、尊

---

① 《全唐诗》，第 8044 页。

② 《陆游全集校注》，第 7 册，第 200 页。

③ 《朱子语类》，第 220 页。

严）。穷力尽心性，无视张弛之道，累己不已。以此见识要求他人，使他人不敢睡，不敢醉，累人亦不已。比如，将“敬-醒”应用于祭祀，随时唤醒人，随时分判、辨别，则“如在”“如神在”都将难以“在”。如此，对祖先、鬼神恰恰是不敬。《诗·大雅·抑》描述“神”：“神之格思，不可度思！矧可射思！”意思是神之到来，人不能以自己的理智妄加揣测、质疑，揣测、质疑只能使人厌弃神。《中庸》第十六章谈鬼神时也引用了这一句，并且与孔子“祭如在，祭神如神在”的观念结合起来：“鬼神之为德，其盛矣乎！……使天下之人齐明盛服，以承祭祀。洋洋乎！如在其上，如在其左右。诗曰：‘神之格思，不可度思！矧可射思！’夫微之显，诚之不可掩如此夫！”祭祀鬼神，首先需要的是虔诚的情感态度，如此鬼神才能“如在其上，如在其左右”。以“度”（理智揣测、质疑）对鬼神，对鬼神不“诚”，鬼神也会远离祭祀者。宋儒特别赋予“敬”以“唤醒”义，实质上就是“度”鬼神，其结果不可避免地走向厌弃鬼神。人们了解外物需要与之拉开距离，作旁观或客观。“知道”与“知物”不同。道不远人，人不可能旁观或客观道。由此看，将“敬-醒”作为“知道”的前提也存在着理论困难。“醒”而论道，道亦远人。

（四）醒时是醉乡

“醉乡”固然美好，但它远离现实世界、否定现实世界而一直与现实世界对立。当现实世界与醉乡一样价值圆满，醒与醉亦可统一。杨时将“醒时”作“醉乡”，即在努力统一两者。针对饮者将“醉乡”理想化、完美化的做法，作为大儒的杨时也开始接受“醉乡”一语。不过，他并没有接受王绩等人通过过量饮酒而入醉乡的理路。在他看来，人们通过饮有味的世界万物，即可通达完美的“醉乡”：“太和有味人人饮，谁识醒时是醉乡？”[①]“太和”即理想的太平之世，

①《杨时集》，北京：中华书局，2018年，第1037页。

“有味”的意思是理想本身具有吸引、召唤人的价值魅力。“人人饮”表明理想世界中人人愿意也能够分享太和的美好价值。可以看出，“醒时是醉乡”的理路正是儒家在日用间“味道”——体味大道的思路。在此之时，不需要醉就能够进入理想的“醉乡”，故可说“醒时是醉乡”。两者的差别浑化，不复对立。在《次韵晁发道》一诗中，杨时通过赞颂陶渊明而把“收身事农圃”（耕作）作为“醉乡”的实际内涵，更见其将“醉乡”现实化之用心①。眼前的这个世界本身是有味的“太和”，就是东土的“西天”。“醒时是醉乡”形象地接续了周敦颐、张载等人重建东土的努力。

以“太和”泯灭醉与醒的差异，“太和”难见，两者之浑化亦无稽②。陈献章抛开此前提，直陈醒醉同归于正。他说：“屠沽可与共饮，而不饮彭泽公田之酿，古之混于酒者如是，与独醒者不相能而同归于正。虽同归于正，而有难易焉。醒者抗志直遂，醉者韬光内映，谓醉难于醒则可。今之饮者，吾见其易耳，非混于酒而饮者也。乌虖，安得见古醉乡之逃以与之共饮哉！”③“独醒”意味着坚守现实秩序与理想之道，“混于酒”指身寄于酒，与酒一道消弭尘世俗念。就此而言，醒为正，醉亦为正，两者并不对立，恰恰可以在人世间并用④。醉而混俗与独醒同归于“正”：醒者独伸其志（“抗志直遂”），醉者隐藏内心、和光同尘（“韬光内映”）。对于士人来

---

① 其诗曰：“谁能载酒寻元亮，共寄无何作醉乡？便好收身事农圃，不须惊世露文章。壶中日月春长在，塞上烟尘客自忙。千里同风无远近，未分秦陇与潇湘。”（《杨时集》，第 1019 页）尽管他说“无何”是“醉乡”，但是，这里的“无何”实指“惊世露文章”等尘客之事，而“收身事农圃”则与“壶中日月”一样能令“春长在”。

② 隋唐颜师古将不醉不醒称之为“中”，并大加赞赏、推崇，如“饮酒之中也。不醉不醒，故谓之中”（班固撰，颜师古注：《汉书》，北京：中华书局，1962 年，第 2069 页）。

③《陈献章集》，第 73 页。

④ 醒醉皆可贵，宋僧人云：“醉则傲羲轩，醒则歌尧舜。”（释惠洪著，释廓门贯彻注：《注石门文字禅》，北京：中华书局，2012 年，第 98 页）可说是陈献章之先导。徐渭“醒固不恶醉亦好”（徐渭：《徐渭集》，北京：中华书局，1983 年，第 158 页）之说无疑是对陈献章醒醉同正说的接续。

说，前者易，后者难，故陈献章直欲与混于酒者共饮。在他看来，醉需要以《易》的智慧为其精神准备，所谓“醉以溷俗，醒以行独。醒易于醉，醉非深于《易》者不能也”[①]。醒者高自标举，独来独往，坚持进取就够了。醉者与俗混处，这需要自觉磨平自己的棱角，更需要有在人世进退存亡的智慧。知进且知退，知存且知亡，这是《周易》追求的智慧。以深于《易》为前提，醉的条件无疑高于醒。

王阳明则以良知规定“醒”。在他看来，常人良知昏昧蔽塞，这算不得“醒”，良知呈现才称得上“醒”，所谓“若良知一提醒时，即如白日一出，而魍魉自消矣”[②]。良知呈现，是是而非非，非关饮酒之醉醒，也无关醒睡。他以诗曰：“人间白日醒犹睡，老子山中睡却醒。醒睡两非还两是，溪云漠漠水泠泠。”[③] 良知蔽塞，醒是睡；良知呈现，睡是醒。按照这个标准，阳明坦承自己也并非一直醒着。他自称：“四十余年睡梦中，而今醒眼始朦胧。”[④]“醒眼始朦胧”指“致良知”思想之提出。在王阳明的思想中，醉并不意味着良知被蒙蔽。他时常饮酒，也时常醉。在他看来，醉并不可怕，此乃物我人事融契一体的自然表现，比如“醉眠三日不知还”[⑤]，“醉拂岩石卧，言归遂相忘”[⑥]。醉卧山间，明月清风相伴，良知与山川日月同在。在此意义上，酒醉乃“醒”的具体形态，简言之，良知呈现时，醉也是醒。醉醒作为精神世界的问题，被系于深沉的良知，这一方面使原本对立的醉与醒获得了自由转换的根基，只要不碍良知呈现，醉与醒皆自在；另一方面，脱离酒论醒醉反而弱化了醒醉与饮酒之间天然的关联。

---

① 《陈献章集》，第 74 页。
② 《王文成公全书》，第 266 页。
③ 《王文成公全书》，第 879 页。
④ 《王文成公全书》，第 928 页。
⑤ 《王文成公全书》，第 802 页。
⑥ 《王文成公全书》，第 803 页。

依照杨时、陈白沙、王阳明之说，醒时是醉乡，醉时亦不离醒。我们可以说，没有经历过“醉”的生命缺乏深度，不曾醉的人也就无所谓“醒”。我们甚至据此也可说，俗人既没有醉过，也没有醒过，正如超越者不醉即醒，不醒即醉。

醒者知安危存亡之道，以秩序安顿虚无与莽动，持志守道而不离，此为“文”之“正”。醉者升腾、突破而不以己自限，舍一己而入大化，广感通而深潜藏，解陈陈而开新新，此为“质”之“正”。醉不必是性：它使人上升、突破、超越，亦可使人远离素朴之性。为醉而醉，终归莽荡虚无之鸿蒙，于现实世界为乱性，于醉乡为真性。醒不必是性：它使人回归时空，落止位分。但醒自醉来，无醉之醒，如飘零花果，无根无依，于个体生命曰不灵。醉醉醒醒人性或可大成。

与醉的观念演变脉络相应，“醒”在中国思想中也逐渐主题化。由屈原追求的现实判断能力，到贾谊将“醒”与“知道”相关联，再到宋儒将其理解为日常的修行工夫，明儒将其规定为良知呈现状态，醒的内涵在思想史中不断积淀。由醒与醉对立，到醒奠基于醉，再到醒时是醉乡，“醒”与“醉”一起构成了可供世人选择的、超越的价值理想。中国思想中“醉”与“醒”内涵的历史演绎紧密勾连，展示出汉语哲学的深沉与精微。不过，从此以后，选择醒还是醉，对个人已成为一个难以决断的问题。

三　酒近于道

随着味觉思想之确立，原本作为欲望表达的饮酒被转换为认知方式与思想方法。苏轼、朱肱等人进而从味开始考察酒，追寻酒趣、酒德，尤其从性道之维领会酒，深刻阐发了“以酒为命”“酒近于道”“酒中有妙理”等精义，揭示了酒的形而上内涵。自此，对于士人来说，饮酒不是为了满足口腹之欲，它既是一种思想方法，也是性命、道理的展开，更是自觉的精神修行。饮酒敞开了酒中之道与理，以及人自身的性和命，酒也就由外在的欲望对象转换成了人的内在精神生命。当饮酒被当作形而上活动，日用常行也就有了形而上意义，这些洞见无疑为“日用即道”的观念提供了必要的精神准备。

远古以来，酒以其甘美之味引起了人们的兴趣。饮酒使人快乐，故有“酒为欢伯”之称。换言之，酒乃口腹之欲的对象。因为被当作欲望，所以也被人们提防，“以礼饮酒”可以看作对作为欲望活动——饮酒的自觉规训。魏晋时期，随着味觉思想的确立，饮酒超越欲望，逐渐被士人当作思想方法。魏晋人醉的自觉正基于此。酒被理解为“使人人自远”“引人著胜地”的方式，以及“形神复相亲”的方法。这些高妙的境界或人生体验借助于酒才能实现。在陶渊明“对酒绝尘想”与李白“三杯通大道，一斗合自然”的表述中，酒也被当作超越尘想与通达大道的基本方式。在他们表述中，酒本身有何好处并不重要，重要的是，酒能够让饮者达到思想目标，正是在此意义上，酒获得了思想方法的意义。

宋儒以“乐”对抗“苦”，他们也一改魏晋隋唐以酒对抗尘俗、对抗人生之苦的做法，不再把饮酒当作通达思想目标的工具。“深深酒不为愁倾”[①]，“愁”“苦”不再是饮酒之因，“与愁对”反倒降低了酒的价值。饮者不必为酒之外的目的而饮，也不是因为酒能够把人带到他处才饮，饮酒本身具有独立的价值。

随着在民间的普及，饮酒在北宋被当作人情之常。相应地，人们对酒的领悟大大深化，并开始对酿酒技术及酒的精神品性进行系统理论总结。就理论水准看，苏轼的《浊醪有妙理赋》[②] 与朱肱的《酒经》之“总论”[③] 最有深度。他们都认识到酒中有“理”、有“道”，都贯彻从“味”开始的路线，又都由酒显道。在酒与人的关系上，他们都坚持“以酒为命”说，自觉追求“酒中之趣”。他们试图从心性与道两个层次理解与规定酒，从而赋予酒以深沉的形而上内涵。

（一）以酒为命

东坡年少时不饮，后入仕，为宴饮风气所染才开始喝酒。“乌台诗案”致其坐牢百日。出狱后，被贬为职位低微的黄州团练副使。其间，苏轼生活窘迫，不得已垦荒维持生计。但他很快适应了新环境，其中很重要的原因是学会了酿酒，能够时常饮酒。虽然穷困，但自耕东坡，有余粮还能酿酒、饮酒，这给了东坡莫大的精神安慰。东坡酒量不大，但爱饮，且喜与客同饮。长期酿酒，又大量饮酒、醉酒，使苏轼逐渐体贴出酒的百般滋味。依据对酒深刻的领悟，苏轼写了大量有关饮酒、醉酒的诗词，也以酒为主题作了不少赋，如

① 《邵雍集》，第 507 页。

② 一般认为是苏轼在去世前两年，也就是元符二、三年（公元 1099、1100 年）间谪居海南儋州时作。参见《苏轼文集编年笺注》，第 68 页。

③ 一般认为《酒经》作于政和五年（公元 1115 年）。

《洞庭春色赋》《中山松醪赋》《酒子赋》《酒隐赋》等，其中理论水准最高的则是《浊醪有妙理赋》。

《浊醪有妙理赋》并没有涉及酒的酿造技术，苏轼更多关注的是酒的性味以及酒的精神价值：

> 酒勿嫌浊，人当取醇。失忧心于昨梦，信妙理之疑神。浑盎盎以无声，始从味入；杳冥冥其似道，径得天真。伊人之生，以酒为命。常因既醉之适，方识此心之正。稻米无知，岂解穷理；曲蘖有毒，安能发性。乃知神物之自然，盖与天工而相并。得时行道，我则师齐相之饮醇；远害全身，我则学徐公之中圣。湛若秋露，穆如春风。疑宿云之解驳，漏朝日之暾红。初体粟之失去，旋眼花之扫空。酷爱孟生，知其中之有趣；犹嫌白老，不颂德而言功。兀尔坐忘，浩然天纵。如如不动而体无碍，了了常知而心不用。坐中客满，惟忧百榼之空；身后名轻，但觉一杯之重。今夫明月之珠，不可以襦；夜光之璧，不可以铺。刍豢饱我而不我觉，布帛燠我而不我娱。惟此君独游万物之表，盖天下不可一日而无。在醉常醒，孰是狂人之药；得意忘味，始知至道之腴。又何必一石亦醉，罔间州闾；五斗解酲，不问妻妾。结袜廷中，观廷尉之度量；脱靴殿上，夸谪仙之敏捷。阳醉逖地，常陋王式之褊；乌歌仰天，每讥杨恽之狭。我欲眠而君且去，有客何嫌；人皆劝而我不闻，其谁敢接。殊不知人之齐圣，匪昏之如。古者晤语，必旅之于。独醒者，汨罗之道也；屡舞者，高阳之徒欤？恶蒋济而射木人，又何狷浅；杀王敦而取金印，亦自狂疏。故我内全其天外寓于酒。浊者以饮吾仆，清者以酌吾友。吾方耕于渺莽之野，而汲于清泠之渊，以酿此醪，然后举洼樽而属予口。①

① 《苏轼文集》，北京：中华书局，1986 年，第 21—22 页。

浊醪有妙理，出自杜甫诗："浊醪有妙理，庶用慰沈浮。"[①]"酒"以液态呈现，但其妙理与性味相关，其中也凝聚着悠久的前尘往事，故非感性直观所能把握。酒由稻米酿造，稻米可谓酒之"母"[②]，但酒性迥异于稻米之性。造酒需要水，而酒可移易人的情性，水却无此功效。稻米之性甘平，可让人饱。酒性大热，既可"散腰足之痹顽"，也能令人"醉梦纷纭"[③]（《洞庭春色赋》）。更有甚者，饮酒可"逃天刑"："曾日饮之几何，觉天刑之可逃。"[④]（《中山松醪赋》）有限之身，寿夭有定，多病多愁，这是天刑。饮酒移易人的心境，可让人"觉天刑之可逃"。逃天刑则可超越眼前实际而遨游于太初之境。苏轼将酒称为"神物"，说酒能"穷理""发性"，即是此谓。

与明月珠、夜光璧这些不能吃穿、实用的身外之物相比，酒寒可当襦，饥可代餔。酒可近人身，更能入人身，可说是身内之物。同是身内之物，酒与刍豢、布帛还不同。苏轼指出，刍豢可以让人饱，但是却不能提高人的精神觉解（"不我觉"）；布帛可以御寒暖身，但是却不能增益人的精神趣味（"不我娱"）。如我们所知，饮酒对人的生理会产生诸多影响，比如可使人发抒郁结、兴奋欢乐，又能麻痹神经，使人昏昧。苏轼强调饮酒能够提高人的精神觉解、打开新的精神境界，无疑着眼点放在饮酒对人的精神影响方面。酒使我"觉"、令我"娱"，这也就是苏轼所说酒的"神圣功用"。但是，这个功用并不指向生命之外，其本身就是生命之展开。苏轼这里所谓"独游万物之表"指神游万物、不与物接、不干万物的生命境界。饮酒即可独游万物之表，即可居于超越境界。在此境界中，精神凝聚，身心和畅，所谓"湛若秋露，穆如春风"[⑤]，"游物初而神

---

①《杜诗详注》，第 365 页。

②《酒子赋》曰："米为母，曲其父。"（《苏轼文集》，第 14 页）

③《苏轼文集》，第 11 页。

④《苏轼文集》，第 12 页。

⑤《苏轼文集》，第 21 页。

凝兮，反实际而形开”[①] 是也。如果说“三日不饮酒，觉形神不复相亲”，“对酒绝尘想”等表述中，酒充当着进入特定境界的思想方法，那么，饮酒而“独游万物之表”则显示出，饮酒不仅是通往他处的阶梯，人酒交融本身就是值得追求的生命境界[②]。

“始从味入”，这是理解酒、与酒相知的关键。“味”是酒之味，即酒的本质。在《中山松醪赋》中他将中山松醪描述为“味甘余而小苦”，同时也指出它“甘酸之易坏”[③]。酒味表现为“无声”“无形”，所谓“浑盎盎”“杳冥冥”也。“浑盎盎”是浑化充盈之态，“杳冥冥”是深远幽冥之貌。视觉、听觉无法接近这样无形无声的存在，只有味觉可以通达[④]。“浑盎盎”“杳冥冥”之“味”可通“道”，由“味”入，可得“道”之“门”。“径得天真”正是此谓——“天真”，生命得道之态也。

不管是“甘”，还是“苦”，具体“味”之实现都需要人与酒交融。饮酒-品味过程就是人与酒相互授受的过程：人把自己交给了酒，酒也把自身给予了饮者。我投入酒中愈多，酒给予我愈多，酒中之我愈显，我与酒愈难分。苏轼据此得出“伊人之生，以酒为命”的结论。“以酒为命”即把酒当作人的生命。“以酒为名”出自《世说新语》刘伶的自述：“天生刘伶，以酒为名，一饮一斛，五斗解酲。”[⑤] “名”通常训为“命”。刘伶在此尚是表达自己对酒的体会，以酒为命也只限于其本人。苏轼则将“以酒为命”的主体普遍化，

---

① 《苏轼文集》，第 14 页。

② 当然，苏轼对酒的态度并非一以贯之，有时会坚信酒的功效，如“不如眼前一醉是非忧乐两都忘”（《苏轼诗集》，第 688 页）；有时又犹疑不定，如“达人自达酒何功，世间是非忧乐本来空”（《苏轼诗集》，第 689 页）。将“达”归结为“达人”，而否定“酒之功”，最终又陷入空幻之中。

③ 《苏轼文集》，第 12 页。

④ 《酒子赋》直接以“味盎盎”来描述酒：“味盎盎其春融兮，气凛冽而秋凄。”（《苏轼文集》，第 14 页）

⑤ 《世说新语校笺》，第 391 页。

将酒视为人类生命本身。他在《既醉备五福论》中写道："《既醉》，太平也，醉酒饱德，人有士君子之行焉。而说者以为是诗也，实具五福。其诗曰'君子万年'，寿也；'介尔景福'，富也；'室家之壶'，康宁也；'高明有融'，攸好德也；'高明令终'，考终命也。凡言此者，非美其有是五福也，美其全享是福，兼有是乐，而天下安之，以为当然也。"[①] 醉酒是可寿、可富、可康宁，有好德、好命。"醉酒""饱德"与士君子生命相互通达，这是生命的理想，也是醉酒的理想。

对个人来说，"以酒为命"意味着把酒当作自己的生命。较之与身脱离的"名声"，饮酒无疑更为重要，故苏轼会说"身后名轻，但觉一杯之重"。饮酒让酒与人相融，让人在世味否塞中也能保持旺盛的生机，简言之，饮酒能够增强人的生命力，包括增强人的自然生命力与精神生命力。酒的形态"似道"，酒如此，生命也如此。人以酒为命意味着人的生命也应当"浑盎盎""杳冥冥"，而不应当为名利使身心分化、忙碌。将酒契入自己的生命、等同于自己的生命[②]，这当然不是酒鬼的呓语，而是真正认识到了酒对生命的价值意义。这与晏殊"人生不饮何为"一样，将饮酒理解为生命意义的兑现与展开。正因为如此，我们才可以在酒中洞见人类生命的丰盈与深厚。

醉酒麻醉人的理智，伤害人的身体；醉行败坏人的品德，冲击现存秩序，由此招致诸多批评。批评者认为，酒是毒物，人们理当弃绝，比如范镇说"曲蘖有毒，平地生出醉乡"。范镇是坚定的儒者，他深知"醉乡"对现实世界的冲击力量，故由"醉乡"而推导出"曲蘖"——酒有毒。但在苏轼看来，人们同样可以由酒能发性

---

① 《苏轼文集》，第 51 页。

② 将"酒"等同于生命，酒有美恶，美酒如美善之人，恶酒则如恶人。苏轼不择酒而饮，对诸多美酒不吝赞美，对恶酒也感受深刻。"恶酒如恶人，相攻剧刀箭。颓然一榻上，胜之以不战。"（《苏轼诗集》，第 545 页）美酒给人愉悦感，恶酒如恶人，给予人的是刀剑般的剧痛。美酒让人感到舒适，恶酒带给人的只是晕眩。颓然倒于榻上，再也不想饮酒（"不战"）。

而推导出酒无毒的结论。“曲糵有毒，安能发性?”这是苏东坡对范镇的直接回应：“承别纸示谕，曲糵有毒，平地生出醉乡；土偶作祟，眼前妄见佛国。公欲哀而救之，问所以救者。小子何人，顾不敢不对。公方立仁义以为城池，操诗书以为干橹，则舟中之人，尽为敌国，虽公盛德，小子亦未知胜负所在。愿公宴坐静室，常作是念，观彼能惑之性，安所从生，又观公欲救之心，作何形段。此犹不立，彼复何依?”[①] 范镇将“醉乡”与“佛国”并立为儒家两大敌手加以拒斥，因此否定酒。苏轼认为，饮酒是人的基本欲求。诗书仁义可以引导、规范这些欲望，但却不能禁止饮酒。将酒视为毒物，禁止饮酒是绝人之所同好，是与人类为敌（“舟中之人，尽为敌国”）。酒能够吸引人表明，酒性与人心彼此相依；也就是说，不能离开人心谈酒性。两者相互依存，酒性与人心交织为一，甚至可以说，酒性就在人的性命中，不能说能引发人性的酒有毒。苏轼在人性中为酒的存在寻找依据，这个做法足够高明，这也是“伊人之生，以酒为命”说的理据。

酒性大热，饮酒会让人血脉畅通，也会让人精神振奋，眼放光明（“初体粟之失去，旋眼花之扫空”）。酒还可使人独游万物之表，忘我忘物，居于本真自由之境。“兀尔坐忘，浩然天纵。如如不动而体无碍，了了常知而心不用”，正是饮酒后生命所呈现的广大而高明境界。“坐忘”是忘我、忘物、忘内外，“天纵”指放任天性，“心不用”是指不再为尘俗操心费神。此即“人当取醇”之生命纯真不杂之态。以酒为命，酒让人成为他自身——在偏离自身时则可将人带回每个人的原初。饮酒而可“得天真”，这表明，饮酒已经超越了口腹之欲，而被当作通达高明境界的一般性思想方法。尽管苏轼用了“如如”“了了”等佛学词汇，但显然他却始终将道家的“天真”视为理想状态。

---

① 《苏轼文集》，第 1447 页。

“真”包含“真性”“真情”，也指“真心”。“天真”是人心之本然，世人陷于名利之纷扰，总会远离天真而趋于伪饰。在苏轼看来，停留于人心既成的现实，是无法认清人心之正的。只有酒醉之后，真心、真性才能显露出来，所谓“人间本儿戏，颠倒略似兹。惟有醉时真，空洞了无疑”[①]。“醉”是酒对人的完全占有，它为人撇开后天被掺杂之质，乃实现“真”的唯一条件。饮酒不仅可“得真”，醉酒本身就能“真”。这表明，（饮）酒既是一种思想方法，也是理想的生命境界，故苏轼说“常因既醉之适，方识此心之正”。古人常常以醉酒来检验一个人的外在仪态，如“醉之以酒而观其则”（《庄子·列御寇》）。醉酒使人昏昧，在醉酒状态下，人的行为摆脱伪饰，尽显真实修养。苏轼十分赞同醉酒识人之说，他列举了四个例子作为佐证：“结袜廷中，观廷尉之度量；脱靴殿上，夸谪仙之敏捷。阳醉逖地，常陋王式之褊；乌歌仰天，每讥杨恽之狭。”醉有其外在仪态，人们由醉态而可以了解他人的真心真性。当然，这个方法不仅适用于醉者之外的他人，同样也适用于认识自己。认识到自己的真性，也就能觉解醉的价值；觉解了醉的价值，当然会勇敢坚守，不为他人所动——此即苏轼所谓“我欲眠而君且去，有客何嫌；人皆劝而我不闻，其谁敢接”。苏轼一改以醉识别他人做法，自觉从醉来认识自己真正的心性，这无疑拓展了心性之学的外延。

古来酒被当作“狂药”，比如晋人裴楷曰：“足下饮人狂药，责人正礼，不亦乖乎！”[②] 酒让人理智被蒙蔽，无法辨析周遭事态，又往往激发人的情绪而不能约束，故常常会说出或做出礼法不容之事。苏轼并不认同此说法，否定酒为狂人之药。他为酒辩解：首先，人生而有伟大的智慧，人心并不昏昧（“人之齐圣，匪昏之如”）。酒可使人醉，但醉并不意味着昏昧。人之醉是主动的坐忘，比如忧心

① 《苏轼诗集》，第 1888 页。

② 《晋书》，第 1048 页。

之失去。其次，人之醉往往也是清醒的，醉中也有大智慧。世人用心，往往逐物不返，心陷于世俗之“用”而常常分化、远离本心。醉人忘我忘物，遗心不用，心得以全而复归其真。故心虽不用而能够了了常知，正是生命之伟大觉悟。

（二）酒之真味即道味

苏轼从酒味开始说酒，但他没有止于酒味，而是努力超越酒味。“得意忘味”之所忘是酒味。“忘”不是断绝，而是超越。“腴”指厚味，“道之腴”指丰厚的“道味”。“忘味”指超越酒味，“知至道之腴”指获得超越性的“道味”。由酒味而入，止于道味。“饮酒”可“得道”，进而“饮醇”即“行道”（“得时行道，我则师齐相之饮醇”）。较之仅仅将酒作为通达精神境界的思想方法，苏轼对酒自身价值意味的肯认无疑更进了一层：酒本身就有“道”。

得道味而反观，则酒味又不同。如我们所知，饮者所品味到的滋味与饮酒环境相关。淳于髡曾描述一个人醉酒量的变化：饮君上所赐之酒，有执法在旁，饮酒时心存恐惧，压抑收敛，一斗可醉。宴请贵客时，礼仪在侧，庄重严肃，二斗即醉。有朋自远方来，亲切晤会，身心欢愉，可饮五六斗。乡里欢会，无所禁忌，轻松游戏，异性混杂，纵情嬉乐，可饮八斗。最后，在纯粹娱乐性饮酒（相当于喝花酒）中，有妓乐刺激，可饮一石[①]。淳于髡在这里点明了饮酒环境影响饮酒心境，进而影响对酒的感受。对酒的感受就是酒呈现于人的酒味，当然，其中包括物理性的滋味，以及情绪性、心理性的意味。苏轼直言，既得道味，饮酒多少、居处何处等外在环境不复重要，更不必撇开家庭生活而独往醉乡（“又何必一石亦醉，罔间州闾；五斗解酲，不问妻妾”）。

苏轼爱酒，但绝非酒精依赖者。这在他对“醉”与“醒”的态

① 参见《史记》，第3199页。

度上可以清楚地反映出来。他意识到道之不行，而自觉学徐邈以酒保身，“有道难行不如醉”[①]。他曾经天天饮酒，所谓“海边无事日日醉”[②]，甚至夸张地要醉百年（“百年里，浑教是醉，三万六千场”[③]）。有时，他觉得与其清醒地看世间争夺蝇头小利，还不如天天醉着，这样耳目也会清净些。有时，他会醉了醒，醒了又醉（“夜饮东坡醒复醉”[④]），认取醉乡为安身处（“醉里无何即是乡”[⑤]），似乎成了醉乡之民。但是，他熟知历史，对于醉与醒的有限性有清醒的认识。在《谢苏自之惠酒》诗中，苏轼批评了魏晋以来将高士、名士与酒直接关联的观念：“曲糵未必高士怜。醉者坠车庄生言，全酒未若全于天。达人本是不亏缺，何暇更求全处全。……有时客至亦为酌，琴虽未去聊忘弦。吾宗先生有深意，百里双罂远将寄。且言不饮固亦高，举世皆同吾独异。不如同异两俱冥，得鹿亡羊等嬉戏。决须饮此勿复辞，何用区区较醒醉。”[⑥] 以醉行狂乱之事并不值得追捧，真正高明的是内在精神境界的守护与整全（“全于天”）。通达事理之人自身生命完满自足，对于他来说，饮与不饮都不会减损其性。执着于“醉”或“醒”都有失偏颇，用禅语说就是，“醉”或“醒”都只是“生灭境”。“不醉不醒”才真正能够达到至高的“不生不灭”的境界（“醉中虽可乐，犹是生灭境。云何得此身，不醉亦不醒”[⑦]）。“不醉亦不醒”也就是道味相应的境界。因此，在

① 《苏轼诗集》，第 2593 页。

② 《苏轼诗集》，第 243 页。

③ 苏轼著，邹同庆、王宗堂校注：《苏轼词编年校注》，中华书局，2007 年，第 458—459 页。

④ 《苏轼词编年校注》，第 467 页。

⑤ 《苏轼词编年校注》，第 476 页。

⑥ 《苏轼诗集》，第 226—227 页。

⑦ 《苏轼诗集》，第 1888 页。另一种对待“醒”与“醉”的态度也值得注意：“治则醒而乱则醉。”（李纲：《浊醪有妙理赋・次东坡韵》，引自曾枣庄、刘琳主编：《全宋文》，上海：上海辞书出版社，合肥：安徽教育出版社，2006 年，第 169 册，第 29 页）“醉”与“醒”依照外在情境而定，此为权变，乃实用的态度。

“以酒为命”的观念中，“酒”如同诗教的“兴”：确立精神的开端、基调、方向，负责开启大道之门。酒“兴”之所至，则酒味、道味、自然生命、精神生命相互交织、融合，饮酒之完成，也是生命之完成。

精于酿酒，频繁饮酒，苏轼确能了知酒之味。他对此颇为自豪：“饮中真味老更浓。”[①] 如我们所知，“味”之呈现基于事物之气味与人的知识经验交融。人生知识经验愈丰富，其所品味出来的“味”也就愈浓厚。人年岁增益，知识经验积累也越多，其所得之味也就越浓厚。酒中真味到底有多浓？苏轼曾对照“泪”之“味”给出答案：“酒味多于泪。”[②] “泪”的滋味丰富多样：悲痛、伤感、委屈、无奈……然“酒”之“味”更多。酒味实质上是饮者人生之味：有悲痛有和乐，有无奈有开怀，有委屈有得意……较之以悲情之味为主的泪，酒味兼具人生两极，无疑更完整更复杂。

酒的百味之中，“趣”是更积极、更持久的一种。苏轼对酒之趣也特别关注。如我们所知，白居易《酒功赞》中对酒的功用的归纳很全面：在生理上饮酒可以使人“变寒为温”，情绪上可以“转忧为乐”，只要饮酒，精神上可以“百虑齐息”“万缘皆空”。[③] 但是，苏轼觉得，白居易只见酒之功，而不言酒之德，这样很难领略到酒之“趣”。“酒趣”说首见于孟嘉。《晋书·王敦桓温传》载：“嘉好酣饮，愈多不乱。温问嘉：‘酒有何好，而卿嗜之？’嘉曰：‘公未得酒中趣耳。’又问：‘听妓，丝不如竹，竹不如肉，何谓也？’嘉答曰：‘渐近使之然。’”[④] 孟嘉为陶渊明外祖父。他嗜酒的理由是酒中有“趣”。“趣”即“趣味”，这里指合乎人的精神品味，且能激发人的兴味的特性。结合其对丝、竹、肉三乐的看法，由生命本身涌现的

①《苏轼诗集》，第 1033 页。
②《苏轼词编年校注》，第 541 页。
③《白居易文集校注》，第 1925 页。
④《晋书》，第 2581 页。

声乐最有趣。酒之“趣”同样由人纳诸喉舌之内，沃诸心胸之中而得。不过，酒趣并非单纯的否定（如白居易所说“百虑齐息”“万缘皆空”），更重要的是对生命积极的肯定、增强，尤其是对精神生命的激发（“发性”）。后世陆游饮酒“适意”说认为酒与饮者在生理、心理、精神上相互契合，酒契合人的意趣等等，无疑是对苏轼“酒趣”说的进一步发挥。

能认识酒趣固然高妙，但苏轼并未止于酒趣，他更关注的是酒中之道。基于此，他批评得酒之趣的孟嘉未闻道：“酒中真复有何好，孟生虽贤未闻道。醉时万虑一扫空，醒后纷纷如宿草。十年揩洗见真妄……”① 饮酒而醉可以使“万虑一扫空”，但是，清醒之后，万虑又如过夜的野草般油然而生。醉醉醒醒十年后，人们就可以判断出尘世万虑之“真”与“妄”。与指涉人原初性情的“天真”不同，这里的“真妄”直接指思虑空与有的正确与错误。但思虑空与有的正确与错误实际上指涉醉与醒两个不同世界的真实与虚妄。醉的世界真，还是醒的世界真？此乃对世界的本体论断定。它是人理解世界的前提：由真或妄出发，对世界或人生的态度各异，人生的意义也完全不同。通过长期饮酒，苏轼对醉与醒两个世界的真妄问题的回答是确定的：醉的世界更真实。对于如何确证世界的真实存在，思想家们有不同的方法。苏轼以饮酒领悟世界的“真妄”，独辟蹊径，让人耳目一新。饮酒乃味觉活动，以饮酒证明世界之真实可以说是对秦汉发展起来的“味道”方法论的继承与发展。

（三）酒近于道

苏轼文坛地位卓绝，《浊醪有妙理赋》也顺理成章受到世人关注。朱肱非常推崇苏轼，他曾“坐书苏轼诗”，可以说受苏轼“毒害”不浅。朱肱的《酒经》不少观念与《浊醪有妙理赋》高度一致。

---

①《苏轼诗集》，第 1175 页。

比如，他自觉从具体的性味开始理解与规定酒："酒味甘辛，大热，有毒。"[①]"辛""热"的特征是发散，其在人体内的运行趋势是不断上升、不断打破界限。与苏轼不同，朱肱承认酒有毒，会让人生病，具体说就是"腐肠烂胃，溃髓蒸筋"。然而，只要人能节制，酒不仅不会伤人，还能治疗人的疾病，包括使人忘却忧愁烦恼。

与苏轼一样，朱肱不仅承认酒中有妙理，更能识见酒中之"趣"。他认为，世人在酒中寻求感官刺激，烂饮狂醉（"餔啜"），对于他们来说，酒的价值仅限于生理层面，而无涉酒趣。晋人好酒，但竹林七贤等辈饮酒是为了逃世网，酒被当作达到其他目的的工具，而不是价值自足的目的体，如此也就错失了酒中理趣。如我们所知，魏晋士人确有将饮酒作为逃离世网的方法者，如阮籍长醉六十日，以避司马昭提亲。不过，当时饮者一方面把饮酒当作身心相亲以及思想进入特定精神境界的重要方法；另一方面，也偶尔有深知酒之好而以命许之者，如刘伶。朱肱批评竹林七贤将酒当作逃避世网的方法，似乎未能注意到后一观念，但他强调酒趣之重要，较之竹林饮者更自觉地关注酒的性道之维。酒可以让人身心弥合，返归淳朴（"全于酒"）。更重要的是，酒国醉乡可以为人提供一个淡然自足的安身立命之所。这表明，酒本身富有意味，价值自足，人的生命投入其中，并无亏欠。能及此，方可谓真得酒中趣。

酒对人何以必要？其性味迷人显然不足以回答这个问题。朱肱对酒的重要性的论述从酒对每个人生活之必要性开始。他说："酒之于世也！礼天地，事鬼神，射乡之饮，鹿鸣之歌，宾主百拜，左右秩秩。上自搢绅，下逮闾里，诗人墨客，渔父樵夫，无一可以缺此。投闲自放，攘襟露腹，便然酣卧于江湖之上，扶头解酲，忽然而醒。虽道术之士，炼阳消阴，饥肠如筋，而熟谷之液亦不能去。"[②] 无人

① 《酒经》，第 6 页。

② 《酒经》，第 19 页。

可以缺酒是因为，不管一个人身处何种位置，他都要在天地之间过群体生活。在天地之间过群体生活，就需要祭祀天地、祖先，也需要人事交往，交朋友、宴宾客则是相互交往中的人之常情。依照上古以来的传统，祭祀天地、祖先需要献酒、饮酒，婚丧嫁娶、亲朋往来都需要以酒行礼。“无一可以缺此”表达的就是饮酒对于常人的日常生活具有必要性。至于那些远离人群的江湖之士，其修炼与度日也离不开酒。基于此，朱肱批评佛教的戒酒举措，并指出，在他们远离酒的同时，也无从知晓酒的滋味。酒味是世间之味，也是道味。不知酒味，也就不知世间生活滋味，更不知道味。那些因为醉酒乱性败德而努力戒酒的人，将酒视为悖乱之源，也同佛家一样不懂得生命与生活滋味。

酒对人类整体不可缺，对于个人生命生活来说，酒也不可或缺。朱肱论曰：“平居无事，污尊斗酒，发狂荡之思，助江山之兴，亦未足以知曲蘖之力、稻米之功。至于流离放逐，秋声暮雨，朝登糟丘，暮游曲封，御魑魅于烟岚，转炎荒为净土，酒之功力，其近于道耶?”① 个体生活面对着有限的物物事事，以此自限，则生活的意义也被限定。对于普通人来说，无事而饮酒，不仅可以填补空虚、超越凡俗，还可以打破日常生活之所限，不断拓展生活的意义。在酒的作用下，狂荡之思、江山之兴被激发，熟悉的物事也被赋予新光彩。在被驱离出已有价值系统时（“流离放逐”），意义缺失、孤苦无依，酒又可以源源不断帮助人抵御虚无、邪乱侵袭，调适心境而获取新的精神慰藉。在为生活提供安身立命之价值意义上，朱肱认为，酒的功力近于道。人有道，则一切圆满、正当。“酒近于道”，饮酒则可使身与道合，与道为一，饮酒者生活、生命则无亏欠。朱肱特别提到，“与酒游者，死生惊惧交于前而不知，其视穷泰违顺，

---

①《酒经》，第 23 页。

特戏事尔”[①]。酒可以让人忘却，可以让人不知，以改变自我的方式来应对外界情境的变化，让人保持内心的安宁。当然，酒不仅让人醉而忘我忘物，还能变化人的气质，所谓“酒之移人也！惨舒阴阳，平治险阻。刚愎者薰然而慈仁；懦弱者感慨而激烈。陵轹王公，给玩妻妾，滑稽不穷，斟酌自如。识量之高，风味之嫩，足以还浇薄而发猥琐”[②]。汉代以来的观念认为，酒属阳，饮酒可以增强饮者的阳气。换言之，饮酒后，随着阳气的增强，人的身体与心灵都会舒展开来。化解阴郁气血的同时，也会增强胆量，有足够的勇气与胆量克服困难。由刚愎而慈仁，由懦弱而激烈，振奋精神，傲视王侯，实现精神的超越。酒改变人的心境、气质，甚至性情，可以让人超越权位，也可以和乐妻子。以酒改变自我、升腾自我、提升自我，进而获取对周遭情势的主动。这尽管有“消极”“虚幻”之嫌，但不失为一种简便的因应生活之道，也保留了个人解脱的希望。

基于酒对人类及个人的重要性，朱肱以范蠡为表率，重申了刘伶提出、苏轼强调的“以酒为名（‘命’）”说。这里“以酒为命”直接说的是鸱夷子皮——范蠡。“鸱夷子皮”也就是鸱夷皮子，即装酒的皮袋子。范蠡以装酒的皮袋子自称，显然是以饮酒自晦。他既以酒袋子为其“名”，也靠酒与世沉浮，说他以酒为命也不为过。朱肱将范蠡单独提出来，实际上指向的是范蠡、刘伶、苏轼等一类人。酒何以能够被当作自己的生命？当然不是因为人患了酒精依赖症，而是因为酒有其独立的精神价值，可以满足人多层次的需要，包括精神慰藉。简言之，饮酒就是在增强人的生命力；无酒则意味着生命失去支撑与依靠以及进一步扩展的可能。“酒之功力，其近于道”，这才是“以酒为命”观念能够成立的根基。

---

① 《酒经》，第 23—24 页。

② 《酒经》，第 31 页。

另一位自觉继承苏轼《浊醪有妙理赋》思想的是南宋李纲。他根据自己的饮酒体会作了《浊醪有妙理赋·次东坡韵》，对苏轼观点亦多有承继与发明，尤其是酒的性道之维。

同苏轼一样，李纲承认酒可以通达妙境。酒之所以有此移易人的能力，是因为酒之性理、性味，所谓“气烈味甘”[①] 也。酒之“气烈”其实说的是酒味之“辛”。从“甘辛”之味出发解释酒的神效，这是苏轼、朱肱的基本理路。由酒的性味出发，李纲得出“酒有神”（“曲蘖有神”）的结论。较之“酒通神”说，“酒有神”说无疑又进了一步。当然，酒中的“神”并非实体性的人格神，而是指功能性的神奇势力。在李纲看来，“酒有神”体现在酒能移易人，特别是能够调适人的精神境界。比如，对治饥寒而得饱暖；转忧愤为欢愉，可以陶冶人的性情；能够让原本有限之心融入广大无边的宇宙，也能够使原本陷入周遭世界而沉沦的身心合于道；能够齐万物而归真境（“融方寸于混茫，处心合道；齐天地于毫末，遇境皆真”[②]）；可以自由自在，神游万物（“恍尔神游，窈然心纵”[③]）。当然，酒之功用必须通过人的饮酒活动实现，此即他所谓“味流霞而细酌”[④]。“味”是品味，“细酌”即细细品味。“流霞”指美酒，通过细细品味美酒，酒入人身，才能领略佳酿之美。

李纲对于陶渊明、王无功也表达了敬仰之意，似乎也愿意归往醉乡。但是，不同于苏轼心倾道家，李纲总体上立足儒家来理解与安顿酒。比如他说酒为百礼之所需，饮酒应当节制，而不能荒湎于酒，所谓“荒耽失职，当戒羲和之湎淫；温克自将，宜法文武之齐圣”[⑤]。他取笑竹林七贤酒后不守礼法，相信通过饮酒可以“察行观

---

① 《全宋文》第169册，第28页。
② 《全宋文》第169册，第28页。
③ 《全宋文》第169册，第28页。
④ 《全宋文》第169册，第28页。
⑤ 《全宋文》第169册，第28页。

德”，坚持“饮愈多而貌愈恭”[1]。尤其值得注意的是，李纲对于醒醉，主张“治则醒而乱则醉”[2]。这既不同于苏轼超越醉醒的态度，也不同于汉儒害怕醉而追求醒，以及魏晋人热衷于醉的态度。对于庄子以来“全于酒”之说，李纲更愿意把“全于酒”当作“心自足”的表达，所谓“我取足于心，得全于酒”[3] 是也。这都表明，李纲虽然认识到了酒中妙理，但并没有入醉乡而不返。可以看出，李纲虽然对《浊醪有妙理赋》赞赏有加，但在价值理念、精神气象等方面已经自别于东坡。

朱肱的《酒经》一方面是对苏赋的承袭与发展；另一方面，它又以其在酒文化领域的权威性，使苏轼的酒思想广为传播与接受。南宋李纲唱和《浊醪有妙理赋》，对其义理亦有所发明。这表明，对酒的道性之维的领会并非个别饮者的醉话，它已经成为宋代士人之共识。

不仅饮酒通大道，且酒本身即近于道；不仅饮酒合自然，且人愈醉愈自然；不仅饮酒使形神相亲，且醉本身就是生命的大和谐。“以酒为命”，饮酒就是在增强自己的生命力；“酒有神”，饮酒就是增强自己的精神生命力；“酒中有理”，饮酒就是以理净身的功夫，身与理合而如理而在；饮酒就是“穷理”。“酒近于道”，饮酒则可使身与道合，与道为一。不妨说，一场酒就是一场精神修行，就是一场形而上运动。

酒中有道，有理，也有神。人饮酒而使酒成为人的内在精神生命的有机部分，亦能为人提供安身立命之根据。较之把酒认作口腹之欲的对象，以及将酒单纯当作工具性的思想方法，宋儒承认酒具

① 《全宋文》第169册，第29页。
② 《全宋文》第169册，第29页。
③ 《全宋文》第169册，第29页。

有独立自足的精神价值，自觉把酒拔高到性道层面，这无疑大大深化了对酒的认识。宋明以来，饮酒逐渐由人情之常转变为日用之需。当饮酒被当作形而上活动，日用常行也就有了形而上的意义。这些洞见无疑为明儒“日用即道”的观念提供了必要的精神准备。正是基于酒具有性道价值，人才得以在饮酒中过精神生活。

四 混于酒而饮

作为儒者，陈白沙一改害怕“醉”的儒家思想传统，积极利用饮酒来思考与修行，甚至利用“醉”来实现日常静坐所不易达到的精神境界。在陈白沙的思想中，饮酒并非狭义的口腹活动，它奠基于自得之学，属于思想之事。饮酒关联着忘机、超越名利等超越活动，并让人突破血肉之心以及自我的边界。同时可以激起血脉，让人与周遭事物一同兴起，共同进入生机氤氲之境。酒醉则能够打开各种限制而呈现出无间的广大世界，使人融入天地万物之中，成就万化自然。基于对酒的亲切领会，陈白沙主张“混于酒而饮”：主动放弃自我，自觉地投入、融入酒，按照酒的精神品格展开自身。人与酒混而为一，把身心交于酒，也在酒中自我实现。心玄发为酒之玄，人成就了酒，酒精神依据人的精神塑造，这标志着中国酒精神的建构已经进入自觉阶段。

在明代，酒被民众视作“日用之需”。在这种社会氛围下，思想家对酒的态度格外宽容与肯定。朝廷推行海禁政策，人们不再开眼看外在世界，而是转向内在世界。相应地，通过饮酒开拓内在世界，就成为自然而然的事情。

陈白沙为学主张先静坐以自得，然后以典籍博之，再就人伦日用随处体认，以此涵养自得之心，最终归于“自然”。此即其所谓

“立本贵自然”[1]，“此学以自然为宗者也”[2]。“自然”与智力机巧、人为谋划相对，后者即陈白沙所说的“安排”。“本于自然不安排者便觉好。”[3]“道是安排绝。”[4]在陈白沙看来，“安排”出于人意，乾坤之妙用在“安排”之外。“不安排”“绝安排”则归于自然，回归乾坤。“自然”首先指不假人力，包括人的谋划、主张。其次，“自然”不仅仅指个人修行而达至的心灵境界，也关乎此境界所熏染而化的周遭世界。陈白沙诗云：“天命流行，真机活泼。水到渠成，鸢飞鱼跃。得山莫杖，临济莫渴。万化自然，太虚何说？”[5]在此境中，万化自然，人伦日用皆备。对人来说，“自然”还包括自然的生活：以博大胸怀容纳万物，并以真情、真性接人待物。

对于在人世之中生存的人来说，达到这个境界并非易事。个体精神觉解的提升不易，人在与天地万物及人群的具体交往行动中证成觉解更困难重重。精神觉解的提升需要静坐、养护此心，也需要将“理”落实到“心”。陈白沙寻求使“此心与此理凑泊吻合”[6]，对此投入极大精力。与人群的交接关乎我与人群之间差异、边界的流动转换。具体说，就是突破个体身心的限制，突破自我的边界，最终融入天地万物之中，成就天人一体。陈白沙频繁饮酒、醉酒，最重要的原因就是饮酒让人心氤氲不已，与天地万物持久地感应，由此实现“心”与“理”的凑泊吻合。

（一）生前只对一樽酒

“生前只对一樽酒”[7]，这是陈白沙对自己一生的简短总结。“只

---

①《陈献章集》，第 280 页。
②《陈献章集》，第 192 页。
③《陈献章集》，第 163 页。
④《陈献章集》，第 307 页。
⑤《陈献章集》，第 278 页。
⑥《陈献章集》，第 145 页。
⑦《陈献章集》，第 984 页。

对一樽酒”并不是说陈白沙不面对人、不面对天地万物。事实上，陈白沙对富有生机的万物兴趣盎然，青山白云、江风朝霞让其迷恋不已，高堂友朋、陌旅渔樵也让他不能割舍。不过，陈白沙与天地人物交接更愿意通过酒展开。带着酒意对世界，世界与自己都会呈现出新光彩。酒意笼罩下的花月更美，人情更醇；酒意笼罩下的世间的隔阂快速被弭平，成见、是非更快被超越，界限容易被融化，这也保障着我与人之间能够自由交往。他的人生是酒意熏染的人生，他的世界是酒意熏染过的世界。关注自己的切身感受，从自己感受出发思考世界人生，这是陈白沙思想的首要特质。可以理解，陈白沙的思想世界何以少有河图洛书、无极太极、五行八卦等宏大语词，也与汉宋学者高扬的道器理气、形而上形而下等抽象概念迥异。在陈白沙的观念中，心为道舍，道通万物，心亦通万物。他自言：“栽花终恨少，饮酒不留余。”[①]“吟诗终日少，饮酒一生多。”[②]他的世界里有酒有花，有诗书画，有江山鱼鸟，有风月，有逝水，有百物，有少长朋俦，有君臣夫妇。他的思想世界贴近他的生活世界，所谓“四时万物无非教……溪上梅花月一痕，乾坤到此见天根。谁道南枝独开早，一枝自有一乾坤”[③]。这个世界鸢飞鱼跃，有活泼生机。其开显离不开饮酒，为其自得却不神秘，自然而不离人伦日用。

真正的思想不在著作里，而在活泼泼的生命中。陈白沙倾尽精神栽花、饮酒、看山、观物，并以诗记述。他活泼泼的生命就在其诗里，诗即其“心法”[④]。如我们所知，诗本于人性，每个人生之朴、和都可发而为诗。“受朴于天，弗凿以人；禀和于生，弗淫以习。故七情之发，发而为诗，虽匹夫匹妇，胸中自有全经。……会而通之，一真自如。故能枢机造化，开阖万象，不离乎人伦日用而见鸢飞鱼

① 《陈献章集》，第 351 页。
② 《陈献章集》，第 356 页。
③ 《陈献章集》，第 660 页。
④ 《陈献章集》，第 700 页。

跃之机。若是者，可以辅相皇极，可以左右六经，而教无穷。”[①]“人”指人为，“习”指习惯、习俗。破除人刻意为之，拒绝因循故习，人才能回归天朴、和生。在对待“诗”的态度上，陈白沙贯彻了他的“自然”理念。他说：“诗之发，率情为之。”[②]“诗之工，诗之衰也。……率吾情盎然出之，无适不可。”[③]理想的诗是真情的自然流露。诗出于其他目的或其他意图之安排，刻意雕饰媚俗，都有悖天和。“莫笑狂夫无著述，等闲拈弄尽吾诗。”[④]率情为诗，其生命就在诗中，有无著述并不重要。

饮酒的作用，就在于破除刻意安排与因循故习，使人回归诗意。如我们所知，醉酒而狂以破坏、否定为其基本特征，包括对世界人物的攻击。陈白沙酒后或高歌，或醉卧，其旨趣指向着认同、欣赏天地人物。他有不少诗都抒发着眷爱人物生命的观念，如“美人遗我酒，小酌三杯烈。半酣发浩歌，声光真朗彻。是身如虚空，乐矣生灭灭”[⑤]。其高足湛若水解曰：“若夫望月、饮酒、放歌，乐由此生，则先生之乐在于生，是以生而灭灭。……乐生者，日用动静与时偕行，何有于灭？”[⑥]乐生则只会欣赏天地人物之生机，而不会破坏万物生机，更不会毁灭其生机（“灭灭”）。陈白沙所谓“生”不限于动植物之生命，还包括养育动植物的各种要素，比如山川风水等。“一痕春水一条烟，化化生生各自然。”[⑦]在他眼中，春水、青烟都在变易生化之中，都有其自然生机。“酒”亦是天地间一物，陈白沙对酒也有独特领悟：“路旁酒价知天道。”[⑧]酒由五谷酿造，酒之成

---

①《陈献章集》，第 11—12 页。
②《陈献章集》，第 10 页。
③《陈献章集》，第 5 页。
④《陈献章集》，第 461 页。
⑤《陈献章集》，第 296 页。
⑥《陈献章集》，第 753 页。
⑦《陈献章集》，第 683 页。
⑧《陈献章集》，第 596 页。

由五谷生长、收成决定，五谷收成决定酒价之高低，有心人由此可由酒价知天道。“天道”不远，就在日用之中。由“酒”领悟“天道”，正是“日用即道”观念的具体运用。由酒价知天道的说法一方面表达陈白沙爱酒之意，另一方面也可看出陈白沙对特定物——酒的深入思考。与动植山川风水一样，酒也通天道，由酒也能够知晓天道。

陈氏热爱天地间所遇之物，他更乐于醉入其间。“酩酊高歌掩旧书，青山日月笑居诸。一番春雨无分付，枉种桃花三两株。”[①] “旧书”泛指书册典籍。在书册典籍与现实世界之间，陈白沙更关注现实生活与现实世界。醉酒高歌，欣赏青山白云、春雨桃花。物与人一般生机盎然。人有自我，而自限自小，则天机反不如普通物。在《木犀枝上小雀》一诗中，陈白沙写道：“翠裙白领眼中无，飞上木犀还一呼。乾坤未可轻微物，自在天机我不如。”[②]“天机”乃天然的生机活力，乃自然而然之生机。在陈白沙眼中，天地间万物皆有天机。大物之生机比较容易见，而微小之物的生机则往往被人忽视，更不要说那些幽微不可见之物了。每个生命，特别是人，都充满天机。不过，人的天机常为俗见、私意所羁绊、损害，而难以呈现。唯有破除俗见、私意，天机才能涌现。饮酒无疑是人天机涌现之重要方式：“昔者东篱饮，百榼醉如泥。那知此日花，复与此酒谐。一曲尽一杯，酩酊花间迷。赤脚步明月，酒尽吾当回。”[③] 木樨（桂花）后菊花十日开，比菊花冷淡。其香入人更深，使五脏和平而无乖戾。木樨与酒品格一致，对木樨饮酒酒意倍增。我对木樨而饮，复有曲绕左右，明月在天，醉迷实属正常。东篱之醉可复自在之机：赤脚步明月，行藏安于所遇，尽情复朴矣。

① 《陈献章集》，第 682 页。
② 《陈献章集》，第 566 页。
③ 《陈献章集》，第 294—295 页。

（二）酒杯中我自忘机

酒的重要功能是陶冶情操，所谓“直以酒陶情”[①]。饮酒何以能够陶冶情操？这与酒的性味相关，也涉及饮酒对人的意味。酒的性味甘辛、大热，饮酒可让人情绪高涨，进而化解忧愁烦恼，更能让人遗忘世情，超越世人难以摆脱的俗见，比如功利意识、狭隘的成见等。“使来遗一尊，百金不愿易。”[②] 在陈白沙看来，尊酒使人超越声利，它所开启的是世俗之外、价值自足的生活方式。因此，饮酒尊贵无匹，世人亦当珍爱之。“高人谢名利，良马罢羁鞅。……但忧村酒少，不充侬量广。醉即拍手歌，东西卧林莽。”[③] “高人”之“高”就在于他能够辞拒名利，如马之脱羁鞅。凭借自己的力量自给自足，而不以耕种为羞，这是陶渊明留给后人的珍贵思想遗产。陈白沙安居草野，饮酒为乐，这与陶渊明有几分神似：减少自己的欲望，安于村居，以酒怡情，醉则歌笑草野之间。甚至他时有归往醉乡之想，如“江上花边到一壶，春风日日要人扶。数篇栗里乃何趣，五斗高阳非酒徒。……醉乡著我扶溪老，白璧黄金惠不如”[④]。江畔寻春，对花举觞，陈白沙酒兴高涨，每每醉而归（“日日要人扶”）。在他看来，酒中之趣非烂饮的高阳酒徒所能知，醉乡的魅力也远非白璧黄金所能比。世人看重声名，往往为名所累。弃名而归饮山林，生命会更自在、更充实。不肯饮酒，则与此生命、生活无缘。“生前杯酒不肯醉，何用虚誉垂千春。”[⑤] 在陈白沙看来，不肯饮酒者，大多是看重外在名誉的人。酒眼超越货利视角、势利眼光，摆脱认知-控制架构，让天地人物按照自身面目呈现。以酒眼看花草、观云月，用酒（醉）起兴，用酒营造和乐氛围，则可以打开新生命、新世界。

---

①《陈献章集》，第 696 页。
②《陈献章集》，第 309 页。
③《陈献章集》，第 292 页。
④《陈献章集》，第 413 页。
⑤《陈献章集》，第 318 页。

对于饮酒之妙用，陈白沙有深沉的体会：“酒杯中我自忘机。”[①]“机”是机巧，即处心积虑地谋划、安排。“忘机”就是“绝安排”，饮酒使人自然，无疑也近于道。在人的日常交往中，礼俗、声利都会让人失真。借助酒，去除应酬面具，这是达到自然生活的捷径。陈白沙的这个说法让我们想起陶渊明“对酒绝尘想”之说。一切尘想都是机心的表现，“忘机”也就是“绝尘想”。尘想绝，尘世时空也随之移易。陈白沙言“万古乾坤半醉前”[②]，万古乾坤随着酒意而到来，而呈现，此正是酒的妙用。当然，酒中到来的万古乾坤也是过滤掉机心、机巧、尘想的新世界。

饮酒而忘机，“醉”则机心尽忘。如我们所知，“醉”悬置自我、成见，进而消解世间各种界限，而让人、物、我相互通达。在此意义上，醉打开了各种限制而呈现出无间的广大世界。在《赠胡地官》中，陈白沙谈及自己醉酒的感受：“引满花下杯，延缘坐中客。醉下大袖歌，孰云此门窄？”[③]醉、舞不仅表现出陈白沙知足知止的精神修养，同时也都在不断突破空间之封限——向内拓展自由天地。对于普通人来说，醒来则回归世俗生活，重新开始计算安排，也就再次远道矣。醒来后，自我回归，人、物、我的界限重新显现，相互通达的广大世界重新被隔开，世界因此呈现出逼仄、狭隘，道也被遮蔽。陈白沙说“醉去乾坤小”[④]，可谓精彩绝伦。

陈白沙求存心、用心、任心，求深思而自得。自得，也意味着自得本心之乐。[⑤]陈白沙发明“静坐”工夫，养其善端。静坐通常要

① 《陈献章集》，第 411 页。

② 《陈献章集》，第 480 页。

③ 《陈献章集》，第 519 页。

④ 《陈献章集》，第 382 页。

⑤ 黄宗羲对此有精到领会：“先生学宗自然，而要归于自得。自得故资深逢源，与鸢鱼同一活泼，而还以握造化之枢机，可谓独开门户，超然不凡。”（《明儒学案》，第 4 页）

闭眼，所谓“瞑目坐竟日”[①] 是也。如我们所知，视觉指向自身之外，睁眼看外物，通常也会把心意带向自身之外。“瞑目”意味着停止向外投射，心不随物转，而停留在自身。就其内涵说，静坐而默坐澄心，达到虚境，由此“断除嗜欲想，永撤天机障”[②]。涵养善端，进而达到活泼泼的氤氲境界。在持养心体工夫时，他像宋儒一样随时保持戒慎恐惧。然而工夫成熟，心体则表现为“至无有至动，至近至神焉”[③]。“酒”的品格、功能同于心体之玄妙：“至无至动”，“至近至神”。饮酒同样可以断名利，入氤氲。原本无形有体的酒进入人体，人体逐渐舒展活络，心思随之活跃起来。酒浸润了的心目投射并赋予周遭世界异样的光彩。心物相互感应不已，物我共同进入神奇的新样态。陈白沙留恋这个异乎常态的状态，不惜醉，甚至不惜“疯”几回。“一曲一杯花下醉，人生能得几回逢。”[④] “醉”者不会伪饰，完全随性视听言动。就其超出规矩法度言，“醉言”“醉行”近乎世俗之“疯狂”“疯癫”。实际上，对于陈白沙来说，花下醉等“疯狂”行为不过是其自得之乐的自然流露罢了。

（三）一身燮理三杯内

饮酒忘机，涤除俗虑，这主要是“破”的功夫；调和身心，开显乾坤，则尽显酒的积极妙用。陈白沙谈到自己饮酒的感受时说：“一身燮理三杯内，万古乾坤半醉前。”[⑤] “燮理”指和谐的机理，“一身燮理”指整个身心和谐融洽。饮酒可以调节身体机能，使血脉和顺。酒也可以热力化解郁积的忧愁，所谓“世上闲愁酒可通”[⑥] 也。

---

①《陈献章集》，第 156 页。

②《陈献章集》，第 517 页。

③《陈献章集》，第 279 页。

④《陈献章集》，第 571 页。

⑤《陈献章集》，第 480 页。

⑥《陈献章集》，第 689 页。

在陈白沙心目中，酒之所以能够使人进入氤氲之态，是因为酒本身自带氤氲之气。他曾写道：“何处氤氲姜酒气，香风吹入野人卮。”[1] 姜酒氤氲，其气芳香，诱惑人饮用。氤氲又作“细缊”，指阴阳二气交互缠绵，而有气息和畅之态。氤氲也就是“感应不已”之态，所谓“万理都归感应中”[2]。“天地氤氲，万物化醇。”（《系辞》）万物因天地二气交密而化育醇厚，广而言之，阴阳交感而事物通泰，由此造就生生之态。在《周易》思想影响下，中国传统思想一直将“氤氲”视作最理想、最有生机的状态，包括对天地万物以及人的身心而言。陈白沙接受并强化了这个观念，在他的著述中，氤氲是身体最好的状态。比如他说：“氤氲复氤氲，东君欲放春”[3]，“朝来溪上弄花丸，天地氤氲日月还”[4]，“两间和气氤氲合，五色卿云烂熳浮”[5]。“氤氲”内涵动力，推动日月星辰、天地万物运转不息。“氤氲”而有了春秋冬夏，日月随之推移、更替，万物自然生长荣枯。天地日月因氤氲而有序，和气氤氲而有“五色卿云烂漫浮”。“氤氲”对物如此，对人同样重要。“睡息氤氲，四体舒布，血肉增长。”[6] 人睡觉时一呼一吸不停息，身体始终保持着与世界自由交通。生机在气息氤氲中得到恢复与增强，较之清醒时为思虑阻遏，睡眠无疑是更好的修身姿态。陈白沙欣赏“睡乡”，正基于此。

一元复始，自然界气息蒸腾，人随天地的氤氲节奏而变换自身节拍，达到胸中阔大、流动、激荡不已的状态，所谓“一月薰蒸来，氤氲在肝膈”[7]。“肝膈”是人的内在脏腑。不仅外在形体在氤氲中健全发育，内在脏腑之氤氲也使人动力十足、生机饱满。作为生理、

---

① 《陈献章集》，第 594 页。
② 《陈献章集》，第 644 页。
③ 《陈献章集》，第 513 页。
④ 《陈献章集》，第 573 页。
⑤ 《陈献章集》，第 416 页。
⑥ 《陈献章集》，第 189 页。
⑦ 《陈献章集》，第 288 页。

心理、精神一体的心，其氤氲则不仅会改善人的生理气质，也同样能够生发出精神性愉悦。陈白沙对此有精彩的论说：“真乐何从生，生于氤氲间。氤氲不在酒，乃在心之玄。”[①] 真乐生于氤氲，但氤氲却与饮酒没有直接关系，其决定者是“心”。如我们所知，同样的事件，其效果取决于人的精神觉解。饮酒可让人心跳加速、血液沸腾。世俗之人醉后或疯狂，或烂如泥，思想停止，与草木无异，其醉酒与氤氲之境无关。这样的心理气质性状态并不必导向精神性的“乐”。饮酒生发出真乐，需要以自觉的和乐世界观为前提，同样需要一贯追求真乐的心灵为担保。不过，对于白沙来说，氤氲虽然不在酒，却同样也不离酒——酒醉起兴可入氤氲。陈白沙饮酒而醉往往会兴起神致：不仅可以推自己入氤氲之境，也能够打开自身之在的精神氛围，为自己烘染出氤氲情境。心玄发酒玄，酒玄亦可发心玄。有了这样的精神准备，饮酒、醉酒而氤氲就成为自然而然的事情了。陈白沙说“浩浩春生酩酊中”[②] 表达的就是这个意思。大醉“酩酊”生出浩浩之春，也生出自然之乐。“自然之乐，乃真乐也。”[③]“酩酊”即“氤氲”，“氤氲”即“酩酊”，两者在陈白沙的观念中内涵一致，可以互换。

当然，陈白沙与友朋聚饮时也常有节制饮酒之念。“酒酣独高歌，呼儿续我断。诸君极留恋，十觞亦不算。虽无孟嘉量，且免落帽乱。”[④] 孟嘉气度宽宏，酒量也很大，最难得的是深知酒趣、醉而不乱。白沙饮酒不贪多，不在量的多少，而在于尽情、尽兴。至醉而止基于个人酒量、个人情致。“饮酒何必多，醺酣以为期。不辞亦不劝，三卮或五卮。”[⑤] 酒量有个体差异，饮者都应该以自己为量尺，

---

① 《陈献章集》，第 312 页。
② 《陈献章集》，第 683 页。
③ 《陈献章集》，第 192—193 页。
④ 《陈献章集》，第 286 页。
⑤ 《陈献章集》，第 537 页。

至醉而已，而不必设立每个饮者齐一的标准。可以看出，白沙以醺酣为期之说仍然在孔子“无量，不及乱”的范畴之内。在他看来，以相同的量来规定不同量的饮者，往往会使量大者感觉扫兴。“放歌当尽声，饮酒当尽情。”①饮酒应当以“尽情”为准的，醉或不醉皆可。陈白沙饮酒已经超越了“意必固我”。“尽情”是饮酒的一个重要目的，酒尽则情尽，坦荡自然。故他时常言醉，所谓“盏内须耽长醉酒”②，“手中玉斝休辞醉”③皆是。醉酒为尽情，为“乐”，并不是为了酒。白沙一再申言此意。“水南有酒媪，酒熟唤我尝。半酣独速舞，舞罢还举觞。所乐在知止，百年安可忘。”④“所乐在知止”明确了酒醉、歌舞的精神意图在于“知止”——精神满足。不过，陈白沙之所乐虽不在酒，但却也一直没有离开过酒。

由人的精神品格成就的酒精神异于通常意义上无精神的“酒”，也不是寻常人心目中陷入死寂或狂乱的“醉”。陈白沙追求精神性的“醉”，也自别于寻常人心目中的“醉”。他吟道：“饮酒不在醉，弄琴本无弦。”⑤湛若水解：“饮酒在得酒中之味而不在醉。”⑥湛若水所说的“味”非物之性味，而是指精神性的情味、意味。“得味说”深合陈白沙的旨趣，比如陈白沙言：“六经，夫子之书也。学者徒诵其言而忘味，六经一糟粕耳。”⑦“忘味”之“味”指六经对个人的具体影响、作用。对个人来说，六经与其生命的贯通只是潜在的可能。只有在个人消除了六经与其生命之间的界限之后，六经进入个人的生命，对人产生具体的影响、作用，六经之“味”才有可能出来。个体生命反身玩味，六经之“味”才从“可能”变为“现实”。饮酒

① 《陈献章集》，第 512 页。
② 《陈献章集》，第 502 页。
③ 《陈献章集》，第 499 页。
④ 《陈献章集》，第 287 页。
⑤ 《陈献章集》，第 299 页。
⑥ 《陈献章集》，第 756 页。
⑦ 《陈献章集》，第 20 页。

亦如此，重要的不是生理性之“醉”，而是饮酒对人的具体意味。对普通人来说，醉是很容易的事情，但酒对人意味着什么——酒之“味”——却并非自明的。陈白沙并不怕醉，也不逃醉，但其意不在醉。于酒亦然，那些无思想的酒并不入陈白沙法眼。“敛襟欲无言，会意岂在酒?”① 酒因人的精神混入而有灵魂，若只看到酒而不见意味，那是见外而未见内。在此，我们可以玩味陈白沙对酒的两重态度：**意不在酒，同时意不离酒**。

在陈白沙的精神运化中，酒一直被精神化。借助这种精神化的酒，更利于澄心、契道。“诸君为饮会，老子不须期。尽数篱前菊，一花拈一卮。九九八十一，去来无穷期。元精为我酒，大块为我卮。”② 如果说陶渊明、邵康节还限于以酒醴对山花，陈白沙则以狂痴精神将酒泛化。在酒意弥漫的氤氲之境中，“元精”可以为酒，“大块”可以为“卮”，在天地间啜饮元精就成为精神性会饮。所以，我们看到，陈白沙可以不饮酒而“醉桃花”“醉牡丹”“醉野塘春”“醉杏园春”“醉洞庭”“醉千峰”“醉春风”。无酒而醉，“沉醉”也，“陶醉”也。自然沉浸在天地万物之中，物我交融，天人深契。

（四）混于酒而饮

对陈白沙来说，饮酒而醉是正常的事。其看重“醉”不在生理性、气质性宣泄，而在于醉能够化解人世间种种隔阂、界限，进而打开广大的新境界。陈白沙曾不无夸张地写道：“歌放霓裳仙李白，醉空世界酒如来。”③ “空世界”“如来”像是佛教词汇，不过，其主语为李白时，“空”“如来”的含义都随之改变：其意主要指酒醉对世俗观念的消解（“空”），以及醉促成的物我之冥契、各自自在（“如来”）。

---

①《陈献章集》，第 303 页。

②《陈献章集》，第 537 页。

③《陈献章集》，第 468 页。

陈白沙频繁饮酒，终生如一。他自谓："到处能开观物眼，平生不欠洗愁杯。"[①]"洗愁杯"指酒杯，不欠"洗愁杯"喻持续饮酒。"观物"指无功利地欣赏万物，"能开观物眼"指具备欣赏万物的态度、姿态与能力。在他的思想中，"能开观物眼"与"不欠洗愁杯"并非因果关系，两者始终相互贯通：持续饮酒才能保持随时欣赏万物的姿态，能够随时欣赏万物也自然会随时饮酒。当然，陈白沙与同道欢聚更离不开酒。"时时呼酒与世卿投壶共饮，必期于醉。醉则赋诗。"[②] 他与弟子李世卿一起，朝夕欢论名理，相得甚多。"必期于醉"乃相契而激发出来的豪情快意。对待其他朋友，他也总是相邀同醉："相逢杯酒喜共醉，相忆诗情还自深。"[③]"同歌同醉同今夕，绝胜长安别后思。"[④] 杯酒开启诗情，共醉更胜相思。白沙一人独饮，亦时常醉："惠来姜酒，喜饮辄醉。"[⑤] 在白沙的观念中，"醉"让自己随时契入天地万物，也让自己随时进入氤氲之境。因此，他会"有酒终日醉"[⑥]。无酒未能醉时，他也会生遗憾之意，所谓"恨我未能终日醉"[⑦] 是也。对"醉"的眷恋使白沙与传统儒者拉开了距离。

陈白沙对自己饮酒有高度自觉，此即他所谓"混于酒而饮"。"混于酒"就是自觉将人融入酒中，与酒为一。他曾在《书和伦知县诗后》中写道："屠沽可与共饮，而不饮彭泽公田之酿，古之混于酒者如是，与独醒者不相能而同归于正。虽同归于正，而有难易焉。醒者抗志直遂，醉者韬光内映，谓醉难于醒则可。今之饮者，吾见其易耳，非混于酒而饮者也。呜呼，安得见古醉乡之逃以与之共饮

① 《陈献章集》，第 468 页。
② 《陈献章集》，第 16 页。
③ 《陈献章集》，第 480 页。
④ 《陈献章集》，第 452 页。
⑤ 《陈献章集》，第 177 页。
⑥ 《陈献章集》，第 378 页。
⑦ 《陈献章集》，第 425 页。

哉!"[①]"抗志直遂"指放任自己的志趣，按照自己的是非观念行事；"韬光内映"指自觉消解封闭的自我观念，融入世俗。"混于酒"即"韬光内映"之具体表现。不同于不满于现实又找寻不到出路的"托于曲蘖""逃于酒"者，"混于酒而饮"是人积极主动地投入、融入酒，人的精神主动融入酒的精神之中。在混于酒的过程中，酒与人不再是外在关系，人主动放弃狭隘自我，放弃基于以狭隘自我在世的诸多物质的、精神的考虑，而按照酒的精神品格展开自身。

从中国思想史看，苏轼等人的"以酒为命"说强调融酒入人，把酒当作人的内在的有机部分[②]。相较于此，陈白沙"混于酒而饮"虽也追求酒与人为一，却更强调融人入酒，即以人作为酒的内在有机部分。前者是酒成就了人，后者是人成就了酒。依据后者的精神旨趣，酒中有人，酒的精神含摄了人的精神。人酒相混就是"韬光内映"之"醉"，虽醉但却内心光明。"混于酒者"在固守本真的同时，也能混迹于俗，与俗共处，所谓"屠沽可与共饮"也。酒的精神依据人的精神塑造，在这个意义上，我们才能够理解心之玄发为酒之玄，道之玄发为酒之玄。人成就了酒，酒的精神依据人的精神塑造，中国酒精神的建构更为自觉。

混于酒者也期待与"醉乡之民"共饮。如我们所知，"醉乡"远离这个世界，其品格近于庄子"齐物之世"——万物一齐、人物安泰。但是，"醉乡"不是与清醒、生机对立的虚无寂灭。在白沙眼中，醉乡中生意激荡，生生不已。"浩浩蒲团上，还同在醉乡。"[③]"浩浩"指生意激荡不定之态。"蒲团上"指静坐。静坐养出端倪，也孕育出激荡不定之生意。混于酒者既能"韬光内映"而与屠沽共饮，当然也不会像俗儒一样害怕醉、回避醉乡。醉乡之民皆富有深

① 《陈献章集》，第 73 页。

② 对于"以酒为命"说的具体内涵，请参见本书第四章之三。

③ 《陈献章集》，第 365 页。

沉的智慧，白沙自然觉得醉乡之民不是太多，而是太少。所以，他感慨："放意自名狂者事，到头谁是醉乡人？"① 醉酒而狂，扬己抑人，这个精神与醉乡并不契合。醉乡接纳的是酒醉即卧者，其安静、内敛而非向外伸张。陈白沙自陈其酒醉后大都是醉卧："黄柑白酒谁宾主，不放今朝醉似泥……尽日醉眠崖石上，莓苔茵厚不沾泥。"② 酒醉而卧，可以醉如泥，也可醉眠岩石，此正是中国思想之醉卧传统。醉而卧眠，"睡乡"与"醉乡"无异，所谓"睡乡原自醉乡分，醉兴深时睡兴深"③。"睡乡"的精神是"醉"，而不是"醒"。能长眠醉乡理所当然为白沙所向往，"何处醉乡眠此翁"④ 正道出其心意。

陈白沙偶入醉乡，但并没有像王绩那样流连醉乡而不返。"偶对泥樽开口笑，先生不是醉乡人。"⑤ 作为儒者，可以偶入醉乡，但却不能远离现实的人伦世界。因此，白沙并不能算是真正的醉乡人。这可以看作他对自己立场的自我确认，毕竟，王绩所设想的"醉乡"更近道家而远重人伦的儒家。陈白沙之醉的目的地并非远离尘世的"醉乡"，他坚持在人伦日用中超越，对尘世不离不弃。这个态度也就是他所说的"混俗"："醉以溷俗，醒以行独。醒易于醉，醉非深于《易》者不能也。汉郭林宗、晋陶渊明、唐郭令公、宋邵尧夫，善醉者矣夫。"⑥ 陶渊明、邵尧夫醉辞名利，以醉酒超越尘想，而层层敞露真朴之性。郭林宗清议于草野，不为危言骇论，处浊世而能保身。郭子仪功高、位尊，奢侈而主不疑、众不妒、人不非，高寿而终。四人善醉的表现就是既能够混俗，也能够行独。混俗者与世俗安然相处，能通俗又能保持自身高洁。混俗能"变易"，能平易，

---

①《陈献章集》，第 431 页。
②《陈献章集》，第 449 页。
③《陈献章集》，第 627 页。
④《陈献章集》，第 596 页。
⑤《陈献章集》，第 627 页。
⑥《陈献章集》，第 74 页。

行独为“不易”。兼能“变易”“平易”与“不易”，实可谓“深于《易》者”。

醉将世俗一同卷入浑然之境，醒则不然，人与世俗始终分离、对视。“醉则高歌醒复悲，老仙那有独醒时。”① 醉则高歌呈现的是乐，一直醉则一直乐。醒要正视世间俗事与争名夺利之徒，以及种种苦难、不公平。据此，陈白沙时不时表露出不愿醒的意愿，所谓“几醉几醒醒复醉，世间何事合留情”② 正基于他对醒与醉的深沉思考。作为儒者，陈白沙不能长居醉乡。他需要醒，对“醒”也有严格的要求：“不有醒于涵养内，定知无有顿醒时。”③ “醒”基于“涵养”才能面对世情而始终保持自身，也才能免于由此而来的悲苦。这表明，“醒”与“醉”一样扎根于思想深处。

酒、饮酒、醉与醒在陈白沙思想与存在中有其位置：一方面，饮酒、醉酒与其所追求的“自然”“自得”“真乐”思想内在贯通；另一方面，他也自觉以饮酒、醉酒促成这些境界。不难发现，与自得、自然思想相贯通的饮酒俨然成为思想之事④。它既异于世人无思想之饮，也异于传统儒家以礼饮却怕醉的态度，与通过醉酒而保持形全、神全的道家亦有参差。白沙弟子李承箕对此有清晰的认识：“予观白沙诗多言饮酒……私谓必如白沙者，始可称能饮者也。盖其得趣于心之氤氲，以心之玄为酒之玄，举天地之元精，胥融液于醇醪之内，而以大块为卮，万物为肴，是非犹夫人之饮也。昌黎称颜氏子操瓢与箪，曾参歌声若出金石，彼得圣人而师之，汲汲乎若不

① 《陈献章集》，第 579 页。

② 《陈献章集》，第 659 页。

③ 《陈献章集》，第 984 页。

④ 明清之际的黄周星以“学问之事”说饮酒，如“‘饮酒者，乃学问之事，非饮食之事也。何也？’我辈往往生性好学，作止语默，无非学问，而其中最亲切而有益者，莫过于饮食之顷。盖知己会聚，形骸、礼法，一切都忘，惟有纵横往复。大可畅叙情怀。而钧诗扫愁之具生趣，复触发无穷”（《酒社刍言》，黄周星撰，谢孝明校点：《黄周星集》，长沙：岳麓书社，2013 年，第 114 页）。由此可看出思想界已经开启为饮酒、醉酒思想定位的风向了。

可及。其于外也固不暇，尚何曲蘖之托而昏冥之逃？噫！得孔子而师之，与不得孔子而师之，存乎其人焉耳。白沙从孔子千余年后，吐六经之糟粕，含一心之精华。醉之而不厌，道之旨发为酒之旨，是真所谓中圣中贤也者。盖得孔子而师之，然后可以游于醉乡如是也。”[①]“融液”指像液体一样交融为一体，“融液于醇醪之内”也就是陈白沙自陈的“混于酒而饮”。“举天地之元精……以大块为卮，万物为肴”，“游于醉乡”等也确实反映陈白沙饮酒的玄妙境界。但认为饮者“曲蘖之托”等同于“昏冥之逃”，则并非实情。陈白沙意不在酒，同时意不离酒。完全以“心之玄”“道旨”消解酒醪之功，则未免失当。饮酒令人远世，让人升腾、突破，让人与天地万物冥契。与被动逃于酒者不同，白沙是主动混于酒。他之所以愿意混于酒，恰恰因为酒本身具有移易人身心的力量。消解酒醪入心归道，“混于酒”则成为多余。

① 节录《袁太玉先生书札跋》中语，引自《陈献章集》，第926页。

第五章　意不在酒，亦不离酒

酒以其辛热性味让人升腾、突破，漫长的饮酒历史使得酒的品格不断形式化。在其进入思想之域后，形式化的酒甚至被当作独立的思想势力，唐代茶酒之争正基于此。酒可以快速改变人的生理、心理，据此，人们一方面不得不把酒当作某种思想目标——呈现自己的“真”、和乐他人，并敞开自身、与天地人神一体；另一方面，此种凭借本身又关联性道、敞开性道，价值自足且让人心安、让人流连忘返。意不在酒，亦不离酒，酒与人同在，遂在中国历史长河中绵绵不绝。

一 茶酒相争

作为两种常见的液体饮料，茶与酒具有两种完全相反的性味：前者苦、寒，后者辛、热。两者对于人的生理、心理与精神因此也具有完全相反的意味：或让人静，或让人动；或让人收敛，或让人释放；或让人明，或让人幽。思想家们遂借助这两种不同的性味与意味表述其思想倾向，两者也在中国思想史中先后成为富含思想特性之物。富含思想特性，也就理所当然地具有相应的思想倾向，被纳入不同的思想阵营。在唐代，茶以收敛、含摄之德为佛家接受、欣赏，并结成盟友以对抗不断突破边界的酒与诗。

（一）茶酒称尊

在王敷所撰的《茶酒论》（敦煌写本）中，作者以拟人化方式让两者直接交锋，显示出唐代思想中两者都已经精神化，具有鲜明的精神品格。

饮茶与饮酒对人的意味完全不同：茶让人寒，酒让人热；茶让人静，酒让人动；茶让人收，酒让人放；茶让人明，酒让人幽。两者一阴一阳，对于个人以及人类社会都产生过重要影响。在中国远古神话中，早有“神农尝百草”之说，显示中国较早进入谷物种植阶段。人与草木自此结下深厚情谊，而谷物酿酒技术很快为仪狄、杜康等能手掌握。汉代开始，人们也都认识到两者有治疗疾病的功效。在汉代流行起来的“神农尝百草”传说中，茶乃神农的解毒剂，而“酒为百药之长”说则将酒当作最尊的药。两者究竟何者为尊？这是唐人好奇之处。

茶首先充满自豪地自我介绍：

> 诸人莫闹，听说些些。百草之首，万木之花。贵之取蕊，重之摘芽。呼之茗草，号之作茶。贡五侯宅，奉帝王家。时新献入，一世荣华。自然尊贵，何用论夸！①

茶酒都出自草木，茶便以自己为“百草之首，万木之花”来论证其尊贵，还以有“名”有“号”来佐证其说不虚。如我们所知，在中国文化中，“名”“号”代表名声与地位，“无名之辈”地位低下，更不会有“号”。茶深知此道，故以此自夸，并就时人将其作为难得之货奉献给公侯帝王之家的效果来加强论证。价值表现为社会评价，为五侯帝王拥有，茶认为这足以显示自身的荣华富贵。酒不甘示弱，便以真实的历史效果来驳斥茶之说：

> 可笑词说！自古至今，茶贱酒贵。单醪投河，三军告醉。君王饮之，叫呼万岁；群臣饮之，赐卿无畏。和死定生，神明歆气。酒食向人，终无恶意。有酒有令，仁义礼智。自合称尊，何劳比类！②

如我们所知，中国是世界上最早发现茶并用之作饮料的国家。但是，中国人早期（秦汉）只是将茶作为治病的药物。中国人饮茶

① 王敷撰：敦煌写本《茶酒论》，引自项楚著《敦煌变文选注》，北京：中华书局，2006 年，第 568 页。

②《敦煌变文选注》，第 569 页。

的历史不过从汉魏始，而酒之为饮则远溯到初民时期。不过，人们饮酒并不意味着了解酒的意味。酒的意味被了解，并被思想聚焦，进而被纳入思想图谱，这是其进入思想史的标志。周公《酒诰》将“酒”看作政教问题，饮酒关系到政权得失与人群安定。周公制礼作乐，以礼乐主导饮酒，酒由此进入中国思想史，逐渐与中国思想的各种脉络勾连、渗透，也逐渐变为精神之物。这是酒进入中国思想史的标志。《茶酒论》的作者虽然没有远溯至《酒诰》，但已经追溯至春秋时期[①]，那时“茶贱酒贵”确是事实。此外，酒亦将其功用拿出来论证，所谓使人“无畏”即饮酒可壮胆；“和死定生”则指酒可和乐人群，告慰逝者；而“神明歆气”之“歆气”指神明吸食酒的甘美气味，即指人类早期在祭祀时将酒作为珍贵之物献给神明享用。至于“有酒有令，仁义礼智”则指以礼（包括酒令）饮酒而实现仁义礼智诸德。

酒依仗辉煌的历史，茶则以当下（唐代）盛况来赢得尊严。诚然，“丝绸之路”的贸易很少卖酒，中国销往西域的货物中，茶却一直被推崇。茶正利用万邦来求的盛况来为自己张目，它对酒说：

> 阿你不闻道：浮梁歙州，万国来求。蜀山蒙顶，登山蓦岭。舒城太湖，买婢买奴。越郡余杭，金帛为囊。素紫天子，人间亦少。商客来求，舡车塞绍。据此踪由，阿谁合少？[②]

茶自知自己的历史难比酒之辉煌，遂自觉避开而以当下的盛况说事。“浮梁歙州”“蜀山蒙顶”“舒城太湖”“越郡余杭”“素紫天子”都是当时闻名中外的茶品，“歙州”“蜀山”“舒城”“太湖”“越郡余杭”等至今也都出产名茶。当时茶名远扬，万国来求。名声使

① “单醪投河，三军告醉”乃越王勾践、秦穆公的典故。

② 《敦煌变文选注》，第 571 页。

茶价不断攀升，茶叶贸易让这些地方的人发财致富，市井因茶叶贸易日渐繁华。“茶”以产地富庶繁华自豪自高，不无道理。

时价比不得茶，酒一方面继续以历史中的辉煌来自高；另一方面改变策略，回到了自身的功能与作用：

阿你不闻道：齐酒乾和，博锦博罗。蒲桃九酝，于身有润。玉酒琼浆，仙人杯觞。菊花竹叶，君王交接。中山赵母，甘甜美苦。一醉三年，流传今古。礼让乡间，调和军府。阿你头脑，不须干努。①

“齐酒”“乾和”“蒲桃”“九酝”“玉酒”“琼浆”“菊花”“竹叶”“中山”“赵母”都是古代传说中的美酒，很多甚至被纳入神话（“仙人杯觞”“一醉三年”）。它们不仅价格高于锦罗，而且具有滋润身心等神奇的作用，因此受到权贵、群王的青睐。更重要的是，以礼饮酒，还可以和乐乡里，调和各阶层的隔阂与冲突，包括调和以严格纪律与坚强秩序著称的军府。

说起效用，茶自然也不甘示弱。在茶看来，它是尊贵的“万木之心”，饮茶可消除昏沉，而得清明。人心清明，才能持守自心，由此才能实现心性自觉，成德成佛。因此，高僧大德往往喜欢以茶来助自己的修行。唐代人用茶而不是酒来供奉弥勒观音，正是基于茶的美德。唐代茶与禅结盟与诗酒对抗也正基于此。所谓：

我之茗草，万木之心。或白如玉，或似黄金。名僧大德，幽隐禅林。饮之语话，能去昏沉。供养弥勒，奉献观音。千劫万劫，诸佛相钦。酒能破家散宅，广作邪淫。打却三盏以后，

① 《敦煌变文选注》，第 571 页。

令人只是罪深。[①]

反观酒，饮之而头昏，头昏则乱性悖德。饮酒之人无视礼法戒律，常常导致邪淫。由此家破人亡，罪孽深重。佛教将酒视为“苦本”“罪因”，也是基于饮酒使人昏昧，进而乱行乱性。茶的这些说辞与佛教对酒的态度、立场完全一致，可以看作佛与茶结盟之证。对于茶的指控，酒并不买账。茶把话题引向自己的盟友——超世间的佛教，酒在此毫无胜算。于是，酒自觉回避佛教话题，而返回世间。它说：

三文一缸，何年得富？酒通贵人，公卿所慕。曾遣赵主弹琴，秦王击缶。不可把茶请歌，不可为茶教舞。茶吃只是腰疼，多吃令人患肚。一日打却十杯，肠胀又同衙鼓。若也服之三年，养虾蟆得水病报。[②]

世间的富与贵往往亲近酒，而茶既难得富，也远贵人。这里酒耍了小伎俩，再次把“赵主弹琴，秦王击缶”搬出来，以自己悠久的历史参与感抬高自身。饮酒而歌舞很正常，饮茶却与歌舞难以协调。这里，酒也把自己的盟友“乐”（歌舞）请出，为自己壮势。如我们所知，西周以来，先是视觉性的“礼”与听觉性的“乐”自上而下地主导社会秩序，也共同宰制味觉性的“酒”。但是，随着朝堂每次宴饮中“乐”与“酒”频频携手和乐，两者很快如影随形、相互支持。随着宴饮频繁，醉酒日益，听觉性的“乐”与味觉性的“酒”逐渐结为盟友，贬损、打击视觉性的“礼”的尊严。最终，在两者频繁打击下，礼制崩坏，乐制不存，而酒最终胜出。两军对垒，

① 《敦煌变文选注》，第 574—575 页。
② 《敦煌变文选注》，第 575 页。

酒搬出古老的盟友“乐”，茶酒相争逐渐演变为两大思想势力之争。酒亮明自己同样具有强大的盟友，而不是孤军奋战。不过，它并不急着发动两大阵营的战争，而是又回到茶的思路，对茶的功用大加指责。人的身体以阴阳平衡为好，单单取食一味，必然破坏阴阳平衡。茶性苦寒，少饮使人心智清明，多饮则阴盛阳衰、致人疾病。所谓“腰疼”“患肚”“肠胀”“水病”都是饮茶过量而产生的常见问题。

针对酒对其功用的责难，茶无言以对。不过，酒以名利等世间实际价值立论，茶却立马来了精神。它又返回当下（唐朝），证明自己亦受朝堂欢迎，在市场也能带来巨大财富。它说：

> 我三十成名，束带巾栉。蓦海骑江，来朝今室。将到市廛，安排未毕。人来买之，钱财盈溢。言下便得富饶，不在明朝后日。阿你酒能昏乱，吃了多饶啾唧。街中罗织平人，脊上少须十七。①

茶不仅在大唐受欢迎，海外诸邦对茶也喜爱有加。大唐种茶，四方来求，上市可带来巨额财富，依仗茶世间即可繁荣昌盛，而不会生乱坏事。酒则不同，饮酒致人头脑昏乱。昏乱则无视世间秩序，随之而来的是胡说乱行，惹是生非。市井之人多因饮酒而起纷争，得祸害。对此，酒又继续列举其功用来自证清白：

> 岂不见古人才子，吟诗尽道：渴来一盏，能生养命。又道：酒是消愁药。又道：酒能养贤。古人糟粕，今乃流传。茶贱三文五碗，酒贱盅半七文。致酒谢坐，礼让周旋。国家音乐，本

① 《敦煌变文选注》，第 577 页。

为酒泉。终朝吃你茶水，敢动些些管弦！[①]

酒能激发想象力，拓展才性，故一直为诗人喜爱。诗酒在唐代结盟，正基于此。大唐诗酒结盟对抗佛茶，诗对酒也是格外相知。酒将诗人拉进自己队伍，以此增强自己论辩的力量。养性命、消愁、养贤，酒的这些功能由诗人之口咏出，早已为世人熟知。酒再次把自己盟友抬出，不仅要证明酒贵茶贱，还表明人的社会生活（“礼让周旋”）离不开酒。行文后面再次把“乐”与酒的亲密关系推出，展示自己强大的统一战线，也以此居高临下向茶示威。

茶没有再与酒争谁的势力大，转而以人类悠久的饮酒历史中出现的酒困现象攻击酒。它说：

阿你不见道：男儿十四五，莫与酒家亲。君不见狌狌鸟，为酒丧其身。阿你即道：茶吃发病，酒吃养贤。即见道有酒黄酒病，不见道有茶疯茶癫。阿阇世王为酒煞父害母，刘伶为酒一死三年。吃了张眉竖眼，怒斗宣拳。状上只言粗豪酒醉，不曾有茶醉相言。不免囚首杖子，本典索钱，大枷榼项，背上抛椽。便即烧香断酒，念佛求天，终生不吃，望免迍邅。[②]

饮酒和乐，总会突破各种现实边际。对于青年人来说，饮酒容易形成反叛的性格，难以合群，更难在人世间立足。“男儿十四五，莫与酒家亲”，这是人类深受酒困之苦总结出来的训条。在茶看来，动物（狌狌鸟）也会贪恋酒，其结果往往是酒醉而为人或其他天敌所获，最终丢失性命。人亲近酒，也会有同样的下场。饮酒丧德亡身的例子古往今来数不胜数。诚然，饮茶太多人会发病，但其病只

① 《敦煌变文选注》，第 577 页。
② 《敦煌变文选注》，第 580 页。

在身体而不会有精神问题。比如，饮茶不会使人疯癫，更不会有人饮茶发疯生事。饮酒则不然，醉酒不仅会使身体生疾，精神也会出问题。自己疯疯癫癫倒还罢了，以错乱疯癫之态与人交接，张眉竖眼、怒斗宣拳，终落得身陷囹圄、失财失身（“囚首杖子，本典索钱，大枷榼项，背上抛椽”）。茶给酒指出解脱酒困之路：断酒念佛，求往西天。以“佛”的力量对抗酒，这显然是茶自觉学习诗酒结盟的做法。将佛作为盟友与精神归宿，再次将茶酒相争的思想立场挑明，也由此清晰展示出茶酒之争的思想史意义。

（二）茶酒相乐，天下清和

在《茶酒论》终篇，“水”对两者争功相毁提出批评，并以水为本来调和两者。它说：

> 阿你两个，何用忿忿！阿谁许你，各拟论功！言词相毁，道西说东。人生四大，地水火风。茶不得水，作何相貌？酒不得水，作甚形容？米曲干吃，损人肠胃。茶片干吃，只砺破喉咙。万物须水，五谷之宗。上应乾象，下顺吉凶。江河淮济，有我即通。亦能漂荡天地，亦能涸煞鱼龙。尧时九年灾迹，只缘我在其中。感得天下钦奉，万姓依从。犹自不说能圣，两个何用争功？从今以后，切须和同。酒店发富，茶坊不穷。长为兄弟，须得始终。若人读之一本，永世不害酒风茶颠。①

“水”出场，并非价值中立。从“人生四大，地水火风”的表述中可知，它秉承的是佛教思想。不过，在说理时，“水”却运用的是中国传统资源。在它看来，作为饮品，茶与酒都依赖水，无水之酒与无水之茶不成其为酒茶。酒与茶，乃至天下万物都离不开水。在

① 《敦煌变文选注》，第583—584页。

此意义上，水乃酒与茶之本。事实上，水为酒本的说法早见于汉代，比如《礼记·礼运》“故玄酒在室，醴盏在户”，孔颖达疏：“玄酒，谓水也。以其色黑谓之玄。而大古无酒，此水当酒所用，故谓之玄酒。”[①] 孔颖达的这个说法显然可疑。首先，太古无酒时，人们不会想到酒，也不会以水当酒。其次，人类酿酒的历史非常漫长，可以说酒比神、圣都要古老。汉人崇尚玄酒主要是因为酿酒需要水，故以水为尊，所谓“尊有玄酒，贵其质也。……尊有玄酒，教民不忘本也”（《礼记·乡饮酒义》），“酒醴之美，玄酒明水之尚，贵五味之本也”（《礼记·郊特牲》）。酒自水来，水被视为酒之质与酒之本。《茶酒论》将水当作酒之本无疑是对汉人观念的继承。

事实上，汉人玄酒在室还有一个实际功用，那就是以水稀释酒，以防饮者不堪酒力，醉酒乱礼。水为酒之本，以水为尊，是因为水不会像酒一样突破界限，打破秩序[②]。水为酒之质、酒之本，饮水滋养生命，不乱生命节奏，以水为尚首先体现的是守礼精神。水（玄酒）为酒之初，祭祀之礼以水为尊，以醴酒为卑，并非不用醴酒。提防、警惕酒，是因为酒会突破既有秩序，将人导向秩序之外。以水来设防，以水降低酒的地位，只具有象征意义。这个象征不断提醒酒本身不是目的，也不应成为目的。《茶酒论》同样以水为茶之本，遵循的是一样的逻辑。进而“水”指出自身在天地间的位置与功用：一方面，它“上应乾象，下顺吉凶”，与天象贯通，也关乎人类的吉凶祸福；另一方面，它可以贯通天下不通的水域，使天下通而为一，所谓“汀河淮济，有我即通”。至于涤荡天地间万物，为水生万物提供生存空间，这也是水的重要性所在。万物皆须水，由此

① 《礼记正义》，第 670 页。

② 在《礼记》中，“水”有亲和性而不远人，如“水之于民也，亲而不尊；火，尊而不亲”（《礼记·表记》）。但较之酒，水之亲和却以“淡”为特征：“君子之接如水，小人之接如醴；君子淡以成，小人甘以坏。”（《礼记·表记》）所谓“淡”就是所出者稀，所受者寡。所出者稀，他者得以全；所受者寡，自身得以全。

可说，水乃万物之本。茶酒之于水，实在不可同日而语。

“水”教导茶酒要“和同”，其中既直接包含对茶酒并用的期许，也暗含着调和诗酒乐与佛茶的努力。在《茶酒论》之“水”的观念中，茶酒需要像兄弟一样相资相乐，如此天下才能不穷。

然而，茶酒乃两种具有吸引、召唤人的滋味、情味，已经成为对立的思想势力。如何才能让两者相资相乐？

如我们所知，尽管种类多样，具体滋味有殊，但酒之性味却有一以贯之者，那就是辛、热。“大寒凝海，惟酒不冰，明其性热独冠群物。”[①]（陶弘景）“酒味甘辛，大热。”[②] 五谷发酵后就会糖化，因此，“甘”味最先出现。人类早期酿酒主要是低度的甜酒，包括米酒、果酒等。在甘味基础上继续酿造，就会得“辛”味的酒。不管是“甘酒”，还是“甘辛”之酒，其性都一致：大热。“性热独冠群物”，把酒提到热性之物的魁首，这恰当地表明酒作为一种势力之极致：热之极。热属阳，属于上升的力量。以热力使人上升，由热而成为上升、向上的力量。以热量融化界限，由上升向上而成为突破的力量。由突破而使差异之界限得以弥合，由此而显示出“和”的力量与品格。热力、上升、向上、突破、融合，这构成了酒的完整的品性。这些品性作用于人，就表现为酒以其热力驱寒、燥湿，以其热力化解郁结，以向上、突破、融合等方式“移人”。

“移人”的一个重要表现就是众所周知的“治病”：“酒为百药之长”（《汉书·食货志》），“酒所以治病也”（《说文解字》）。汉代已经形成非常系统的医学知识系统。在他们的观念中，自然生命需要升降沉浮保持脏腑之间畅通，为此既需要激发各脏腑之机能，保证各脏腑之良性活动，也要打通脏腑之间的郁结，使之顺畅配合。酒的功能恰在此，以热力行于各脏腑间，使机体不凝滞，保持升且降，

---

① 转引自《酒谱》，第159页。

②《酒经》，第6页。

沉且浮。健康的机体都能保持自身的升降沉浮，这是直立行走者尤其要面对的问题。酒被用来促进保持升降沉浮，所以，酒被用作药①。酒之所以能为“百药之长”，乃因为其“性热独冠群物”。除了驱寒、燥湿、化解郁结而平衡自然生命，酒同样能够调节心理情绪，解人忧愤、发其胆气是心理之调节。酒突破、融合形神之隔，而使形神相亲，则贯通了形神两域。

酒之“移人”，既包含对个体自身的改变，也包含弥合自我与他者界限而走向彼此融合。“昔人谓酒为欢伯……盖其可爱，无贵贱、贤不肖、华夏夷戎，共甘而乐之。”② 以酒化解疆界，暖人心，拉近人与人之间的距离，可以更有效地统和人群。如我们所知，在礼治时代，由视觉性的“礼”确立的位分差异一方面安顿了个体，另一方面也让世间人彼此有了距离，而放任人群距离的存在必然导致人与人之间普遍的疏离。在“礼乐”文明中，听觉性以“乐”担当着弥合人群差异的重任。但在“乐坏”之后，弥合人群距离、消除人群疏离的重任被交与味觉性的饮酒。贵贱、贤不肖、华夏夷戎之间的隔阂在饮酒中得到消解，人群才能走向安定和谐。

酒之“移人”更广泛地表现为消融有差异的生命节拍，使有差异的生命节拍之间顺利转换，从而保障生命自然流动。节日饮酒乃告别过去的生命节奏，迎接新的生命节奏，如《礼记·月令》云：“立春之日，天子亲帅三公、九卿、诸侯、大夫以迎春于东郊。还反，赏公卿、诸侯、大夫于朝。命相布德和令，行庆施惠，下及兆民。庆赐遂行，毋有不当。乃命大史守典奉法，司天日月星辰之行，宿离不贷，毋失经纪，以初为常。是月也，天子乃以元日祈谷于上

① 古汉字“醫”从酉，酉即酒，《说文解字》说：“醫之性然，得酒而使。”会使酒治病就是醫，酒的身份随醫而得以确定。醫者多为巫，故醫亦作“毉”。融化、突破身心之界限而升腾至神圣之域，此乃巫分内之事也，此恰是酒之能事，巫与酒渊源深矣。

②《酒谱》，第 15 页。

帝。乃择元辰，天子亲载耒耜，措之参保介之御间，帅三公、九卿、诸侯、大夫，躬耕帝藉。天子三推，三公五推，卿诸侯九推。反，执爵于大寝，三公、九卿、诸侯、大夫皆御，命曰劳酒。”立春乃新的一年的开始，是新的生命节奏的开始，“劳酒”打破冬令节奏，告别之而迎接新春的节奏，乃“春时行春令”的必要准备。清明时节，阳气旺盛，阴气渐消，生者死者都需要转换生命节奏。逝去的先祖随阳气旺盛而退隐，祭者需要随阳气健旺而在天地间伸展。人们往往会在清明节饮酒，其目的一方面在于帮助生命节奏转换，另一方面则在于饮酒有助于化解节气差异。可以看出，庆祝清明节日既是为了感恩给予族类世代延续不息生命之先祖，也是为了感恩指引人道顺畅转换至清明之天道。

至于喜庆饮酒，则是为了弥合远近，化疏为亲。比如，婚庆皆饮酒，其意亦在于融合，如“妇至，婿揖妇以入，共牢而食，合卺而酳，所以合体同尊卑，以亲之也”（《礼记·昏义》）。“合卺而酳”就是原本未曾见过面的新婚夫妻喝交杯酒，即以酒融合异姓之疏而合体。简言之，择日饮酒，以酒弥合节奏之差异，调节生命节奏，调节生命张弛之道，既调节自然生命的张弛之道，也调节人文生命的张弛之道。

酒使人的形神相亲，使人与物的界限消弭，使人与他人的差异、距离缩短，使人与世界的隔阂软化，界限的不断突破威胁现有秩序。《礼记·乐记》说：“酒食者所以合欢也。”欢乐为人之所共，合欢对界限的消融也往往会导向秩序的消解。以仁爱为基本精神的孔子毫无疑问对近于仁之和乐功能的酒保持着宽容，但也为之设定了尺度：“唯酒无量，不及乱。”（《论语·乡党》）如何能保证饮酒不乱，保证其有序？周公制礼作乐，汉代推行以礼饮酒。使酒礼化，才能真正使无序归于有序。

酒提升人，使人被酒的精神支配，酒带人不断突破界限。酒桌上人人都变成平等者，年龄、性别、位置、道德、形神、是非等等一切差异在酒场不断被抹平。界限均平处，万物为一。于是乎，昼夜春秋之时间被弭平，而有“以天地为一朝，万朝为须臾”；九州四海之空间被压缩，而有“日月为扃牖，八荒为庭衢。行无辙迹，居无室庐。幕天席地，纵意所如”（刘伶《酒德颂》）。直指天地之心而把现实之轨迹、安顿身心之家园一起看穿，现实生活世界之构架规矩齐被冲散。热力融化、突破中，“和”得以实现；可以说，“和”通过融化、突破得到规定。

不过，“和”作为理想并不完整，“和”而不“清”，万物流荡而不返，融通而无涯际，失去个体之“个”而无序。

茶的性味完全相反。陆羽在《茶经》中论曰：“茶之为用，味至寒，为饮最宜精行俭德之人，若热渴、凝闷、脑疼、目涩、四支烦、百节不舒，聊四五啜，与醍醐、甘露抗衡也。”[①]“至寒”之说把茶提到寒性之物的魁首，这恰当地表明茶作为一种势力之极致：寒之极。寒属阴，其运行方向是下降。由下降而凝结，由凝结而持守，即收摄、保持，所谓“俭德”就是指守节不渝、持守不失之品性。

茶性寒德俭，饮茶本身给予的就是清明界限、持守自身的势用，茶使道路更加清晰，界限更加明确，故茶被称为“饮中君子”。茶可以除烦去腻，即清除多余的、累赘的养分，达到清净舒和。“清”本指性味偏寒之物，《素问·至真要大论》云：“厥阴之胜，治以甘清。”进一步说，“清”则是自身谐和、无纤尘之累，生命不是由他者决定的，而是完全按照自身之道、自然由内而外展开、通畅无阻的状态。有茶之身不会激起威胁他者、消弭界限、挑战秩序的热情。清有冷意，清者自清，对他人来说则难以亲近，既无意（将善意）加于他人，也拒绝他者接近。“清者”则是能够自觉远离恶习、恶人，不为利害所累，明事理，守自身，守节不移，能够按照规则自然由内而外展开者。卢仝《七碗茶歌》道：“一碗喉吻润，二碗破孤

① 《茶经》，第 10 页。

闷。三碗搜枯肠，唯有文字五千卷。四碗发轻汗，平生不平事，尽向毛孔散。五碗肌骨清，六碗通仙灵。七碗吃不得也，唯觉两腋习习清风生。”① 茶既可润喉，亦可使肌骨清，不过，茶多饮亦成腻、垢。大碗喝茶，实失茶道，早有雅士指出七碗茶歌乃夸张说法而非喝法②。

事实上，自从进入中国文化（神农尝百草而开创医药、农、食文化），茶就首先以解毒之物出现。在神农尝百草神话中，茶乃是唯一的灵丹妙药——解毒剂，可以解万毒、治万病。陈藏器《本草拾遗》曰：“诸药为各病之药，茶为万病之药。”如果考虑到古代知识系统中生理、心理、精神混合的话，茶本身就不仅是生理之解毒剂，同时是心理、精神之解毒剂。

> 茶之为物，可以助诗兴而云山顿色，可以伏睡魔而天地忘形，可以倍清谈而万象惊寒，茶之功大矣！……食之能利大肠，去积热，化痰下气，醒睡，解酒，消食，除烦去腻，助兴爽神。③

茶有至寒之力，呈现向下、沉降、收摄、凝聚之势。以持守自身、保持边界与各自的差异为基本品格，故茶有俭、啬之德。对人的脏腑来说，性寒之茶进入，则去热化痰，远昏昧烦腻而使人清醒神爽。饮茶之后，心智持守自身，心灵活动更加清晰、敏锐、畅通，“助诗兴”“伏睡魔”“倍清谈”即其表现。诚然，作诗主要靠想象力来打开、构筑意象。但是，诸多写实的诗作也需要准确的语言来摹写事象。“两句三年得，一吟双泪流。”（贾岛《题诗后》）贾岛的不

---

① 《全唐诗》，第 4379 页。

② “茶须徐啜，若一饮而尽，连进数杯，全不辨味，何异佣作？卢仝七碗，亦兴到之言，未是实事。”（罗廪《茶解》）

③ 朱权：《茶谱》，引自《茶之三味》，北京：中华书局，2020 年，第 98—99 页。

少诗句都是经过反复切磋、琢磨才确定的，而其“推敲”诗句时往往饮茶助兴。“对雨思君子，尝茶近竹幽。”（贾岛《雨中怀友人》）“茶”与“竹”一样清幽高雅，也一样能给人带来诗意。尽管这与饮酒、醉酒所激发的豪迈、洒脱诗品不同，由茶而兴的诗的数量也无法与因酒而兴的诗的相比，但无疑也在诗歌史上有其一席之地。由清晰、敏锐、畅通之心而运思，则心之所对亦能确定而清晰地呈现出来。就此而言，饮茶亦能促进清虚玄谈。“云山顿色”指云山之色迅速显示出来；“天地忘形”指超越天地之形；“万象惊寒”之万象如遇大寒而迅速收摄、成形。茶改变心的运行方式，心的运行方式构成不同的心的世界。由此说，茶移易人，也移易世界。

不过，由淫于茶而过度持守，则身心郁结而成愁。茶可使人“清”，但一味饮茶却往往使人“清”而不“和”：万物隔绝而不通，不通而不生，世界失去生意。而且，多饮亦能作疾：“茶宜常饮，不宜多饮。常饮则心肺清凉，烦郁顿释。多饮则微伤脾肾，或泄或寒。盖脾土原润，肾又水乡，宜燥宜温，多或非利也。古人饮水饮汤，后人始易以茶，即饮汤之意……茶叶过多，亦损脾肾，与过饮同病。”① 依茶至寒之性，过度饮茶不仅会损脾胃，而且会造成心理郁结，以茶除烦，烦虽可去，却促愁生。

在中国传统文化中，理想的天下是清和——“清”且“和”：人清且和，万物清且和，此乃真正的“天下”——既有人又有物的天下。具体说，“清”是每个个体有“个”且有“体”，有界限而成就“个”，所谓“万物并育而不相害，道并行而不相悖”。但每个个体之界限又非封闭自足，而是存有出入之通道，能够接受他者，通达他者，以保持“体”与“体”通。“清”才能真正“和”，“和”才能真正“清”。

酒使人动，茶使人静。酒使人欢，茶使人宁。酒近于乐、近于

---

① 许次纾：《茶疏》，引自《茶之三味》，第168页。

仁，茶近于礼、近于义。淫于酒伤阴，淫于茶损阳。当代经济繁荣，人民富裕，物质极大丰富，人们有条件“以酒为浆”，也无所顾忌地“以茶为浆”。过度摄取大热、大寒之物于己身，而使“阴阳双虚”，成为这个时代生命体的普遍特征。欲消除茶酒泛滥带来的问题，我们能做的不是回到禁酒、禁茶之老路，而是要恰当利用茶酒的意味，斟酌此身动态的阴阳态势。“热者寒之”“寒者热之”，或用热性之物酒对治寒性之身，或用寒性之物茶对治热性之身，茶酒携手共治此身，或可实现阴阳平衡，身心和泰。

二 醉与真

人世日益演进，“真”却日益稀缺；“真”愈难得，人们慕“真”、求“真”之念愈烈。从思想史看，道家一方面引领人们投入内外修炼而返“真”；另一方面也开启了以“醉”达“真”的方便法门。后世追随者进而将“醉”视为“真”的直接前提与简洁路径。在他们的观念中，“醉”既能产生“真”，也能呈现“真”；既能乐“真”、养“真”，也能保障不失“真”。他们甚而断言“惟有醉时真”，将“醉”作为“真”的必要前提与呈现场域，以及精神生活的本源。王绩以“醉乡”全面敞开“醉”的精神内涵。“醉乡”平淡自然，独立自得，成为孕育、孵化“真”的基地。王阳明将“醉”作为良知开显的一个机缘，也是基于以“醉”显“真”的逻辑。“醉”非日常之态，由“醉”而“真”既透露出对“真”之难求的深深无奈，却也由此开辟了一条不凡的超越之路。

通常我们对“醉”的印象是不省人事、烂醉如泥，是对意识的否定，是对“有”的否定，是纯粹的虚无，等等。诚然，从“醒”看“醉”，后者就是无法理解的黑暗，是无规定的、消极的“无”，是一无所是的鄙顽。其实，“醉”不过是一种特殊的生命样态。不同于“死”，“醉”者呼吸、说话、行动，甚至思考。当然，醉时说话方式、行动方式有别于醒时。醉有醉态：说话前言不搭后语，不顾场合，不合时宜；走路东倒西歪，甚至只能匍匐于地，等等。尽管人们对“醉”有千般不满，但一想到“醉后吐真言”，人们立马会对“醉”有所释然。对很多人来说，可能不是“醉”本身有多可爱，而是“真言”太难得。现实是，“真意”“真心”“真情”“真性”“真人”在世间稀有且珍贵，以至于人们听句“真言”都可以改变对“醉”的不满态度。

从中国思想史来看，礼乐、形名、法术、名教、佛理、天理等制度或规范都曾把“醉”视为严加规训的对象。这些制度或规范在历史长河中先后退隐，或被转化为更为隐秘的习俗，但是，作为敌手的“醉”却岿然不动。这些制度、规范、习俗对于个体为普遍的外在，它们以“应该”等形式移易个体：要求甚至强迫个体改变自己的内在天性——失“真”。制度、规范、习俗越强大，人们离“真”越远，返“真”也就越难。由“醉”而“真”简易便捷，尽管此“真”短暂，还可能会随着醉解而再次失去，但是，对“真”的恋慕与渴望却让人们流连于“醉”。“真”使“醉”拥有了丰富的精神内涵，“醉”则保留着日益伪诈的人世间成就“真”的希望。

（一）真、失真与返真

人们痴迷“真”，或许能听到一句“真言”就心满意足。但是，“真”的内涵远非“真言”所能涵盖。心口一致，言行一致，这是“真”的基本含义。在认识论上，与客观事实相符合的认识为“真”。从存在论上看，“真”的内涵涉及真性、真情、真意、真心，特别是“真人”。“真”不仅与说真话、做真事相关，还表征着人的精神气质、精神品格：一种富有特定精神内涵的存在境界。按照《庄子·大宗师》的说法，真人具有以下特性：特立独行（“不逆寡”）、不把自己意志施加于他人他物（“不雄成”）、不有意谋事（“不谟士”）等等。对于真人来说，过失乃自然而然的事情，有了过失也不后悔（“过而弗悔”）。一切皆超乎人为，顺乎自然。思虑、忧愁、欲望属于人为，故真人远之。将生死视为自然而然之事（“不知悦生，不知恶死”），内在的心志单一，情绪亦能合乎外在自然（“喜怒通四时”）。《庄子·渔父》以所受于天、内在真实拥有为“真”；《庄子·刻意》则将“真人”描述为自身天性不被人为及他者掺杂、移易者（“无所与杂”）。值得注意的是，这些“真”的品格看似人生来即有的能力、倾向，但是，这些生来即有的能力、倾向是自发的，而且十分脆弱：它们极其容易为外在事物、事件所移易。唯有经历理性的自觉、意志的坚守，以及高度的情感认同，才能够保障其稳定而不易。这些精神要求无不需要后天的教化与修炼。以成功的教化与修炼为前提而实现的“真”既是先天生来的天性，也是后天培养的德性。

《庄子》“法天贵真”思想在后世影响极大，其同时主张通过“心斋”“坐忘”“体道”等方式成就“真”。但是对于普通的世人来说，以解除思虑情感、遗忘世界与自身为内涵的“心斋”“坐忘”“体道”等修行方式显然高不可及。每个人的童年一去不返，“醉”或许是通达“真”的独木桥。

按照《庄子》的说法，“醉者神全”（《达生》）。醉者对自身行为、周遭情势一无所知。由于一无所知，所以他能够“死生惊惧不入于胸中”——自家精神不受干扰，不被移易、增减，也即能够保持精神的整全。精神的整全也是形体整全的保障，所以，醉者坠车才会不死。神全之醉者若不乘车，其形、生、神统一体便不会有丝毫毁损。约言之，“醉”为“真”之保全、显露提供了前提与准备。

“醉”通常展现为一个渐进的过程，即在酒的作用下，自我逐渐退隐：由耳聪目明、手足灵敏到心思活跃、血脉贲张、情绪高昂，再到言语失序、手足失措，最终醉卧大地。《庄子》所谓的“醉”指的是饮酒的终极状态——醉卧。严格说起来，“半醉”——言语失序、手足失措算不得“醉”。饮酒之后，手脚动不得，但是“心中却明白”，这也算不得“醉”。尽管心手一体状态松动，但此时饮者还有自我意识——仍然试图站立：既要保持站立于大地之上，也要在人伦秩序中挺立。如我们通常所见，“心中”那点“明白”并不会维持多久。随着酒意再度袭来，自我意识逐渐微弱，以至渐归于无。我们会说，这真是“醉”了。

“醉”表现为“昏昏默默”。诚然，世人的“昏昏默默”之意义不尽相同，普通人的“昏昏默默”只具有私人价值，甚至无价值、负价值。但是，当“昏昏默默”成为精神追求目标，“醉”也就有了被塑造成精神之“体”的可能。当然，“醉”被赋予什么精神特质是以酒的性味为根据的。比如，酒以辛热等性味作用于人，使人不断突破口、手、心的边界，进而使人的意识不断突破界限、不断上升，融化移易人的各种边界意识。于是，打破各种事物之间的界限就被看成“醉”自身的特质。未饮酒时，眼前的这这那那、形形色色被形式化的意识固定，醉后即刻随着形式化意识的消退，这这那那、形形色色的界限被融化。齐不齐之物，平不平之事，这是“醉”的基本功能。甚而，醉后身体失去正常行动能力，原地寝卧，这也都可以被转换成积极的精神性语词，如“其寝于于”（王绩《醉乡记》语）等。醉中与酒相亲，静默一人，停止与他人交往，相应被理解为人情冷暖、仁义厚薄不复浸身。长久地保持醉，让醉的精神不断显现，“醉乡”也得以证成。

“醉”对于“真”之必要，乃在于世人醒时往往不真。如我们所知，醒时的世界是世俗、功利的世界。这个世界由大大小小的人群组成。这些大大小小的人群之存在都要有维系它们存在的规则、规范。这些规则、规范适用于每一个个体，或者说，这些规则对每个个体都具有约束性。这些规则源自个体，又会规范个体。正如出让自己的权力给国家乃每个个体之义务，遵守规则也是个体进入特定人群的前提。对于具体的个体来说，这些规则表现为外在的、普遍的约束；无拘无束的天性注定会被外在的、普遍的规则所移易。承认、接受自己被移易的事实，这是个体的无奈。但相较于栖身群体所带来的收益，这份无奈对世俗之人来说并非不可接受。醒时随时权衡利害，取收益而付出天真，这对世俗之人来说很正常。更有甚者，成年的世俗之人会觉得“天真”就是“无知”“幼稚”，就是“不开窍”。在此观念下，人们盼望着长大，希冀头脑发达，也希望尽早接受社会规训，早日进入社会角色，获得别人的尊重。

“醉”拒绝、超越一切的限制，包括世俗的规范与相应的利害。醉时不会考虑得失，也就不会丧失天真。身处人群者都知道，有些话清醒时不能说，在醉后才可说出来。为什么人在清醒时说真话那么难？其原因无非是或者真话涉及秘密、隐私，或者有功利考虑而有所顾忌。经过礼俗化的人往往学会说套话，说假话，说违背良心的话。说套话、假话、违背良心的话时自己往往自知，也会羞愧，但又能找到大堆理由自我安慰，比如“礼多人不怪”“世道如此”等等。心口不一者往往也会言行不一。但是，当其自知不一时，却一直希望别人待己以“真”。所以，“文明人”总处于“吊诡”之中：一方面尽管认识到不真不好，但却一直不真；另一方面总是期待别人能够“真”，能够待己以“真”。“醉”无疑是消解这个吊诡的重要方法：醉时无所顾忌，足以让人、我甩掉诸多面具。彼此以“真”相待，不仅不再顾忌说话的形式，更会直掏心窝，吐露真言。“醉”给人带来希望，也值得期待。

（二）唯有醉中真

《庄子》“醉”与“真”的思想在魏晋“醉的自觉”的时代又被唤起与发展。陶渊明欣赏“真”，追求“真”。“悠悠上古，厥初生民。傲然自足，抱朴含真。智巧既萌，资待靡因。”[①] 陶渊明接受老庄的说法，认为人类初民时代“抱朴含真”。但是，随着人类智巧萌

① 《陶渊明集》，第 24 页。

生，人性逐渐远离了“真”。按照他“醒”与“醉”的二分法，“真”属于“醉”的世界。“故老赠余酒，乃言饮得仙。试酌百情远，重觞忽忘天。天岂去此哉，任真无所先。”[①] 饮酒而醉可以“任真”——放任真性，而放任真性在陶渊明则是最重要的事情（“无所先”）。复“真”需要拒绝清醒的智巧，也需要简朴的生活来保障（“养真衡茅下”）。当然，对于陶渊明来说，最重要的是以“醉”来对抗“醒”，以“醉”来复“真”、养“真”。

魏晋以后的诗人更是频频把由“醉”而“真”的思想随口咏出。

“未若醉中真。”[②] 通过饮酒而醉，自己可以迅速达到“真”境。醉了的自己会返“真”，与自己同饮而醉的四邻也会返“真”。醉是为了能够彼此以“真”相待。类似的表述还有“嗜酒不失真”[③]，“嗜酒见天真”[④]，“清觞养真气”[⑤]，“飞觞助真气”[⑥]，“还以酒养真”[⑦]，“醉态任天真”[⑧]，“醉语近天真”[⑨]，“醉语出天真”[⑩]，“我观人世间，无如醉中真”[⑪]。“真”出自“醉”，“醉”不仅可以呈现“真”（“见真”）、打开“真”（“任真”），还能够“养真”，能够保证“不失真”。在此意义上，“醉”成为“真”的生理、心理与精神前提。由此看，若要在人世间寻找“真”、成就“真”，只能依靠“醉”。

对于“醉”如何近天真、出天真、任天真、养天真，诗人只留

---

① 《陶渊明集》，第 55 页。

② 《李太白全集》，第 1275 页。

③ 《杜诗详注》，第 1963 页。

④ 《杜诗详注》，第 800 页。

⑤ 韦应物撰，孙望校笺：《韦应物诗集系年校笺》，北京：中华书局，2002 年，第 456 页。

⑥ 《刘禹锡全集编年校注》，第 1121 页。

⑦ 《白居易诗集校注》，第 512 页。

⑧ 《白居易诗集校注》，第 1809 页。

⑨ 《韩偓集系年校注》，第 948 页。

⑩ 《苏轼诗集》，第 300 页。

⑪ 《苏轼诗集》，第 2729 页。

下这些只言片语之灵感，而没有给出义理脉络。“醉”何以能够成为“真”的源泉？严格说起来，不仅那些醉而即卧的人能显露天真，那些醉而狂的人也离“真”不远。对于后者，“狂”只是对其言行不合俗态之断言。“狂”通常指人精神失常、“疯癫”。在对人的关系上，“狂”表现为不知谦虚，夸大自己能力，超出他人对自己的认知，以至于他人不相信狂者之言。在推崇谦谦君子的文化中，自己如实表达自己往往被斥责，但被当作“狂”的表达却可能就是自己原本具有的能力与抱负。人们无法接受的是其表达形式，而不是其所表达的内容，包括如实的表达。酒醉者没有按照人们预想的那样约束自己，而是放开禁忌，不再隐忍，言语唐突，等等。于是，醉后本性展露就变成了他人眼中的醉狂。其实，醉狂多是在表现真实的自我，“醉”即“真”。

陶渊明、李白、白居易、苏东坡等人如此迷恋“醉”，是因为他们意识到了“醉”与“真”的内在一贯。他们在“醉”中发现了“真”。因此，“醉”对于他们不仅仅是对现实的抗议，也不只是消极的躲避之所，更不会是自我欺骗的手段。“醉”通“真”表明，它不仅是软弱的否定性力量，其自身也充满了积极性效用。

自然之“真”与社会秩序之间的对立促使“醉”与“真”结盟。醉的精神以突破界限为其基本特征，这与秩序化形成了鲜明的对立。其表现之一就是“醉”与话语的秩序化之间的对立。在世俗社会中，人的文明化标志之一就是言语的秩序化。文明人总说着充满修饰的、言不由衷的话，却不敢说出自己之所思所想——少有真话，比如“我醉欲眠卿且去”。醉时将客人晾在一边，自己睡觉去，这行为通常被礼俗化的人们视为失礼。宽宏大量的人可能会以一个清醒者的姿态宽恕醉人的行为，但清醒者的傲慢依然会贬抑此类行为。不过，对于同样醉的人来说，此行为则是稀有的率真。

在诗人眼中，清醒的世间与“真”是对立的。苏轼曾意味深长地咏道：“人间本儿戏，颠倒略似兹。惟有醉时真，空洞了无疑。坠车终无伤，庄叟不吾欺。呼儿具纸笔，醉语辄录之。”① “醉”被理解为实现“真”的唯一条件，其潜台词是现实世界的清醒的人无法实现“真”。在苏轼的观念中，现实世界中清醒的人都远离“真”或“不真”。由“不真”的人间到“真”的人间是一种“颠倒”。“醉”就发挥着将“不真”颠倒为“真”的作用。就个人而言，“醉”可以颠倒其意识。但在什么意义上，“醉”能颠倒人间？让所有人都醉，还是以醉打破既有秩序？在苏轼，这些都不是问题，他认定“醉”，除此别无他想。苏轼曾意味深长地写道：“酒中真复有何好，孟生虽贤未闻道。醉时万虑一扫空……十年揩洗见真妄。”② 饮酒不仅能够“万虑一扫空”，而且可以“见真妄”。按照苏轼的这个说法，“真”有多好，“醉”就有多大价值。“醉”不仅能解除世俗诸念，更能破“妄”。财富的积累、名声的获取、社会的发展、人群的争斗等等在醉时都是多余的妄念，陷入其中的人生亦为虚妄。以“醉”洗涤、对抗虚妄，人生自然得“真”。“真妄”是本体论问题，“醉”也由此有了本体论意义。

类似的说法还有很多，比如“去古日已远，百伪无一真。独余醉乡地，中有羲皇淳。圣教难为功，乃见酒力神。谁能酿沧海，尽醉区中民”（元好问《饮酒五首》其一）。古真今伪，这是道家的基本预设。至于如何返真，老庄主要采取以“无为”扭转“有为”的方式。诗人们却热衷于以“醉”解决这个问题：一人醉，一人真；万人醉，万人真。真正的功业是酿出使人醉的酒，那些能够酿出沧海一样多的酒的人，他们能使每个人都“醉”，也能够使每个人都“真”。这些话听起来无疑善良、合理，充满诱惑力！

---

①《苏轼诗集》，第 1888 页。

②《苏轼诗集》，第 1175 页。

（三）醉乡之真

凡俗的“醉”很快就会醒来，并且醒来就后悔、后怕。因此，凡俗由害怕“醉”而宁愿相信“醉”为“虚幻”。“醉”如果是“虚幻”，那么依托“醉”的“真”岂不也是昙花一现？人们不会因为昙花一现而断定其“虚幻”。恰恰相反，世间好物不坚牢而会被人倍加珍惜。只要留住“醉”，“真”也就不会昙花一现。依照醉者的逻辑，留住“醉”的最好办法是进入“醉乡”。“醉乡”持存，“真”则得以长久涵养。

“醉乡”是“醉”的精神集锦。这些精神品质并不会无故随“醉”而生，也不是任何醉人都拥有的，更不是任何醉人都能体验得到的。唯有那些随时能够超越于不平不齐现实的醉人、那些坚定归向醉乡的人，才能让这些精神品质呈现出来。“醉乡”不同于儒家所构建的充满温情的“大同”，更不同于佛教徒所构建的喜乐清净的“西天”。从精神气质来说，“醉乡”更近于老子的“小国寡民”或庄子的“至德之世”。拒绝效率、功利，为腹不为目，无我无人，独立而不群，这些精神无疑为“真人”提供了精神担保。偶尔进入“醉乡”的人都会离伪返真，长居、长游“醉乡”的人必然都是“真人”。“醉乡”既能够长久地呈现真，也能够持续地颐养真。“醉乡”乃“真”的真正摇篮。

“醉乡”出自王无功，但却非其杜撰。严格说，“醉乡”乃王无功依据自家醉酒经验体贴、建构出来却具有公共性质的精神世界。在其自传《五斗先生传》中，王无功自道：“有五斗先生者，以酒德游于人间。有以酒请者，无贵贱皆往，往必醉，醉则不择地斯寝矣，醒则复起饮也。常一饮五斗，因以为号焉。先生绝思虑，寡言语，不知天下之有仁义厚薄也。忽焉而去，倏然而来，其动也天，其静也地，故万物不能萦心焉。尝言曰：‘天下大抵可见矣。生何足养，而嵇康著《论》；途何为穷，而阮籍恸哭。故昏昏默默，圣人之所居也。’遂行其志，不知所如。”[①] 王无功以酒德游于世，其表现就是有人请酒，他会无视贵贱、一视同仁地赴约。世间之不平，最重要的体现就是人与人之间有“贵贱”。饮酒前不分贵贱，这是自觉以“醉”的精神饮酒。“醉乡”有“天”，有“地”，其“天”其“地”随饮者之饮而显隐。“不择地而寝”表明，“醉乡”不占有任何具体时间、空间，它不是一个物理性概念，而是一个精神世界。一切顺其自然，放任万事万物生生灭灭。不牵挂物，也不为物扰心。生不足养，路不必择，饮酒即可。一次饮酒就是一趟醉乡之行，“醒复起饮”则意味着长留醉乡。处醉乡即弃绝尘世间的计算、谋虑，不以自己意思加之于他人，也不会附和俗人的主张，不施恩于人，不规训自己，彼此齐一，不厚此薄彼，等等。

王无功以自身的醉酒经验催生出精神性的“醉乡”。“醉乡”虽然被王无功催生，但其存在却非现成。“醉乡”每一次打开，都以自觉的精神性的“醉”为前提。此法门并非人人皆知，更非所有人都愿意尝试。不过，一众诗人却乐此不疲。

> 君酒何时熟？相携入醉乡。[②]
>
> 日暮归鞍不相待，与君同是醉乡人。[③]
>
> 居士忘筌默默坐，先生枕曲昏昏睡。早晚相从归醉乡，醉乡去此无多地。[④]
>
> 芳草落花如锦地，二十长游醉乡里。[⑤]
>
> 不学龙骧画山水，醉乡无迹似闲云。[⑥]

---

① 《王绩文集》，第 220 页。

② 《刘禹锡全集编年校注》，第 1114 页。

③ 《权德舆诗文集编年校注》，第 623 页。

④ 《白居易诗集校注》，第 1717 页。

⑤ 《李长吉歌诗编年笺注》，第 753 页。

⑥ 温庭筠撰，刘学锴校注：《温庭筠全集校注》，北京：中华书局，2007 年，第 302 页。

“醉乡”近在咫尺，但却无迹可求。愿意醉的人熟悉其门径，也可长久居住游处其中。“醉”则可入，于人皆然。这表明，“醉乡”对世人始终保持开放性。长久徜徉其中者亲昵如家园，说起“醉乡”来也都津津有味。他们在“醉乡”涵养、放任真性。不过，若论“真人”，其间尚多参差。

醉后之言语、行动多由本能——天性，这是“真”的表现。醉后被舍弃的可能只是那些挂在嘴上并未入心入脑的黏附。但是，如我们所知，习惯成自然，人性是不断生成的。天性与德性共同构成了人性的现实形态。现实地看，人们总是在规范之中生活。主动或被动地认同礼仪、规矩，时间久了，这些外在的礼仪、规范便会内化为自己的性情，形成自己的现实品格。这种后天生成的性情、性格为一个人真实拥有，它和先天的本性一样会在醉后显露出来。所以，醉后所呈现的“真”不仅有本然之“真”——天真，也包含后天所成就的“真”。由此不难理解，为什么很多人醉了并不“天真”。

欣赏、强调“醉”而天真者，大多是认同天性、天真，反感、拒绝后天德性的人，比如陶渊明、李白等。陶渊明自陈“少无适俗韵，性本爱丘山。误落尘网中，一去三十年”①。世俗的交往应酬、名利追求对于他是“樊笼”。他自己的本性热爱着丘山、草屋、榆柳、桃李、狗吠、鸡鸣。归园田对于他来说，就是返自然，所谓“久在樊笼里，复得返自然”②。乐真者不愿意自己的天真被规范、被移易，不愿意身体总是被动地受规训。维系人群的规范在他们只是浮于外表的套子，“醉”便是抖落这些套子的无机之机。毕竟，在人们心目中，“醉”乃人类正常的反常行为：醉言醉语不会被当真，醉后的荒唐行为也可得到宽恕。当然，俗人中也不乏据此攻击醉酒者。

① 《陶渊明集》，第 40 页。

② 《陶渊明集》，第 40 页。

（四）醉后相看眼倍明

“醉”无视秩序，不断打破秩序。对于旧秩序来说，“醉”就是革命；对于新秩序来说，“醉”就是造反。如我们所知，大禹尝酒，以其甘美而远之。酒被认为是打动、满足欲望之物。羲和荒于酒而昏迷于天象，似乎印证了这个想法。桀纣沉迷于酒而乱政，强化了酒只是欲望对应物的判断。周公制礼作乐，规定在祭祀、宴饮中饮酒，把饮酒当作神圣之事。这样安顿酒，对酒、对饮酒的人都具有重要的意义。饮酒脱离私人的欲望而进入共在的精神之域。于是，酒如同祭祀、人际合欢一样对人不可或缺。酒由此成为人类物质生活与精神生活的基本物，“醉”赢得精神也水到渠成。

一切的醉（可以表达为醉心于……比如“醉经”）都具有形而上性质。道家饮酒直奔“醉”，其醉是为了养“真”。一般人难以理解、忍受这种饮而求醉的形而上冲动。儒家追求的是温和的形而上。在饮酒方面，儒家饮酒养“诚”。“诚”即“实有”，也就是如实表现自己之固有。就现实的存在者来说，内在固有的性情、思想并非全是天性（“天之天”），可能其中大部分属于“德性”（“人之天”）——一切后天生成者。儒家饮酒要展露的是自己的“诚”——后天生成的德性，而不是自己的先天的“真”。“诚”一方面表现为超效率、超功利——饮酒不是为了更好、更快地牟利，比如“宾主百拜，终日饮酒而不得醉”（《礼记·乐记》）。终日饮酒不会马上得到什么实际的利益。如果说饮酒有目的，儒家饮酒的目的则是为了和乐人群：沟通、交流、增进感情。饮酒时间拉长，情感交流会更充分，彼此理解得更透彻。饮酒不是为了改变这个世界的秩序，不是为了进入奇异的新世界——“醉乡”，而是为了调节自身的情感态度，以及调和同饮者的精神风貌。换言之，饮酒后这个世界仍然有形式，有差异，有等级。饮酒是为了和乐处在不同位分上的人群，使有差异的人群能够和谐。哪怕是醉，也不是为了打破这个世界的差序。这是

"诚"的另一种表现，也是儒家饮酒大不同于道家之所在。

宋儒开始接受"真"，这在邵雍著作中最为明显。比如：

> 一樽酒美湛天真。[①]
>
> 多种好花观物体，每斟醇酒发天真。[②]

由酒养真、发真，这是魏晋以来的惯常理路。只不过，邵雍特别避开了由"醉"养真、发真的套路。较之陶渊明、李白等直奔醉的做法，邵雍自觉避免"醉"，这无疑是对儒家道路的坚守。当然，对"天真"的喜好也透露出道家思想对邵雍的影响。

二程也不吝欣赏"真"。不过，在他们的思想中，"真"与"妄"相对，指本体论意义上的实有。如程颢云："视听思虑动作皆天也，人但于其中要识得真与妄尔。"[③] 程颐云："真近诚，诚者无妄之谓。"[④] 在二程的观念中，"诚"者必然"真"，"真"者未必"诚"。"真"因近"诚"而可贵，故也值得追求。可以看得出来，对于原本出自道家的"真"概念，二程充满警惕。在经过细致的辨析后，并将之与"妄"对立，二程才有限度地接受了"真"。

如我们所知，孟子的"良知""良能"说将"良知""良能"视为每个人先天拥有者，他强调教化的任务是将先天的"良知""良能"发挥出来，这为"真"与"诚"的统一提供了理论可能性。王阳明将"良知"与"真知"打通，完成了"真"与"诚"的统一。王阳明追求"真知行"，也说"真意""真心""真情""真性"，在阳明心目中，一切的"真"皆是"良知""良能"的具体表现。这表明，儒家也已经意识到德性的培养离不开天性，或者说，以"真"

---

① 《邵雍集》，第 317 页。
② 《邵雍集》，第 320 页。
③ 《二程集》，第 131 页。
④ 《二程集》，第 274 页。

为基础的德性才是可靠与真实的。正基于此，王阳明对“醉”的态度较之先儒也发生了颠覆性的变化：不再惧怕、提防“醉”，而是赞赏、追求“醉”。由此，我们可以理解，为什么王阳明会时常饮而醉，醉而卧于山间之石，尽显真率之性。

“醉”对“真”的重要性还表现在，醉可为良知呈现提供精神准备。王阳明写过一首玄味十足的诗句：“醉后相看眼倍明。”[①] 如我们所知，人饮酒而醉的过程中，眼睛逐渐看不清，耳朵逐渐听不清。大醉如泥，则什么也看不见，什么也听不清。大醉而狂，往往也只是放言放行，视觉、听觉难以起作用。为什么阳明说醉后的眼睛会更明？在阳明观念中，酒醉可以忘掉俗情、俗念、俗虑，可以自动涤除蒙蔽良知者——私意与物欲。简言之，醉可以使良知更直接地呈现。在此情况下，心不受五官支配，而是心统五官。心支配着“目”，“目”也能够发挥其本然之“明”[②]。良知呈现，酒醉良知亦醒，故他才会说“醉后相看眼倍明”[③]。良知呈现，真性自然流露，大圣人也会随风竹而舞。对于普通人来说，清醒时良知就会处在遮蔽状态，醉后良知才能显现。按照阳明的逻辑，由“醉”而“真”也是普通人最便捷易行的法门。在他的观念中，“看”不是也不应当是作为主体的我在“看”，单向的“看”看不出事物的本质（比如早年亭中“格看”竹子）。在阳明哲学中，“看”首先是相互的看，是两个有良知的人或物相互在“看”。醉后良知呈现，“相看”才能使自己明白，所看之物也才会同时“明白起来”。所看之物无法明白起来，观看之眼也不能算“明”。

---

① 《王文成公全书》，第 1235 页。

② 在阳明观念中，“看”不是单纯的视觉活动。真正的“看”乃良知主导的“看”，也可以说是“良知”（“心”）在“看”。参见贡华南：《心与目之辩——王阳明思想的一个主题》，载《社会科学》2017 年第 12 期。

③ 藏传佛教“大醉时光明”之说与此意思相近：“君子醉时不随诸境而不作意，于内心中光明全发。”（《大乘要道密集・大手印九种光明要文》）醉时完全按照自己明觉本性活动，且不会随顺外力外缘，或自己妄起私意。陈兵的解释比较曲折：“指大醉时，意识分别有时息灭，显露出混沌心态。”（陈兵：《佛教气功百问》，北京：中国建设出版社，1989 年，第 134 页）

（五）益醉益自然

与“真”词义相近的是“自然”。古人对于“醉”与“自然”的亲密关系亦有精彩且深沉的领悟。比如张耒云：“愈老愈嗜酒，益醉益自然。……我不但醉酒，天和醉心源。当其醉甚时，更类痴与顽。”① “痴”“顽”是“自然”的具体表现：不谙世事、不明世故。“自然”指依照自己本性而展开的生命情态。人依照自己本性而展开自身，可谓“自然”（内在自然）；天地万物依据自身本性而展开自身，也叫“自然”（外在自然）。不管是内在自然，还是外在自然，都与我们紧密联系在一起。但现实却是，自然离世人不远，世人却难得自然。唯有不断饮酒而醉，才能摆脱世故俗虑之纠缠。人醉酒，方能实现内心的和谐，由此才会让内在自然与外在自然共同涌现出来。

当然，让自然呈现并不是一件自然而然的事情：这既需要对内外自然的自觉，也需要对内外自然的认同，还需要明晰归往自然的诸种意味。比如，自然与社会对立，归往自然意味着疏远社会。不难理解，在世俗社会，绝大多数人一直远离“自然”。疏远社会则意味着原本在社会中获取的利益将被放弃。因此，回归自然需要胆识、勇气，也需要相应的方法，而这都是世俗社会中清醒的人们所普遍缺乏的。醉人忘记规则、规范，从向外的追寻中返身，摆脱社会性增益其身者，回到自身本性。“醉”既呈现了内在自然，也让被人控制的天地万物回到自然——外在自然随之逐渐展露。“益醉益自然”意味着，多醉一分，则离自然近一分；十分醉，则彻底远离社会而回归自然。不过，当“醉”被理解为通达自然最基本的方法之一，“醉”时无视外在规则、规范，“醉”抹平人间世的差异，只是依据

① 张耒撰，李逸安、孙通海、傅信点校：《张耒集》，北京：中华书局，1990 年，第 115 页。

本然的身体（不是本能）行动，清醒的人们可能更不愿意回归自然。

“醉”并不是我们日常之态，由“醉”而“真”或“自然”，这个古老的洞见虽然透露出“真”或“自然”之难得的深深无奈，但却也在对“真”或“自然”之执着中洞察到“醉”中所包含的深沉的形而上智慧。作为精神现象甚至精神体的“醉”绝非“虚无”“虚幻”“毁灭”，它导向“无妄”（真实），也呈露“明德”与“素朴”。就此说，“醉”保留了世俗社会解脱与超越的希望。

三 『敬酒』与『还泪』

由“醉”而可呈现饮者之“真”，但却难以在世俗社会获得他人的真诚相待。不过，在清醒时向他人“敬酒”少许，却往往能够快速与之打成一片。在人际交往中，为他人流泪是获取他人真心的重要机缘，而为为自己流泪者流泪——“还泪”则是两人亲密无间的表征。

“酒”与“泪”是两种滋味迥异的“水”：前者甘辛，后者咸。甘辛之味使人发散，饮酒使人释放郁结而舒展；咸味使人收摄，流泪让人含敛、凝聚。因为富有滋味，故都能快速移易人。“敬酒”卑己尊人，可使不同的个体与类迅速进入和乐之境，泪则让不同的个体与类直接沉入悲戚之境。敬酒与还泪使不同情绪的人之间由不通而通，走向同情之境。同情的实质是通融一体，愿意同情者彼此尊重，也乐于结成命运共同体。敬酒与还泪之结合指向天（神）、地、人、物息息相通、和谐共在的温情世界。这是古典时代的理想，对于弥合当代人与天地万物的对立也具有理论意义。

人们通常认为，“理解”建立在“同情”的基础之上。然而，何谓“同情”？如何达到“同情”？这并非不言自明。“同情”指两人处于同一种情绪中，还是指两人同时拥有相同的情绪，抑或指两人情绪可以相通、相合？阅读文本，我们需要设身处地，想作者之所想，感作者之所感。读者尽可能拥有与作者相近的情绪，以便可以理解文本之意味。然而在现实生活世界中，两个身处不同时空的人，即使情绪相同，两者也不必相通、相合。当然，同时同地相同情绪者也不必相通。比如，两人同时同地愤怒，此拒斥之情之相遇造就的是彼此的隔绝而不会相通、相合。此类同情古语称之为“合同”。拥有同一种情绪且能够彼此通达者，古语称之为“体同”①。“体同”以“一体”为前提，其情同而通。此类同情在悲哀与喜乐中表现最显著。

如何能够同悲同喜，且彼此相通？同读一本书，同看一出戏，通过“书”“戏”给予的色调，不同情绪的旁观者可以达到同悲同喜。旁观者的同情指向剧中人，也间接指向造境之作者。广而言之，在“书”“戏”等文之所化境中生活，其情亦会被诱发而可能趋同趋通。另一方面，作为真实的存在者，在特定文化群体中各自带着自己的性情脾气，面对面直接交接。在此具体生存境域中，达到同情一体之境，彼此相通地共在，此为群体所赖以持存之条件。

能够快速、直接使不同情绪的人达到情同且通的物品不少（比如致幻剂等），但在文明史中持久地被运用与期待的是酒与泪。“酒”味甘辛，主发散、突破身心边界而向外舒展；“泪”味咸，主收摄、穿透僵硬的界限而凝聚。因为富有滋味，故都能快速移易人。杯酒即可使人共同和乐，三两行清泪即可使人共同伤悲。酒与泪两者无形而有体，可迅速穿透披戴盔甲的身体与处处设防、自我规定明确的意识界限，直接联结起充满差异的不同个体，由此达到同情，甚至相通、相合。两者皆直接作用于人的血脉，不同的是，酒以突

① “合同”“体同”之分见于《墨子》：“同，二名一实，重同也。不外于兼，体同也。俱处于室，合同也。有以同，类同也。”（《墨子·经说上》）“重同”即名异实同；“体同”即两者同处一体之中，彼此相通；“合同”为两个体处于同一空间而不必相通。

破、弭平界限而达到一体。其流弊是可能由一体而陷入无序、虚无之喜剧、闹剧。泪则以低沉的人情味穿透界限而达到一体。此一体不会流于无序或虚无，却能使人进入悲剧，从而生人之气，给人以力量。

（一）敬酒——和乐一体

人与上帝、天等高高在上者如何沟通？或者说，人与高高在上者之间如何交往，其间的桥梁何在？如我们所知，祭祀通常被视作其间的桥梁，满载敬仰之情的祭品通常被视作打动高高在上者的法宝。那些人间的稀有之物首先被遴选出，当然“可感”乃祭品必备的品格。如我们所知，在商周祭祀中，酒、乐、牺牲（食物）是基本的祭品。不过，随着祭祀情境的变化，或备乐，或备牺牲，但酒总是必备品，比如“清酒既载，骍牡既备。以享以祀，以介景福”（《诗·大雅·旱麓》）。文王祭祀祖先，以清酒、骍牡为祭品，祭品中就没有“乐”。

祭祀为什么一定要献酒呢？在先民心中，酒味道甘美，它一方面属于享乐物、奢侈品；另一方面，酒可以令人发热、迷狂而超越现实现世、达到神异境界。此两者令世人抬高酒的地位而将其与神圣者关联。这两个特征有其现实根据。如我们所知，酿酒要两个基本原料：水与谷物。正常情况下，水不难得，而谷物常不足。因此，谷物丰收常常成为先民可喜可贺之事。“丰年多黍多稌，亦有高廪，万亿及秭。为酒为醴，烝畀祖妣。以洽百礼，降福孔皆。”（《诗·周颂·丰年》）这首诗的主题是报恩，但报恩的对象历来有争议。比如，《钦定诗经传说汇纂》载：“《丰年》《序》以为‘秋冬报也’。笺以秋冬报为尝烝，王安石以丰年属天地之功，故以此诗为祭上帝。陈详道引《丰年》以证《礼》，谓秋报者，季秋之于明堂也。吕祖谦谓以祈为郊，则季秋大飨明堂，安知不并歌《丰年》之诗以为报与？曹粹中谓秋冬大飨，及祭四方八蜡，天地百神，无所不报，同歌是诗。……详观此诗言黍稌之多，仓廪之富，而得为此酒醴以飨祖考，洽群神，祀事无缺，而百礼咸备，皆上帝之赐，故曰‘降福孔皆’也。考祀典，秋冬大报，上自天地，以至方蜡，靡祀不举，祀则有乐。是诗概为报祭之乐章，故《序》不明斥所祭为何神也。”① 不管是“报岁”（每年收获后祭神），还是“报赛”（祭祀神灵，答谢保佑），或“秋冬大报”，其主旨都是感恩、报答天、神、祖（如后稷）。丰年为什么不直接以黍稌来报，而是要酿成酒醴再献呢？《楚茨》中有依稀的线索：“我蓺黍稷。我黍与与，我稷翼翼。我仓既盈，我庾维亿。以为酒食，以享以祀，以妥以侑，以介景福。”（《诗·小雅·楚茨》）依照人的经验，“黍稷”不能直接食用。人加工黍稷，使之成为可直接食用的酒食。这样不仅味道好，也显示出对神灵更加虔诚。

以人度神，人间的享受必然会无保留地献给神。所享受物品虽源于上天之赐，但辛勤耕作才是接受上天之赐的最好方式。古人深知此道：“载获济济，有实其积，万亿及秭。为酒为醴，烝畀祖妣，以洽百礼。”（《诗·周颂·载芟》）自主伯至妇士，动员一切人力、使用各种工具从事农业生产，而获得了丰收。以酒醴配合各种祭品而完成百礼。由此看，敬酒是人理解在上者的特定方式，也是人企图让在上者理解自己的方式。

地域不同，各地的观念不一，神不一。但以酒为尊贵的祭物，将酒献给尊贵者，各地相当一致。“奠桂酒兮椒浆”（《楚辞·九歌·东皇太一》），“浆”是淡酒，“桂酒”与“椒浆”都是加了香料的酒。把“桂酒”与“椒浆”这些不同的美酒都献给至尊的东皇太一（上帝）。或虚或实，通过敬酒来取悦、理解东皇太一，并借助酒努力让东皇太一理解、关照敬酒者，其动机一目了然。

《礼运》以孔子之口描绘出礼乐文明的理想社会图景，酒亦无处

---

① 转引自《诗经原始》，第 604 页。

不在。“故玄酒在室，醴醆在户，粢醍在堂，澄酒在下。陈其牺牲，备其鼎俎，列其琴瑟管磬钟鼓，修其祝嘏，以降上神与其先祖。”（《礼记·礼运》）祭品中有美食，有音乐，但室、户、堂、堂下各处按照尊卑都摆着酒。“水”被视作酒之源，故称之为“玄酒”，相应被摆在最尊的室中。“醴”是一宿酿就、略有酒味的甜酒，“醆”较醴酒浓厚一些，“粢醍”更浓厚，“澄酒”是清酒。“澄酒”酿造最精，出现得最晚，地位也最低。因此，它被摆在室户堂之下。美酒盈室户堂，上神、先祖随时降临、享用，于是通人之愿，遂人之愿，即所谓“以正君臣，以笃父子，以睦兄弟，以齐上下，夫妇有所。是谓承天之祜”。

敬酒指向上位，除了神、祖先，还有同在人世间的“嘉宾”，比如“呦呦鹿鸣，食野之苹。我有嘉宾，鼓瑟吹笙。吹笙鼓簧，承筐是将。人之好我，示我周行。呦呦鹿鸣，食野之蒿。我有嘉宾，德音孔昭。视民不恌，君子是则是效。我有旨酒，嘉宾式燕以敖。呦呦鹿鸣，食野之芩。我有嘉宾，鼓瑟鼓琴。鼓瑟鼓琴，和乐且湛。我有旨酒，以燕乐嘉宾之心”（《诗·小雅·鹿鸣》）。嘉宾之为嘉宾，在于既能够提供大道，也能够展示其德性的光辉，以移风易俗。具体说，孔昭之德对民可以感召之，使之有德。孔昭之德也为君子提供了榜样。敬嘉宾之乐使其乐，敬嘉宾之酒使宾主和乐一体，以示我同道、同德之心。

以酒敬客是《诗经》的重要主题。“客人”指的是与主人拥有相近价值观或利益且受主人尊重的人。“南有嘉鱼，烝然罩罩。君子有酒，嘉宾式燕以乐。南有嘉鱼，烝然汕汕。君子有酒，嘉宾式燕以衎。南有樛木，甘瓠累之。君子有酒，嘉宾式燕绥之。翩翩者鵻，烝然来思。君子有酒，嘉宾式燕又思。”（《诗·小雅·南有嘉鱼》）“南有樛木，甘瓠累之”，以樛木喻客人，以甘瓠喻主人。甘瓠依靠樛木，樛木支持甘瓠。故主人不断敬酒，以燕乐客人，亲近客人，达到主客一体。

《诗·小雅·瓠叶》则描述了一个家境一般的主人尽其所有招待客人的景象。“幡幡瓠叶，采之亨之。君子有酒，酌言尝之。有兔斯首，炮之燔之。君子有酒，酌言献之。有兔斯首，燔之炙之。君子有酒，酌言酢之。有兔斯首，燔之炮之。君子有酒，酌言酬之。”宴会中没有奏乐，只有瓠叶、兔肉。所以主人不断以酒表达自己的热忱，以此拉近与嘉宾的距离。

拉近人与人之间的距离，使彼此更加亲近，这对宾主固然重要，对家庭成员之间亦具有重大作用。如我们所知，酒以热力使情绪不断上升，不断突破各种界限。既能突破人与神的界限，也可以突破人与人之间的界限（由“礼”等差异制度塑造），从而达到和乐一体的目的。宾主之间因饮酒而亲和，夫妻之间饮酒也能消弭、化解彼此之间的分歧。如《诗·郑风·女曰鸡鸣》：“宜言饮酒，与子偕老。琴瑟在御，莫不静好。”广而言之，兄弟之间乃至所有家庭成员之间皆可在饮酒中达到欢乐好合。“傧尔笾豆，饮酒之饫。兄弟既具，和乐且孺。妻子好合，如鼓瑟琴。兄弟既翕，和乐且湛。宜尔室家，乐尔妻帑。是究是图，亶其然乎？”（《诗·小雅·常棣》）按照礼制，每个家庭成员皆有其相应的位置。彼此之间有尊卑之差异，有相应的隔阂。家庭祭祀，条件优渥的家庭会以琴瑟之乐、美酒、美食献祭并共同享用。在和乐的乐与酒中消弭彼此差异，融为一体。条件稍差的家庭往往会省略琴瑟之乐，而以酒食为主。觥觚交错间，神圣、祖妣如在，兄弟妻子和乐一体。

古人在节日也饮酒，其目的是为了告别旧的节气，迎接新的节气①。饮时必敬献酒给天地。将士戍边、迎敌、凯旋，亲友远行、归来，子女成年、嫁或娶，都会以酒祝愿或祝贺。通过敬酒，尊卑贵贱者各自悬置起不同情绪，为同一情景而群情谐和。

---

① 可参见贡华南：《节制的根源——中国传统哲学的视角》，《社会科学》2010 年第 8 期。

（二）涕泪——悲情一体

人以“哇”的一声，宣告来到这个世界。生而会哭，哭而有泪，尽管其时尚不知“哭”与“泪”的意义。但是，正常之人都生而有“泪”，此却无疑。从母体诞生，母亲总能理解赤子、婴儿的眼泪，或饥或寒，或欲或恶。长大后，流泪不仅是回归本真的基本方式，也是在人世间、万物间显示本真的基本方式。然日移月易，从赤子、婴儿到儿童，人日渐长大，也逐渐学会了“笑”。“哭”与悲哀相关，“笑”与喜乐关联，由此，人们乐见后天习得的“笑”，而不喜先天的“哭”。“眼泪”据此进一步被理解与诠释为幼稚或懦弱。

世态万千，人情多端，“泪”在成人世界中如成年人一样变得复杂、多义：或因笑而流，或因哭而出。因笑而流的泪为喜泪，由悲而出的泪为悲泪。笑-喜泪人多爱之，哭-悲泪多为人看轻。悲泪或为自己而流，或为他人、他物而流。泪流之时是被感动时，也是与他人、他物相互感通时。泪是让人柔软之物。“为……流泪”最容易让……柔软，打动之，收服之。“为……流泪”即是“为……哀伤”，为其所受之苦而苦，为其所受之伤而伤。苦难与伤痛在泪水中被感通与转移，深入脏腑的泪水也会稀释苦与痛。对于受苦受难者来说，自己的苦与痛则会因他人泪水之稀释而缓解。

流泪如同醉酒一样，是一场超越视觉、由视觉而味觉的形而上运动——眼中不再有“形”，只有无形的、咸咸的泪。眼中有泪，我们不再“看”外在于己的世界，世界万物被泪水浸染，也会被咸咸的泪水穿透。“哭”时眼睛闭着，眼泪自内而外流淌，人心却从外向内回归。大笑而笑出眼泪时，眼睛也会闭着。或哭或笑，只要流着泪，眼睛就不再看世界。在人与人交往时，泪让我们看不到别人，却会拉近彼此的距离。与人、物缩短距离，也就没有了知见。流泪的人不与物、他人相争，但可以感动他人或外物。流泪时，欲望也收敛，转而向内，只希望得到他人共鸣。

与酒首先作用于口舌不同，泪不是首先作用于身体，而是直接穿透人的心灵。那么，泪是如何穿透他人的心灵，对他人起作用的呢？哭泣而产生的泪表达的是全身心的收敛（对于长期被压抑的人来说，号啕大哭却是释放身心的重要方式），是身与心之主动示弱，弱到人难以承受，这是每个人熟悉且能理解的意味。我流泪（于众目之下），坦承我弱、我不幸。为他人流泪，表达我与作为弱者、不幸者的他人一起示弱、示不幸。在崇尚坚强的文明中，自居柔弱，或随他人一起柔弱，自曝不幸，或愿意与他人一起承担不幸，这在精神层面上就消除了彼此之间的坚硬隔阂，而使人我一体。

泪之所以能够拥有穿透隔阂的能力，中国文化给出的理由是，水为万物中柔弱之物，泪乃人体中柔弱之物。《道德经》第七十八章曰："天下莫柔弱于水，而攻坚强者莫之能胜。"以柔软之泪水示人，所示的是包容、柔弱，其感染、召唤的亦是人心中的包容与柔弱。水可遍润万物，眼中的水则可遍润有情众生。泪示人以弱，其易打动人的特征都显而易见。这一点，远古时期的人们已经注意到，并且已经深深领会到了泪的意义，如"燕燕于飞，差池其羽。之子于归，远送于野。瞻望弗及，泣涕如雨"（《诗·邶风·燕燕》）。"涕"即眼泪。"泣涕如雨"表达兄妹情深而欲不离，别离之后难以再见之无奈与悲哀。"君子秉心，维其忍之。心之忧矣，涕既陨之。"（《诗·小雅·小弁》）被父放逐之涕泪为自己之忧伤而流。父子兄妹出于一体，加之长期共同生活而培养起深厚的感情。亲人之间无奈分离或被分离都让人悲伤，为此流泪十分自然。两姓之异性因深情而相互吸引，欲一体，此乃万古之常情。两情相悦，欲一体而不得，当事人往往会为此泣涕不止，如"氓之蚩蚩，抱布贸丝。……将子无怒，秋以为期。乘彼垝垣，以望复关。不见复关，泣涕涟涟"（《诗·卫风·氓》）。"泣涕涟涟"是伤心痛哭不止状，因不见氓来迎娶而陨泪也。"彼泽之陂，有蒲与荷。有美一人，伤如之何？寤寐无为，涕泗滂沱。"（《诗·陈风·泽陂》）"涕泗滂沱"乃伤所思不得见，自伤也。"周道如砥，其直如矢。君子所履，小人所视。眷言顾之，潸焉出涕。”（《诗・小雅・大东》）东国亡国之人睹物伤怀，为自己命运沉浮而出涕。“明明上天，照临下土。我征徂西，至于艽野。二月初吉，载离寒暑。心之忧矣，其毒大苦。念彼共人，涕零如雨。岂不怀归？畏此罪罟！”（《诗・小雅・小明》）久役思归者，思念朋友（“共人”），自伤苦难，其泪为自己而流。“中谷有蓷，暵其湿矣。有女仳离，啜其泣矣。啜其泣矣，何嗟及矣。”（《诗・王风・中谷有蓷》）被离弃妇女为自己遇人不淑而哭泣，算是自哀自悼。“鼠思泣血，无言不疾。”（《诗・小雅・雨无正》）“泣血”即泪尽而泣出血，暬御（作者）忧思（鼠思）之“泣血”为天下、天子（“戎成不退”），为苍生（“饥成不遂”），为自己（“哀哉不能言，匪舌是出，维躬是瘁”）。谏言不得听（“听言则答，谮言则退”），百官不尽心（“凡百君子，莫肯用讯”），“鼠思”不尽，泪而血，血而亡命，伤心而绝，此为古今一大悲剧。屈原之掩涕同于此，所谓“长太息以掩涕兮，哀民生之多艰。……曾歔欷余郁邑兮，哀朕时之不当。揽茹蕙以掩涕兮，沾余襟之浪浪。……忽反顾以流涕兮，哀高丘之无女”（屈原《离骚》）。民生多艰，有情者哀泣之；生不逢时，志气不舒，自己哀泣自身命运；世道多不幸、多不忍，为此流泪，实与不幸、不忍为一体。

泪是示弱，道家通过种种方式主动示弱，以流泪示弱为多余。但泪又是对弱者的接受，因此道家不能无泪（《庄子》多言“哀”“大哀”）。儒家要强，主张人生健进，不会为自己流泪。不管周遭际遇之顺逆，儒者首先要确立的是一心向仁的志向，以及依礼而行的精神路向。但儒者胸怀天下苍生，关怀人道，哭泣、流泪多是为他人，在他人受苦受难时为他人之苦难而发。《论语》中记载孔子哭泣的文字有两段，一是“子食于有丧者之侧，未尝饱也。子于是日哭，则不歌”（《论语・述而》）。“哭”是吊哭。在丧者之侧，临丧而哀。吊哭死者，余哀未尽。哀是真哀，一日之内不歌，性情自然而然，可谓雅正。另一处是颜渊死，孔子痛哭。从者质疑他悲戚过度，他回答："有恸乎？非夫人之为恸而谁为！"（《论语·先进》）"恸"是极悲哀之大哭。颜渊为孔子喜爱的弟子，其死孔子至为惋惜，十分悲痛。大哭而不知，悲痛出于自然。孔子之哭主要表达悲痛，悲痛因某人离世而涌现，是同情逝者而不是自己示弱。在《孟子》中则记载孔门弟子因其师离世而哭："昔者孔子没，三年之外，门人治任将归，入揖于子贡，相向而哭，皆失声，然后归。"（《孟子·滕文公上》）门人为孔子庐墓三年后离去，仍能相向而哭，足见师徒情深。门人之哭的内涵仍不外是对离世者的伤痛。

作为内心的真实表露，泪之所出的哭亦被孟子应用于"仁政"。孟子引用孔子的话说："君薨，听于冢宰。歠粥，面深墨。即位而哭，百官有司，莫敢不哀，先之也。"（《孟子·滕文公上》）先君薨，君哭而臣效，此非基于暴力，而是基于自然而然哀哭之感染力，此乃由仁心而施仁政的具体措施。哭以真切的情感打动人，使他人良心能够同时呈现。善哭可以"变国俗"，孟子实有见于泪所拥有的移易风俗的力量。肯定哀哭的力量，这在《礼记》中多有表述。"阳门之介夫死，司城子罕入而哭之哀。晋人之觇宋者，反报于晋侯曰：'阳门之介夫死，而子罕哭之哀，而民说，殆不可伐也。'孔子闻之曰：'善哉觇国乎！《诗》云：凡民有丧，扶服救之。虽微晋而已，天下其孰能当之。'"（《礼记·檀弓下》）普通民众死，长官能发自内心哀哭（"哭之哀"），这表明官民齐心，治理有道。官民齐心，治理有道，自然会生发出强大的凝聚力与战斗力。孔子赞扬这个间谍有见识，因为他能知道哀哭之泪中所具有的强大力量，因此能够从司城子罕哀哭阳门之介夫而判断宋国上下齐心。

麻木者无泪，心硬者无泪。泪人不会置身事外，泪让我们坚固封闭的自我界限瞬间融化，与对象一体①。为谁流泪就意味着对谁敞开，站在他的立场，为他受难，感同身受。无泪的旁观者让人心凉、

① 可比较的是，有时候，"笑"将自身超拔出对象之上，而让我们与对象更加疏离。

心寒，流泪会让人心暖，也让人心软。干燥的理智之光只能照亮与穿透外在的形式，眼泪更容易就浸润、软化僵硬的形式而通达、进入苦难现场与心灵深处。为弱者流泪，为苦难流泪。弱者配得上眼泪，不仅是对委屈的宣泄，同时也是弱者向世界的伸张。当然，以眼泪与弱者，弱者亦将以泪还之。

（三）还泪——先天一体

人参赞万物化育而与万物命运交织在一起，万物的生长成就依赖于人的状况，特别是人性的状况。道家说："道生之，德畜之，物形之，势成之。……长之育之，成之熟之，养之覆之。"（《老子》第五十一章）"势成之"也就是"长之育之，成之熟之，养之覆之"。物熟则"味"丰，"物"不熟则味失。"物"味丰，人可谓有"德"；"物"乏味，人亦无"德"。依道家说，草木（包括"五谷"）熟与否——能否按照自身素朴之性展开自身——是人有道与否的标志。儒家也说："五谷者，种之美者也；苟为不熟，不如荑稗。夫仁亦在乎熟之而已矣。"（《孟子·告子上》）孟子立足人道而尊"五谷"、抑"荑稗"。不过，他所说的五谷之"熟"与"仁"之间的内在关联却也适用于一切草木。"五谷"熟则为"五谷"，"五谷"成"五谷"而味美，人亦成"仁"；"五谷"不熟，人则"不仁"。所以，"仁"与否不能离开人所参与的万物生长状况而判定。

人们丰收而感恩上天与祖妣保佑，敬酒以沟通神、人。但欢快的劳作、丰收、祭祀并非世相的全部，它有意无意地漠视了另一个在场者——草木（包括五谷）。神与人的丰收庆典深深遮蔽了被征服者——草木（包括五谷）的感受，敬酒则在喧闹中掩盖了草木的悲哀与哭泣。将草木——"泪"主题化亦构成了一条走向同情的思想脉络。收获不仅要向上感谢天地、祖妣等神圣者，更要向下理解、同情草木柔弱之情质。《诗经》时代以来，人们为特定事件、遭遇流泪，泪之于伤心者只是对于遭遇的一种自然的反应。《红楼梦》则将

“泪”上升到形而上的高度，视之为木石时代到金玉时代草木与人的宿命。泪本身（绛珠）成为悲剧的主角，她又不断地通过泪将另一主角拉回木石时代，两人定下的基调构成了剧本的主要脉络。

在曹雪芹，“还泪说”以“一体”论为理论前提。他借说贾宝玉的想法写道：“那宝玉亦在孩提之间，况自天性所禀来的一片愚拙偏僻，视姊妹弟兄皆出一体，并无亲疏远近之别。”（《红楼梦》第五回）姊妹弟兄皆出一体，亲密无间，情意也都相通。宝玉、黛玉前世结下施恩-报偿之缘，今生则彼此熟悉、亲密，心心相印。“一体”是理解的前提：“理解”不是理解与己无关的“另一个”（个体），而是与己息息相关的自己人。比如，贾宝玉第一次见到林黛玉就说：“这个妹妹我曾见过的。”黛玉见到宝玉，情况类似。她同样吃了一惊，心下想道：“好生奇怪！倒像在那里见过的一般，何等眼熟到如此！”（《红楼梦》第三回）初次相见，彼此都觉得互相见过，这是两个人亲密“一体”的文学表述。《红楼梦》第一回对此以魔幻的方式交代了前因后果。“此事说来好笑，竟是千古未闻的罕事。只因西方灵河岸上三生石畔，有绛珠草一株，时有赤瑕宫神瑛侍者，日以甘露灌溉，这绛珠草始得久延岁月。后来既受天地精华，复得雨露滋养，遂得脱却草胎木质，得换人形，仅修成个女体，终日游于离恨天外，饥则食蜜青果为膳，渴则饮灌愁海水为汤。只因尚未酬报灌溉之德，故其五内便郁结着一段缠绵不尽之意。恰近日这神瑛侍者凡心偶炽，乘此昌明太平朝世，意欲下凡造历幻缘，已在警幻仙子案前挂了号。警幻亦曾问及，灌溉之情未偿，趁此倒可了结的。那绛珠仙子道：‘他是甘露之惠，我并无此水可还。他既下世为人，我也去下世为人，但把我一生所有的眼泪还他，也偿还得过他了。’因此一事，就勾出多少风流冤家来，陪他们去了结此案。”照此说，林黛玉的前身是西方“灵河”岸上之“绛珠草”，得神瑛侍者之“甘露灌溉”，又得“雨露滋养”。修成女体后，“渴则饮灌愁海水为汤”。草木修得女体，而不是强壮的男体，柔弱的草木与柔弱的女儿一体也。柔弱之体又不断饮灌愁海之水，则柔弱而又不断内敛含藏也。柔弱之质加之含藏愁节，生命便长久堕入悲苦之中。此草木的品质非常奇特："尚未酬报灌溉之德，故其五内便郁结着一段缠绵不尽之意。"知恩未报，内心便不安，此善感应者也。以泪报恩，得到的也是泪。泪泪相报，直至泪尽人亡。"欠泪的，泪已尽。"（《飞鸟各投林》，《红楼梦》第五回）脂砚斋在解释"绛珠草"时言："细思'绛珠'二字，岂非血泪乎？"（甲戌本）较之"女儿是水做的骨肉"（《红楼梦》第二回）之"水"，"血泪"更感性，更有灵气。"血泪"是"水"的具体又特殊的形态，说林黛玉是"水"做的骨肉没错，但这种说法却不能体现出她的个性。真正贴近林黛玉灵质的说法是，她是"血泪"做的骨肉。

林黛玉追求质之真，所谓"质本洁来还洁去"。对世人而言，酒后真，泪中人更真。流泪可以伪装，但血泪绝对真。流血泪者有血性——真性中的真性。于林黛玉，"血泪"与人二而一，生命的展开过程便是血泪流淌的过程，可谓真人中的真人。探春为黛玉取号"潇湘妃子"——娥皇、女英为舜洒泪斑竹至死，也一语道破黛玉终生洒泪的命运。林黛玉自咏："彩线难收面上珠，湘江旧迹已模糊；窗前亦有千竿竹，不识香痕渍也无？"（《题帕三绝》之三）"面上珠"为新泪，"湘江旧迹"为旧泪，"竹上香渍"为新旧相续不绝之泪。由此看，黛玉对自己生命的灵质具有高度自觉。作为血泪的结晶体，林黛玉的泪与其生命同一。"还泪"便是以自己的真实生命偿还恩情，当然，其生命所流之泪也不寂寞。多情的贾宝玉早被血泪打动，一直与血泪贯通，在有意无意之间亦以血泪还之。"滴不尽相思血泪抛红豆……"（《红豆曲》）"血泪"是宝玉相思的对象，也是自己不断趋近、自然而然化生者。就此而言，贾宝玉也是真人中的真人。宝玉、黛玉为二，两人血泪则为一，如此看，宝黛已经在"血泪"中融会一体。宝黛之所历，处处血泪，时时血泪。至此，作为宝黛助产者的曹雪芹亦不能不叹息："想眼中能有多少泪珠儿，怎经得秋流到冬尽，春流到夏！”（《枉凝眉》，《红楼梦》第五回）泪流不止正常人都经受不起，而况弱柳女子乎！而况春秋冬夏不歇不止乎！想是曹公也为黛玉终生洒泪而不忍。

黛玉为还泪而生，但其生来即病，其药方却是“不许见哭声”，“不可见他人”。不许见哭声，不能与他人相感也；不见他人，则不能酬报灌溉之德。此悖反之两难使“还泪”注定是个悲剧，所谓“既舍不得他，只怕他的病一生也不能好的了。若要好时，除非从此以后总不许见哭声，除父母之外，凡有外姓亲友之人，一概不见，方可平安了此一世”（《红楼梦》第三回）。眼泪是黛玉的命根子，其活着就要不断地流泪。眼泪一定要流，其命势必一天天减损。泪乃真实生命之所出，这是道教重要观念，衍生出“珍视眼泪”的观念。在道教修炼者看来，“泪”出则耗精神且损肝，故他们力主不可流泪，所谓“学生之法，不可泣泪及多唾泄。此皆为损液漏津，使喉脑大竭”①。道士常吐纳咽味，避免流泪，以此减少生命损耗。泪尽即命尽。因此，黛玉的悲剧出场即注定。“见哭声”之“泪”是他人的泪。他人伤悲，易于打动自己，自己亦会随之流泪。当他人为自己流泪，善感的黛玉往往会加倍奉还。

黛玉以泪为体，其身姿情态则是泪的具象：“两弯似蹙非蹙罥烟眉，一双似喜非喜含情目。态生两靥之愁，娇袭一身之病。泪光点点，娇喘微微。闲静时如娇花照水，行动处似弱柳扶风。心较比干多一窍，病如西子胜三分。”（《红楼梦》第三回）“泪光点点”乃

① 陶弘景撰，赵益点校：《真诰》，北京：中华书局，2011年，第184页。道家道教珍爱津液，佛教则视津液为不净之物，这同样基于泪即生命的观念——身为臭皮囊。如《瑜伽师地论》卷二十六云：“略说有六种不净，一朽秽不净，二苦恼不净，三下劣不净，四观待不净，五烦恼不净，六速坏不净。云何名为朽秽不净？谓此不净略依二种，一者依内，二者依外。云何依内朽秽不净？谓内身中发毛爪齿、尘垢皮肉、骸骨筋脉、心胆肝肺、大肠小肠、生藏熟藏、肚胃髀肾、脓血热痰、肪膏肌髓、脑膜洟唾、泪汗屎尿，如是等类名为依内朽秽不净。”不过，佛教有时也会依俗谛而将“泪”与“慈悲心”相关联，比如佛灭后，“大阿罗汉”有大悲心，常因悲三途的众生而啼泣，被称为“泪坠尊者”。

“愁”“病”“弱”的直接表现。“娇花”“弱柳”是绛珠草的具象，其情为愁，其态为病，其质为泪。泪有心，心善感，多泪多感则多愁多病也。

流泪的人或为自己流泪，或为他人流泪。还泪说之黛玉就是泪本身，其身是泪，其心是泪，生则流泪，泪在人在，人在泪流。泪为其生的内容与实质，泪尽人亡。自己流泪却因与他人结成了盟约，他人也会因你流泪而流泪。泪与泪之间交融，我流泪也就是在还泪（“我为我的心”）。林黛玉啐道：“……我为的是我的心。”宝玉道：“我也为的是我的心。难道你就知你的心，不知我的心不成?”（《红楼梦》第二十回）灵性的、善感的心既为着另一个人，也是为自己：既随时去设身处地、化成“你”，也希望你能有感应、随时觉知“我”的感受。“我”与“你”心有灵犀一点通，想对方之所想，思对方之所思，痛对方之所痛。每个人都从自己出发，都能设身处地为另一个人想。但是，两“心”对于对方来说，又难以直窥。因此，“心”又需要“证”。

眼泪是证“心”的最好方式。贾宝玉被父亲痛打一顿后，宝钗、黛玉纷纷为之哭泣。这一刻，活在众人的眼泪里，宝玉之自我得以实现，成为众人的中心。享受众人的眼泪，这是最幸福的时刻。为自己流泪表明他人真心对自己好，心疼自己。“比如我此时若果有造化，该死于此时的，趁你们在，我就死了，再能够你们哭我的眼泪流成大河，把我的尸首漂起来，送到那鸦雀不到的幽僻之处，随风化了，自此再不要托生为人，就是我死的得时了。”（《红楼梦》第三十六回）不管世道如何，人世间的眼泪都是最纯洁、最神圣的。泪中呈现的是最厚的情、最真的心，因此，泪让人信赖，让人心安。宝玉希冀别人都能为他流泪，向往自己死后能漂在泪河上。这表明，贾宝玉深知“泪”的意味。他既满怀一体之念，也渴望与姊妹兄弟永世一体，而热念、渴望唯有在泪河中才能实现。但看到贾蔷与龄官之交往，贾宝玉遂悟：并不是所有女子的眼泪都为自己而流。真正能为自己流泪的女子只有一人。“同情”不是“情同”，更不是“情投”。“同情”的泪可以为每个人的不幸流淌，而不必随时为不幸的人流淌；“情投”的泪随时、专为那个特定的人而洒，直至泪尽之时。寻求为自己洒泪者，这诚为人生重要的事情。“昨夜说你们的眼泪单葬我，这就错了。我竟不能全得了。从此后只是各人各得眼泪罢了。……宝玉默默不对，自此深悟人生情缘，各有分定，只是每每暗伤‘不知将来葬我洒泪者为谁？’”（《红楼梦》三十六回）酒是外在之物，泪是内在生命。故得他人之酒易，得他人之泪难。偶得众人一次眼泪可以，能将一辈子的眼泪付给自己者只能是某个分定还泪之人。生命唯一，还泪者与得泪者一一对应，命中注定只有那一人。一生一世的眼泪与命同在，黛玉每还一次，宝玉见了亦会落泪。还与得再生业报，宝玉之施与不尽，黛玉还之不尽。“还泪说”表达的是泪人的神圣谱系。能为彼此流泪，此乃人与人之间最不易得者。“还泪说”以浇灌——施与甘霖，报还甘霖（恩宠）以泪为剧情。神话形态标志着还泪的神圣性。“这个妹妹我曾见过的。”（《红楼梦》第三回）前世相知，今世情投。还泪说先天隐喻着理解之可能，泪则是对浇灌之报答。

浇灌-酬报，这是人与草木最常见的联结方式。石器时代，耕作的本质是亲密的照料。人的投入都伴随着期待，草木的生长、开花、结果是对照料的馈赠。然而，从草木角度说，人的照料则是施恩。初民时代，人所使用的工具只有简单、低效的木石——先是木，后才用石，用来浇灌草木的只有如石一般的陶瓮。抱瓮出灌，用力甚多而见功寡。低效的付出，其效果是所浇灌的草木有限。另一方面，对于为数不多的草木用力多，用心多。情感投入多，所感应而结聚的情感也深厚。以夹杂着汗水、心血的甘霖浇灌、照料草木，功寡而情厚。此情不仅仅属于照料者——人，被人长期照料、寄托人的希望的草木也被理解为有情之物。在几千年农耕文化中，这样的“泛灵论”被视为理所当然。人与草木也就结下了一世盟约，此即

《红楼梦》所谓的“木石前盟”。

金玉时代（青铜时代与黑铁时代），金主导玉，无用之石（无才补天）被诱惑而变成了有用、有功的“玉”。男人由充满温情的“石”变成了冰冷的、从属于金之玉，水做的女儿佩金成金，这是每个人逃脱不了的命运。金玉时代，效率越来越高，经世济国是正道。由此，联结人与草木的不再是有暖意的、无隔的木石，而变成坚硬、冰冷而有隔的铜铁。比如，宝玉与湘云有隔，与宝钗有隔，与袭人有隔，甚至与三春有隔。兄弟姊妹原本都是一体的，现在却成了痴念。草木与铜铁的相遇，非死即伤。草木之质与铜铁的相遇，造就的只是悲剧。对万物的照料变成控制，理解、容忍变成了人对草木单向的声索。隔阂越来越大，牵绊越来越少，亲密的伴侣变成了主人与奴婢。

在《红楼梦》的世界中，草木最多情，知恩图报，有良知。广而言之，人生天地间，与草木共在，浇灌草木，草木亦会随感随应，包括报恩。《红楼梦》的世界中，人与物皆由气构成，同气相应，彼此感通。不仅禽兽草木有感觉，石头有知觉灵性（宝玉为顽石化身），土灰也不例外，所谓“灰还有形有迹，还有知识”（《红楼梦》第十九回）。“有知识”即有知有识，有感通、觉知的能力。这显然是《庄子》“道无所不在”思想的具体表达。作者以宝玉之口说道：“这阶下好好的一株海棠花，竟无故死了半边，我就知有异事，果然应在他身上。……你们那里知道，不但草木，凡天下之物，皆是有情有理的，也和人一样，得了知己，便极有灵验的。……所以这海棠亦应其人欲亡，故先就死了半边。”（《红楼梦》第七十七回）“灵验”指人、物具有的敏锐的、直接的关联、感通、感应性。在当代科学文明中，人们只相信物理因果律，只相信可实证的经验与可证明的理论。基于科学世界观，现代人对于天地万物一味祛魅，也总是把“万物有灵”“彼此感应”等观念当作迷信。但在《红楼梦》的思想世界中，天上地下以及天地之间的万物在时间长河中紧密关联，彼此感通，也彼此应和。有情众生有灵验，无情之物亦有灵验，他们之间一物发生变化，其他物都能够感应并反映此变化。万物皆有情有理，他们与人间的世风时运以及亲密相知之间也相互感应。“木石前盟”正是此说之完整演绎，痴痴一哭（《葬花吟》）为花草，也是为自己与花草一般的前世今生。

与天地万物共在，即与天地万物彼此相依。相依不仅仅是天地间的一种事实，还是一种态度：相依者对所依必有所欠。这是众多“主义”刻意掩盖与回避的维度，天地父母之生养、周遭比邻之善俗、纯洁干净的风与水，一切皆非理所当然。在分工日趋精细的年代，每有所得，必欠人情、欠物情。草木欠人的浇灌之情，以泪还之，人欠草木多矣，亦可以泪还之，一如宝玉以泪还黛玉，以泪还晴雯（黛玉之影——芙蓉花）。但今日，传统的精耕细作、悉心照料转变成了冰冷的机器耕种、收割，催生的化肥、恶毒的除草剂、农药代替了耐心的松土、除草，土壤严重污染，收获的转基因产品丧失了口感，有形无味，耕种者不愿食用，纯粹为了交易，以换取别人的无味有毒的食物。作为百业基础的农业变质变味，第一产业以及基于第一产业的几乎所有产业随之。“易毒而食”成为全球普遍性现象，人类毒害万物，万物以毒报应。善善相报属于过去的理想，恶恶相报已为今日之常态。

（四）酒泪合流——同情一体

酒向内流，自我突破，人与人之间由外而内融通；泪向外流，打动人，寻求人理解，人与人之间由内而外融汇。泪与酒在人情处彼此相通，所谓“酒入愁肠，化作相思泪”①（范仲淹《苏幕遮・怀旧》）。酒性大热，其运行方向是向上升腾，不断打破界限。但酒入愁肠之后，酒的运行之势会发生改变。“愁”是情绪、情感之收摄、

①《范仲淹全集》，第 647 页。

凝聚，愁肠则是情绪、情感的深度郁结。向上升腾、不断突破的酒无法冲破深深郁结的愁肠，同时还被愁肠改变为向内、向下垂落的眼泪。“酒化作泪”实为人生之大悲痛。

酒直接作用于身体而移易人，使人和乐，达到人我一体的同情。然而人情多样，悲情常有，“欢乐苦短，忧愁实多”（司空图《二十四诗品·旷达》）。欢乐时一体不易，忧愁悲苦时同情更难。外在的患难易于共同承受，内在的忧患悲戚却难以沟通。如何能够让他人进入悲情之中？人与人之间在身份、地位、观念、好恶、情性各方面都有差异，有差异就有隔阂。消除隔阂，感动他人进入悲伤之境，或许没有比“泪”更直接、更有效的了。

“敬酒”时，所敬者为尊；“还泪”之对象则处弱势而可怜。酒为喜庆，可让他人和乐；泪为悲伤，可让他人则伤悲。在某些情况下，借酒浇愁，但愁不减。某人会喜极而泣，流下欢乐的眼泪而不悲伤。“满堂而饮酒，有一人乡隅而悲泣，则一堂皆为之不乐。”（《汉书·刑法志》）悲伤的眼泪更能打动人。刘备为关羽、张飞及追随他的百姓流泪，如张飞失徐州及刘备夫人之时，刘备说罢“兄弟是手足，妻子如衣服”而大哭；弃樊城，走江陵之时，为十数万追随百姓遭受战争之苦而痛哭等等。关羽、张飞及百姓感动不已而甘愿为其卖命。宋江与父兄相别洒泪，与武松等朋友作别洒泪，折了聚义兄弟一再大哭等等，换来梁山好汉爱戴。唐僧在鹰愁涧白马被龙吞泪如雨落，在黄风岭被黄风大王捉住泪落如雨，在乌鸡国听国王魂灵讲其悲惨故事而泪如雨下，自己受难会落泪，徒弟、小儿、僧人等别人受难也会落泪，等等。其慈悲心也让桀骜不驯的徒弟们信服。广而言之，为人流泪，此心与彼心瞬间通融；为亲友流泪，亲友争相为之卖命；为国民流泪，国民与之甘苦与共；为有情众生流泪，众生亦会相报相还。

传统劳作，人付出血汗浇灌作物，对草木而言即为甘霖、甘露，此乃农耕时代的基本文化意象。尽管二千多年来的农民的劳动具有强迫性，但这改变不了传统耕作的照料性质。比如，轮耕以照料土地，翻地、除草、驱虫、浇灌以照料农作物。“三之日于耜，四之日举趾。同我妇子，馌彼南亩。”（《诗·豳风·七月》）农民看着，也伴着农作物一起生长，把自己的目的小心谨慎地寄托在不断生长的作物上。人以甘霖浇灌，草木尚知以眼泪还之。有感有应，有恩必报。有酒的以酒报，无酒的以泪还报（不能以泪报神、上天）。敬酒有时有节，比如秋冬大报；还泪随时，随感随应。无感应的冷心肠者停留在自身，既不会向上看，也不会向下看。因此，他赢不了眼泪，更对不住酒。《天龙八部》中慕容复不敬酒，也不洒泪，故慕容复得不了男人心，也最终失去女人心。乔峰动辄“拿酒来”，刘备喝酒得关羽、张飞，流泪得诸葛亮、赵云，得孙夫人。宋江随时“拿酒来”，一有事就大哭，尽得江湖侠士心。泪因悲起，下献给失意潦倒者、生活艰难者。酒合喜庆，上献给尊贵或有事功者。泪只能给人（包括自己）及低于人的动物，人不会为上帝、百神、祖先流泪。酒往往献给上帝、百神、祖先等高于自己者，包括尊贵的人。泪不与酒对（茶与酒对，不过是很晚的事情[①]），酒与泪的结合，可上可下，可悲可喜。上可通神明，下可通百姓，这才是完美的人格。

以敬酒进入和乐之境，以还泪进入悲哀之境。解得众人之泪，始得解世态之味。《红楼梦》第一回云：“满纸荒唐言，一把辛酸泪。都云作者痴，谁解其中味？”脂砚斋批曰：“能解者，方有辛酸之泪，哭成是书。壬午除夕，书未成，芹为泪尽而逝。余尝哭芹，泪亦待尽；每意觅青埂峰再问石兄，奈余不遇癞头和尚何？怅怅！”（甲戌本）作者之泪尽，读者尽其泪为理解之前提。泪成之作召唤读者，以泪读带泪之作，以泪解泪中之味，此为“解味说”之精髓。诚然，无视人与物的苦难，我们仅仅用理智去认知这个世界即可。如欲真心认识人自身、人类、万物，我们不能想当然地把自己从苦难中拔

① 具体论述参见本书第五章之一。

出，而必须在苦难的现实中与苦难者照面。带着泪水品味世界或许是理解苦难最妥当的方式！

明人一改儒家“性善说”及“性善情恶说”传统，大力为个性化的“情”翻案，倡导“情善”说。他们主张以“情”为“尊”，以“情”在世，以“情”感人。曹雪芹进而将“情”实在化，落实为“泪”，将玩味主体“情人”充实、推进为“泪人”，以此作为“解味”之主体，从而推进了宋代以来的“玩味”说。“解味”既是一种解读经典的方法，也是一种待人接物的方式；更重要的是，“解味”还是一种在世的态度与姿态。“解味者”是一往情深的痴者，是不争为世所用的愚顽，但首先是充满慈悲的有泪人。有泪即有知、有情、有意。有泪之人皆善感之人，感而应，遂可通神、通灵、通人、通物。

质言之，通过酒与泪而达到一体。一体而分，体中各部分有差别，但相互配合，共成一体，其情虽异而可通，此为“体同”。严格意义上的“同情”为“体同”。“敬酒”与“还泪”无疑是日常生活世界中通达同情的最好方式。同情的实质是通融一体，愿意同情者彼此尊重，也乐于结成命运共同体。“敬酒”与“还泪”之结合指向天（神）、地、人、物息息相通、和谐共在的温情世界。这是古典时代的理想，也应该成为与天地万物对立的当代人的理想。

余论

经典文本值得关注，哲学之更广阔的生活世界更值得我们投入。作为生活方式之哲学，其展开不仅仅关乎理性，也深植于陶醉与疯狂。我们不知道，人类醉过多少次，醒过多少次；我们不知道，酒让人痛苦多少次，又给人带来多少欢愉。我们看到的是，人对酒的爱恨交加，以及在爱恨交加中对酒的欲望逐渐升华为对存在意义的形而上领悟。千百年以来，酒被用来享祀祈福，扶衰养疾。它既颐养天下人之形体，也颐养着天下人之精神。人类以酒对抗孤独，对抗平庸，超越尘想，展开其精神生活。美酒与欲望纠缠，人情反复，人性摇曳，推动着礼乐、形名、名法、玄理、天理之递昭。人有醒醉，遂通张弛之道、阴阳之理、幽明之故，广大博厚的酒精神由此得以日生日成。酒有自身的性味，人有各自的性情。人与酒相遇，既实现了酒的性味，也推动着人的性情的释放、完成。

酒不是维持生存的必需品，在中国文化中，它又被认为是人世间不可或缺之物。周公制礼作乐以来，社会的规范系统与主流思想文化相结合，一致训诫、范导饮酒。酒由此被动地进入思想文化领域，逐渐被赋予了思想性、文化性。酒通过移易人的身体与精神反过来又不断使之陶醉与激狂，弱化、调整规范系统，释放人性，给不同时代的思想文化带来崭新的活力。比如，在礼乐时代，人们以饮酒对抗“礼”，酒被动地展示着超越位分等差异的和乐精神。在形名事功精神主导的时代，自觉饮酒可以消弭形名事功思想所造成的精神分裂（比如“机心”与“本心”），而使生命趋于浑全。在名教控制下，自觉饮酒表现出自觉打破束缚、回归自然的精神。在尘网的宰制下，自觉饮酒表现的是超越尘俗的精神。在佛理笼罩下，自觉饮酒彰显的是对欲望、享乐等世俗价值的肯定。酒与天理的对抗，则表现出张扬个性的精神气质。在当代科学一统的世界中，自觉饮酒则展现出拒绝僵硬的确定性、生命的单维性，表现出复归具体存在的精神品性，等等。尽管酒一直“在野”，一直被压制，一直被动地应战，但在各时代的思潮中酒从不缺席。酒不是单纯的否定性，它从未指向虚无。在真实的语境下，酒精神的充实品格一直清晰而明确。

不管是制度性的礼乐、形名、刑法、名教、名法，还是说教性的佛理、天理、良知、科学，这些自上而下的精神都充当过意识形态，也一直都在努力按照自身理念塑造现实的人与理想的社会。但是，在酒精神的中和下，它们所要塑造的人与社会从来都不曾达到它们所期待的理想效果。这对它们的鼓吹者来说是遗憾，但对人的理想——真实具体的存在来说则可说是幸运之至。人或人群一旦成为某种理念构造的人，比如纯粹的、如“礼”（或“名”或“法”或“理”或“科学”）而在的人，也就意味着人成为抽象理念的具身——单向度的人。如上所论，酒一直在阻止着各种理念对具体的人与现实社会的贯彻与占有。在此意义上或可说，精神性的酒不仅参与着中国思想史的盈虚消息，也构成了思想变迁、文化演进的重要动因。

人以口舌饮酒，但酒之所及绝不仅仅限于口舌。如我们所知，在中国文化中，“舌”被理解为“心之窍”“心之候”或“心之苗”等等。“舌”是“心”的外在通道，也是“心”的外在延伸与直接的显现。内“心”外“舌”，构成现实“心”的完整形态。酒打动了舌头，也就打动了“心”。在饮酒过程中，酒以辛热之力把有所指向的“心”拉回“身”，也贯通着“身”与“心”，完成“身心”一体。“身”是有“心”的、充满灵性的“身”，而不是无心的纯粹皮囊或机器；“心”是有“身”的“心”，而不是纯粹的无身之脑（纯粹理智或各类计算器）。饮酒不仅关联着活生生的、身体性的口腹之欲，也随时刺激心灵的各个维度，比如激发起悲欢好恶等情感，激发出或决断或坚守的胆识、意志，激活升天入地的、超越性的想象力，等等，满足人的各种精神需求。因此，饮酒乃身心一体的、整个人的活动。充满血气的身体与酒相互交融、相互成就，充满灵性的身体让酒也充满灵性。在此意义上，酒一直在护持着人的真实存在，也随时捍卫人的尊严。把酒从思想史中抽离，思想史将空洞、抽象，不再完整，也远离真实的人性与人的尊严。只要继续饮酒，血气、灵性与酒持续地交互作用，人就不会变成有“身”无“心”的“机械”，更不必担心会被有“脑”无“身”的AI取代。

酒之作应天而顺民，酒之流适性而顺情。虽然当代技术进步，生活方式、娱乐方式都有所改变，但是人性、人情依旧，生活中的苦乐依旧，今之人对酒的爱与欲一如古之人。加之，酒的性味依旧。依赖酒的性味与人的意味而生成的酒的精神在当代也难以移易。作为基本生活之物，酒与不同层次的活动关联，有些进入经典文本，更多的散落在与生存感受直接相关的诗词歌赋、笔记小说甚至芜杂的野史中。因此，本书取材非唯经史，亦不限于子集。但是，不管出于何种文本，酒以及与酒相关的活动总是被反复地经验与实证，被深刻领悟与深度思考。这些感受与思考持续不断地被含藏与激发，凝聚在酒中，又在一次次宴饮与小酌中被激活、被传承。酒中充满各种历史经验、体验、洞见与智慧，这是我称之为“中国酒精神”的原因。不管这些富含精神的酒在具体的历史书写中有多边缘，凭着其饱满的精神性，今日的哲学就有责任将之主题化。

在古代，酒被用于通神、招魂、养身、合欢、壮行、绝尘；在当代，人们同样用酒祭祀神灵以表达感恩之情，也用酒来招魂、养身、合欢、壮行、绝尘。虽然当代人大都接受过科学知识教育，对天地万物都主动祛魅，对“道”“性”“神”等古典观念充满疑虑，但是随着进入真实的社会场景，不断体验生存之苦辛，人们总是又迎回酒，也会把酒的精神不断激发出来。在酒中，“道”“性”“神”等观念往往被深沉体验，并被重新赋予意味，逐渐接续古典传统。对大多数人来说，饮酒永远不是单纯的感官刺激，而是酒中新旧意味与饮者特定精神的不断交流与激荡的过程，是酒的精神与其新的信徒之间的教化-学习过程，也是酒的精神自我更新的过程。这是我们熟悉的日常生活世界的真实场景，也是我们每天都在经历与见证的当代饮酒的实情。不过，尽管我们绝大多数人都不停地饮酒，也在酒场与他人做各种精神交流，但对饮酒本身及所饮却缺少反思，当然也不会清晰了解酒的精神与饮酒的意义。苏格拉底说，未经审视的生活是不值得过的。仿此，我们可说，未经审视的酒不值得喝。本书通过对“酒”这一特定精神之物的多维度哲学的审查，训练直面生活世界的思考能力与习惯，也期冀能为中国哲学的纵深发展尽绵薄之力。

本书不少章节都在刊物上陆续刊发，具体如下：《论酒的精神——从中国思想史出发》，刊发于《江海学刊》2018 年第 3 期；《“敬酒”与“还泪”——走向同情之境》，刊发于《安徽师范大学学报》（人文社会科学版）2018 年第 4 期；《酒与三代精神》，刊发于《中国社会科学报》2018 年 7 月 13 日；《饮酒与中国人的精神生活》，刊发于《江淮论坛》2020 年第 1 期；《从醉到闲饮——中国酒精神演进的一条脉络》，刊发于《贵州大学学报》（社会科学版）2020 年第 3 期，《新华文摘》2020 年第 21 期全文转载；《酒与礼法之争——汉代酒精神演变脉络》，刊发于《社会科学战线》2020 年第 10 期；《北宋生活世界与饮酒精神的多重变奏》，刊发于《安徽师范大学学报》（人文社会科学版）2020 年第 6 期；《良知与品味二重奏下的大明酒精神》，刊发于《美食研究》2021 年第 1 期；《中国思想中的醉》，刊发于《孔学堂》2021 年第 2 期；《醉与真》，刊发于《哲学分析》2022 年第 1 期；《中国思想中的醒》，刊发于《孔学堂》2022 年第 1 期；《从醉狂到醉卧——中国酒精神脉络》，刊发于《华东师范大学学报》（哲学社会科学版）2022 年第 4 期；《20 世纪中国思想中的酒》，刊发于《贵州大学学报》（社会科学版）2022 年第 4 期；《酒的形上之维——以〈浊醪有妙理赋〉为中心》，刊发于《社会科学战线》2022 年第 12 期：《混于酒而饮——酒在陈白沙思想与存在中的位置》，刊发于《人文杂志》2023 年第 3 期，《酒令人远》，刊发于《贵州大学学报》（社会科学版）2023 年第 3 期；等等。对以上的刊物与编辑再次表示感谢！最早的论文《烦：茶与酒》，发表于 2012 年的《思想与文化》第十一辑，收入本书时，做了大幅修改。但正是十年前小文的思考开启了酒精神之思，谓之酒精神之思的源头，实不为过。

本书为贵州省 2020 年度哲学社会科学规划国学单列重大课题“中国酒精神研究”项目成果，得到华东师范大学哲学系著作出版基金支持，杨国荣老师拨冗赐序，杨柳青博士为此书编辑付出种种辛劳，在此一并感谢！

2023 年 7 月 27 日

沪上兰馨雅苑